Lindner · Physikalische Aufgaben

# Physikalische Aufgaben

von Studiendirektor Helmut Lindner

30. Auflage

1188 Aufgaben mit Lösungen aus allen
Gebieten der Physik

358 Bilder

FACHBUCHVERLAG LEIPZIG - KÖLN

Die Deutsche Bibliothek - CIP-Einheitsaufnahme

**Lindner, Helmut:**
Physikalische Aufgaben : 1188 Aufgaben mit Lösungen aus allen Gebieten der Physik / von Helmut Lindner. - 30. Aufl. - Leipzig ; Köln : Fachbuchverl., 1992
ISBN 3-343-00804-4
NE: HST

ISBN 3-343-00804-4


Mitglied der TÜV Rheinland-Gruppe
Druck und Bindung: Ebner Ulm
Printed in Germany

## Vorwort

Zielsetzung und Form physikalischer Aufgaben können recht verschieden sein. Überblickt man die Vielzahl der in der Vergangenheit erschienenen Aufgabensammlungen, so findet man ein Vorwärtsschreiten in stofflicher Hinsicht, wie es das stürmische Wachstum der Physik mit sich bringen mußte.
In einer nach Entwicklung und Fortschritt drängenden Zeit muß das physikalische Denken aber auch äußerst elastisch sein und Probleme behandeln, die zunächst keine unmittelbare Beziehung zur Praxis zu haben scheinen, sie aber überraschend schnell einmal gewinnen können. Aus diesem Grunde erscheinen hier nicht nur unmittelbar technikbezogene Aufgaben, sondern auch solche mit im Laufe der Zeit klassisch gewordener, das formale Denken fördernder Fragestellung. Deshalb wurden auch triviale Aufgaben, die lediglich durch Einsetzen von Werten in gegebene Formeln gelöst werden, nach Möglichkeit vermieden.
Um den Charakter des reinen Aufgabenbuches zu wahren, sind in den Aufgaben selbst die jeweils in Frage kommenden Gesetze bzw. Formeln und auch Hinweise zur Lösung absichtlich nicht gegeben worden. Man findet diese ja in den einschlägigen Lehrbüchern, und sie können daher als bekannt vorausgesetzt werden.
Die Lösungen sind grundsätzlich als Größengleichungen angegeben und im Ansatz meist nur soweit ausgeführt, daß der jeweils angewandte Grundgedanke erkennbar ist. Um die Aufgaben einem recht weiten Leserkreis zugänglich zu machen, wurden sie so gefaßt, daß ihre Lösung durchweg mit den Mitteln der elementaren Mathematik und bis auf wenige Ausnahmen ohne Zuhilfenahme der Infinitesimalrechnung möglich ist.
Der allgemeinen Forderung nach Rationalisierung und Einfachheit Rechnung tragend, wurden in allen Aufgaben und Lösungen ausschließlich SI-Einheiten verwendet. Ein vollständiges Verzeichnis der verwendeten Größen und Formelzeichen befindet sich am Beginn des Aufgabenteiles auf den Seiten 10 bis 12.

Der Verfasser

# Inhaltsverzeichnis

## Verzeichnis der verwendeten Formelzeichen

| | |
|---|---|
| $A$ | Fläche, Querschnitt, Aktivität |
| $A_r$ | relative Atommasse |
| $a$ | Beschleunigung, opt. Gegenstandsweite, Breite |
| $B$ | opt. Bildgröße, magnetische Flußdichte (Induktion) |
| $b$ | Breite, opt. Bildweite |
| $C$ | elektrische Kapazität |
| $c$ | Lichtgeschwindigkeit, Schallgeschwindigkeit, spezifische Wärmekapazität |
| $c_p$ | spezifische Wärmekapazität bei konstantem Druck |
| $c_v$ | spezifische Wärmekapazität bei konstantem Volumen |
| $c_W$ | Widerstandsbeizahl |
| $D$ | Energiedosis, Richtgröße (Federkonstante) |
| $D^*$ | Winkelrichtgröße |
| $d$ | Durchmesser, Abstand |
| $E$ | Elastizitätsmodul, Beleuchtungsstärke, elektrische Feldstärke |
| e | Basis der natürlichen Logarithmen |
| $e$ | Entfernung, Elementarladung |
| $F$ | Kraft |
| $F_R$ | resultierende Kraft |
| $F_r$ | Reibungskraft |
| $F_H$, $F_V$ | horizontale, vertikale Kraft |
| $F_A$, $F_B$ | Auflagerkraft |
| $F_N$ | Normalkraft |
| $F_z$ | Fliehkraft |
| $f$ | Frequenz, absolute Feuchtigkeit, Brennweite |
| $f_{max}$ | Sättigungsmenge für Wasserdampf |
| $G$ | Gewichtskraft, optische Gegenstandsgröße |
| $g$ | Schwerebeschleunigung |
| $H$ | magnetische Feldstärke |
| $h$ | Höhe, Wärmeinhalt (spez. Enthalpie), Planck-Konstante |
| $h'$ | spezifischer Wärmeinhalt des Wassers |
| $h''$ | spezifischer Wärmeinhalt des Wasserdampfes |
| $I$ | elektrische Stromstärke, Lichtstärke |
| $I_w$, $I_b$ | Wirkstrom, Blindstrom |
| $J$ | Massenträgheitsmoment, Schallintensität |
| $K$ | Dosisleistungskonstante, Abkühlungskonstante |
| $k$ | Dämpfungsverhältnis, Wärmedurchgangskoeffizient, Boltzmann-Konstante |
| $L$ | Lautstärke, Leuchtdichte, Induktivität (Selbstinduktions-Koeffizient) |

$l$ Länge
$M$ Drehmoment
$M_r$ relative Molekülmasse
$m$ Masse
$m_0$ Ruhmasse
m als Index: mittlere
$N$ Windungszahl, Molekülanzahl
$N_A$ Avogadro-Konstante
$n$ Drehzahl, Bruchzahl, Teilchenzahl je Volumeneinheit
$P$ Leistung, Wirkleistung
$p$ Druck, Impuls
$Q$ Wärmemenge, Elektrizitätsmenge (Ladung), Blindleistung
$q$ spezifische Schmelzwärme
$q_H$ spezifischer Heizwert
$R$ Radius, Gaskonstante, elektrischer Widerstand, Wirkwiderstand
$R_g$ Gesamtwiderstand
$R_i$ innerer Widerstand
$r$ Radius, Verdampfungswärme
$S$ Scheinleistung
$s$ Weglänge, Strecke
$T$ Periodendauer, Dauer einer Umdrehung, thermodynamische Temperatur
$T_{1/2}$ Halbwertszeit
$t$ Zeit, Celsius-Temperat.
$t_m$ Mischtemperatur
$U$ elektrische Spannung (Spannungsabfall)
$U_k$ Klemmenspannung
$U_q$ Quellenspannung
$V$ Volumen
$v$ Geschwindigkeit, spezifisches Volumen, Vergrößerung (opt.)
$v_r$ Relativgeschwindigkeit
$W$ Arbeit, Energie
$w$ Wasserwert
$x$ gesuchte Größe
$X$ Blindwiderstand
$y$ Elongation (Auslenkung)
$y_{max}$ Amplitude
$Z$ Scheinwiderstand, Ordnungszahl
$z$ Anzahl
$\alpha$ Winkel, Winkelbeschleunigung, Drehzahl, Längenausdehnungskoeffizient, Wärmeübergangskoeffizient
$\beta$ Winkel
$\gamma$ Winkel, Volumenausdehnungskoeffizient, Gravitationskonstante
$\delta$ Abklingkoeffizient
$\varepsilon$ Sehwinkel, Dielektrizitätskonstante
$\eta$ Wirkungsgrad
$\vartheta$ Celsius-Temperatur, Streuwinkel
$\varkappa$ Verhältnis $c_p/c_v$
$\Lambda$ logarithmisches Dekrement
$\lambda$ Wellenlänge, Wärmeleitfähigkeit, Zerfallskonstante
$\mu$ Reibungszahl, Fahrwiderstandszahl, Ausflußzahl, Permeabilität
$\varrho$ Dichte, spezif. elektr. Widerstand

| | |
|---|---|
| $\sigma$ | Zugspannung, Oberflächenspannung, Stefan-Boltzmann-Konstante |
| $\tau$ | Scherspannung |
| $\Phi$ | Lichtstrom |
| $\varphi$ | Winkel, Drehwinkel, Phasenwinkel, relative Feuchtigkeit |
| $\omega$ | Winkel, Raumwinkel, Winkelgeschwindigkeit, Kreisfrequenz |

# 1. Mechanik fester Körper

## 1.1. Statik

### 1.1.1. Volumen und Dichte

**1.** Eine Blechtafel von der Größe 1,0 m × 2,2 m wird beiderseits mit einer 0,08 mm dicken Lackschicht überzogen. Wieviel Kubikzentimeter Lack werden benötigt?

**2.** Welche beiderseitige Schichtdicke ergibt sich, wenn man zum Überziehen einer 2,5 m × 8,2 m großen Blechtafel 1,23 l Lack benötigt?

**3.** Ein Papierband von $b = 80$ cm Breite und $h = 0{,}15$ mm Dicke ist auf einem Holzkern von $d_1 = 5$ cm Dicke aufgewickelt und ergibt eine $d_2 = 40$ cm dicke Rolle. Wieviel Quadratmeter Papier befinden sich auf der Rolle?

**4.** Welchen Durchmesser hat eine Rolle, auf der 17,36 m² Papier von 20 cm Breite und 0,2 mm Dicke bei einem Kerndurchmesser von 2 cm aufgewickelt sind?

**5.** Ein $l_1 = 50$ m langer und $d_1 = 1$ mm dicker Kupferdraht wird auf die Länge $l_2 = 1800$ m ausgezogen. Wie groß ist der neue Durchmesser $d_2$?

**6.** Eine $l = 12$ cm lange Kapillare ist mit Flüssigkeit gefüllt. Beim Hineinblasen bildet die vollständig ausgetriebene Flüssigkeit einen kugelförmigen Tropfen von $2r = 1$ mm Durchmesser. Welchen inneren Durchmesser $d$ hat die Kapillare?

**7.** In einen zylindrischen Behälter, der bis zur Höhe $h = 1{,}2$ m mit Wasser gefüllt ist, wird nach Bild 1 ein zylindrischer Tauchkörper von $d_2 = 30$ cm bis zum Grund eingesenkt, wodurch der Wasserstand um $\Delta h = 4$ cm steigt. Wieviel Liter Wasser befinden sich im Behälter?

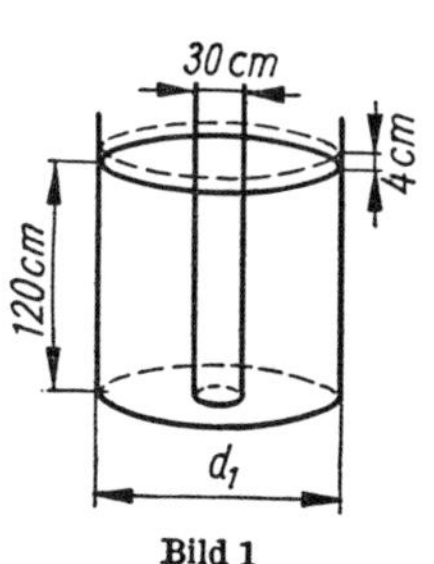

Bild 1

**8.** Ein zylindrischer Behälter ist ebenso breit wie hoch. Welche Höhe hat er bei einem Fassungsvermögen von 120 m³?

**9.** Neigt man ein bis zum Rand mit Wasser gefülltes zylindrisches Gefäß um 45°, so fließt $^1/_4$ seines Inhaltes aus. In welchem Verhältnis stehen Höhe und Durchmesser zueinander?

**10.** Um welchen Winkel $\alpha$ muß das in der vorigen Aufgabe betrachtete Gefäß gekippt werden, damit es sich zur Hälfte entleert?

**11.** Ein zylindrischer Gießkübel von 80 cm Höhe und 90 cm Durchmesser ist 70 cm hoch mit flüssigem Stahl gefüllt. Um wieviel Grad muß er geneigt werden, bis der Inhalt auszufließen beginnt?

**12.** Gegeben sind 2 gleiche Gefäße. Im Gefäß *1* befindet sich 1 l Benzin, im Gefäß *2* dagegen 1 l Öl. Man gießt $^1/_4$ l von Gefäß *1* in Gefäß *2*, rührt gut um und gießt dann $^1/_4$ l von Gefäß *2* in Gefäß *1* zurück. Wie ist das Mischungsverhältnis in beiden Gefäßen?

**13.** Welche Masse haben 100 m Kupferdraht von 2 mm Durchmesser? ($\varrho$ = 8,9 g/cm³)

**14.** Welche Dichte hat Bleilot, das die Massenanteile 33 % Zinn ($\varrho_1$ = 7,28 g/cm³) und 67 % Blei ($\varrho_2$ = 11,34 g/cm³) enthält?

**15.** 300 g Blei ($\varrho$ = 11,3 g/cm³) werden in ein Überlaufgefäß gelegt. Wieviel Wasser fließt aus?

**16.** Eisenblech ist beiderseits mit einer Nickelschicht von 12,5 µm Dicke plattiert. Wieviel Nickel trägt 1 m² des Bleches? ($\varrho$ = 8,9 g/cm³)

**17.** 1 000 Blatt Blattgold von je 55 mm² Oberfläche wiegen 4,4 g; wie dick ist ein Blatt? ($\varrho$ = 19,3 g/cm³)

**18.** Welchen Durchmesser hat eine 6 cm lange Kapillare, deren Masse bei Füllung mit Quecksilber ($\varrho$ = 13,55 g/cm³) um 75 mg größer wird?

**19.** 1 m³ Glaswolle wiegt 100 kg. Wieviel Prozent Glas enthält ihr Volumen, wenn Glas die Dichte 2,5 g/cm³ hat?

**20.** Um die Dichte einer Holzprobe von 30 g Masse zu bestimmen, wird diese an einem Bleistück von 400 g Masse ($\varrho_1$ = 11,3 g/cm³) befestigt und in das Überlaufgefäß versenkt. Es fließen 75 cm³ Wasser aus. Welche Dichte $\varrho_2$ hat das Holz?

**21.** Ein Holzbalken ($\varrho$ = 0,6 g/cm³) ist ebensoviel Meter lang, wie er Kilogramm wiegt. Wie groß ist sein Querschnitt?

**22.** Ein Pyknometer wiegt leer 12,82 g, mit Wasser gefüllt 65,43 g und mit Kalilauge gefüllt 74,56 g. Welche Dichte hat die Kalilauge, wenn die des Wassers mit 1 g/cm³ angenommen wird?

**23.** Ein Pyknometer hat die Leermasse $m_1$ = 28,50 g und, mit Benzin ($\varrho_1$ = 0,72 g/cm³) gefüllt, die Masse $m_2$ = 64,86 g. Nach

Einbringen eines Drahtstückchens von der Masse $m_3 = 2{,}65$ g und Abtrocknen des übergeflossenen Benzins wird eine Masse von $m_4 = 67{,}42$ g festgestellt. Welche Dichte $\varrho_2$ hat der Draht?

**24.** Durch dreimaliges Wägen eines Glasballons soll die Dichte $\varrho_G$ eines Gases bestimmt werden. Es ergibt sich bei Füllung mit Luft die Masse $x$, bei Füllung mit Gas die Masse $y$ und bei Füllung mit Wasser die Masse $z$. Die Dichte des Wassers sei $\varrho_W$ und die der Luft $\varrho_L$. Welcher Ausdruck ergibt sich für $\varrho_G$?

**25.** Wie groß ist die Dichte eines Gases, wenn laut Aufgabe 24 folgende Massen festgestellt wurden:
$x = 185{,}25$ g, $y = 184{,}62$ g, $z = 1253{,}50$ g;
$\varrho_L = 0{,}00128$ g/cm³, Dichte des Wassers $\varrho_W = 1{,}0000$ g/cm³?

## 1.1.2. Zusammensetzung und Zerlegung von Kräften

**26.** Eine Zugmaschine soll 3 gleich schwere, durch Taue miteinander verbundene Anhänger ziehen. Zur Verfügung stehen 6 Taue gleicher Zugfestigkeit. Wie sind diese am zweckmäßigsten zu verteilen?

**27.** Der Magdeburger Bürgermeister v. Guericke ließ zu beiden Seiten einer ausgepumpten Kugel je 8 Pferde anspannen, um die Kraft des Luftdruckes zu demonstrieren. Hätte er dieselbe Kraftwirkung auch mit weniger Pferden vorführen können?

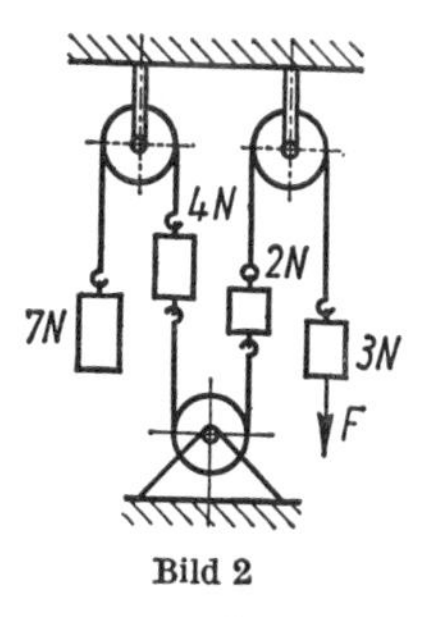

Bild 2

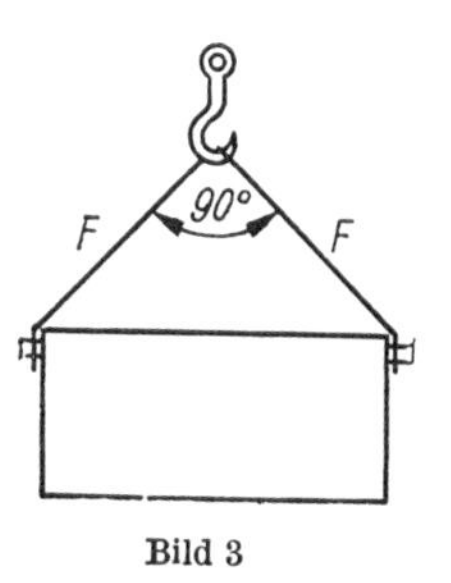

Bild 3

**28.** Welche Kraft $F$ ist notwendig, um den auf Bild 2 angegebenen Wägestücken das Gleichgewicht zu halten?

**29.** Mit welcher Kraft $F$ wird das auf Bild 3 angegebene Halteseil gespannt, an dem eine 6000 N schwere Last hängt?

**30.** Von zwei unter einem rechten Winkel in einem Punkt angreifenden Kräften ist die eine um 2 N größer als die andere. Wie groß sind ihre Beträge, wenn die Resultierende 8 N groß ist?

**31.** Zwei unter einem rechten Winkel in einem Punkt angreifende Kräfte von 10 N bzw. 18 N sollen durch zwei andere, einander gleich große Kräfte ersetzt werden, die ebenfalls rechtwinklig zueinander wirken und dieselbe Resultierende ergeben. Wie groß sind diese Kräfte?

**32.** Von zwei unter einem rechten Winkel in einem Punkt angreifenden Kräften ist die eine um 3 N größer als die andere und um 4 N kleiner als die Resultierende. Wie groß sind diese 3 Kräfte?

**33.** Welche Gegengewichtskraft $G$ hält den beiden auf Bild 4 angegebenen Wägestücken mit $G_1 = 9$ N und $G_2 = 4$ N das Gleichgewicht?

**34.** (Bild 5) Wie schwer ist die Last $G$, wenn a) das Seil $a$ mit der Kraft 120 N und b) das Seil $b$ mit der Kraft 85 N gespannt ist?

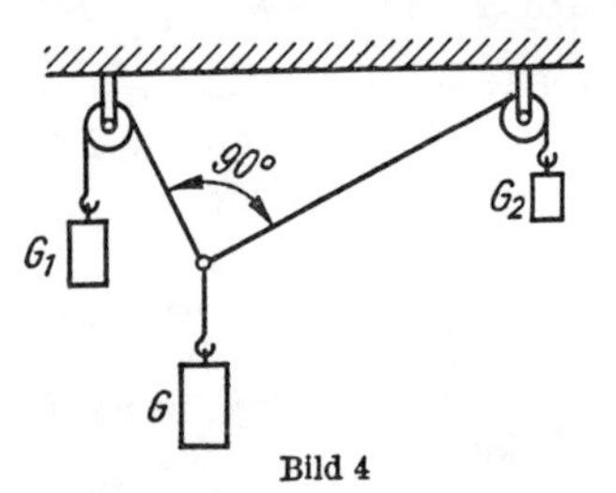

Bild 4

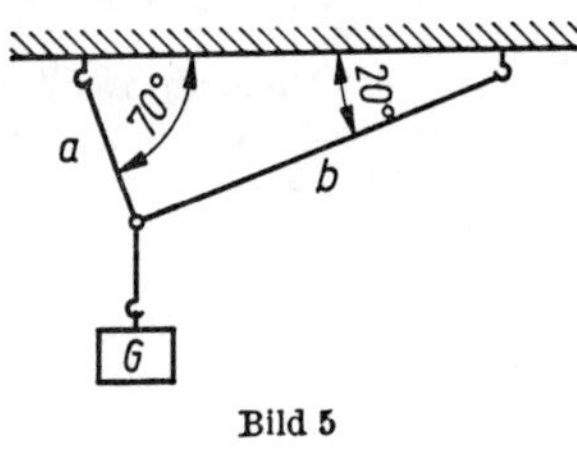

Bild 5

**35.** Ein 850 N schweres Rad hängt in der auf Bild 6 angegebenen Lage an zwei Seilen. Welche Kräfte $F_1$ und $F_2$ wirken in den Seilen?

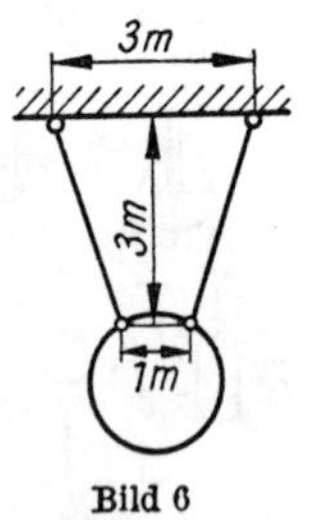

Bild 6

**36.** (Bild 7) Beim Transport eines 30 kN schweren Kessels von 1,2 m Durchmesser stößt dieser gegen eine 5 cm hohe Kante. Wie groß ist die waagerechte Zugkraft $F$, die den Kessel vom Boden abhebt?

**37.** Die beiden Oberleitungen einer Straßenbahn hängen nach Bild 8 mit den Gewichtskraftanteilen von je $G = 150$ N an einem quer über die Straße gespannten Seil. Durch welche Kräfte $F_1$, $F_2$ und $F_3$ wird es gespannt?

**38.** (Bild 9) Eine Wandkonsole trägt eine Rolle, an der eine Last von 2000 N hochgezogen wird. Es sind die auf die Stäbe $AB$ und $AC$ wirkenden Kräfte $F_1$ und $F_2$ zu berechnen.

**39.** (Bild 10) Welche Kräfte wirken in den beiden Streben $S_1$ und $S_2$, wenn über die feste Rolle eine Last mit $G = 1200$ N gehängt wird?

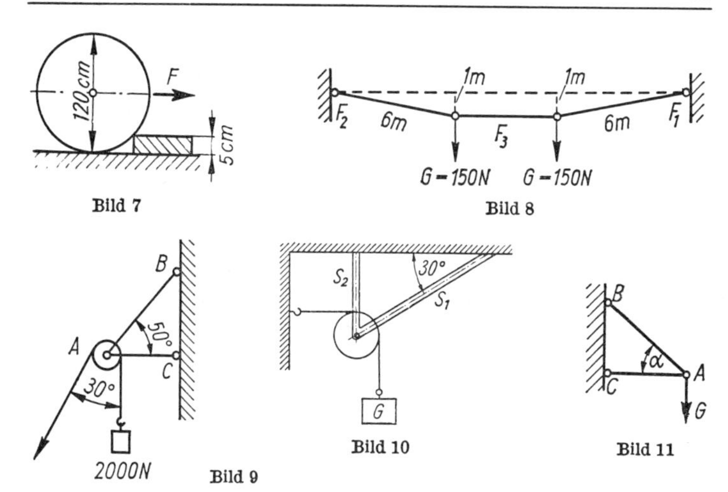


Bild 7

Bild 8

Bild 9

Bild 10

Bild 11

**40.** Die Stäbe $AB$ und $AC$ des Wandarms auf Bild 11 dürfen höchstens mit 2100 N bzw. 1700 N beansprucht werden. Wie groß ist der Winkel $\alpha$ zu wählen, und welche Last $G$ darf der Wandarm höchstens tragen?

**41.** (Bild 12) Um welche Höhe $h$ kann die an einem 6 m langen Seil hängende Last von 18 kN durch waagerechten Zug gehoben werden, wenn das Zugseil mit höchstens 10 kN beansprucht werden darf?

**42.** Gegen den Rücken des in Bild 13 angegebenen Keiles wirkt horizontal die Kraft $F_1 = 600$ N. Mit welcher Kraft $F_2$ wird dadurch der bewegliche Stempel nach oben gedrückt?

**43.** Welche Kraft $F$ ist notwendig, um die auf Bild 14 angegebene Stahlkugel zwischen zwei Klemmbacken zu drücken, wenn der seitlich gerichtete Widerstand je $F_H = 2{,}5$ N beträgt?

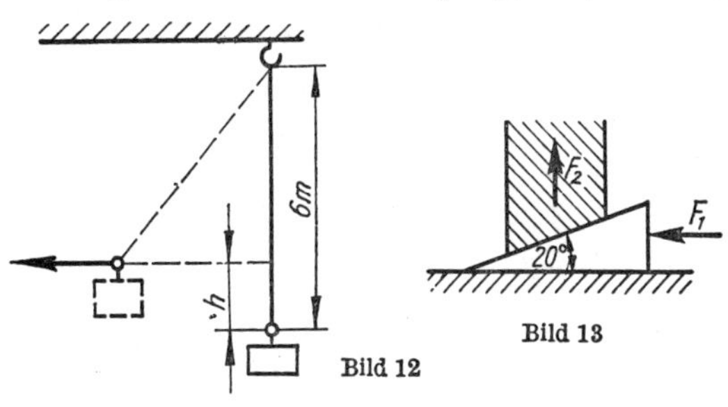


Bild 12

Bild 13

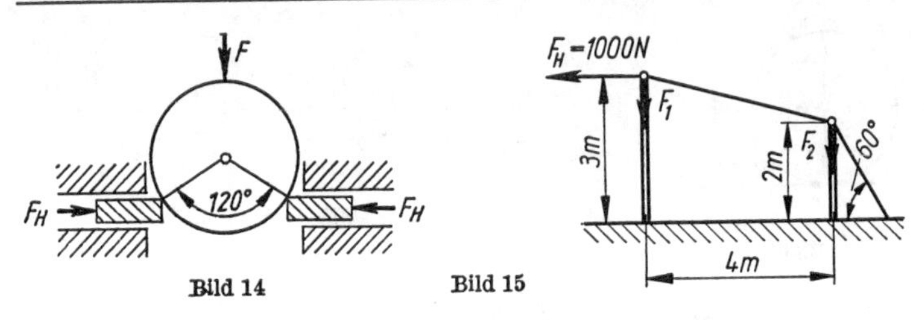

Bild 14 Bild 15

**44.** Welche Kraft $F$ wirkt in dem Abspannseil, das nach Bild 15 über die Stangen *1* und *2* geführt wird und die der nach links wirkenden horizontalen Kraft $F_H = 1000$ N das Gleichgewicht hält? Welche Druckkräfte $F_1$ und $F_2$ wirken auf die beiden Stangen?

**45.** (Bild 16) Wie groß sind die Kräfte $F$ in den 3 schräg gestellten Stützpfeilern eines 600 kN schweren Hochbehälters, wenn je 2 Pfeiler den Winkel 30° einschließen?

**46.** Zwei je 10 N schwere Kugeln sind nach Bild 17 in einem gemeinsamen Punkt aufgehängt. Wie groß ist die Fadenspannkraft $F_1$, und mit welcher Kraft $F_2$ drücken die Kugeln gegeneinander?

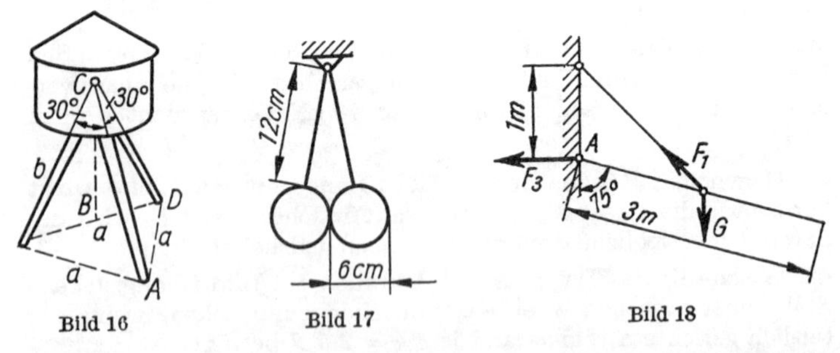

Bild 16 Bild 17 Bild 18

**47.** Ein $G = 2400$ N schweres Regendach ist nach Bild 18 durch zwei parallele, in seiner Mittellinie angebrachte Zugseile befestigt und lehnt sich bei $A$ gegen die Wand. Mit welcher Kraft $F_1/2$ ist jedes Seil gespannt, und mit welcher horizontalen Kraft $F_3$ stützt sich das Dach gegen die Wand?

**48.** An dem Gelenkviereck $ABCD$ (Bild 19) greifen in $A$ und $B$ die Kräfte $F = 120$ N an. Wie groß müssen die bei $C$ und $D$ angreifenden Kräfte $F'$ sein, die den Kräften $F$ das Gleichgewicht halten?

**49.** An einer Riemenscheibe wirken die auf Bild 20 angegebenen Riemenkräfte $F_1 = 240$ N und $F_2 = 120$ N. Es ist der Betrag der

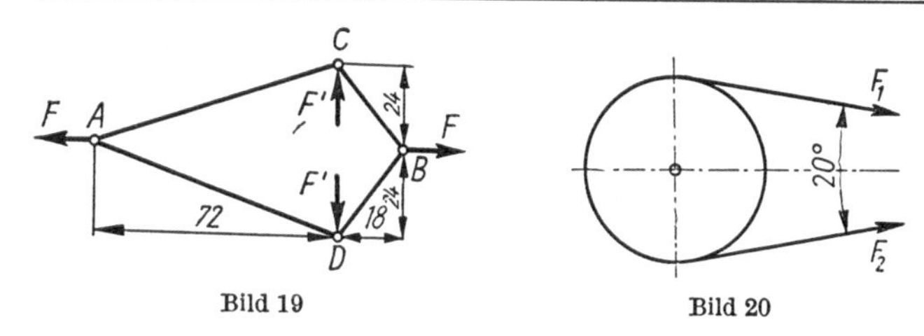


Bild 19 Bild 20

Resultierenden und der Winkel $\alpha$ zu berechnen, den sie mit der Horizontalen einschließt.

**50.** Auf einen Brückenpfeiler wirken die auf Bild 21 angegebenen Stützkräfte $F_1 = 25$ kN und $F_2 = 30$ kN. Welche senkrechte Druckkraft und waagerechte Schubkraft wirken auf den Pfeiler?

**51.** Auf den Kolben (Durchmesser 68 mm) eines Benzinmotors wirkt ein Überdruck von 80 N/cm². Welche Kräfte wirken in der auf Bild 22 gezeichneten Stellung (30° vom oberen Totpunkt) a) auf den Kolben, b) im Pleuel, c) in der Kurbel in Richtung der Drehachse und d) rechtwinklig zur Kurbel? (Hub 70 mm, Länge des Pleuels 130 mm)

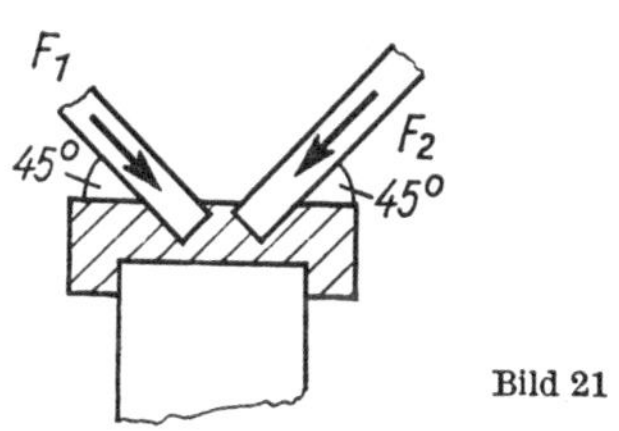


Bild 21

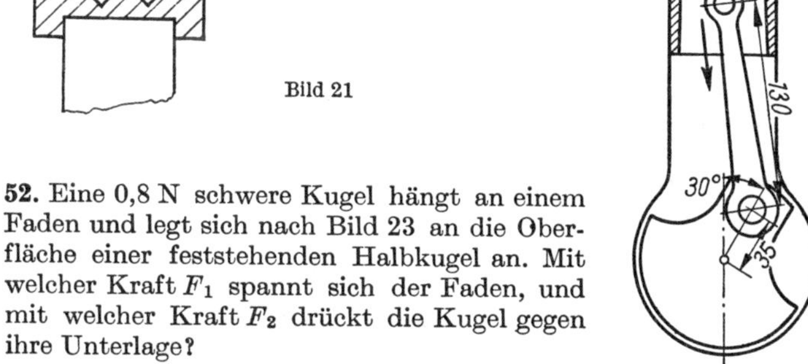


Bild 22

**52.** Eine 0,8 N schwere Kugel hängt an einem Faden und legt sich nach Bild 23 an die Oberfläche einer feststehenden Halbkugel an. Mit welcher Kraft $F_1$ spannt sich der Faden, und mit welcher Kraft $F_2$ drückt die Kugel gegen ihre Unterlage?

**53.** Der geradlinig gleitende Stößel eines Abfüllautomaten wird dadurch auf- und abbewegt, daß er mit Hilfe der Feder F und des Rädchens $R_1$ gegen eine rotierende kreisförmige Exzenterscheibe $R_2$ gedrückt wird (Bild 24). Wie groß sind a) der Bewegungsspielraum $h$ des Stößels und b) die kleinste und die größte Anpreßkraft des Rädchens $R_1$? Die Federkraft $F_1$ beträgt in der tiefsten Stellung 2,5 N und nimmt je cm Verkürzung um 1 N zu.

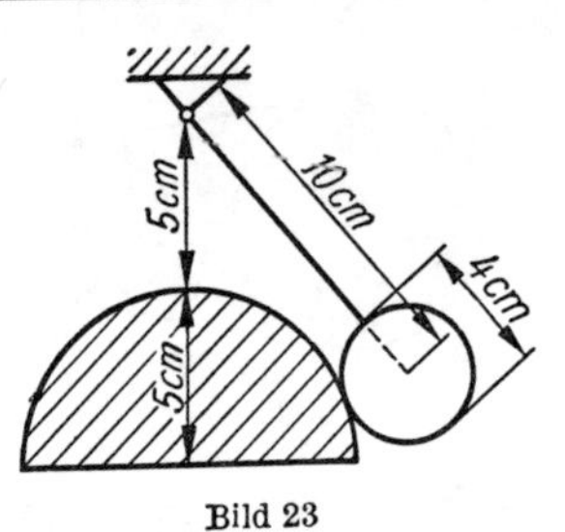


Bild 23



Bild 24

**54.** Ein Aufzug, an dem eine 80 kN schwere Last $G$ hängt, wird durch eine schräg stehende Strebe abgestützt (Bild 25). Welche Kräfte $F_1$ und $F_2$ wirken auf die Tragsäule und die Stütze? Die Wirkungslinien aller Kräfte schneiden sich in einem Punkt.

**55.** Über den Ausleger eines Trockenbaggers (Bild 26) läuft ein Zugseil, an dem das nach oben schwenkbare, 400 kN schwere Gatter hängt, dessen Schwerpunkt $S$ in der Mitte liegt. Welche Kraft $F$ hält dieser Last das Gleichgewicht, und welche Kräfte ($F_o$ und $F_u$) wirken auf die Hauptstreben O und U des Auslegers?

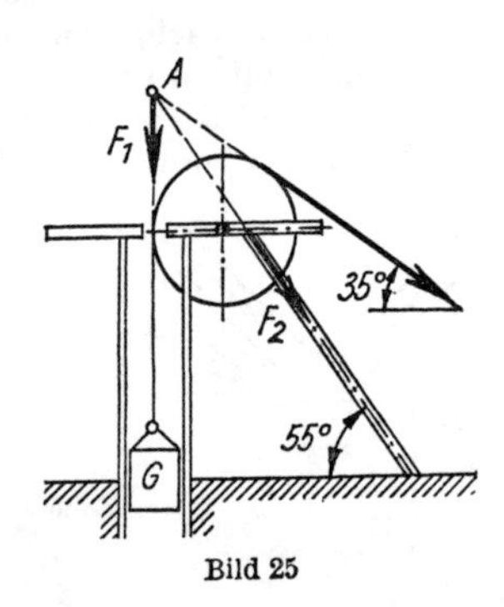


Bild 25

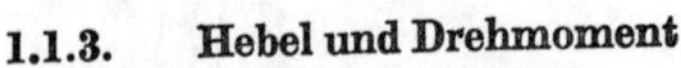

### 1.1.3. Hebel und Drehmoment

**56.** Ein 12 m langer und 270 kN schwerer Güterwagen ist mit dem vorderen Räderpaar entgleist. Der Achsabstand beträgt 8 m. Welche Kraft ist am vorderen Wagenende anzusetzen?

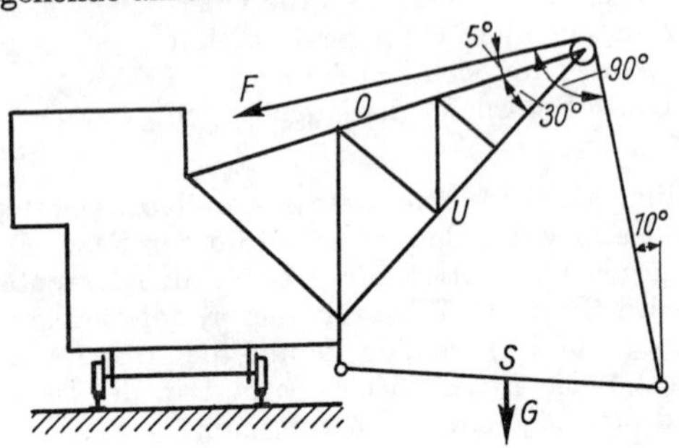


Bild 26

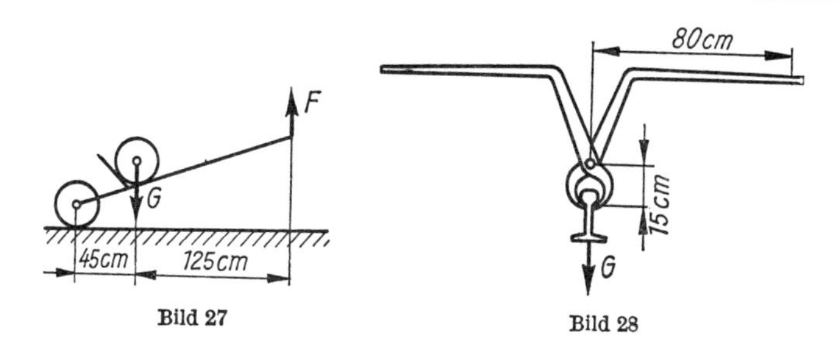


Bild 27

Bild 28

**57.** Eine Schubkarre ist nach Bild 27 mit einer Last von 850 N beladen. Mit welcher Kraft $F$ muß sie gehalten werden?

**58.** Mit welcher Kraft $F$ werden die Backen der auf Bild 28 angegebenen Schienenzange zusammengedrückt, wenn beim Anheben eine $G = 1\,200$ N schwere Teillast daran hängt?

**59.** (Bild 29) Welche horizontal gerichtete Zugkraft $F$ ist erforderlich, um einen 300 N schweren Kanaldeckel mit der auf dem Bild angegebenen Brechstange anzuheben?

**60.** Um eine nur an den Längsseiten vernagelte Kiste zu öffnen, schiebt man eine 58 cm lange Brechstange 8 cm tief unter den Deckel und drückt mit der Kraft $F_1 = 220$ N auf das freie Ende (Bild 30). Mit welcher Kraft $F_2$ wird jede der beiden Nagelreihen herausgezogen, wenn sie gleich weit vom Deckelrand entfernt sind?

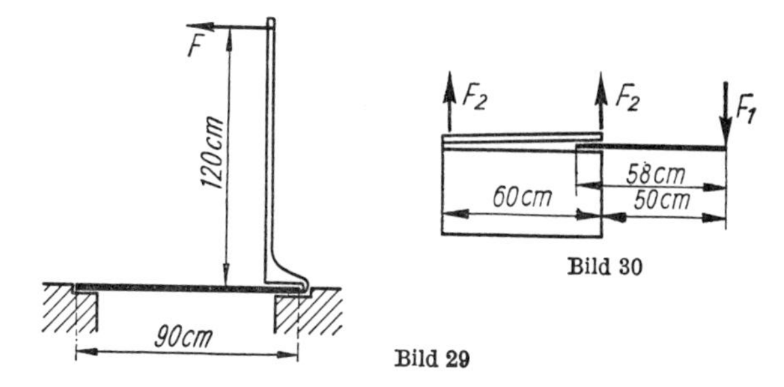


Bild 30

Bild 29

**61.** Von 8 Kugeln sind 7 genau gleich schwer, die achte dagegen ein wenig schwerer als die übrigen. Durch nur 2 Wägungen mit der Tafelwaage ist die schwerere herauszufinden. Wie ist zu verfahren?

**62.** Bei einer ungenau gearbeiteten Balkenwaage wiegt ein Gegenstand auf der linken Seite 60 g, auf der rechten dagegen 55 g. Welches ist seine wahre Masse?

**63.** (Bild 31) Welcher allgemeine Ausdruck ergibt sich für den Drehwinkel $\varphi$ des Zeigers einer Briefwaage, wenn auf das gewichtslos zu denkende Hebelsystem einerseits die Last $G$ und andererseits das Gegengewicht $F$ einwirken? Lastarm $l_1$ und Kraftarm $l_2$ bilden in jeder Lage einen rechten Winkel.

**64.** Wie schwer ist ein Stab, dessen Ende nach Bild 32 mit der Kraft 64 N auf die Waage drückt?

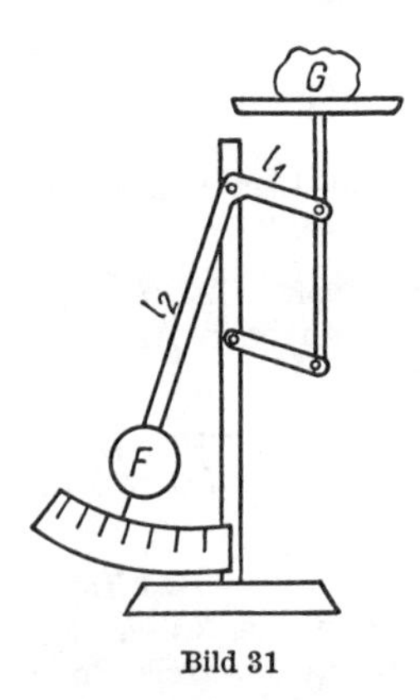


Bild 31

**65.** Ruht ein beladener Wagen, dessen Achsabstand $l = 4{,}5$ m beträgt, mit dem vorderen Radpaar auf der Plattform einer Waage, so zeigt diese die Masse 740 kg an. Ruht dagegen nur das hintere Radpaar auf der Waage, so zeigt die Waage 520 kg an. Welche Entfernung $l_1$ hat der Schwerpunkt des Wagens von der Hinterachse?

**66.** Wieviel wiegt der auf Bild 33 angegebene Balken, wenn er durch die am Ende angebrachte Last von 750 N in der Schwebe bleibt?

**67.** (Bild 34) Ein Balken wird am Ende mit $G_1 = 500$ N belastet und bleibt in der Schwebe, wenn er bei $A$ unterstützt wird. Wird er bei $B$ unterstützt, muß er am anderen Ende mit $G_2 = 400$ N belastet werden. Berechne Länge $l$ und Gewichtskraft $G$ des Balkens!

**68.** (Bild 35) Ein 1 m langer Stab wird zwischen 2 Schneiden $S_1$ und $S_2$, deren Belastungen sich wie 1:3 zueinander verhalten, in

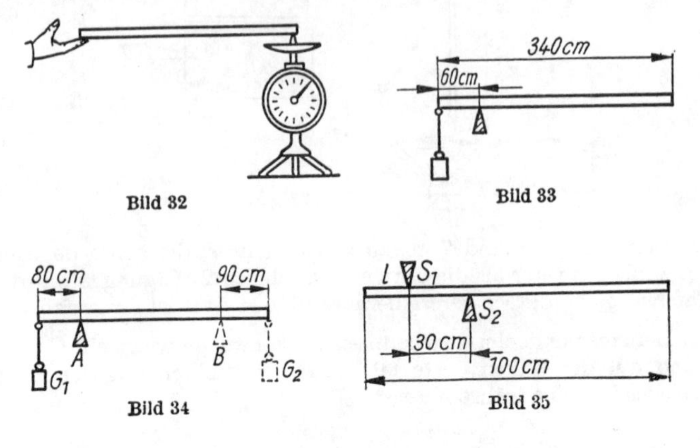


Bild 32

Bild 33

Bild 34

Bild 35

horizontaler Lage gehalten. Welche Teillänge $l$ des Stabes ragt über $S_1$ hinaus?

**69.** (Bild 36) Zwei um 1,80 m entfernte Stützen sollen einen 7 m langen Balken so tragen, daß die eine $^2/_3$ und die andere $^1/_3$ der Last aufnimmt. Um wieviel ragt der Balken auf beiden Seiten über?

**70.** Um welchen Winkel muß man den auf Bild 37 angegebenen Winkelhebel nach links drehen, damit er von selbst weiter nach links umklappt?

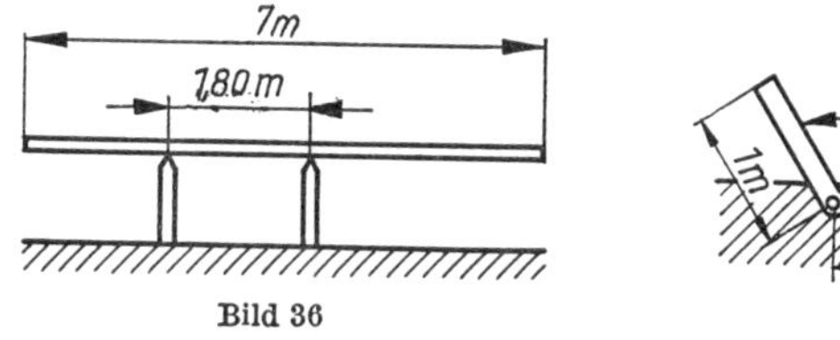


Bild 36

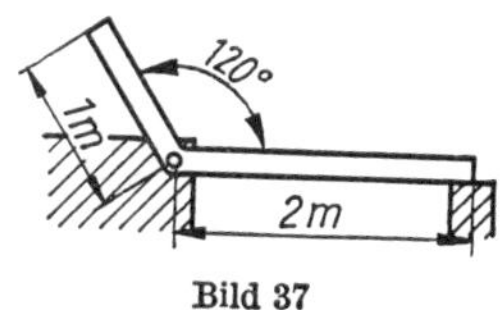


Bild 37

**71.** (Bild 38) Welches Drehmoment kann mittels einer im Punkt $A$ angreifenden Kraft von 15 N im Höchstfalle erzielt werden?

**72.** Welches Drehmoment hat ein 350 N schwerer und 6 m langer Balken bezüglich einer waagerechten Querachse, die 20 cm seitwärts von seinem Schwerpunkt liegt, a) in horizontaler Lage des Balkens und b), wenn der Balken mit der Waagerechten einen Winkel von 40° bildet?

**73.** (Bild 39) Ein 80 N schweres Dachfenster, dessen Schwerpunkt mit $S$ bezeichnet ist, wird durch die Strebe St abgestützt. Welche Kraft $F$ wirkt in der Strebe, wenn das Dach die Neigung 30° hat und das Fenster mit einem Winkel von 45° geöffnet ist?

**74.** (Bild 40) Der Deckel einer Truhe, dessen Schwerpunkt in der Mitte liegt, wird durch eine rechtwinklig angreifende Stütze ge-

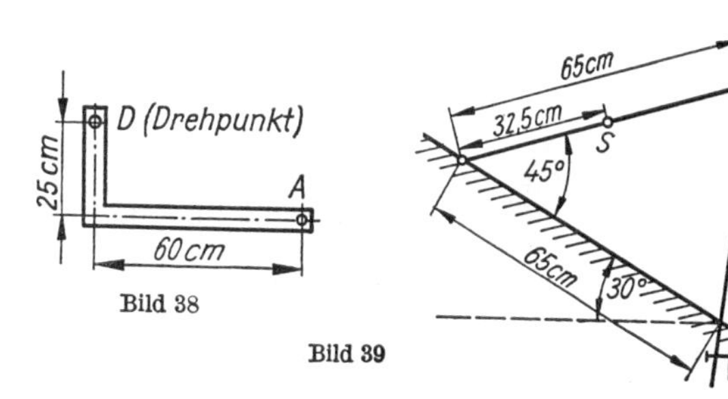


Bild 38

Bild 39

halten. Bei welchem Öffnungswinkel $\alpha$ beträgt die Stützkraft das 1,5fache der Gewichtskraft?

**75.** (Bild 41) Der dargestellte Hebel wird durch eine mit der Kraft 15 N gespannte Feder in senkrechter Lage gehalten. Welches rückdrehende Moment entsteht, wenn der Hebel um 90° geschwenkt wird und die Richtgröße der Feder 8 N/cm beträgt?

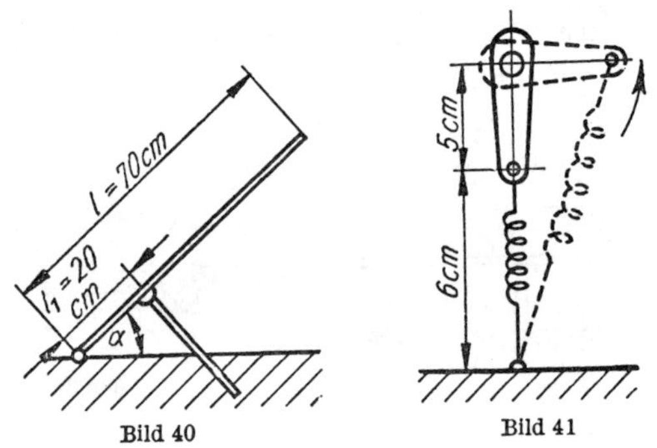


Bild 40 Bild 41

**76.** Um welchen Winkel $\varphi$ dreht sich der in Bild 42 angegebene, masselos zu denkende Waagebalken, wenn a) links 1 und rechts 2 Masseeinheiten und b) links 2 und rechts 3 Masseeinheiten hängen?

**77.** Welche Belastungen haben die auf Bild 43 angegebenen Stützen zu tragen?

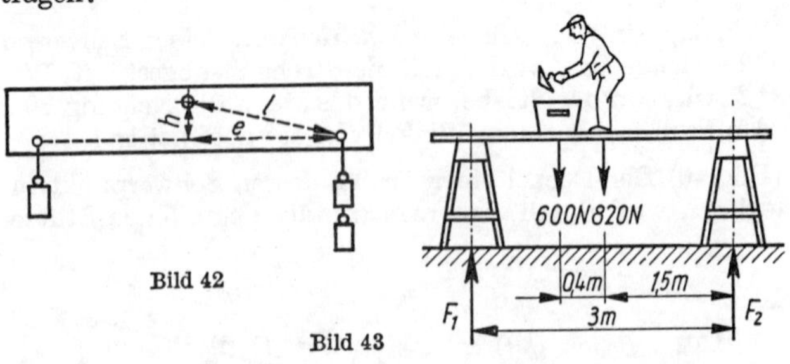


Bild 42

Bild 43

**78.** Wie groß sind die Auflagerkräfte $F_A$ und $F_B$ einer nach Bild 44 beidseitig gelagerten, 30 N schweren Welle, auf der ein 120 N schweres Rad sitzt?

**79.** Die auf Bild 45 angegebenen Räder sind $G_1 = 20$ N, $G_2 = 80$ N, $G_3 = 30$ N, $G_4 = 60$ N schwer, die Welle 50 N. Wie groß sind die Auflagerkräfte $F_A$ und $F_B$ in den beiden Lagern?

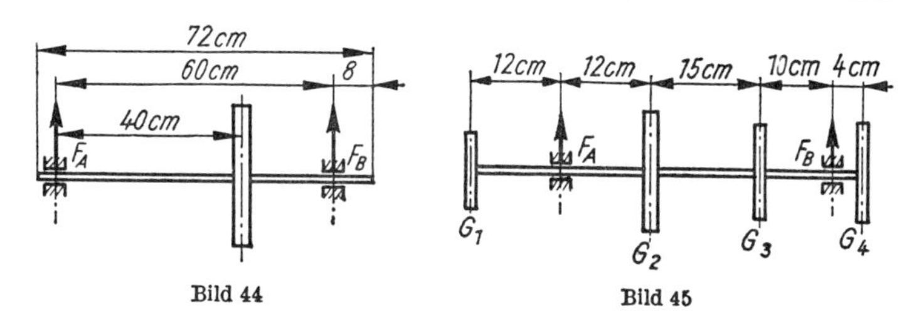


Bild 44

Bild 45

**80.** (Bild 46) In welchem Abstand $x$ vom rechten Lager muß das rechte Rad angebracht werden, damit die Auflagerkräfte $F_A$ und $F_B$ gleich groß werden, und wie groß sind diese dann? (Welle 80 N)

**81.** (Bild 47) Ein homogener Würfel, der die Gewichtskraft $G$ ausübt, kann sich um die Kante K drehen. Wie groß ist die Kraft $F$, um den Würfel durch Ziehen an dem unter dem Winkel $\alpha$ angreifenden Seil anzuheben?

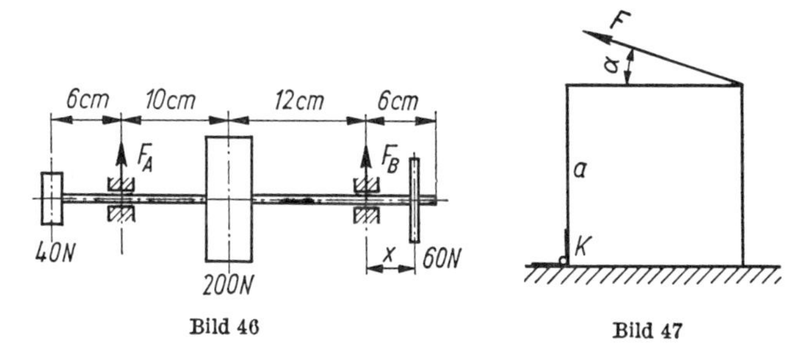


Bild 46

Bild 47

**82.** Mit welcher Kraft $F$ drückt eine um den Winkel $\alpha$ geneigte Leiter von der Länge $l$ gegen die Wand, wenn der Schwerpunkt samt Belastung auf der Leitermitte liegt? (Gesamtgewichtskraft $G$)

**83.** Eine $l = 5$ m lange und $G_1 = 150$ N schwere Leiter lehnt unter einem Winkel von $\alpha = 75°$ gegen einen Mast. Welche Strecke $h$ darf ein $G_2 = 750$ N schwerer Mann höchstens hinaufsteigen, wenn die gegen den Mast drückende Kraft nicht größer als 150 N sein darf?

**84.** (Bild 48) In der Mitte $M$ sowie am Ende $B$ eines bei $A$ pendelnd aufgehängten, masselos gedachten Stabes hängen zwei gleich große Wägestücke $G$, während in $M$ eine waagerecht gerichtete Zugkraft $F = G$ wirkt. Welchen Winkel bildet der Stab mit der Senkrechten?

**85.** An einer pendelnd aufgehängten losen Rolle wird nach Bild 49 eine Last $G$ hochgezogen. Unter welchem Winkel stellt sich die

Halterung gegen die Senkrechte ein, wenn alle Teile der Rolle masselos gedacht werden?

**86.** Die auf Bild 50 angegebene 100 N schwere Verschlußklappe wird durch eine im Schwerpunkt angreifende Gegengewichtskraft waagerecht in der Schwebe gehalten. Mit welcher Kraft $F$ muß sie bei $A$ gegen den Rand gedrückt werden, damit sie in der senkrechten Lage bleibt?

**87.** Die Gewichtskraft einer 240 N schweren Tür (Bild 51), deren Schwerpunkt in der vertikalen Mittellinie liegt, wird vollständig von der oberen Angel abgefangen. Welche Kräfte wirken in den beiden Angeln $A$ und $B$?

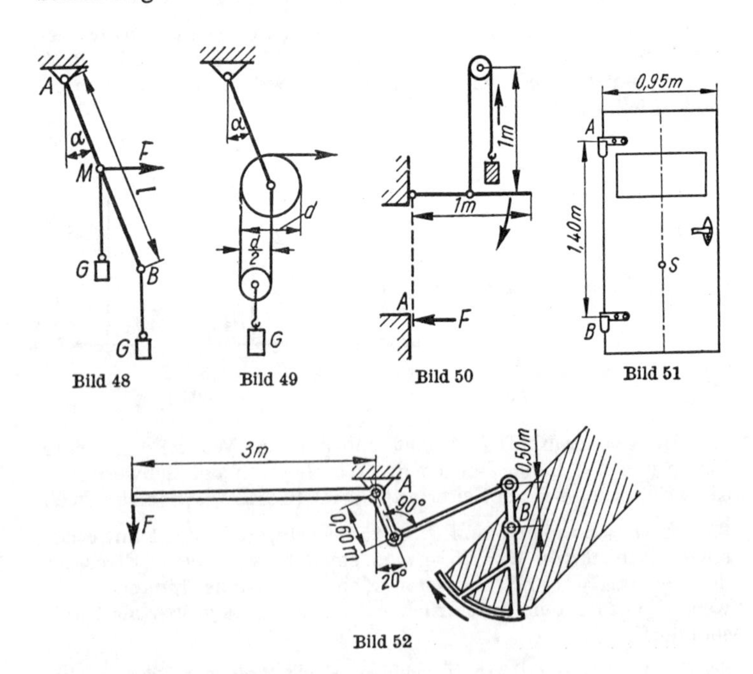


Bild 48 Bild 49 Bild 50 Bild 51

Bild 52

**88.** Das Öffnen der Verschlußklappe eines schräg liegenden Abfüllschachtes (Bild 52) erfordert in bezug auf Punkt $B$ (einschließlich Reibung) ein Drehmoment von 200 Nm. Mit welcher Kraft $F$ muß der Hebel nach unten gezogen werden? Das Hebelsystem ist bei $A$ und $B$ drehbar gelagert.

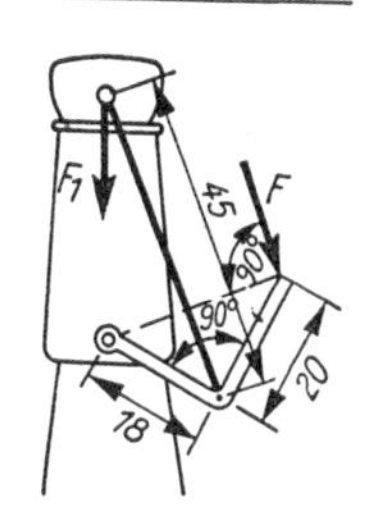

Bild 53

**89.** Gegen den Verschlußbügel einer Bierflasche wirkt in der auf Bild 53 angegebenen Stellung unter einem rechten Winkel die Kraft $F = 20$ N. Mit welcher Kraft $F_1$ wird der Verschluß auf die Flasche gedrückt?

### 1.1.4. Schwerpunkt und Standfestigkeit

**90.** (Bild 54) Wo liegt der Schwerpunkt $S$ eines 2 cm dicken und 80 cm langen, runden Holzstabes ($\varrho_1 = 0{,}6$ g/cm³), der zur Hälfte seiner Länge mit 1 mm dickem Eisenblech ($\varrho_2 = 7{,}6$ g/cm³) umhüllt ist?

**91.** Der Stiel des in Bild 55 angegebenen Hammers soll durch den Schwerpunkt des Kopfes laufen. Wie weit muß der Mittelpunkt der Bohrung von der stumpfen Kante entfernt sein? (Der rechnerische Einfluß der Bohrung selbst werde nicht berücksichtigt.)

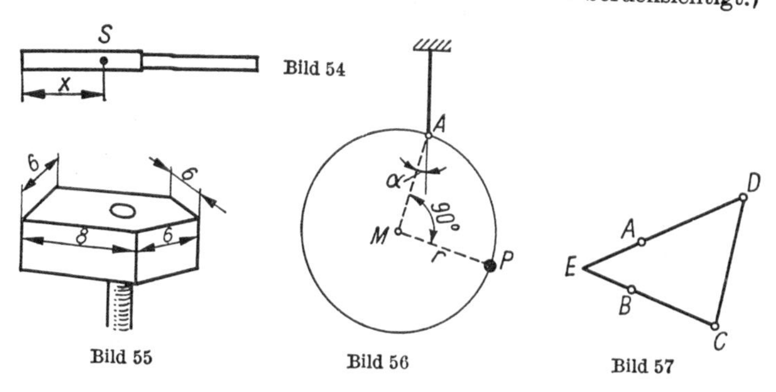

Bild 54

Bild 55 Bild 56 Bild 57

**92.** Eine nach Bild 56 bei $A$ aufgehängte Kreisscheibe trägt in $P$ eine praktisch punktförmige Masse, die gleich der halben Masse der Kreisscheibe ist. Um welchen Winkel $\alpha$ dreht sich die Scheibe zur Seite?

**93.** (Bild 57) Eine dreieckige Tischplatte $ECD$ ruht auf 4 Beinen, von denen 2 an den Eckpunkten $C$ und $D$ stehen. In welchem Abstand von der dritten Ecke $E$ müssen die anderen beiden Beine $A$ und $B$ stehen, damit alle 4 Beine gleich stark belastet werden? Die Verbindungslinie $\overline{AB}$ soll parallel zu $\overline{DC}$ verlaufen.

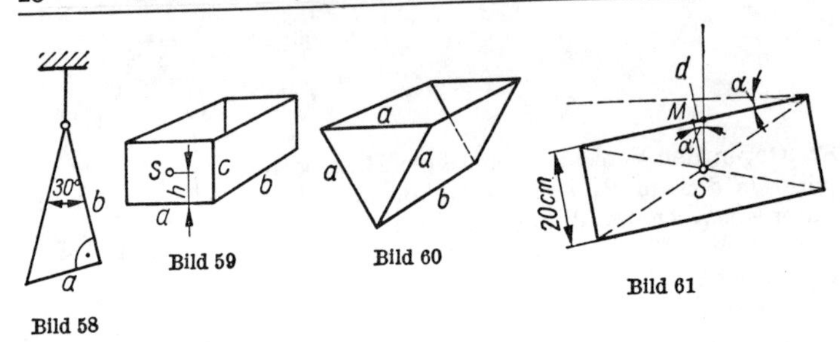


Bild 58 Bild 59 Bild 60 Bild 61

**94.** Es ist zu bestätigen, daß der Schwerpunkt eines Trapezes von der längeren parallelen Seite $a$ den Abstand

$s = \dfrac{h(a + 2b)}{3(a + b)}$ hat.

**95.** (Bild 58) Ein rechtwinkliges Dreieck ist in einer Ecke aufgehängt, deren Winkel 30° beträgt. Welchen Winkel $\alpha$ bildet die Hypotenuse mit der Verlängerung des Fadens?

**96.** In welcher Höhe $b$ über dem Boden liegt der Schwerpunkt eines oben offenen, zylindrischen, dünnwandigen Gefäßes von $h = 1{,}20$ m Höhe und $d = 0{,}80$ m Durchmesser bei überall gleicher Wanddicke?

**97.** Das in der vorigen Aufgabe betrachtete Gefäß hat die Masse 50 kg und kann sich um eine 3 cm oberhalb seines Schwerpunktes gelegene Querachse drehen. Bis zu welcher Höhe $x$ kann es mit Wasser gefüllt werden, ehe es umkippt?

**98.** (Bild 59) In welcher Höhe $h$ über dem Boden liegt der Schwerpunkt eines oben offenen, rechteckigen, dünnwandigen Kastens $a$, $b$, $c$ bei überall gleicher Wanddicke? (Beispiel: $a = 6$ cm, $b = 10$ cm, $c = 4$ cm)

**99.** In welcher Höhe $h$ über der Bodenkante liegt der Schwerpunkt eines oben offenen, dreieckigen Troges nach Bild 60? (Zahlenbeispiel: $a = 3$ cm, $b = 6$ cm)

**100.** (Bild 61) Ein 20 cm dicker Balken hängt an einem Seil, das $d = 2$ cm seitlich vom Mittelpunkt $M$ der Oberkante befestigt ist. Um welchen Winkel $\alpha$ neigt sich der Balken gegen die Horizontale?

**101.** Die Unwucht einer Kreisscheibe vom Radius $r_1 = 300$ mm, infolge deren der Schwerpunkt $d = 1$ mm außer der Mitte liegt, soll durch Bohren eines kreisförmigen Loches von $r_2 = 20$ mm behoben werden. In welchem Abstand $e$ von der Mitte muß die Lochmitte liegen?

### 1.1.5. Festigkeit

**102.** (Bild 62) Ein zylindrischer Stab aus Bronze von 20 cm Länge und 1,5 cm Durchmesser wird durch eine Zugkraft von 5 kN einem Dehnungsversuch unterworfen und verlängert sich dabei um 0,05 mm. Wie groß ist a) der Elastizitätsmodul, b) die Dehnzahl und c) die Dehnung für den Fall der höchstzulässigen Zugspannung 100 N/mm²?

**103.** Mit welcher Kraft ist eine 0,1 mm dicke und 25 cm lange Klaviersaite gespannt, wenn sie sich beim Stimmen um 1,8 mm dehnt? ($E = 2{,}1 \cdot 10^5$ N/mm²)

**104.** (Bild 63) Welchen Durchmesser muß das Material einer mit 80 kN belasteten Gliederkette haben, wenn die zulässige Spannung 55 N/mm² beträgt?

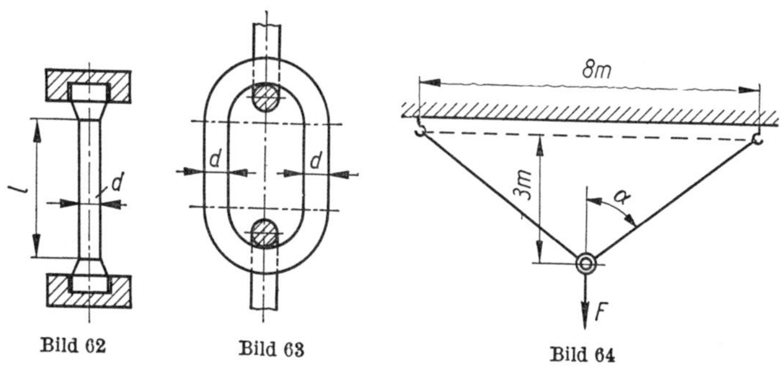


Bild 62 Bild 63 Bild 64

**105.** (Bild 64) Welche Last $F$ darf an die beiden Stahlseile von je 1,5 cm² Querschnitt höchstens angehängt werden, wenn die zulässige Zugspannung $\sigma_{zul} = 140$ N/mm² beträgt?

**106.** Welche Arbeit ist erforderlich, um einen 15 m langen und 1,2 mm dicken Chromnickeldraht ($E = 2{,}1 \cdot 10^5$ N/mm²) bis zur zulässigen Grenze von 350 N/mm² zu spannen?

**107.** (Bild 65) Eine an der angegebenen Stelle mit $F = 5000$ N belastete Plattform, deren Eigenmasse vernachlässigt sei, ist einerseits mit 2 Schrauben befestigt und wird noch durch 2 Streben abgestützt. a) Welche Kräfte wirken in den Streben und Halteschrauben? b) Welchen Querschnitt müssen die Streben haben? ($\sigma_{zul} = 65$ N/mm²) c) Welchen Durchmesser müssen die Schrauben haben? ($\sigma_{zul} = 48$ N/mm²)

**108.** (Bild 66) Ein $F_G = 800$ N schwerer und $l = 3{,}50$ m langer Ausleger stützt sich gegen einen Mauervorsprung und wird von der Zugstange Z, deren Durchmesser 10 mm beträgt, gehalten. Die

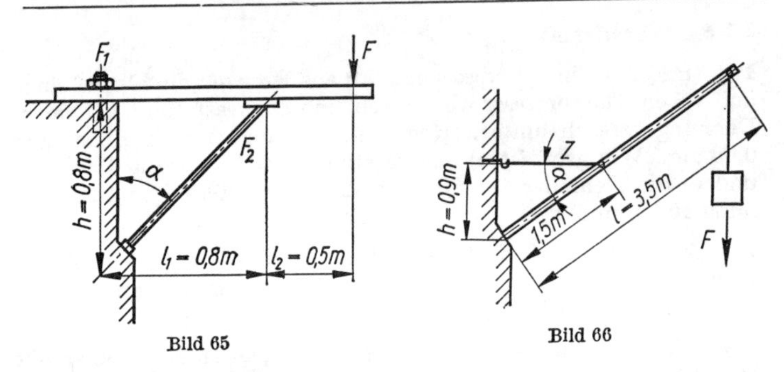


Bild 65 Bild 66

zulässige Zugspannung beträgt $\sigma_{zul} = 120$ N/mm². Welche Last $F$ darf höchstens angehängt werden?

**109.** (Bild 67) Die Kopplung zweier mit der Kraft 120 kN auf Zug beanspruchter Stangen wird durch Flansche hergestellt, die durch 4 Schrauben verbunden sind. a) Welchen Kerndurchmesser müssen die Schrauben haben, wenn die zulässige Zugspannung 48 N/mm² beträgt? b) Welche Verlängerung erfahren die Schrauben, wenn sie den Durchmesser 36 mm und den Elastizitätsmodul $2{,}1 \cdot 10^5$ N/mm² haben?

**110.** (Bild 68) Ein Dampfzylinder ist durch einen Deckel verschlossen, der mit 12 am Umfang des Flansches verteilten Schrauben M 10 (Kerndurchmesser $d_1 = 8{,}16$ mm, $\sigma_{zul} = 75$ N/mm²) befestigt ist. Welcher maximal zulässige Dampfdruck ergibt sich hieraus?

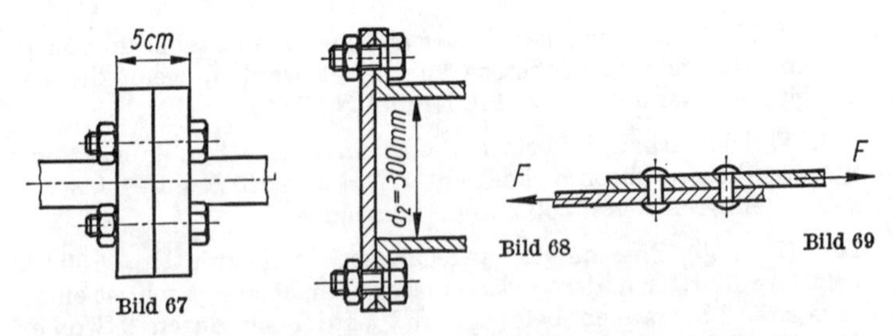


Bild 67 Bild 68 Bild 69

**111.** (Bild 69) Wieviel Niete von je 4 mm Durchmesser sind erforderlich, wenn sie, hintereinander liegend, zwei 5 mm dicke Alu-Schienen in einfacher Überlappung verbinden sollen, die einer Zugkraft von 2000 N unterliegen? Wie breit müssen die Schienen mindestens sein? Es sei $\tau_{zul} = \sigma_{zul} = 45$ N/mm² angenommen.

**112.** Aus $s = 2$ mm dickem Alu-Blech, dessen Scherfestigkeit 60 N/mm² beträgt, sollen Ringe vom Außen- bzw. Innendurchmesser 40 mm bzw. 30 mm gestanzt werden. Wie groß sind die Stanzkraft und die je Stück aufzuwendende Arbeit, wenn für die Reibung ein Zuschlag von 25 % gemacht wird?

**113.** Eine Stanze vermag eine maximale Druckkraft von 550 kN auszuüben. Wieviel kreisrunde Blechscheiben von je 2,5 cm Durchmesser können aus 4 mm dickem Blech gleichzeitig gestanzt werden, wenn die Scherfestigkeit 420 N/mm² beträgt und mit 30 % Kraftverlusten gerechnet wird?

### 1.1.6. Einfache Maschinen

**114.** (Bild 70) Welche Kraft wirkt bei $A$, wenn das über die Rolle gelegte Seil einerseits die Last $G_1$ trägt, andererseits am Boden festgeknüpft ist? $G_1 = 500$ N, Gewichtskraft der Rolle $G_2 = 100$ N.

**115.** (Bild 71) Welche Kraft $F$ am freien Ende des einfachen Flaschenzuges hält der Last $G_1 = 1800$ N das Gleichgewicht? Gewichtskraft der festen $G_2 = 40$ N, der losen Rolle $G_3 = 60$ N. Welche Kräfte wirken in $A$ und $B$?

**116.** (Bild 72) Welche Kraft $F$ hält am freien Ende des Flaschenzuges der Last $G_1$ das Gleichgewicht? $G_1 = 5000$ N, Gewichtskräfte der festen Rollen $G_{2,3} = 200$ N, der losen Rolle $G_4 = 70$ N. Welche Kraft $F_A$ hat die Aufhängung zu tragen?

**117.** Es ist ein Flaschenzug zu zeichnen, der die Wirkung einer Last auf den fünften Teil reduziert.

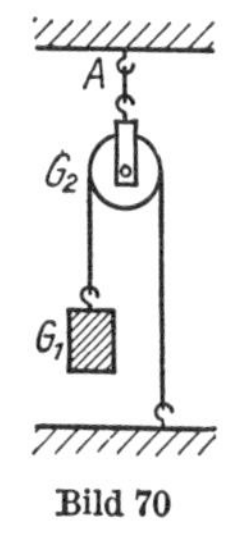

Bild 70

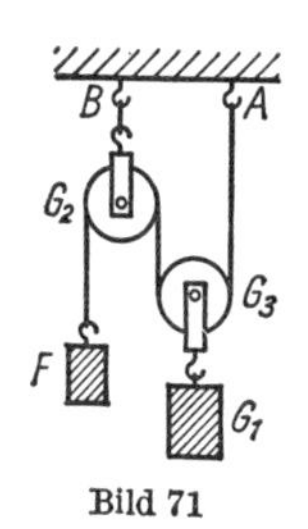

Bild 71

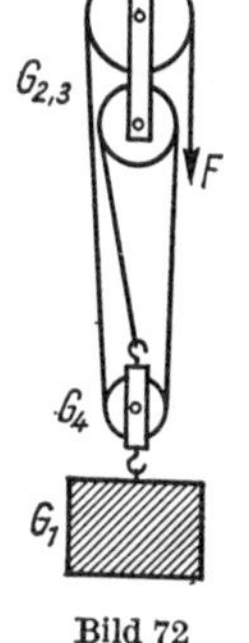

Bild 72

**118.** (Bild 73) Welche Gegengewichtskraft $G$ hält dem Eimer $G_1 = 180$ N das Gleichgewicht, wenn die Rolle $G_2 = 60$ N und die Kette $G_3 = 45$ N schwer sind? Die Eigengewichtskraft des Balkens werde vernachlässigt.

**119.** (Bild 74) Welche Kraft $F$ muß aufgewandt werden, um der Last $G = 800$ N das Gleichgewicht zu halten?

**120.** (Bild 75) Welche Kraft $F$ ist erforderlich, um der Last $G = 900$ N das Gleichgewicht zu halten, wenn jede Rolle 30 N schwer ist?

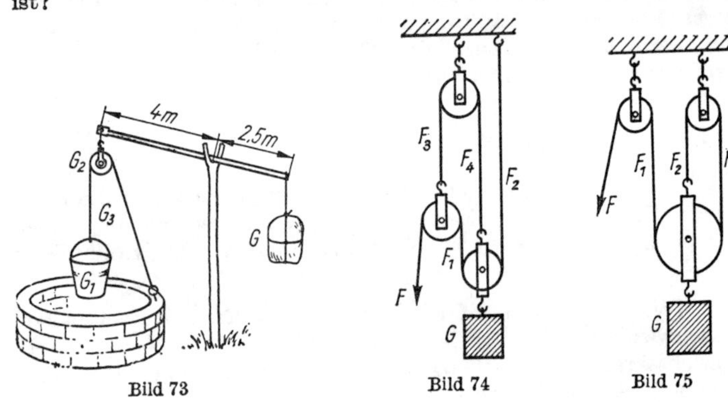


Bild 73 Bild 74 Bild 75

**121.** Ein Träger T, der die Gewichtskraft $G$ ausübt, wird mittels eines Seils über 5 Rollen (Bild 76) um den Drehpunkt $A$ nach oben geschwenkt. Wie groß ist die Zugkraft $F$, die dem Träger das Gleichgewicht hält? Eine der Rollen ist im Schwerpunkt $S$ des Trägers befestigt.

**122.** (Bild 77) Eine $G = 2500$ N schwere Last wird durch Antrieb mit Riemenscheibe ($R = 50$ cm) und Welle ($r = 8$ cm) mit gleichförmiger Geschwindigkeit gehoben. Die Kraft $F_1$ im Zugtrum ist das 2,3fache der Kraft $F_2$ im Leertrum. Wie groß sind die Riemenkräfte $F_1$ und $F_2$?

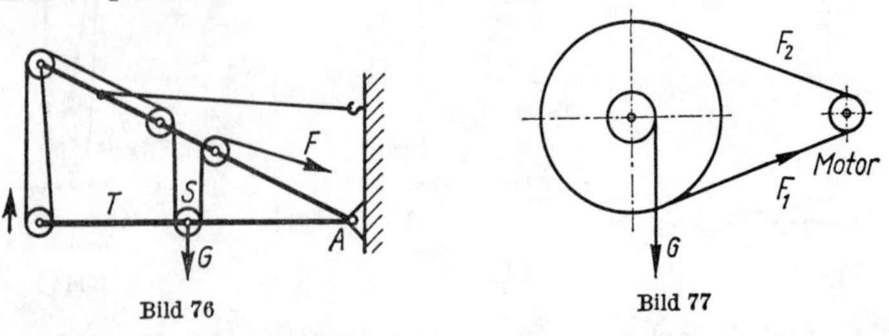


Bild 76 Bild 77

**123.** Ein Motor, dessen Drehmoment 40 Nm beträgt, treibt nach Bild 78 zwei Maschinen über eine Transmission an. Welchen Radius $r$ muß die Antriebsscheibe haben?

**124.** Welche Druckkraft $F$ erzeugt eine Handspindelpresse von 8,5 mm Ganghöhe, wenn am 35 cm langen Hebelarm eine Kraft von 160 N ausgeübt wird?

**125.** Welche Ganghöhe $h$ muß die Spindel einer Prägepresse haben, wenn mit Hilfe der am Handrad von 65 cm Durchmesser wirkenden Antriebskraft von 30 N eine Druckkraft von 12250 N erzeugt werden soll?

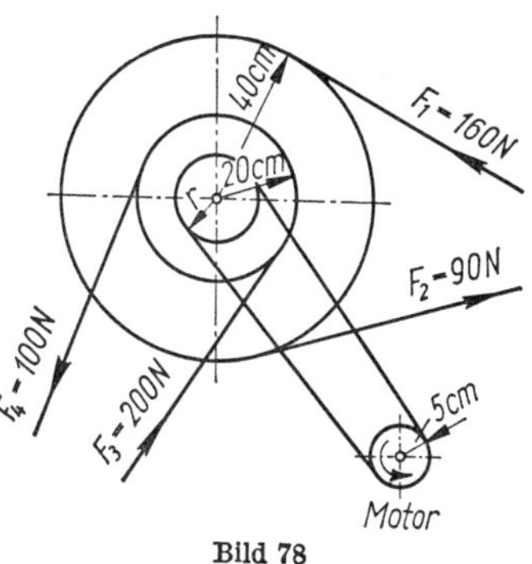


Bild 78

**126.** Mit welcher Kraft $F$ wird die Druckplatte der Kniehebelpresse nach Bild 79 angedrückt, wenn an der Handkurbel mit einer Kraft von 25 N gedreht wird? (Ganghöhe der Spindeln 4 mm)

**127.** Der Motor eines PKW hat das maximale Drehmoment 95 N m. Welche Zugkraft entwickelt der Wagen im 1. Gang bei der Untersetzung 1:3,8 und dem Raddurchmesser 64 cm?

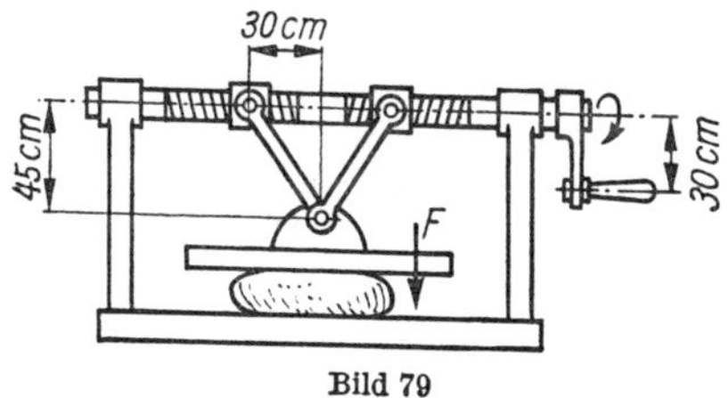


Bild 79

### 1.1.7. Reibung (statisch)

**128.** Die Zugkraft einer 2,48 MN schweren Gelenklokomotive mit einer Reibungsgewichtskraft von 1,70 MN wird zu 375 kN angegeben. Mit welcher Haftreibungszahl $\mu$ wird dabei gerechnet?

**129.** Zum Ziehen eines 1600 N schweren Handwagens wird eine Kraft von 120 N benötigt. Wie groß ist die Fahrwiderstandszahl?

**130.** (Bild 80) Welche Kraft $F$ bewegt einen Körper, der die Gewichtskraft $G$ ausübt, mit gleichförmiger Geschwindigkeit hangaufwärts? (Gegeben sind der Neigungswinkel $\alpha$ und die Gleitreibungszahl $\mu$.)

**131.** (Bild 80) Welche hangaufwärts gerichtete Kraft $F$ hindert den Körper bei gegebener Haftreibungszahl $\mu_0$ am Abgleiten?

**132.** Weshalb ist der Bremsweg eines Fahrzeuges mit blockierten Rädern länger als mit rollenden Rädern?

**133.** (Bild 81) Welche waagerecht gerichtete Zugkraft $F$ ist erforderlich, um eine Last mit der Gewichtskraft $G$ auf einer schiefen Ebene von der Steigung $\alpha$ bei der Reibungszahl $\mu$ aufwärts zu bewegen?

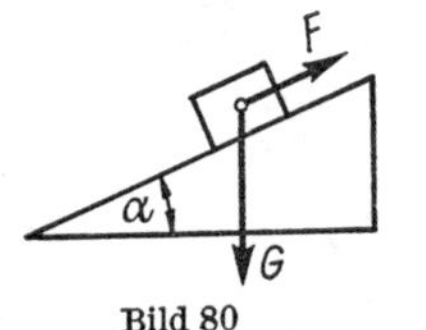

Bild 80

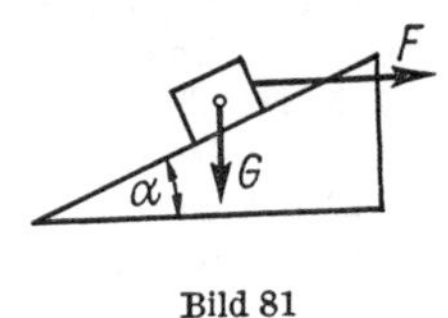

Bild 81

**134.** (Bild 82) Am Kopf einer Schraubenspindel von 30 mm Gewindedurchmesser und 15 mm Ganghöhe wirkt ein Drehmoment von 45 N m. Wie groß wird die axial gerichtete Kraft $F$ bei einer Reibungszahl von $\mu = 0{,}2$?

**135.** Bei welchem Spreizwinkel rutschen die Füße einer oben belasteten, ungesicherten Stehleiter auseinander, wenn für die Reibungszahl am Boden $\mu = 0{,}3$ angenommen wird? Die Eigengewichtskraft der Leiter bleibe unberücksichtigt.

**136.** Welche Kraft $F$ ist am Bremshebel einer einfachen Backenbremse erforderlich, wenn Bremskraft $F_b$, Reibungszahl $\mu$ und Hebellängen nach Bild 83 gegeben sind a) bei Rechtsdrehung und b) bei Linksdrehung der Bremsscheibe?

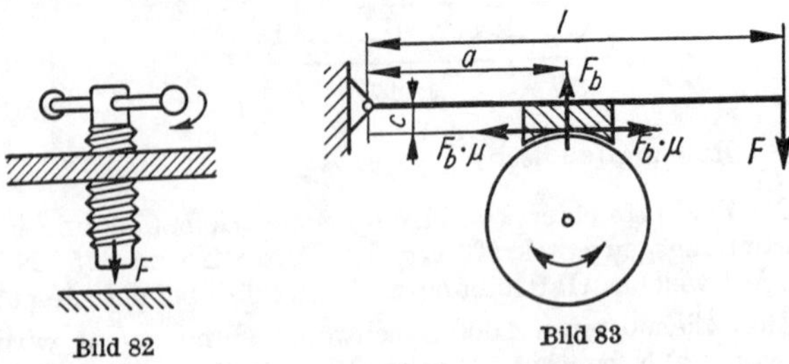

Bild 82

Bild 83

**137.** (Bild 84) Der Bremshebel der Backenbremse ist so angeordnet, daß der Drehpunkt auf der Wirkungslinie der Reibungskraft liegt. Wie groß ist die am Hebel erforderliche Kraft $F$, und welche Besonderheiten treten gegenüber Aufgabe 136 auf?

**138.** (Bild 85) Ein 20 N schwerer Holzquader liegt auf einer schiefen Ebene mit dem Neigungswinkel $\alpha = 20°$ und wird zunächst infolge

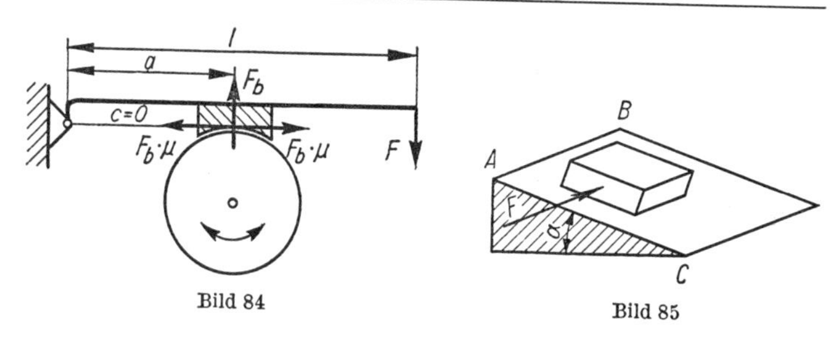


Bild 84

Bild 85

der Reibung ($\mu = 0{,}5$) am Abgleiten gehindert. Durch eine parallel zur Kante $AB$ wirkende Kraft wird er mit konstanter Geschwindigkeit bewegt. Wie groß ist diese Kraft $F$, und unter welchem Winkel weicht die resultierende Bewegung von der Richtung $AC$ ab?

**139.** (Bild 86) Eine $b = 2$ m breite Kiste wird durch horizontalen Zug abgeschleppt. In welcher Höhe $h$ darf das Seil höchstens angebracht werden, damit die Kiste nicht kippt? (Schwerpunkt $S$ in der Mitte, $\mu = 0{,}6$)

**140.** (Bild 87) Auf eine schräge Bahn gelegte Kisten sollen von selbst nach unten rutschen. Welche Höhe $h$ dürften sie bei gegebener Breite $b$ höchstens haben, damit sie sich dabei nicht überschlagen? (Haftreibungszahl $\mu = 0{,}7$)

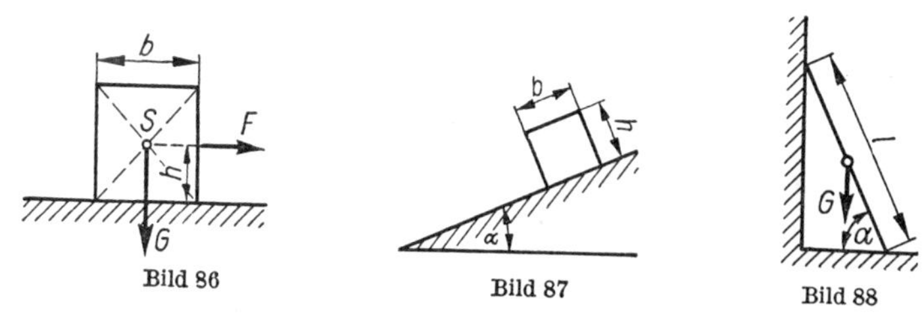


Bild 86

Bild 87

Bild 88

**141.** (Bild 88) Ein Balken, der reibungslos an einer Wand lehnt, stützt sich gegen den rauhen Fußboden (Reibungszahl $\mu$). Wie groß muß der Winkel $\alpha$ mindestens sein, damit der Balken nicht wegrutscht?

**142.** a) Um wieviel Grad muß eine Rutschbahn gegen die Horizontale geneigt sein, wenn Pakete bei einer Haftreibungszahl $\mu_0 = 0{,}6$ darauf abgleiten sollen? b) Mit welcher Geschwindigkeit kommen die Pakete unten an, wenn die Bahn 15 m lang ist und die Gleitreibungszahl $\mu = 0{,}4$ beträgt?

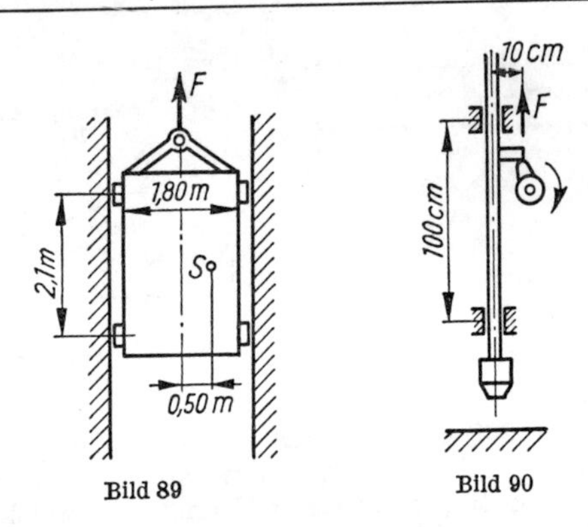


Bild 89 Bild 90

**143.** (Bild 89) Der Schwerpunkt eines 8000 N schweren Lastenaufzuges liegt 50 cm seitlich der Mittellinie. Welche Kraft $F$ ist einschließlich der Reibung in den Führungen ($\mu = 0{,}15$) bei gleichförmiger Aufwärtsbewegung zu überwinden?

**144.** (Bild 90) Ein 500 N schwerer Schmiedehammer wird durch Drehung eines Nockens angehoben, dessen äußerster Angriffspunkt 10 cm von der Längsachse des Stiels entfernt ist. Welche senkrecht gerichtete Kraft $F$ ist zum Anheben nötig, wenn die Reibungszahl in den beiden Führungen $\mu = 0{,}2$ beträgt?

## 1.2. Kinematik

### 1.2.1. Gleichförmige und beschleunigte geradlinige Bewegung

**145.** Ein LKW legt insgesamt 120 km zurück, davon 90 km mit $v_1 = 40$ km/h und 30 km mit $v_2 = 60$ km/h. Wie lange dauert die Fahrt einschließlich einer Pause von 10 min?

**146.** Ein Wagen benötigt für eine Strecke von 120 km, die er zum Teil mit $v_1 = 40$ km/h, zum Teil mit $v_2 = 60$ km/h durchfährt, einschließlich einer Pause von 15 min die Zeit 2 h 40 min. Wie groß sind die beiden Teilstrecken?

**147.** Welche mittlere Geschwindigkeit $v_m$ hat der Motorkolben eines Kraftwagens bei einer Drehzahl von $n = 3600$ 1/min und dem Hub $h = 69$ mm?

**148.** Bei Querwind wird die Rauchfahne eines 90 m langen Zuges, der mit $v_1 = 70$ km/h fährt, abgetrieben und steht 30 m seitwärts vom Zugende. Welche Geschwindigkeit $v_2$ hat der Wind?

**149.** Ein Beobachter sitzt 2 m hinter einem 50 cm breiten Fenster. Vor dem Fenster verläuft in 500 m Entfernung quer zur Blickrichtung eine Landstraße.
Welche Geschwindigkeit hat ein Radfahrer, der 15 s lang im Blickfeld des Fensters zu sehen ist?

**150.** Ein Gegenstand bewegt sich in $e = 250$ m Entfernung mit $v_1 = 20$ m/s quer zur Visierlinie eines Gewehres. Um welche Strecke muß der Zielpunkt bei einer Geschoßgeschwindigkeit von $v_2 = 800$ m/s vorverlegt werden?

**151.** Eine Uhr braucht 6 Sekunden, um „6“ zu schlagen. Wieviel Sekunden braucht sie, um „12“ zu schlagen?

**152.** Mit welcher Geschwindigkeit verläßt ein Infanteriegeschoß den 80 cm langen Lauf, wenn ihm die eingearbeiteten Züge eine Drehzahl von $n = 4\,500$ 1/s erteilen und auf die Länge des Laufes 4 Drallängen entfallen?

**153.** Ein Kraftwagen bremst mit der Verzögerung 6,5 m/s² und legt bis zum Stillstand die Strecke 45 m zurück. Wie groß sind Bremszeit und Anfangsgeschwindigkeit?

**154.** Wie groß ist die Beschleunigung eines aus der Ruhelage startenden Körpers, der in der 6. Sekunde 6 m zurücklegt?

**155.** Welche Strecke legt eine Rakete in den nächsten 2,5 s zurück, wenn sie die Geschwindigkeit 900 m/s erreicht hat und die Beschleunigung 45 m/s² beträgt?

**156.** Ein Kraftwagen steigert beim Durchfahren von 125 m seine Geschwindigkeit von 15 m/s auf 28 m/s. Wie groß sind die zum Durchfahren der Strecke erforderliche Zeit und die Beschleunigung?

**157.** Wie groß sind Anfangsgeschwindigkeit und Beschleunigung eines Körpers, der in der 6. Sekunde 6 m und in der 11. Sekunde 8 m zurücklegt?

**158.** Ein Fahrzeug hat die Anfangsgeschwindigkeit $v_0 = 6$ m/s und legt innerhalb der ersten 5 s die Strecke 40 m zurück. Wie groß ist die Beschleunigung?

**159.** Ein Güterzug verringert durch gleichmäßiges Bremsen seine Geschwindigkeit von 54 km/h auf 36 km/h und legt dabei die Strecke 500 m zurück. Wie lange dauert der Bremsvorgang?

**160.** Die Geschwindigkeit eines PKW beträgt 4 s nach dem Anfahren im 1. Gang 25 km/h, nach weiteren 4 s im 2. Gang 45 km/h, nach weiteren 7 s im 3. Gang 65 km/h und nach weiteren 13 s im 4. Gang 90 km/h.

a) Wie groß sind die 4 Beschleunigungswerte?
b) Wie groß ist die durchschnittlich erzielte Beschleunigung?
c) Welche Gesamtstrecke wird während des Anfahrens zurückgelegt?

Die für das Schalten benötigten Zwischenzeiten sollen vernachlässigt werden.

**161.** Untersuchungen der Bremsreaktionszeit bei Kraftfahrern ergaben für eine Gruppe 0,74 s, für eine andere Gruppe 0,86 s. Welche Gesamtstrecke wird beim Bremsen mit einer Verzögerung von $a = 4{,}5\ \mathrm{m/s^2}$ aus einer Geschwindigkeit von $v = 72$ km/h zurückgelegt?

**162.** Während ein Personenzug 700 m zurücklegt, bremst er mit einer Verzögerung von $0{,}15\ \mathrm{m/s^2}$. Wie groß sind die Bremszeit und seine Endgeschwindigkeit, wenn die Anfangsgeschwindigkeit 55 km/h beträgt?

**163.** Ein Motorrad beschleunigt seine Fahrt 6 s lang mit $1{,}8\ \mathrm{m/s^2}$ und erreicht die Endgeschwindigkeit 85 km/h. Wie groß ist die Anfangsgeschwindigkeit?

**164.** Ein Kraftwagen, dessen Geschwindigkeit anfangs 45 km/h und nach 12 s 60 km/h beträgt, fährt mit der gleichen Beschleunigung weiter. Nach wieviel Sekunden ist seine Geschwindigkeit von 60 km/h auf 90 km/h gestiegen?

**165.** Welche Beschleunigung hat ein Güterzug, der 25 s benötigt, um seine Geschwindigkeit von 36 km/h auf 48 km/h zu erhöhen, und welche Strecke legt er dabei zurück?

**166.** Welche Strecke muß ein Kraftwagen durchfahren, um mit der Beschleunigung $1{,}8\ \mathrm{m/s^2}$ seine Geschwindigkeit von 10 m/s auf 20 m/s zu erhöhen, und welche Zeit benötigt er hierfür?

**167.** Zwei Kraftfahrer starten gleichzeitig von derselben Stelle. Der eine hat die Beschleunigung $a_1 = 1{,}8\ \mathrm{m/s^2}$ und hat nach 16 s vor dem anderen einen Vorsprung von $s' = 50$ m. Welche Beschleunigung hat der andere?

**168.** Ein Motorrad durchfährt mit gleichmäßiger Beschleunigung eine 90 m lange Stoppstrecke in 3 s und verdoppelt dabei seine Geschwindigkeit. Welche Geschwindigkeiten wurden gestoppt, und wie weit ist der erste Meßpunkt vom Startplatz entfernt?

**169.** (Bild 91) Zwei Fahrzeuge starten unter einem rechten Winkel mit gleichmäßig anhaltender Beschleunigung und sind nach Ablauf

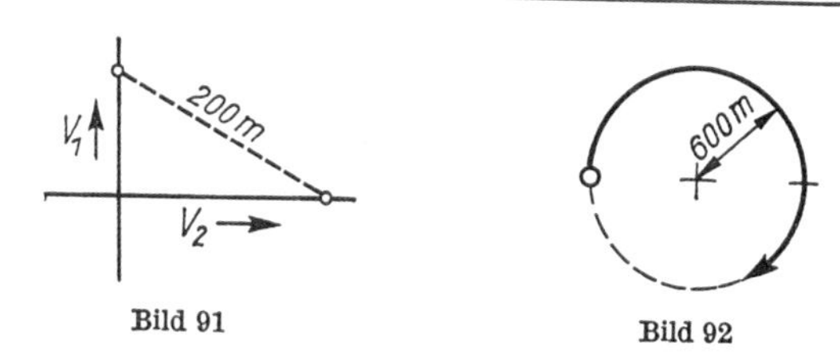


Bild 91

Bild 92

von 15 s um 200 m voneinander entfernt, das eine jedoch doppelt so weit von der Kreuzung entfernt wie das andere. Welche Geschwindigkeiten haben sie in diesem Augenblick?

**170.** (Bild 92) Nach Durchlaufen einer halben Kreisbahn vom Radius 600 m hat ein Eisenbahnzug durch gleichmäßiges Bremsen seine Anfangsgeschwindigkeit von 36 km/h auf die Hälfte verringert. Welcher Bruchteil der Kreisbahn wird noch bis zum Stillstand durchfahren?

**171.** Ein Kurzstreckenläufer legt die Strecke von 100 m in 12 s zurück, davon die ersten 20 m gleichmäßig beschleunigt und den Rest mit gleichförmiger Geschwindigkeit. Wie groß sind erreichte Höchstgeschwindigkeit und Beschleunigung?

**172.** Ein Fahrzeug fährt 5 s lang mit einer Beschleunigung von $a_1 = 2{,}5\ \mathrm{m/s^2}$, hierauf mit gleichförmiger Geschwindigkeit weiter und bremst dann mit einer Verzögerung von $a_2 = 3{,}5\ \mathrm{m/s^2}$ bis zum Stillstand. Die gesamte Fahrstrecke beträgt 100 m. Welche Fahrzeit wird benötigt?

**173.** Ein mit 72 km/h fahrender Zug erleidet eine Verspätung von $t_v = 3$ min dadurch, daß er vorübergehend nur mit 18 km/h fahren darf. Brems- und Anfahrbeschleunigung betragen 0,2 bzw. 0,1 m/s². Wie lang ist die langsam durchfahrene Teilstrecke?

**174.** Der Kutscher einer mit gleichförmiger Geschwindigkeit fahrenden Langholzfuhre steigt während der Fahrt von seinem Sitz und begibt sich an das hintere Ende der Fuhre, um dort etwas nachzusehen. Hierbei macht er 10 Schritte. Er geht danach wieder nach seinem Sitz zurück und muß hierbei 15 Schritte machen. Wieviel Schritt lang ist die Fuhre?

**175.** Ein Fahrzeug vermindert durch Abbremsen mit der Verzögerung $a = 1{,}6\ \mathrm{m/s^2}$ seine Geschwindigkeit auf $v_2 = 36$ km/h. Wie groß ist seine Anfangsgeschwindigkeit, wenn die Bremsstrecke 70 m beträgt?

**176.** Ein Kradfahrer erblickt in 50 m Entfernung eine Ortstafel, von der ab nur mit $v_2 = 50$ km/h gefahren werden darf.

Wie lange dauert der Bremsvorgang und wie groß ist die Bremsverzögerung, wenn seine Anfangsgeschwindigkeit $v_1 = 80$ km/h beträgt?

**177.** Ein Kradfahrer erreicht im Verlauf von 3 s nach Verlassen einer Ortschaft eine Geschwindigkeit von $v_2 = 65$ km/h und legt während dieser Zeit 40 m zurück. Wie groß ist seine Anfangsgeschwindigkeit?

**178.** Für die letzten 2000 m bis zur Haltestelle benötigt ein Omnibus 2 min. Wie groß ist seine volle Fahrgeschwindigkeit, wenn der restliche Teil der 2 km langen Strecke, d. h. die Bremsstrecke, mit der Verzögerung $a = 2{,}5$ m/s² durchfahren wird?

**179.** Mit welcher Anfangsgeschwindigkeit fährt ein Kraftfahrer, der nach dem Gewahrwerden eines Hindernisses noch 35 m zurücklegt, wenn die Reaktionszeit 0,8 s und die Bremsverzögerung 6,5 m/s² betragen?

**180.** Ein Kraftwagen fährt gleichmäßig mit 40 km/h an einem zweiten stehenden Kraftwagen vorüber. Nachdem sein Vorsprung 100 m beträgt, startet der zweite Wagen und fährt mit gleichbleibender Beschleunigung von 1,2 m/s² hinterher. Welche Zeit $t$ braucht der zweite Wagen bzw. welche Strecke $s$ muß er zurücklegen, um den ersten Wagen einzuholen?

**181.** Ein Kraftwagen fährt mit konstanter Geschwindigkeit $v =$ 36 km/h an einem Motorradfahrer vorüber, der sich soeben mit gleichmäßiger Beschleunigung in Bewegung setzt und den Wagen nach 30 s überholt. Welche Beschleunigung hat das Motorrad und mit welcher Geschwindigkeit überholt es den Wagen?

**182.** Ein Lastwagen fährt mit der konstanten Geschwindigkeit $v_2 = 60$ km/h hinter einem anderen Wagen her, dessen Geschwindigkeit $v_1 = 42$ km/h beträgt. Nach welcher Zeit $t$ und welcher Fahrstrecke $s$ wird der langsamere Wagen eingeholt, wenn die Wagen einen anfänglichen Abstand von 400 m haben?

**183.** Ein Kraftwagen mit $v_2 = 60$ km/h wird von einem zweiten mit $v_1 = 70$ km/h überholt. Wie lange dauert der Überholvorgang, und welche Fahrstrecke muß der Überholer dabei zurücklegen, wenn der gegenseitige Abstand vor und nach dem Überholen 20 m beträgt und beide Wagen je 4 m lang sind?

**184.** Zwei Züge, von denen der eine 150 m und der andere 200 m lang ist, begegnen sich auf freier Strecke. Welche Geschwindigkeit haben beide Züge, wenn die Vorbeifahrt 10 s lang dauert und der eine während dieser Zeit die absolute Strecke 160 m zurücklegt?

### 1.2.2. Freier Fall und Wurf

**185.** Welche Strecke legt ein frei fallender Körper während der neunten Sekunde zurück?

**186.** Ein frei fallender Körper passiert zwei 12 m untereinanderliegende Meßpunkte im zeitlichen Abstand von 1,0 s. Aus welcher Höhe über dem oberen Meßpunkt fällt der Körper, und welche Geschwindigkeit hat er in den beiden Punkten?

**187.** In der wievielten Sekunde legt ein frei fallender Körper 122,6 m zurück?

**188.** Welche Neigung muß ein Dach bei gegebener Basis haben, damit darauf befindliches Wasser möglichst schnell abläuft?

**189.** Ein Körper gleitet auf einer schiefen Ebene der Steigung 60° reibungslos abwärts. Welche Strecke legt er in den ersten 2 Sekunden zurück, und wie groß ist seine Endgeschwindigkeit?

**190.** Ein Körper erreicht beim reibungslosen Abgleiten auf einer schiefen Ebene nach Zurücklegen von 5 m die Endgeschwindigkeit 3 m/s. Welche Zeit benötigt er hierfür, und wieviel Grad beträgt die Steigung?

**191.** Ein Körper erreicht beim reibungslosen Abgleiten auf einer schiefen Ebene nach 4 s die Geschwindigkeit 25 m/s. Welche Steigung hat die Bahn, und welche Strecke hat der Körper zurückgelegt?

**192.** (Bild 93) Man schlägt mit der Faust auf das freie Ende eines Brettes, wodurch ein am anderen Ende liegender Ball 3 m hoch fliegt. Mit welcher Endgeschwindigkeit erfolgt der Schlag?

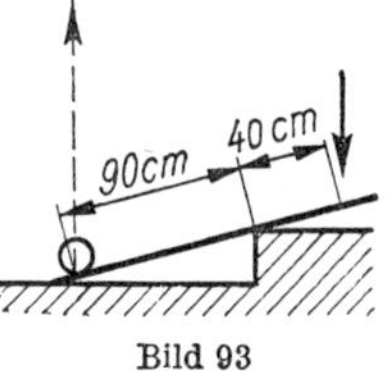

Bild 93

**193.** Welche Geschwindigkeit hat ein mit der Anfangsgeschwindigkeit 300 m/s senkrecht nach oben abgefeuertes Geschoß in 800 m Höhe? (Ohne Berücksichtigung des Luftwiderstandes)

**194.** Ein aus 1 m Höhe senkrecht gegen den Erdboden geschleuderter Ball springt 6 m hoch. Wie groß war seine Anfangsgeschwindigkeit, wenn von Geschwindigkeitsverlusten abgesehen wird?

**195.** Ein senkrecht emporgeworfener Körper hat in 20 m Höhe die Geschwindigkeit $v = 8$ m/s. Zu berechnen sind Startgeschwindigkeit und gesamte Flugzeit bis zur Rückkehr zum Startpunkt.

**196.** Wieviel Zeit vergeht, bis ein mit der Anfangsgeschwindigkeit $v_0 = 80$ m/s senkrecht emporgeworfener Körper die Höhe $h = 200$ m erreicht hat? Deute die beiden Zahlenwerte des Ergebnisses!

**197.** Während der Abwärtsbewegung eines Lastenaufzuges ($v_0 =$ 0,8 m/s) erfolgt Seilbruch. a) Welche Geschwindigkeit hat die Kabine, wenn die Fangvorrichtung 25 cm nach Beginn des freien Falls eingreift? b) Welche Verzögerung wirkt, wenn die Kabine nach weiteren 20 cm zum Stillstand kommt?

**198.** Die bei Seilbruch eines Aufzuges in Tätigkeit tretende Fangvorrichtung greift ein, wenn die Fanggeschwindigkeit das 1,4fache der 1,2 m/s betragenden Abwärtsgeschwindigkeit erreicht. Wie groß ist die Fallstrecke?

**199.** Ein Körper fällt aus 800 m Höhe; zugleich wird ein zweiter vom Boden aus mit der Anfangsgeschwindigkeit $v_0 = 200$ m/s nach oben geschossen. Nach welcher Zeit und in welcher Höhe begegnen beide Gegenstände einander?

**200.** Ein Wasserstrahl fließt mit der Anfangsgeschwindigkeit 8 m/s horizontal aus einer Düse. a) Mit welcher Geschwindigkeit und b) unter welchem Winkel gegen die Lotrechte trifft er 3 m tiefer auf eine horizontale Fläche?

**201.** Aus einem waagerecht liegenden Rohr von 8 cm Durchmesser fließen je Sekunde 5 Liter Wasser. In welcher Höhe befindet sich das Rohr, wenn das Wasser 0,8 m weit geschleudert wird?

**202.** Von einem horizontalen Förderband aus soll Kohle bei 2,5 m Falltiefe 1,80 m weit geworfen werden. Welche Laufgeschwindigkeit muß das Band haben?

**203.** Von einer in 12 m Höhe mit der Geschwindigkeit 2,5 m/s rollenden Laufkatze fällt ein schwerer Gegenstand herab. Wie weit ist die Aufschlagstelle von der durch den Startpunkt gehenden Senkrechten entfernt?

**204.** (Bild 94) Ein unter 20° aufwärts führendes Förderband wirft Schutt mit der Anfangsgeschwindigkeit 2,2 m/s in die 4 m unter seinem oberen Ende stehende Lore. Berechne die Wurfweite.

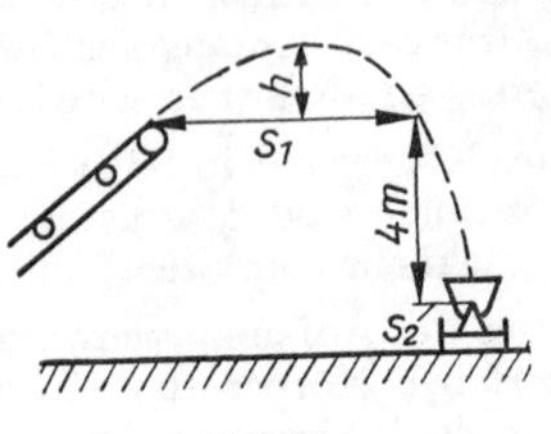

Bild 94

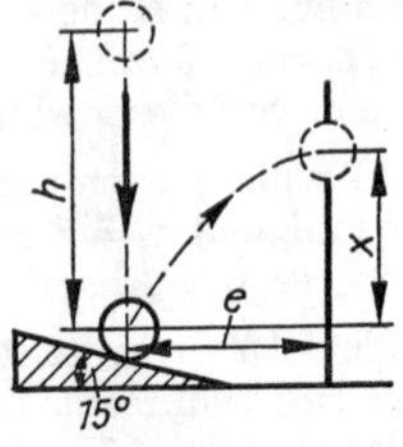

Bild 95

**205.** Ein Ferngeschoß hat die Anfangsgeschwindigkeit $v_0 = 1\,500$ m/s bei einem Abschußwinkel von 30° gegenüber der Horizontalen. Es sind zu berechnen (luftleerer Raum)

a) die Schußweite und -höhe sowie

b) die maximale Schußweite und zugehörige Höhe.

**206.** (Bild 95) Bei einer Sortiermaschine fallen Stahlkugeln aus $h = 30$ cm Höhe auf eine um 15° gegen die Horizontale geneigte Stahlplatte und springen dann (bei vorschriftsmäßiger Beschaffenheit) durch die Öffnung einer Wand, deren Abstand vom Reflexionspunkt $e = 20$ cm beträgt. In welcher Höhe $x$ befindet sich die Öffnung?

**207.** (Bild 96) Welche horizontale Anfangsgeschwindigkeit hat das Wasser eines Gebirgsbaches, das den um 50° geneigten Abhang in einer Entfernung von 40 m erreicht?

**208.** (Bild 97) Der Wasserstrahl einer Feuerspritze tritt mit der Anfangsgeschwindigkeit 18 m/s aus der Mündung und soll ein 6 m entferntes Haus in 12 m Höhe treffen. Unter welchem Winkel muß die Mündung nach oben geneigt sein?

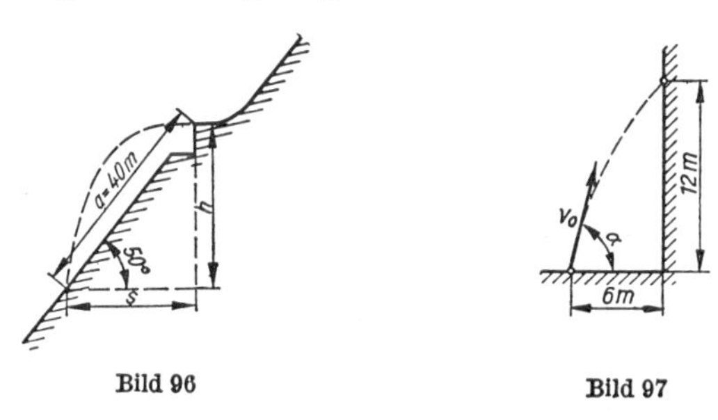


Bild 96 Bild 97

### 1.2.3. Gleichförmige und beschleunigte Drehbewegung

**209.** Der Läufer (1,80 m Durchmesser) einer Dampfturbine hat eine höchstzulässige Umfangsgeschwindigkeit von 225 m/s. Welcher Drehzahl entspricht dies?

**210.** Mit welcher minutlichen Drehzahl rotieren die 28″ großen Räder eines mit der Geschwindigkeit 25 km/h fahrenden Fahrrades? (1″ = 25,4 mm)

**211.** Welche Winkelgeschwindigkeit haben a) eine Schallplatte bei 78 Umdrehungen je Minute, b) ein Fahrrad von 28″ Durchmesser bei 36 km/h, c) der große Zeiger und d) der kleine Zeiger einer Uhr? (1″ = 25,4 mm)

**212.** Bei einer Fluggeschwindigkeit von 420 km/h legt die Nabe der Luftschraube während jeder Umdrehung die Strecke 3,6 m zurück. Welche Drehzahl hat die Luftschraube?

**213.** Die Spitze des Minutenzeigers einer Turmuhr hat die Geschwindigkeit 1,5 mm/s. Wie lang ist der Zeiger?

**214.** Eine Taschenuhr läßt sich als „Kompaß" benutzen. Wenn man den kleinen Zeiger in Richtung zur Sonne hält, liegt die Südrichtung stets in der Mitte zwischen der 12 und dem kleinen Zeiger. Wie läßt sich dies erklären?

**215.** Wieviel Minuten nach 4 Uhr holt der Minutenzeiger den Stundenzeiger zum ersten Mal ein?

**216.** Wieviel Uhr ist es, wenn nach Überschreiten der Mittagszeit beide Zeiger genau einen rechten Winkel bilden?

**217.** Von zwei Uhren, die gleichzeitig auf 12 Uhr zeigen, geht die eine je Minute um 1,5 s vor. Welche Zeit wird vergehen, bis beide Uhren wieder gleichzeitig auf 12 Uhr zeigen?

**218.** Beide Zeiger einer Uhr stehen auf der Zwölf. Nach welcher Zeit decken sich die beiden Zeiger zum zweiten Mal?

**219.** (Bild 98) Zwei auf eine Transmission wirkende Treibriemen laufen mit der Geschwindigkeit $v_1 = 8$ m/s bzw. $v_2 = 5$ m/s. Die Durchmesser der Riemenscheiben unterscheiden sich um 15 cm. Welche Durchmesser und welche Drehzahl haben die fest miteinander verbundenen Scheiben?

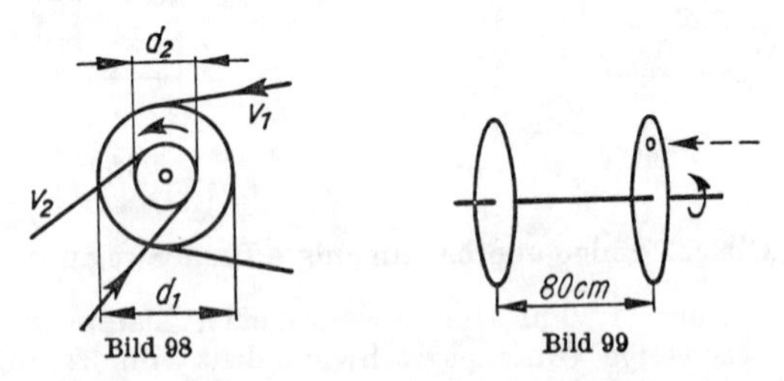


Bild 98 Bild 99

**220.** Bei einem Unfall geht die Riemenscheibe eines Motors zu Bruch. Ein Stück ihres Umfanges ($d = 12$ cm) fliegt 65 m senkrecht in die Höhe. Welche Drehzahl hatte der Motor?

**221.** (Bild 99) Zur Bestimmung der Geschwindigkeit eines Geschosses wird dieses durch zwei Pappscheiben geschossen, die im Abstand von 80 cm auf gemeinsamer Welle mit der Drehzahl $n =$ 1 500 $^1/$min rotieren. Welche Geschwindigkeit ergibt sich, wenn die beiden Durchschußstellen um 12° gegeneinander versetzt sind?

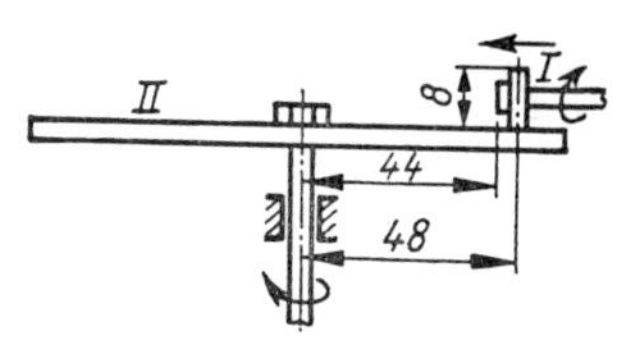

Bild 100

**222.** In einen $h = 1000$ m tiefen, am Äquator gelegenen Schacht läßt man einen Stein fallen. Wie groß ist die durch die Erdumdrehung verursachte Lotabweichung des Auftreffpunktes?

**223.** (Bild 100) Wenn das gleichmäßig laufende Antriebsrad I (Durchmesser 8 cm) eines Friktionsgetriebes seinen Abstand von der Achse der angetriebenen Scheibe II von 48 cm auf 44 cm verringert, nimmt deren Drehzahl um 5 1/min zu. Welche Drehzahl hat das Antriebsrad?

**224.** Welche Höchstgeschwindigkeit hat ein PKW, dessen Motor die maximale Drehzahl $n = 4300$ 1/min aufweist? Der Wagen hat im 4. Gang eine Gesamtuntersetzung von 1:4,643, der äußere Raddurchmesser beträgt 65 cm.

**225.** (Bild 101) Ein Zahnrad mit 8 Zähnen dreht sich zwischen einer festen und einer beweglichen Zahnstange. Um wieviel Zähne verschiebt sich die bewegliche Stange gegen die feste, wenn sich das Rad einmal herumgedreht hat?

**226.** Ein nach Bild 102 auf Holzwalzen ruhender Steinblock wird um 80 cm nach links verschoben. Um welche Strecke bewegt sich die vordere Walze auf dem Erdboden, und um wieviel Zentimeter ragt dann der Block nach links vor?

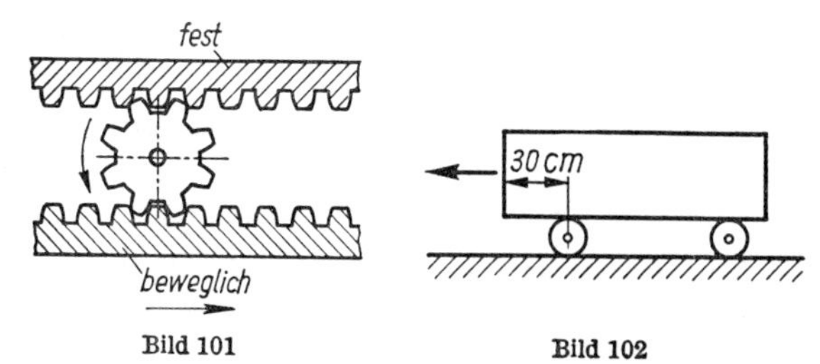

Bild 101 Bild 102

**227.** (Bild 103) Das umstehend skizzierte Kugellager ist durch folgende Größen bestimmt: Durchmesser des Innenringes $D_i$, des Außenringes $D_a$, Mittelwert $D$, Durchmesser einer Kugel $d$. Die Drehzahlen sind für jede Einzelkugel $n_w$, den Innenring $n_i$, den Außenring $n_a$ und den Käfig $n_k$. Als Formeln sind angegeben

a) für die Drehzahl der Kugeln

$$n_w = n_i \frac{D^2 - d^2}{2dD}$$

b) für die Drehzahl des Käfigs bei festem Außenring

$$n_k = n_w \frac{d}{D + d} \text{ und}$$

c) für die Drehzahl des Käfigs bei festem Innenring $n_k = n_w \frac{d}{D-d}$

Leite diese Formeln her! In welchem Fall b) oder c) ist die Lebensdauer des Lagers größer?

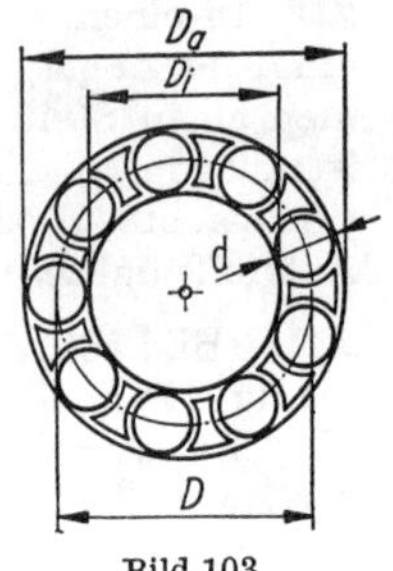

Bild 103

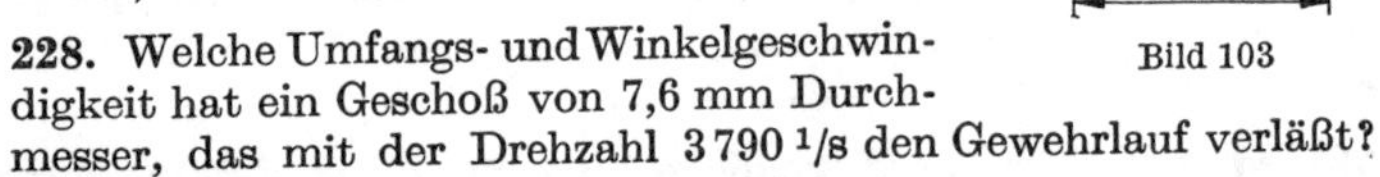

**228.** Welche Umfangs- und Winkelgeschwindigkeit hat ein Geschoß von 7,6 mm Durchmesser, das mit der Drehzahl 3790 1/s den Gewehrlauf verläßt?

**229.** Die Drehzahl einer Schleifscheibe wird innerhalb von 10 s von $n_1 = 3000$ 1/min auf $n_2 = 2000$ 1/min abgebremst. Wieviel Umdrehungen führt die Scheibe in dieser Zeit aus?

**230.** Ein Elektromotor mit der Drehzahl 4000 1/min läuft innerhalb von 8 s bis zum Stillstand aus. Wieviel Umdrehungen führt er dabei aus?

**231.** Ein Elektromotor führt innerhalb der ersten 5 s nach dem Einschalten 80 Umdrehungen aus. Welche Drehzahl erreicht er am Ende dieser Zeit?

**232.** Ein Elektromotor führt innerhalb der ersten 10 s nach dem Anlassen 280 Umdrehungen aus, wobei die Drehbewegung 5 s gleichmäßig beschleunigt und danach gleichförmig ist. Welche Drehzahl hat der Motor erreicht?

**233.** Ein gleichmäßig beschleunigt anlaufender Elektromotor hat nach 1,5 s die Drehzahl 90 1/min. Welche Drehzahl hat er bei konstanter Beschleunigung nach insgesamt 4 s erreicht?

**234.** Ein Schwungrad hat die Drehzahl $n = 500$ 1/min und wird mit der Winkelbeschleunigung 5 1/s² 15 Sekunden lang beschleunigt. Welche Drehzahl wird erreicht?

**235.** a) Welche Drehzahl je Minute erreicht ein Rad, das 4,5 s mit der konstanten Winkelbeschleunigung $\alpha = 2{,}5$ 1/s² aus dem Stillstand anläuft, und b) wieviel Umdrehungen führt es dabei aus?

**236.** Die Treibscheibe (Durchmesser 8,5 m) einer Fördermaschine wird innerhalb 17 s auf eine Seilgeschwindigkeit von 21 m/s gleichmäßig beschleunigt. a) Mit welcher Beschleunigung läuft das Seil ab? b) Wie groß ist die Winkelbeschleunigung? c) Wieviel Meter Seil laufen während des Anlaufvorganges ab?

**237.** Während 5 Sekunden, innerhalb welcher 120 Umdrehungen stattfinden, verdoppelt ein Rad seine Winkelgeschwindigkeit. Wie groß ist diese am Beginn und Ende des Vorganges?

**238.** Ein aus dem Stillstand anlaufendes Rad führt in der zweiten Sekunde 16 Umdrehungen aus. Wie groß ist seine Winkelbeschleunigung?

**239.** Welche Winkelbeschleunigung hat ein Motor, der 1,5 s nach dem Anlaufen die Drehzahl 2500 $^1/\text{min}$ erreicht?

**240.** Ein Schwungrad von 1,2 m Durchmesser hat 5 s nach dem Anlaufen die Umfangsgeschwindigkeit 30 m/s erreicht. Wieviel Umdrehungen hat es in dieser Zeit ausgeführt?

**241.** Ein schweres, 60 cm großes Rad wird durch einen um seinen Umfang geschlungenen Faden, an dem ein Massenstück hängt, in Bewegung gesetzt. Dieses benötigt 12 s, um 5,4 m zu fallen. Welche Drehzahl wird erreicht, und wieviel Umdrehungen führt das Rad während dieser Zeit aus?

### 1.2.4. Zusammengesetzte Bewegungen

**242.** Welche seitliche Abdrift erfährt ein Flugzeug, das mit der Eigengeschwindigkeit 360 km/h bei Windstärke 10 (23 m/s) quer zum Wind fliegt, a) je Flugstunde und b) je Flugkilometer?

**243.** Ein mit der Eigengeschwindigkeit 250 km/h nordwärts steuerndes Flugzeug legt bei Westwind je Minute die Strecke 4,4 km zurück. Wie groß ist die Windgeschwindigkeit?

**244.** Die Fallgeschwindigkeit mittelgroßer Regentropfen ist bei Windstille $v_1 = 8$ m/s. Welche Geschwindigkeit $v_2$ hat ein Zug, an dessen Wagenfenstern die Tropfen Spuren hinterlassen, die um 70° von der Senkrechten abweichen?

**245.** Eine in sträflichem Leichtsinn rechtwinklig und horizontal aus einem fahrenden Zug geschleuderte Bierflasche fällt auf eine $h = 4$ m unter dem Abwurfpunkt gelegene Wiese und schlägt $l = 20$ m (in Fahrtrichtung gemessen) vom Abwurfpunkt und $b = 8$ m vom Bahnkörper entfernt auf. Mit welcher Geschwindigkeit fährt der Zug, wird die Flasche abgeworfen und trifft die Flasche auf den Erdboden?

**246.** Wo befindet sich die Aufschlagstelle, wenn die Flasche unter sonst gleichen Verhältnissen mit einer Geschwindigkeit von $v_2 =$ 12 m/s abgeworfen wird?

**247.** Um die Strecke 2 km zurückzulegen, benötigt ein Flugzeug bei Rückenwind 15 s und bei Gegenwind 20 s. Welche Eigengeschwindigkeit hat das Flugzeug, und wie groß ist die des Windes?

**248.** (Bild 104) Ein Fahrzeug bewegt sich mit gleichförmiger Geschwindigkeit $v$ auf gerader Straße. Seitlich im Abstand $e$ von der Straße steht ein Beobachter B. Mit welcher Geschwindigkeit $v_e$ entfernt sich das Fahrzeug vom Beobachter nach Ablauf der Zeit $t$? Nach welcher Zeit $t'$ ist $v_e = v/2$?

**249.** Ein Motorboot hat die Eigengeschwindigkeit $v_1 = 4$ m/s und soll das $e = 100$ m entfernte andere Ufer eines mit $v_2 = 3$ m/s gleichförmig strömenden Flusses in möglichst kurzer Zeit erreichen. Unter welchem Winkel muß das Boot auf das andere Ufer zusteuern? Wie lange dauert die Überfahrt?

**250.** Wie lange dauert die Überfahrt, wenn das Boot der Aufgabe 249 schräg gegen die Strömung steuert, so daß der resultierende Fahrtweg rechtwinklig zu den Ufern verläuft?

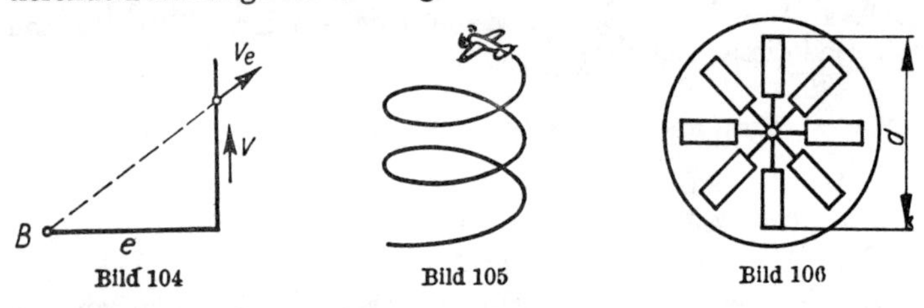

Bild 104 Bild 105 Bild 106

**251.** Das Boot der Aufgabe 249 erreicht das andere Ufer in 50 s. Welche Winkel bilden a) die gesteuerte Kursrichtung und b) die wahre Fahrtrichtung mit der kürzesten Querverbindung beider Ufer?

**252.** (Bild 105) Ein Flugzeug fliegt mit der Geschwindigkeit 250 km/h auf einer schraubenförmigen Bahn vom Krümmungsradius 300 m und gewinnt dabei innerhalb von 3 min die Höhe 1 500 m. Es sind zu berechnen: a) die zurückgelegte Bahnlänge $s$, b) die Zeitdauer $t_1$ des Durchfliegens einer Schleife, c) die Anzahl $z$ der Schleifen und d) die Steighöhe $h_1$ je Schleife.

**253.** Welche Strecke $s$ legen die Endpunkte eines mit der Drehzahl $n = 2\,500$ 1/min rotierenden, $d = 2$ m langen Flugzeugpropellers in 1 min bei einer Fluggeschwindigkeit von $v = 360$ km/h zurück?

**254.** Zur Bestimmung von Gasgeschwindigkeiten $v$ dient das Flügelrad-Anemometer (Bild 106). Die sekundliche Drehzahl ergibt sich als $n = \dfrac{v \tan \alpha}{\pi d}$, wenn die Flügel um den Winkel $\alpha$ gegen den

Gasstrom geneigt sind. Leite die Formel ab und berechne die Drehzahl für einen Gasstrom von $v = 3{,}5$ m/s bei einem Flügelraddurchmesser von 60 mm und einem Anstellwinkel von 45°.

## 1.3. Dynamik

### 1.3.1. Grundgesetz der Dynamik

**255.** Welche Zugkraft entwickelt ein Kraftwagen der Gesamtmasse 1,6 t bei der Anfahrbeschleunigung 2,2 m/s²?

**256.** Welche Beschleunigung erzielt ein PKW von 1250 kg Masse, auf dessen Räder von 62 cm Durchmesser ein Drehmoment von 340 Nm übertragen wird?

**257.** (Bild 107) Mit welcher Beschleunigung darf der Stein höchstens angehoben werden, wenn das Seil bei der 10fachen Gewichtskraft reißt?

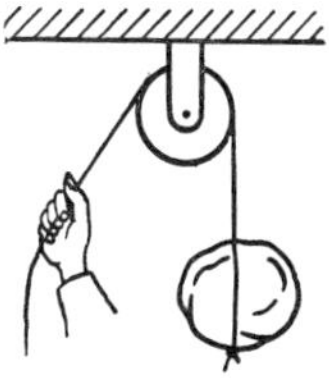

**258.** Welche Beschleunigung kann einem Fahrzeug von 500 kg mit der Kraft 2000 N erteilt werden, wenn dabei gleichzeitig eine Steigung von 15° zu überwinden ist?

Bild 107

**259.** Welche Bremskraft ist erforderlich, um ein Fahrzeug von 800 kg Masse, dessen Geschwindigkeit 25 m/s beträgt, a) innerhalb von 60 m und b) innerhalb von 60 s zum Halten zu bringen?

**260.** Mit welcher Kraft muß man einen Wagen von 15 t Masse schieben, um ihm innerhalb von 80 s die Endgeschwindigkeit 3 m/s zu erteilen, a) ohne Berücksichtigung der Reibung und b) bei Beachtung einer Fahrwiderstandszahl von 0,01?

**261.** Wie lange muß ein Waggon von 12 t Masse angeschoben werden, damit er bei einer Schubkraft von 1570 N die Endgeschwindigkeit 2 m/s erlangt, und zwar a) ohne Berücksichtigung der Reibung und b) bei Beachtung einer Fahrwiderstandszahl von 0,01?

**262.** Welche Zugkraft muß die Lokomotive eines Güterzuges von 500 t Masse aufwenden, um mit der Beschleunigung 0,09 m/s² anzufahren, a) ohne Berücksichtigung der Reibung und b) unter Beachtung einer Fahrwiderstandszahl von 0,003?

**263.** Mit welcher Kraft muß der Schützen eines Webstuhles, dessen Masse 700 g beträgt, beschleunigt werden, damit er innerhalb des dem Treiber gegebenen Spielraumes von 8 cm die Geschwindigkeit 3,5 m/s erhält?

**264.** Welche Spitzenleistung muß der Motor eines Kraftwagens von 900 kg Masse haben, wenn dieser 26 s nach dem Anfahren eine Geschwindigkeit von 90 km/h erreichen soll? (Unter Vernachlässigung der Reibung zu rechnen.)

**265.** Auf wieviel kW erhöht sich die in der letzten Aufgabe berechnete Leistung, wenn für den Fahrwiderstand des Fahrzeuges 4 % der Gewichtskraft veranschlagt werden?

**266.** Bei der Berechnung eines Krans rechnet man für die beim Beschleunigen der Last auftretende zusätzliche Belastung (bei der Hubgeschwindigkeit von 2 m/s) mit einem Zuschlag von 2,5 %. Welchem Beschleunigungswert entspricht dies?

**267.** Welche Kraft wirkt im Halteseil eines Aufzuges von 1500 kg Masse a) beim Anfahren nach oben und b) beim Anfahren nach unten, wenn die Beschleunigung in beiden Fällen $a = 1{,}5\ \mathrm{m/s^2}$ beträgt?

**268.** Eine Masse von 200 kg soll innerhalb von 5 s auf die Höhe 8 m gehoben werden. Auf der ersten Hälfte des Weges erfolgt die Bewegung beschleunigt und auf der zweiten Weghälfte verzögert, wobei Beschleunigung und Verzögerung von gleich großem Betrag sind und die Endgeschwindigkeit gleich Null ist. Wie groß sind die aufzuwendenden Kräfte auf den beiden Weghälften?

**269.** Die Kabine eines Lifts und das Gegengewicht haben die Masse 2100 kg bzw. 600 kg. Welche Endgeschwindigkeit würde nach 10 m Fallhöhe erreicht werden, wenn sich die Seilscheibe frei drehen könnte?

**270.** Welche Leistung erfordert der Antrieb eines Aufzuges von der Masse 820 kg, wenn die volle Hubgeschwindigkeit $v = 30$ m/min nach einem Hub von 1,5 m erreicht wird, a) während der gleichförmigen Aufwärtsbewegung und b) beim Anfahren? Das Gegengewicht hat die Masse 250 kg.

**271.** Welche Leistung hat eine Lokomotive von 80 t Masse aufzuwenden, die innerhalb von 1 min auf eine Geschwindigkeit von 40 km/h gleichmäßig beschleunigt werden soll? Die Trägheitsmomente der rotierenden Massen sind durch einen Zuschlag von 32 % zur geradlinig bewegten Masse zu berücksichtigen.

**272.** In einem Luftgewehr wirkt auf das Geschoß von 4 g Masse die komprimierte Luft mit der konstanten Kraft 196,2 N. Mit welcher Geschwindigkeit verläßt es den 60 cm langen Lauf?

**273.** Welche Zugkraft ist (ohne Berücksichtigung des Fahrwiderstandes) notwendig, um einen Kraftwagen mit der Masse 1100 kg beim Anfahren auf einer Steigung von 5 % mit 1,5 m/s² zu beschleunigen?

**274.** Mit welchem minimalen Kraftaufwand kann ein Rammbär von 180 kg Masse innerhalb 5 s auf 3 m Höhe gehoben werden, und welche Arbeit ist dazu notwendig?

**275.** (Bild 108) An einem mit dem Winkel $\alpha = 20°$ ansteigenden Bremsberg rollt die volle Lore (2,8 t) nach unten und zieht die leere Lore (0,8 t) nach oben. Welche Geschwindigkeit erreichen die Wagen ungebremst nach einer Laufstrecke von 90 m, a) ohne Reibung gerechnet, b) wenn der Fahrwiderstand mit 5 % der Wagengewichtskraft veranschlagt wird?

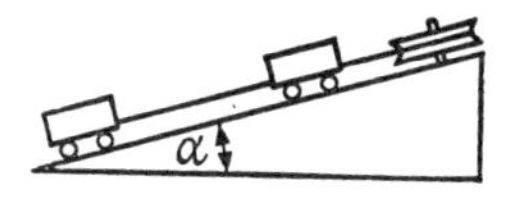


Bild 108

**276.** An einer über eine Rolle laufenden Schnur hängen links die Masse 300 g und rechts 320 g. a) Mit welcher Beschleunigung setzen sich die Massen in Bewegung? b) Wie groß muß die rechts hängende Masse sein, damit sich die Beschleunigung gegenüber Fall a verdoppelt? c) In welchem Verhältnis müssen die beiden Massen stehen, wenn sich beide mit der halben Schwerebeschleunigung in Bewegung setzen sollen?

**277.** Eine Masse von 300 kg wird gleichmäßig beschleunigt senkrecht um 8 m gehoben. Welche Zeit wird benötigt, wenn eine Kraft von 3500 N zur Verfügung steht?

**278.** Welche Beschleunigung kann einem Fahrzeug von 300 kg Masse erteilt werden, wenn zum Erreichen der Endgeschwindigkeit 20 m/s eine Leistung von 4 kW zur Verfügung steht, und zwar a) ohne Berücksichtigung der Reibung und b) bei Beachtung einer Fahrwiderstandszahl von 0,03?

**279.** Welche Endgeschwindigkeit kann einer ruhenden Masse von 150 kg durch Beschleunigung innerhalb von 15 s erteilt werden, wenn eine Leistung von 3 kW zur Verfügung steht?

**280.** Welche Endgeschwindigkeit erreicht eine Masse von 500 kg, die mit der gleichbleibenden Kraft 4915 N 10 m hoch gehoben wird?

**281.** (Bild 109) Wie stellt sich der Spiegel in einem mit Wasser gefüllten Tankwagen ein, wenn der Wagen erschütterungs- und reibungsfrei eine schiefe Ebene hinabrollt?

**282.** (Bild 110) Ein Waggon von 12 t Masse ist mittels ausklinkbaren Zugseiles mit einer 6 m hoch gezogenen, 1,5 t großen Masse verbunden („Gewichtsakkumulator“), die beim Herabsinken den Waggon antreibt.

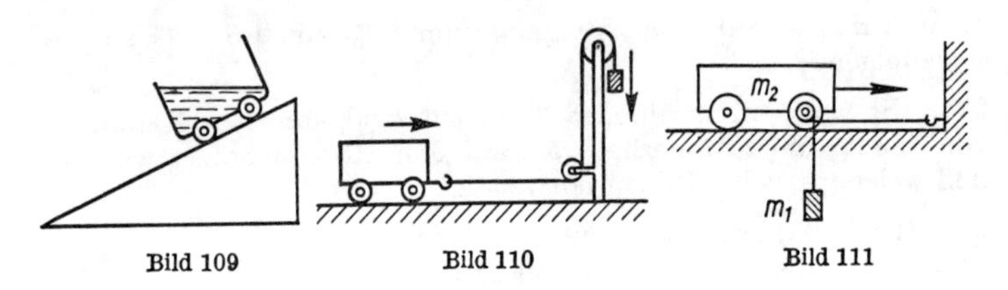


Bild 109 Bild 110 Bild 111

a) Welche Beschleunigung erhält der Waggon?
b) Welche Geschwindigkeit erreicht er nach Zurücklegen der Strecke 6 m?
c) Welche antreibende Masse wäre notwendig, um ihm unter gleichen Verhältnissen die Endgeschwindigkeit 2 m/s zu erteilen?

**283.** (Bild 111) Über die Achse einer Laufkatze von $m_2 = 200$ kg Masse läuft vermittels einer Umlenkrolle ein an der Hallenwand befestigtes Seil, an dem die Masse $m_1$ hängt, die durch ihre Fallbewegung die Katze vorwärtsbewegen soll. Wie groß muß die Masse $m_1$ sein, wenn die Laufkatze nach Durchlaufen von 12 m die Geschwindigkeit 5 m/s haben soll?

**284.** Der Motor eines Kraftwagens beschleunigt diesen auf horizontaler Strecke mit 1,8 m/s². Welche Beschleunigung ergibt sich bei einer Steigung von 6 %, wenn die Reibung als unverändert angenommen wird?

**285.** Beim Bremsen eines Lastkraftwagens kommt eine Kiste ins Rutschen. Bei welcher minimalen Verzögerung tritt dies ein, wenn die Reibungszahl $\mu = 0{,}55$ beträgt?

**286.** Um die Motorleistung eines PKW von 1100 kg Masse zu bestimmen, wurden durchgeführt: 1. eine Beschleunigungsprobe; dabei konnte die Geschwindigkeit innerhalb von 4 s von 20 auf 50 km/h gesteigert werden; 2. eine Verzögerungsprobe; dabei brauchte das Fahrzeug mit ausgekuppeltem Motor 15 s, um seine Geschwindigkeit von 50 auf 20 km/h zu verringern. Welche Leistung entwickelte der Motor bei der mittleren Geschwindigkeit $v_m = 35$ km/h?

**287.** Mittels eines Seiles, dessen Zugfestigkeit 650 N beträgt, wird eine 50 kg große Masse angehoben. Welche Hubgeschwindigkeit kann nach den ersten 3 Sekunden höchstens erreicht werden?

**288.** Ein Kraftwagen vermag innerhalb von 10 s vom Stillstand aus auf 50 km/h zu beschleunigen. Wieviel Prozent beträgt das

Gefälle, wenn bergab in 10 s die Endgeschwindigkeit 75 km/h erzielt wird?

**289.** Die Vorderachse eines Wagens von 900 kg Masse ist mit $^4/_{10}$, die Hinterachse mit $^6/_{10}$ der Gesamtgewichtskraft belastet, der Schwerpunkt liegt 0,75 m über dem Boden, der Radstand beträgt $l = 3{,}10$ m. Wie groß sind die beiden Achsdruckkräfte, und wie ändern sich die Achsdruckkräfte, wenn mit einer Verzögerung von $a = 6{,}5$ m/s² gebremst wird?

**290.** Auf einem Trinkglas von 10 cm Durchmesser liegt ein Kartenblatt und in der Mitte darauf eine Münze. Mit welcher Mindestgeschwindigkeit muß das Blatt weggezogen werden, damit die Münze noch in das Glas fällt? ($\mu = 0{,}5$)

## 1.3.2. Arbeit, Leistung, Wirkungsgrad

**291.** (Bild 112) Ein zylindrischer Tank von 6 m² Grundfläche wird 3 m hoch mit Wasser gefüllt, und zwar, indem die Pumpe das Wasser a) über ein Steigrohr von oben einströmen läßt, b) durch ein in Bodenhöhe einmündendes Rohr in den Behälter drückt. Welche Arbeit ist in den genannten Fällen zu verrichten?

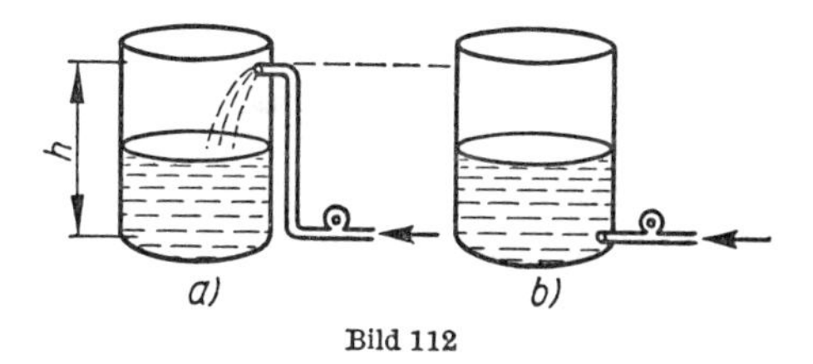


Bild 112

**292.** Um eine Schraubenfeder um 15 cm auszudehnen, ist die Arbeit 0,825 Nm aufzuwenden. Wie groß ist die Endkraft $F_2$, wenn die anfängliche Kraft $F_1 = 1$ N beträgt?

**293.** Welche Arbeit ist nötig, um 10 auf der Erde liegende Ziegelsteine von je 6,5 cm Höhe und 3,5 kg Masse aufeinanderzuschichten?

**294.** a) Welche Kraft erfordert die Bewegung des Kolbens einer einfachen Kolbensaugpumpe (Durchmesser 12 cm), wenn der Abstand zwischen dem Spiegel im Brunnen und der Ausflußöffnung 7,50 m beträgt? b) Welche Antriebsleistung ist erforderlich, wenn je Minute 80 Arbeitstakte von je 20 cm Hub erfolgen, und c) wieviel Wasser wird je Minute gefördert, wenn von Verlusten durch Reibung und andere Ursachen abgesehen wird?

**295.** Welche Leistung erzielt ein Infanteriegewehr, wenn das Geschoß innerhalb von $^1/_{800}$ s den Lauf verläßt und dabei die Energie 4000 N m besitzt?

**296.** Eine Elektrolokomotive erzielt im Gebirge bei der Geschwindigkeit 46 km/h 105 kN Zugkraft. Welcher Leistung entspricht dies?

**297.** Welche Antriebsleistung wäre notwendig, um ein Segelflugzeug von 250 kg Masse, dessen Sinkgeschwindigkeit im Gleitflug 0,4 m/s beträgt, auf gleicher Höhe schwebend zu erhalten (bei Vernachlässigung des Luftwiderstandes)?

**298.** Welche Leistung kann ein aus 0,8 m Höhe frei fallender Schmiedehammer von 15 kg Masse beim Auftreffen abgeben?

**299.** Dem Arbeitskolben einer hydraulischen Presse fließen je Sekunde 0,4 l Öl unter einem Überdruck von 2,5 bar zu. Welche Leistung ist zum Betrieb der Presse erforderlich?

**300.** Welche Leistung hat ein 3-Zylinder-Zweitaktmotor mit folgenden Daten: mittlerer Arbeitsdruck $p_m = 4{,}2$ bar Überdruck, Kolbenhub $s = 78$ mm, Kolbendurchmesser $d = 70$ mm, Drehzahl $n = 3600\ ^1/\text{min}$?

**301.** Die Leistung des in der vorigen Aufgabe behandelten Motors wird bei der Drehzahl $n = 4300\ ^1/\text{min}$ mit 19 kW angegeben. Wie groß ist der mittlere Arbeitsdruck?

**302.** Welche Leistung hat ein Zweitaktmotor, der bei der Drehzahl $n = 2500\ ^1/\text{min}$ ein Drehmoment von 75 N m erzeugt?

**303.** Welches Drehmoment liefert dieser Motor, wenn er bei der Drehzahl $n = 3600\ ^1/\text{min}$ 25 kW leistet?

**304.** Welche Kraft wirkt am Umfang der Riemenscheibe (Durchmesser 12 cm) eines Drehstrommotors, der bei der Drehzahl $n = 2500\ ^1/\text{min}$ die Leistung 42 kW abgibt?

**305.** Wieviel Umdrehungen müssen an einer Kurbel ausgeübt werden, wenn mit dem Drehmoment 1500 N m die Arbeit 90 kJ verrichtet werden soll?

**306.** Welches Drehmoment muß ein Motor haben, der bei der Drehzahl $n = 4200\ ^1/\text{min}$ innerhalb von 15 s die Arbeit 45 kJ verrichten soll?

**307.** Bei welcher Drehzahl leistet ein Motor 40 kW, wenn sein Drehmoment 95 N m beträgt?

**308.** Welche maximale Beschleunigung kann ein Kraftwagen von der Masse 1400 kg bei der Geschwindigkeit 72 km/h und voller Leistung von 50 kW entwickeln, wenn der Fahrwiderstand 600 N beträgt?

**309.** Eine Lore der Masse 1600 kg soll innerhalb von 2,5 min eine 190 m lange Strecke mit 16 % Anstieg zurücklegen. Welche Antriebsleistung muß der Motor bei einem Wirkungsgrad von 0,75 (ohne Berücksichtigung der Reibung) aufbringen?

**310.** Eine Lore soll innerhalb von 1,5 min auf eine Höhe von 17 m befördert werden. Welche Masse kann die Lore haben, wenn der Antriebsmotor die Leistung 5,5 kW hat und mit einem Wirkungsgrad von 0,6 gerechnet wird?

**311.** Durch 54 Umdrehungen an der 35 cm langen Kurbel einer Winde wird eine Masse von 680 kg um 1,80 m gehoben. Welche Kraft ist bei einem Wirkungsgrad von 85 % erforderlich?

**312.** Eine Leistung von 12 kW wird mittels Treibriemens übertragen. Wie groß sind die Kräfte $F_1$ und $F_2$ im Zug- und Leertrum, wenn sie sich wie 2:1 verhalten, die Antriebswelle des Motors den Durchmesser 15 cm hat und je Minute 800 Umdrehungen ausführt?

**313.** Eine kleine Wasserturbine leistet bei 2,5 m Fallhöhe und einem Zulauf von 80 l/s 1,6 kW. Wie groß ist ihr Wirkungsgrad?

**314.** Für eine Hauswasseranlage wird zur Förderung von 40 l/min auf 30 m Höhe ein Pumpenaggregat von 300 W benötigt. Wie groß ist der Wirkungsgrad?

**315.** Wieviel Wasser muß einer großen Kaplanturbine je Sekunde bei einem Nutzgefälle von 6,5 m zugeführt werden, wenn deren Leistung bei einem Wirkungsgrad von 93 % 10 MW betragen soll?

**316.** Der Wirkungsgrad eines Wasserkraftwerkes beträgt $\eta_1 = 92\,\%$. Wird er um 2 % verbessert, so steigt die Nutzleistung um 3,5 MW. Wie groß ist diese?

### 1.3.3. Potentielle und kinetische Energie

**317.** Ein Kraftwagen prallt mit der Geschwindigkeit 70 km/h gegen ein festes Hindernis. Welche Fallhöhe ergibt sich, wenn man den Vorgang mit einem freien Sturz aus gewisser Höhe vergleicht?

**318.** Ein 35,5-cm-Schiffsgeschütz schleudert die Granate von 620 kg Masse innerhalb $^1/_{40}$ s aus dem Lauf, wobei diese die Geschwindigkeit 935 m/s erlangt. Welcher mittleren Leistung entspricht dies?

**319.** Welche potentielle Energie enthält eine um $s = 5$ cm gedehnte Schraubenfeder, deren Richtgröße $D = 15$ N/cm beträgt?

**320.** Welche Masse hat ein Schmiedehammer, der mit der Geschwindigkeit $v = 4,5$ m/s aufschlägt und dabei die Energie 240 Ws abgibt?

**321.** Welche Geschwindigkeit hat ein mit der Anfangsgeschwindigkeit $v_0$ unter dem Winkel 30° nach oben abgefeuertes Geschoß im höchsten Punkt seiner Bahn?

**322.** Wie hoch springt eine Kugel von 100 g Masse, die auf eine um $s = 20$ cm zusammengedrückte Schraubenfeder gelegt wird, wenn diese plötzlich entspannt wird? (Richtgröße 1,5 N/cm)

**323.** Die nach Bild 113 in einer Hülse sitzende Feder wird durch eine daraufgelegte Kugel von 50 g um $\Delta s = 2$ mm zusammengedrückt. Wie hoch fliegt die Kugel, wenn die Feder um weitere 15 cm zusammengedrückt und dann plötzlich entspannt wird?

**324.** (Bild 114) Eine Masse von 12 kg fällt aus $h = 70$ cm Höhe auf eine gefederte Unterlage, deren Federkonstante $D = 40$ N/cm beträgt. Um welches Stück $s$ wird die Feder zusammengedrückt?

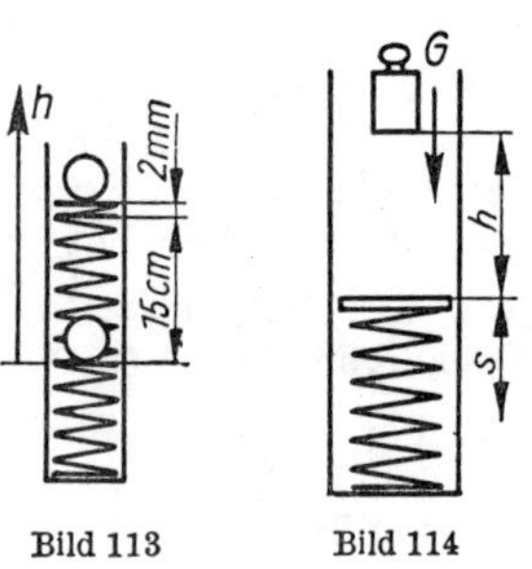

Bild 113 Bild 114

**325.** Ein Förderkorb von der Masse 23000 kg besitzt eine Fangvorrichtung, die beim Reißen des Seils sofort eingreift und deren Bremskraft $F = 6{,}4 \cdot 10^5$ N beträgt. Bei einem Bremsversuch ergab sich ein Bremsweg von $s = 4$ m. Bei welcher Geschwindigkeit $v$ griffen die Fänger ein?

**326.** Wie hoch ist eine Wassermenge von 6000 m³ zu pumpen, wenn ihre potentielle Energie um 850 kWh zunehmen soll?

**327.** Welche Masse hat ein Rammbär, der nach einer Fallstrecke von 8 m die Energie 5 kWh entwickelt?

**328.** Welche Anfangsgeschwindigkeit $v_0$ hat ein senkrecht nach oben abgefeuertes Geschoß, wenn in der Höhe $h = 2000$ m kinetische und potentielle Energie gleich groß sind?

**329.** Beim Zurücklegen der ersten 50 m erreicht die kinetische Energie eines mit gleichbleibender Beschleunigung anfahrenden Wagens von 1200 kg Masse 15 kJ. Wie groß sind Beschleunigung und Endgeschwindigkeit bei Vernachlässigung der Reibung?

**330.** Ein Körper durchläuft im freien Fall im zeitlichen Abstand von $\Delta t = 2$ s die beiden Punkte $P_1$ und $P_2$, die vom Ausgangspunkt die Entfernungen $h_1$ und $h_2$ haben. Seine kinetische Energie ist in $P_2$ doppelt so groß wie in $P_1$. Wie groß sind die beiden Fallstrecken $h_1$ und $h_2$?

**331.** Mit wecher Kraft muß eine Handramme von 40 kg Masse aus $h_1 = 50$ cm Höhe nach unten gestoßen werden, damit sie dieselbe Energie hat wie beim freien Fall aus $h_2 = 75$ cm Höhe?

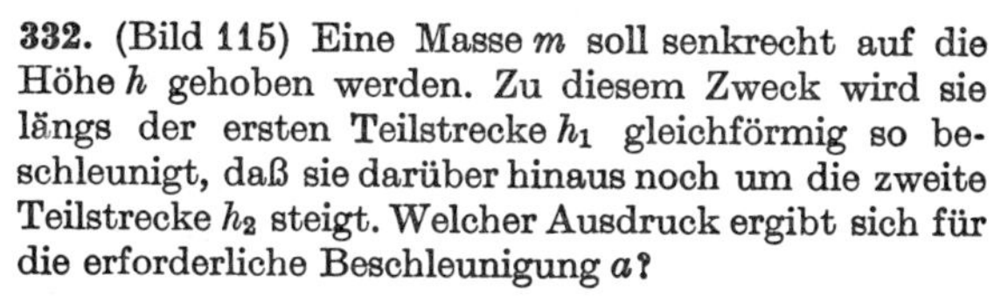

**332.** (Bild 115) Eine Masse $m$ soll senkrecht auf die Höhe $h$ gehoben werden. Zu diesem Zweck wird sie längs der ersten Teilstrecke $h_1$ gleichförmig so beschleunigt, daß sie darüber hinaus noch um die zweite Teilstrecke $h_2$ steigt. Welcher Ausdruck ergibt sich für die erforderliche Beschleunigung $a$?

Bild 115

**333.** 1. Zahlenbeispiel zur Aufgabe 332. Ein Arbeiter wirft einen Sack mit der Masse 50 kg mit einem anfänglichen Kraftaufwand von 600 N auf die Schulter (Gesamthöhe 1,50 m). Welche Teilstrecke $h_1$ hat er unter Kraftaufwand zu überwinden, und wie lange dauert der gesamte Vorgang?

**334.** 2. Zahlenbeispiel zur Aufgabe 332. Die unter Kraftaufwand gewonnene Höhe ist gleich der halben Gesamthöhe von 1,50 m. Welche Kraft für die Last von 50 kg ist hierbei aufzuwenden, und wie lange dauert der Vorgang in diesem Fall?

### 1.3.4. Reibungsarbeit

**335.** Welche Leistung vollbringt ein Pferd, das in langsamer Gangart (4 km/h) ein Fuhrwerk von der Masse 950 kg zieht? (Steigung der Straße 5 %, Fahrwiderstandszahl $\mu = 0{,}06$)

**336.** Wie schwer darf ein Fuhrwerk sein, wenn es von einem Pferd, dessen Leistung gerade 1 kW beträgt, gezogen werden soll? ($v = 1$ m/s, $\mu = 0{,}2$ auf schlechtem Erdweg)

**337.** Ein Mann schiebt einen Güterwagen von 5 t Masse mit der Kraft 400 N aus dem Stillstand 20 m weit. Welche Geschwindigkeit hat der Wagen im Moment des Loslassens, und wie weit rollt er noch, wenn der Fahrwiderstand $^1/_2$ % der Gewichtskraft beträgt?

**338.** Wie berechnet sich der Bremsweg eines Wagens a) bei blockierter Vierradbremsung und b) mit blockierter Hinterradbremsung (Achsdruck ist $^6/_{10}$ der Wagengewichtskraft), wenn Geschwindigdigkeit $v$ in m/s und Haftreibungszahl $\mu$ gegeben sind?

**339.** Ein PKW soll von der Anfangsgeschwindigkeit $v = 80$ km/h aus auf horizontaler Strecke gleichmäßig zum Stillstand abgebremst werden, ohne daß die Räder dabei ins Rutschen kommen. Die Haftreibungszahl des Fahrzeuges sei $\mu = 0{,}3$. Welche kürzeste Bremszeit und Bremsstrecke sind a) mit Vierradbremse und b) mit Zweiradbremse möglich?

**340.** Bei einem volkswirtschaftlichen Vergleich der Transportleistung wurde mitgeteilt, daß mit je 1 kW folgende Massen befördert werden können: 200 kg durch Kraftwagen, 1000 kg durch Eisenbahn und 5000 kg auf dem Wasserweg. Welche Fahrwiderstandszahlen ergeben sich daraus, wenn die Geschwindigkeiten 60 km/h bzw. 60 km/h bzw. 20 km/h angenommen werden?

**341.** Ein stillstehender Wagen erhält einen Stoß und rollt auf horizontaler Strecke in 8 s 32 m weit. Wie groß ist die Fahrwiderstandszahl?

**342.** Ein Wagen fährt mit der Geschwindigkeit 60 km/h auf horizontaler Strecke und rollt mit ausgekuppeltem Motor frei bis zum Stillstand aus. Wie lang sind Auslaufstrecke und Auslaufzeit bei einer Fahrwiderstandszahl von $\mu = 0{,}04$?

**343.** Welche Anfangsgeschwindigkeit hat ein Güterwagen, der auf horizontaler Strecke bis zum Stillstand 220 m ausrollt? ($\mu = 0{,}002$)

**344.** Ein Skiläufer erlangt bei einer 100 m langen Schußfahrt, bei der ein Höhenunterschied von 40 m überwunden wird, eine Endgeschwindigkeit von 72 km/h. Wie groß ist die Reibungszahl? (Unter Nichtbeachtung des Luftwiderstandes)

**345.** (Bild 116) Ein Wagen rollt eine 200 m lange Strecke, deren Gefälle 4 % beträgt, abwärts und auf einer gleich großen Steigung anschließend wieder nach oben (Fahrwiderstandszahl $\mu = 0{,}03$). Welche Strecke $x$ legt er auf der Steigung zurück?

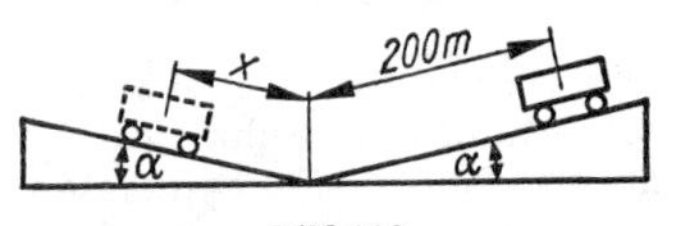


Bild 116

**346.** Auf einem Lastkraftwagen steht eine 1,6 m hohe und 0,4 m breite Kiste (Schwerpunkt in der Mitte). Unter welchem Wert muß die Beschleunigung (Verzögerung) liegen, mit der angefahren (gebremst) wird, a) ohne daß die Kiste rutscht ($\mu = 0{,}2$), b) ohne daß die Kiste, deren Standfläche gegen Wegrutschen gesichert wird, umfällt?

### 1.3.5. Massenträgheitsmoment und Rotationsenergie

**347.** Welchen Durchmesser hat eine Kreisscheibe von 8 kg Masse, deren Trägheitsmoment 1,69 kg m² beträgt?

**348.** Ein Metallring von rechteckigem Querschnitt hat die Abmessungen: äußerer bzw. innerer Durchmesser 58 cm bzw. 50 cm, Breite 6 cm. Das Trägheitsmoment ist 0,8058 kg m². Aus welchem Material könnte der Ring bestehen?

**349.** Um wieviel muß ein 75 cm langer, um seinen Mittelpunkt rotierender Stab verlängert werden, damit sich sein Trägheitsmoment verdoppelt?

**350.** Das Trägheitsmoment einer massiven Holzwalze von 6 kg Masse, 12 cm Durchmesser und 1 m Länge soll durch Einhüllen in einen Bleimantel verdreifacht werden. Wie dick muß dieser sein? ($\varrho = 11{,}3$ g/cm³)

**351.** Um wieviel Prozent wird das auf die senkrecht durch den Mittelpunkt gehende Achse bezogene Trägheitsmoment einer Kreisscheibe geringer, wenn man so viel davon abdreht, daß ihr Durchmesser um 10% kleiner wird?

**352.** Welche Energie enthält eine Kreisscheibe von 8 kg Masse und 50 cm Durchmesser bei einer Drehzahl von 500 1/min?

**353.** Ein dünner Reifen rollt eine schiefe Ebene hinab. Welcher Bruchteil seiner Gesamtenergie entfällt auf Rotationsenergie?

**354.** Welche Rotationsenergie enthält der Teller von 12 kg Masse und 60 cm Durchmesser einer Maschine zum Schneiden von Schallplatten bei der Drehzahl 78 1/min?

**355.** Welche Geschwindigkeit erreicht eine Vollkugel, die auf einer schiefen Ebene die Höhe $h$ reibungslos durchläuft?

**356.** Das Chassis eines 4rädrigen Wagens hat die Masse 300 kg und jedes der als massive Scheiben angenommenen Räder zusätzlich 25 kg. Die bei der Infahrtsetzung des Wagens zu überwindende Trägheit der Gesamtmasse soll um einen Zuschlag erhöht werden, der das Trägheitsmoment der Räder berücksichtigt. Wieviel Prozent der Gesamtmasse sind zuzuschlagen?

**357.** Ein Omnibus mit der Gesamtmasse $m_1 = 5$ t soll mittels einer als Energiequelle dienenden, rotierenden massiven Schwungscheibe angetrieben werden und dadurch in der Lage sein, auf horizontaler Strecke 2 km weit zu rollen (Fahrwiderstandszahl 0,05). Welche Masse $m_2$ muß die Scheibe bei einem Durchmesser von 1,2 m haben, wenn eine anfängliche Drehzahl von $n = 3000$ 1/min angenommen wird?

**358.** Ein Gewichtsstück der Masse $m_2 = 6$ kg versetzt nach Bild 117 über eine 4 cm dicke Welle eine Schwungscheibe der Masse $m_1 = 12$ kg von 60 cm Durchmesser in Rotation. Welche Drehzahl erreicht die Scheibe, wenn das Gewichtsstück um $h = 2$ m gesunken ist, und welche Geschwindigkeit hat diese dann? (Das Trägheitsmoment der Welle werde vernachlässigt.)

**359.** Ein 80 cm langer und 20 cm dicker Vollzylinder aus Stahl ($\varrho = 7{,}6$ g/cm³) soll auf einer Drehmaschine eine Drehzahl von

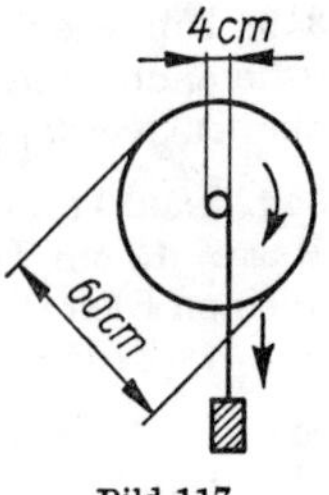

Bild 117

180 $^1/\text{min}$ erhalten. Welche Antriebskraft muß auf die Stufenscheibe von 15 cm Radius übertragen werden, wenn die Anlaufzeit höchstens 5 s betragen darf, und welche Endleistung hat der Motor für diesen Zweck aufzuwenden?

**360.** Ein mit der Drehzahl 300 $^1/\text{min}$ rotierender Schleifstein, dessen Durchmesser 150 cm und dessen Trägheitsmoment 30 kg m$^2$ beträgt, wird bei abgekuppeltem Motor durch die 60 N betragende Bremskraft des angedrückten Werkstückes zum Stillstand gebracht. Wie lange dauert der Bremsvorgang, und wieviel Umdrehungen finden noch statt?

**361.** Eine Kreisscheibe von 5 kg Masse und 30 cm Durchmesser soll aus dem Stillstand innerhalb von 0,5 s einmal herumgedreht werden. Welche Kraft muß hierbei tangential am Umfang angreifen?

**362.** Die im Kranz eines Schwungrades ($r_i = 50$ cm, $r_a = 60$ cm) bei $n = 500\,^1/\text{min}$ gespeicherte Energie soll unter Abbremsen bis zum Stillstand während einer halben Minute die mittlere Leistung 12 kW liefern. Welche Masse muß der Kranz haben? Welche Anlaufzeit ist bei Verwendung eines Motors notwendig, der die mittlere Leistung 3 kW entwickelt?

**363.** Von einer Trommel vom Radius $r = 20$ cm und dem Trägheitsmoment $J = 1{,}472$ kg m$^2$ wickelt sich ein Seil ab, an dem eine Masse von 15 kg hängt. Mit welcher Beschleunigung $a$ sinkt die Last nach unten, und mit welcher Kraft $F$ ist das Seil gespannt?

**364.** (Bild 118) Eine Walze vom Radius $r = 5$ cm hängt an zwei auf ihren Umfang gewickelten Fäden und durchfällt eine Höhe von 2 m. Welche Winkelgeschwindigkeit hat sie am Ende dieses Weges, und welche Zeit benötigt sie dazu, wenn die Bewegung lotrecht erfolgt?

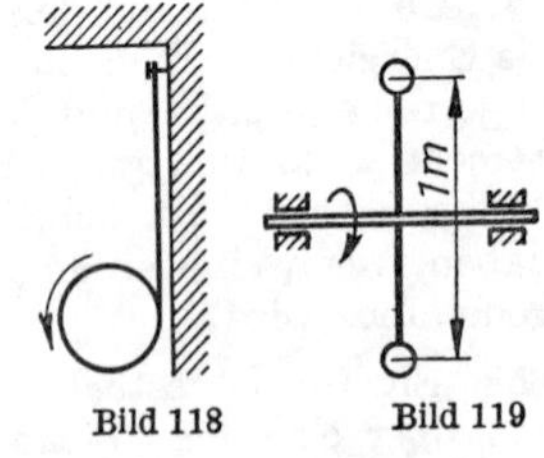

Bild 118 Bild 119

**365.** Eine rotierende Welle trägt nach Bild 119 einen 1 m langen Querstab (dessen Trägheitsmoment vernachlässigt wird), an dessen Endpunkten je eine Kugel sitzt. Beim Auslaufen führt sie innerhalb der letzten 5 s noch 12 Umdrehungen aus. Wenn der Kugelabstand verkleinert wird, werden für die letzten 12 Umdrehungen 3 s benötigt. Wie groß ist der Kugelabstand dann?

**366.** Mit welcher Geschwindigkeit trifft der Endpunkt einer 2,5 m langen, anfänglich senkrecht stehenden Stange beim Umfallen auf den Boden?

**367.** Wie weit würde das Rad von 20 kg Masse und 68 cm Durchmesser eines PKW rollen, wenn es sich bei der Geschwindigkeit 72 km/h von der Achse lösen würde?
Sein Massenträgheitsmoment betrage 1 kg m² und die Kraft der Rollreibung 4 % der Radgewichtskraft.

**368.** Wie groß ist das Trägheitsmoment einer Kreisscheibe vom Radius $r$ bezüglich einer senkrecht zu ihrer Ebene verlaufenden Achse, die $r/2$ vom Mittelpunkt entfernt ist?

**369.** Wie groß ist das Trägheitsmoment eines Stabes der Länge $l$ und der Masse $m$ bezüglich einer Querachse, die in der Verlängerung des Stabes $^1/_4$ Stablänge vom Stabende entfernt ist?

**370.** Ein Stab von 1,2 kg Masse und 80 cm Länge, der um seinen Mittelpunkt rotiert, soll durch einen praktisch masselosen Stab ersetzt werden, der an seinen Enden je eine punktförmig gedachte Masse von 0,01 kg trägt. Wie weit müssen die beiden Massen voneinander entfernt sein, wenn das Trägheitsmoment unverändert sein soll?

**371.** Ein aufrecht stehender Stab der Masse $m$ trägt am oberen Ende ein punktförmig zu denkendes Gewichtsstück der gleichen Masse $m$. Wie lang ist der Stab, wenn sein Endpunkt beim Umfallen mit der Geschwindigkeit $v = 3$ m/s auf den Boden trifft?

**372.** Ein 6 m langer, am Boden liegender Balken von 20 kg Masse soll an einem Ende innerhalb von 1 s um 1 m angehoben werden. Welche Kraft ist dazu notwendig?

**373.** Ein $l = 5$ m langer Balken ruht $e = 10$ cm seitwärts vom Schwerpunkt auf einer Schneide. Drückt man den leichteren Teil gegen den Boden, so hebt sich das andere Ende um $h = 30$ cm. Welche Zeit braucht der Balken, um wieder in die Ausgangslage zurückzukippen?

### 1.3.6. Fliehkraft

**374.** Welchen Durchmesser hat der Rotor einer Ultrazentrifuge, an dessen Umfang bei der Drehzahl $n = 60000$ $^1$/min die 250000fache Schwerebeschleunigung erreicht wird?

**375.** Eine Schaukel schwingt aus horizontaler Anfangslage als Pendel nach unten. Welche Kraft haben die masselos gedachten Streben der Gondel im tiefsten Punkt auszuhalten, wenn die Masse der Gondel 60 kg und die des darin sitzenden Mannes 70 kg beträgt?

**376.** (Bild 120) Mit welcher Mindestdrehzahl muß eine zur Leistungsmessung dienende Bremstrommel laufen, die von innen mit Wasser gekühlt wird, wenn sich das Kühlwasser ringförmig an den Innenumfang der Trommel anlegen soll? ($r = 30$ cm)

**377.** Die Bewegung des Mondes um die Erde ist genaugenommen eine Bewegung beider Massen um ein gemeinsames Drehzentrum. In welcher Entfernung vom Erdmittelpunkt befindet sich dieses? (Mondmasse = $^1/_{81}$ Erdmasse, Entfernung beider Mittelpunkte $r = 60$ Erdradien)

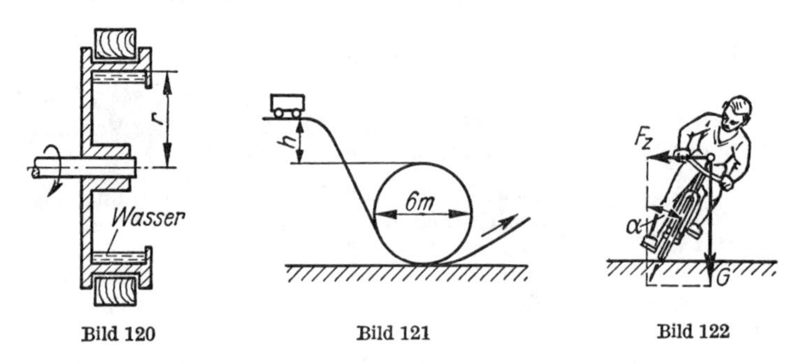


Bild 120 Bild 121 Bild 122

**378.** Aus welcher Höhe muß ein Artist mindestens starten, damit er die auf Bild 121 skizzierte „Todesschleife" durchfährt, ohne abzustürzen? (Ohne Berücksichtigung der Reibungswiderstände und der Eigenrotation des Fahrzeuges)

**379.** (Bild 122) Ein Radfahrer durchfährt mit der Geschwindigkeit $v = 25$ km/h eine Kurve vom Krümmungsradius $r = 20$ m. Um wieviel Grad muß er sich nach innen neigen?

**380.** Eine Kurve vom Krümmungsradius $r = 600$ m soll für eine Zuggeschwindigkeit von 60 km/h so geneigt werden, daß die Resultierende aus Schwer- und Fliehkraft senkrecht zum Gleis steht. Um wieviel muß die äußere Schiene höher als die innere verlegt werden, wenn die Spurweite 1435 mm beträgt?

**381.** Mit welcher Geschwindigkeit muß sich ein Körper parallel zur Erdoberfläche bewegen, wenn durch die entstehende Fliehkraft die Erdanziehung aufgehoben werden soll? (Erdradius 6378 km)

**382.** Wie oft müßte sich die Erde täglich um ihre Achse drehen, wenn dadurch die Erdanziehung am Äquator ($g = 9{,}78$ m/s²) aufgehoben werden soll? (Erdradius $r = 6378$ km)

**383.** Ein Kraftwagen durchfährt eine Kurve vom Krümmungsradius $r = 50$ m. Bei welcher Geschwindigkeit kommt der Wagen auf der regennassen Straße ins Schleudern? Dieses kommt dadurch zustande, daß für ein Radpaar, auf dem die halbe Last des Wagens ruhen möge, die Haftreibung ($\mu = 0{,}2$) nicht mehr ausreicht, um der Fliehkraft das Gleichgewicht zu halten.

**384.** Wie berechnet sich die Fallbeschleunigung bei 45° nördl. Br. mit Rücksicht auf die Fliehkraft, wenn am Pol $g = 9{,}83$ m/s² und die Erde als Kugel mit dem Radius $r = 6\,378$ km angenommen wird?

**385.** (Bild 123) Welchen Winkel bilden die beiden je 30 cm langen Pendel eines Fliehkraftreglers bei einer Drehzahl von 100 1/min miteinander?

**386.** Wie groß ist die auf die Punktmasse eines schwingenden mathematischen Pendels wirkende Fliehkraft beim Durchgang durch die Ruhelage? (Gegeben sind die Pendellänge $l$ und der Winkel $\alpha$ des maximalen Ausschlages.)

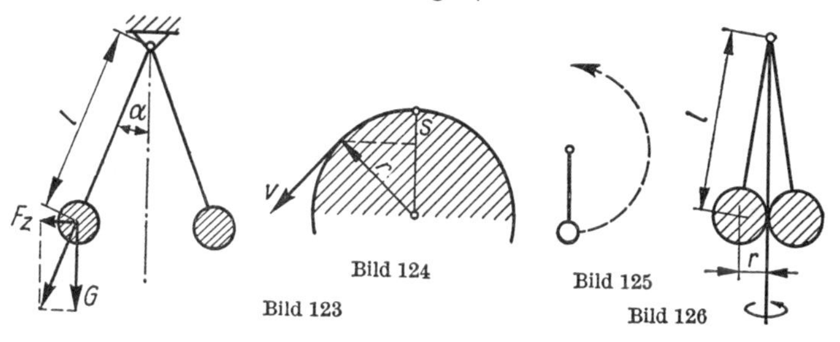

Bild 123 Bild 124 Bild 125 Bild 126

**387.** (Bild 124) Vom obersten Punkt einer Kugel vom Radius $r$ gleitet reibungslos ein Massenpunkt nach unten. In welcher Höhe $s$ löst er sich von der Kugeloberfläche ab?

**388.** (Bild 125) Eine anfänglich senkrecht stehende, 1,2 m lange und masselos gedachte Stange ist um ihren Fußpunkt drehbar gelagert und trägt am freien Ende ein 3 kg großes Massenstück. a) Mit welcher Geschwindigkeit geht dieses durch den tiefsten Punkt, wenn es pendelnd nach unten schwingt, und b) welche größte Kraft wirkt dabei in der Stange?

**389.** (Bild 126) Wie lang sind die beiden Pendel eines Fliehkraftreglers, wenn sie bei einer Drehzahl von $n = 72$ 1/min beginnen, sich voneinander abzuheben?

### 1.3.7. Impuls und Stoß

**390.** (Bild 127) Ein Kahn soll mittels eines starken Blasebalgs angetrieben werden, wozu folgende 3 Vorschläge gemacht werden:

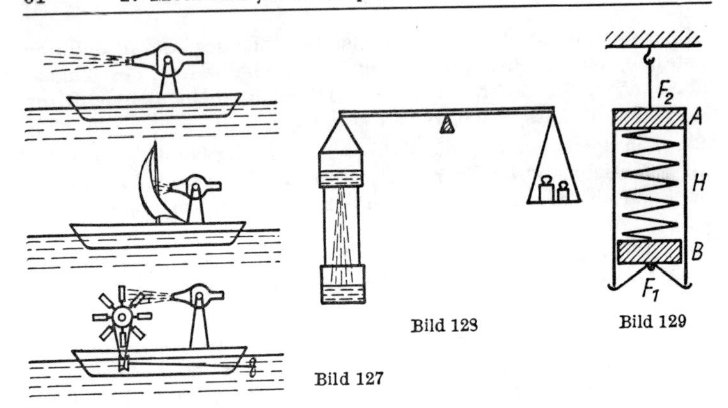


Bild 127

Bild 128

Bild 129

a) freier Luftstrom, b) Luftstrom trifft auf Segel, c) Luftstrom trifft auf Schaufelrad, das eine Schiffsschraube antreibt. Welche Wirkung haben diese 3 Antriebsarten?

**391.** (Bild 128) An einer im Gleichgewicht befindlichen Waage hängen links ein Gefäß mit Wasser und darunter ein leeres Gefäß. Wird im Boden des oberen Gefäßes ein Loch geöffnet, so fließt das Wasser in das untere Gefäß. Wie steht es mit dem Gleichgewicht während des Auslaufens?

**392.** (Bild 129) Zwei Massenstücke $A$ und $B$ sind mit einer starken Schraubenfeder verbunden. Diese wird gedehnt, indem $B$ durch den Faden $F_1$ in der Hülse H festgehalten wird. Das Ganze hängt am Faden $F_2$. Was geschieht, wenn Faden $F_1$ durchgebrannt wird, so daß $B$ in die Höhe schnellt?

**393.** Aus welcher Höhe fällt ein Körper, der beim Auftreten am Boden die Bewegungsgröße (Impuls) 100 kg m/s und die kinetische Energie 500 J hat, und wie groß ist seine Masse?

**394.** Wie lange muß eine Kraft von 5 N auf einen Körper einwirken, um ihm die Bewegungsgröße 200 kg m/s zu erteilen?

**395.** Welche Kraft ist notwendig, um einem Körper beim Zurücklegen der Strecke 5 m die Bewegungsgröße 300 kg m/s und die kinetische Energie 250 Ws zu erteilen? Wie groß ist die Masse des Körpers?

**396.** Wird ein vorgegebener Körper mit der konstanten Beschleunigung $a = 2{,}4$ m/s² in Bewegung versetzt, so erreicht er innerhalb von 12 s die Bewegungsgröße 800 kg m/s. Welche Masse hat der Körper, und welche Kraft ist wirksam?

**397.** Welche Strecke muß ein gegebener Körper zurücklegen, damit er unter der Wirkung der Kraft 120 N die Bewegungsenergie 60 Ws und die Bewegungsgröße 100 kg m/s annimmt? Welche Zeit wird dazu benötigt?

**398.** Die Bewegungsgröße eines frei fallenden Körpers beträgt nach 6 m Fallstrecke 20 kg m/s. Wie groß sind Masse und gesamte Fallhöhe, wenn er beim Auftreffen am Boden die kinetische Energie 400 J hat?

**399.** (Bild 130) Zwei zylindrische Körper von $m_1 = 120$ g und $m_2 = 300$ g werden durch eine sich plötzlich entspannende Feder in entgegengesetzter Richtung aus dem Lauf L geworfen. Mit welchen Geschwindigkeiten $v_1$ und $v_2$ werden sie davongeschleudert, wenn die Feder die Energie $W = 5$ J dabei abgibt?

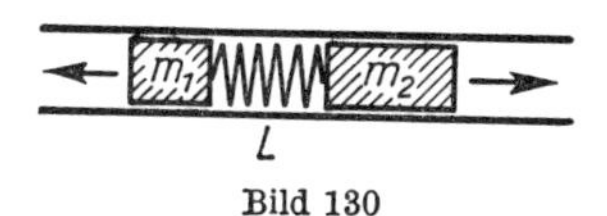

Bild 130

**400.** Welche Geschwindigkeiten ergeben sich in der vorigen Aufgabe, wenn a) der Körper $m_2$ oder b) der Körper $m_1$ festgehalten wird?

**401.** In eine Lore von 800 kg Masse, die mit der Geschwindigkeit 1,5 m/s fährt, fallen senkrecht von oben 600 kg Schotter. Auf welchen Betrag sinkt dadurch die Geschwindigkeit der Lore?

**402.** Ein Straßenbahnwagen von 4,5 t Masse fährt mit $u_1 = 2$ m/s gegen einen ruhenden Wagen von 2,5 t Masse, wobei die Kupplung sofort einklinkt. Mit welcher gemeinsamen Geschwindigkeit fahren die Wagen weiter?

**403.** Ein Güterwagen *1* der Masse $m_1$ stößt elastisch gegen den ruhenden Wagen *2* der Masse $m_2 = 14$ t, worauf Wagen *2* mit der Geschwindigkeit $v_2 = 2$ m/s und Wagen *1* mit $v_1 = 0{,}2$ m/s davonlaufen. Welche Masse $m_1$ hat Wagen *1*, und wie groß ist seine Anfangsgeschwindigkeit $u_1$?

**404.** Ein Güterwagen *1* der Masse $m_1 = 15$ t stößt mit der Geschwindigkeit $u_1 = 6$ m/s elastisch gegen den ruhenden Wagen *2* der Masse $m_2$ und erteilt ihm die Geschwindigkeit $v_2 = 5$ m/s. Welche Masse $m_2$ hat Wagen *2*, und welche Geschwindigkeit erhält Wagen *1* nach dem Stoß?

**405.** Ballistisches Pendel (Bild 131): Um die Geschwindigkeit eines Geschosses

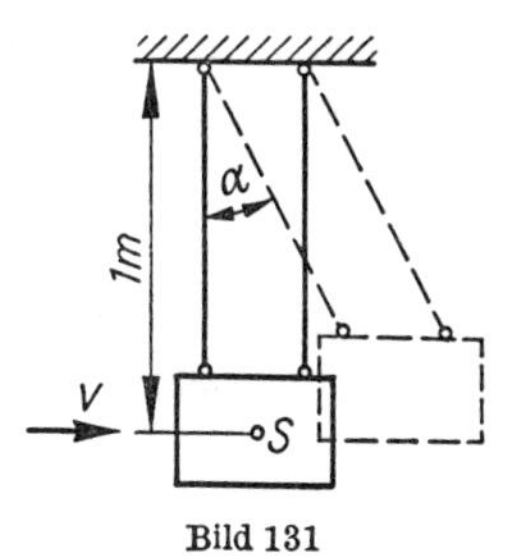

Bild 131

($m_1 = 12$ g) zu bestimmen, wird dieses in eine pendelnd ($l = 1$ m) aufgehängte Sandkiste ($m_2 = 20$ kg) geschossen, die dadurch um den Winkel $\alpha = 10°$ zur Seite schwingt. Welche Geschwindigkeit hat das Geschoß?

**406.** Ein Rammbär ($m_1 = 250$ kg) fällt aus $h = 2$ m Höhe auf einen Pfahl ($m_2 = 150$ kg), der beim letzten Schlag $s = 6$ cm tief ins Erdreich eindringt. Welche größte Belastung kann der Pfahl tragen, ohne tiefer einzusinken?

**407.** Zwei Fahrzeuge von gleicher Masse $m$ prallen gegeneinander in der Weise, daß a) beide Fahrzeuge mit gleicher Geschwindigkeit $v$ einander entgegenfahren oder b) das eine Fahrzeug mit der Geschwindigkeit $2v$ gegen das andere, ruhende Fahrzeug trifft. Vergleiche die zerstörende Wirkung in beiden Fällen.

**408.** Das Geschoß ($m_1 = 10$ g) einer Pistole dringt in einen Holzklotz ($m_2 = 600$ g), der auf einer horizontalen Tischplatte liegt und dadurch 5,5 m weit fortrutscht (Reibungszahl $\mu = 0{,}4$). Welche Geschwindigkeit $u$ hat das Geschoß?

**409.** Wieviel Prozent der Geschoßenergie werden in der letzten Aufgabe a) durch Reibung auf der Tischplatte und b) durch Reibung im Holzklotz vernichtet?

**410.** Ein Güterwagen $m_1$ stößt elastisch gegen einen stillstehenden Waggon $m_2$. In welchem Verhältnis $m_1 : m_2$ stehen ihre Massen zueinander, wenn nach dem Stoß a) beide Wagen mit derselben Geschwindigkeit entgegengesetzt auseinanderfahren, b) $m_2$ die 3fache Geschwindigkeit von $m_1$ in gleicher Richtung hat und c) $m_1$ mit einem Drittel der ursprünglichen Geschwindigkeit zurückprallt?

**411.** Ein schwerer Hammer schlägt mit der Geschwindigkeit $u$ gegen eine kleine elastische Stahlkugel. Mit welcher Geschwindigkeit fliegt diese davon?

**412.** Drei elastische Kugeln, deren Massen sich wie $1 : {}^1/_2 : {}^1/_4$ verhalten, sind so aufgehängt, daß sie sich nach Bild 132 berühren. Nach Anheben der ersten Kugel fällt diese mit der Geschwindigkeit $u_1$ gegen die beiden anderen. Mit welcher Geschwindigkeit fliegt die letzte Kugel zur Seite?

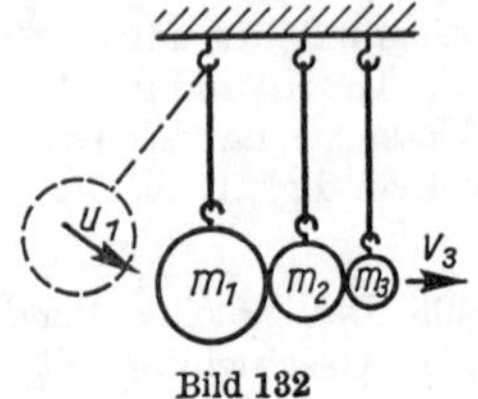

Bild 132

**413.** (Bild 133) Von zwei in gleicher Höhe pendelnd aufgehängten elastischen Kugeln ist die eine ($m_1$) doppelt so schwer wie die andere ($m_2$). Die schwerere Kugel wird um die Höhe $h$ angehoben und losgelassen. Welche Höhen $h_1$ und $h_2$ erreichen beide Kugeln nach dem Zusammenprall?

**414.** Auf gemeinsamer Welle befinden sich zwei massive Schwungscheiben mit $m_1 = 12$ kg und $d_1 = 60$ cm bzw. $m_2 = 8$ kg und $d_2 = 40$ cm. Die letztere rotiert mit der Drehzahl $n_2 = 200\ ^1/\text{min}$, die erstere steht zunächst still. Welche gemeinsamen Drehzahlen haben die Scheiben, nachdem sie plötzlich miteinander gekuppelt werden?

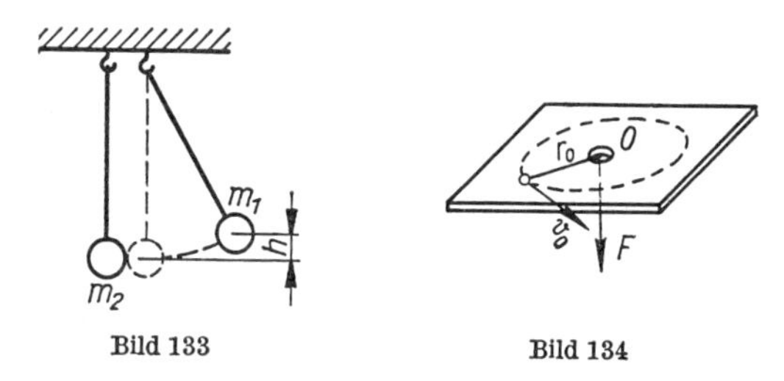


Bild 133 Bild 134

**415.** (Bild 134) Auf einer horizontalen Ebene läuft reibungsfrei eine kleine Kugel mit der Anfangsgeschwindigkeit $v_0$, gehalten von einem Faden der Länge $r_0$. Wird der Faden mit konstanter Geschwindigkeit $u$ durch die Öffnung in der Mitte des Drehkreises gezogen, so wird die Bahn spiralförmig. Wie groß ist die Spannkraft des Fadens in Abhängigkeit von der Zeit $t$?

**416.** Mit welchem Drehmoment muß ein Kreisel vom Trägheitsmoment $J = 0{,}04$ kg m² angetrieben werden, der innerhalb von 15 s die Drehzahl $n = 4000\ ^1/\text{min}$ erreichen soll?

**417.** Welche Winkelgeschwindigkeit erreicht eine Schwungscheibe von 20 kg Masse und 60 cm Durchmesser, die 12 s lang durch ein Drehmoment von 6 N m angetrieben wird?

**418.** Wie groß ist das Trägheitsmoment eines Motorankers, dessen Drehzahl infolge der Lagerreibung (Reibungsmoment $M = 0{,}82$ N m) innerhalb von 4,5 s von $n_1 = 1500\ ^1/\text{min}$ auf $n_2 = 400\ ^1/\text{min}$ abnimmt?

### 1.3.8. Massenanziehung

**419.** Welchen Wert hat die Schwerebeschleunigung 900 km über der Erdoberfläche (Entfernung des ersten künstlichen Erdsatelliten „Sputnik“)? (Erdradius $r = 6378$ km)

**420.** Wie groß ist die Schwerebeschleunigung $g'$ an der Sonnenoberfläche, wenn die Masse der Sonne $m = 1{,}99 \cdot 10^{30}$ kg und der

Sonnendurchmesser $r = 695\,300$ km beträgt? Gravitationskonstante $\gamma = 6{,}67 \cdot 10^{-11}$ m³/(kg s²)

**421.** Wieviel Erdmassen $m_1$ beträgt die Masse $m_2$ der Sonne, wenn die Umlaufzeit der Erde $T = 365{,}24$ Tage, die Entfernung Sonne – Erde $r_2 = 149{,}5 \cdot 10^6$ km und der Erdradius $r_1 = 6\,378$ km gegeben sind?

**422.** Die Masse des Mondes ist etwa 81mal kleiner als die der Erde, sein Durchmesser beträgt etwa 0,273 Erddurchmesser. Welche Gewichtskraft übt an seiner Oberfläche die Masse 1 kg aus?

**423.** In welcher Entfernung $r_1$ vom Erdmittelpunkt wird ein zwischen Erde und Mond befindlicher Gegenstand schwerelos? (Abstand Mondmittelpunkt – Erdmittelpunkt $r = 384\,400$ km, Mondmasse = $^1/_{81}$ Erdmasse)

**424.** Welche Umlaufzeit ergibt sich für den ersten am 4. 10. 1957 in der UdSSR gestarteten künstlichen Satelliten Sputnik 1 in seiner anfänglichen Entfernung von 900 km von der Erdoberfläche? (Erdradius $r = 6\,378$ km)

**425.** Welchen Durchmesser müssen zwei sich berührende Bleikugeln ($\varrho = 11{,}3$ g/cm³) haben, wenn sie sich mit der Kraft 0,01 N gegenseitig anziehen sollen?
Gravitationskonstante $\gamma = 6{,}67 \cdot 10^{-11}$ m³ /(kg s²)

**426.** Welche Strecke würde die Erde in der ersten Minute zurücklegen, wenn sie plötzlich angehalten und nur der Anziehungskraft der Sonne folgen würde? (Entfernung Erdmittelpunkt – Sonnenmittelpunkt $149{,}5 \cdot 10^6$ km)

**427.** Es ist die Umlaufzeit von Sputnik 1 unter Anwendung des 3. Keplerschen Gesetzes durch Vergleich mit derjenigen des Mondes zu berechnen. (Abstand des Mondes vom Erdmittelpunkt 384 400 km, Höhe des Sputniks über der Erdoberfläche 900 km, Erdradius 6 378 km, Umlaufzeit des Mondes 27,322 Tage)

**428.** Welche mittlere Höhe über der Erdoberfläche hatte bei Annahme einer Kreisbahn der sowjetische Satellit Sputnik 3, wenn seine Umlaufzeit 105,95 min betrug? (Erdradius $r = 6\,378$ km)

**429.** Welche Entfernung von der Erde muß ein künstlicher Satellit haben, der über einem bestimmten Punkt des Äquators stillzustehen scheint? (Erdradius $r = 6\,378$ km)

# 1.4. Schwingungen

## 1.4.1. Harmonische Bewegung

**430.** Wie groß ist die Elongation einer Sinusschwingung, wenn die Amplitude 12 cm und die Frequenz 15 Hz beträgt, a) 0,01 s, b) 0,02 s und c) 0,03 s nach dem Nulldurchgang?

**431.** Welche Frequenzen haben die Sinusschwingungen der Amplitude $y_{max} = 10$ cm, die erstmalig die Elongationen a) $y = 2$ cm, b) $y = 5$ cm und c) $y = 9$ cm 0,001 s nach Durchgang durch die Nullage erreichen?

**432.** Wieviel Sekunden nach dem Nulldurchgang erreicht die Elongation einer Sinusschwingung von $y_{max} = 2$ cm und $f = 50$ Hz die Werte a) 1 mm, b) 5 mm und c) 15 mm?

**433.** Zwei Pendel verschiedener Länge, deren Periodendauern sich wie 19:20 verhalten, beginnen ihre Schwingungen gleichzeitig aus der Ruhelage. Nach 15 s hat das erste Pendel 3 Schwingungen mehr ausgeführt als das zweite. Welche Frequenzen und Periodendauern haben die Pendel?

**434.** Die auf Bild 135 angegebene 18 cm lange Kurbel, deren freies Ende in einem Kulissenschieber gleitet, rotiert mit der Drehzahl 210 $^1$/min. Welche Vertikalgeschwindigkeit hat der Schieber, wenn die Kurbel mit der Vertikalen die Winkel a) 15°, b) 30°, c) 45°, d) 60° und e) 90° bildet?

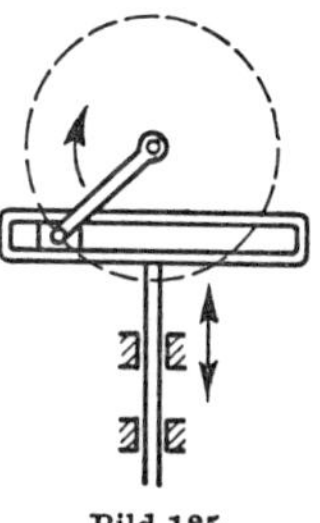

Bild 135

**435.** Die Elongation einer Sinusschwingung erreicht $^1/_{20}$ s nach dem Nulldurchgang $^1/_4$ ihres Scheitelwertes. Wie groß ist ihre Frequenz?

**436.** Ein harmonisch schwingender Massenpunkt ist 0,2 s nach Passieren der Ruhelage 4,5 cm von dieser entfernt. Wie groß sind Frequenz und Periodendauer, wenn die Amplitude 6 cm beträgt?

**437.** Zwei Sinusschwingungen gleicher Amplitude, deren Frequenzen sich wie 1:2 verhalten, beginnen gleichzeitig aus der Ruhelage. Nach 0,1 s sind ihre Elongationen zum ersten Mal gleich groß. Wie groß sind die Frequenzen?

**438.** Die Elongation einer Sinusschwingung von 15 s Dauer und 10 cm Amplitude verdoppelt sich innerhalb von 1 s. Wie groß sind diese Elongationen?

**439.** Wieviel Zeit verstreicht, bis die Elongation einer Sinusschwingung von $f = 54$ Hz und der Amplitude $y_{max} = 8$ cm von 3 cm auf 7 cm anwächst?

**440.** Wie groß ist die Amplitude einer Sinusschwingung von $f =$ 50 Hz, wenn die Elongation innerhalb von 0,002 s von 4 cm auf 8 cm anwächst?

**441.** Die Elongation einer Sinusschwingung von $y_{max} = 6$ cm erreicht in der 1. Halbperiode im zeitlichen Abstand von 0,001 s zweimal nacheinander den Wert $y = 3$ cm. Wie groß ist die Frequenz?

**442.** Zwei Schwingungen gleicher Amplitude mit den Frequenzen $f_1 = 50$ Hz und $f_2 = 60$ Hz beginnen gleichzeitig aus der Nullage. Nach wieviel Sekunden sind die Elongationen das erste Mal wieder gleich groß?

**443.** Die Elongationen einer Sinusschwingung von 10 cm Amplitude durchlaufen im Abstand $\Delta t = 0{,}001$ s nacheinander die Werte 2 cm und 8 cm. Wie groß sind Frequenz und Periodendauer?

**444.** In welchem Zeitabstand nehmen die Elongationen einer Sinusschwingung innerhalb einer Viertelperiode nacheinander die Werte 3 und 4 cm an? (Periodendauer 20 s, Amplitude 15 cm)

### 1.4.2. Elastische Schwingungen

**445.** Eine Schraubenfeder hat die Richtgröße $D = 25$ N/m. Welche Masse muß angehängt werden, damit sie in einer Minute 25 Schwingungen ausführt?

**446.** Eine Feder hat die Richtgröße $D = 30$ N/m. Wie groß ist die Masse eines daranhängenden Gewichtsstückes, das Schwingungen der Amplitude 5 cm ausführt und mit der Geschwindigkeit 80 cm/s durch die Ruhelage geht?

**447.** An einer Schraubenfeder hängt eine (masselos gedachte) Waagschale, auf die plötzlich ein Massenstück von 300 g gelegt wird. Die Feder führt daraufhin Schwingungen mit einer Amplitude von 12 cm aus. Zu berechnen sind die Frequenz und die Periodendauer.

**448.** Vergrößert man die an einer Schraubenfeder hängende Masse um $m_0 = 60$ g, so verdoppelt sich die Periodendauer. Wie groß ist die anfängliche Masse?

**449.** Wie groß ist die Richtgröße einer Schraubenfeder, die nach Anhängen eines Massenstückes von 30 g je Minute 85 Schwingungen ausführt?

**450.** Die Karosserie von 800 kg Masse eines Lastkraftwagens senkt sich bei einer Zuladung von 1,8 t um 6 cm.

a) Welche Periodendauer ergibt sich daraus?

b) Welche Periodendauer hat die leere Karosse?

c) Bei welcher Zuladung ergibt sich die doppelte Periodendauer gegenüber b)?

**451.** Um eine Schraubenfeder um $s = 8$ cm zu dehnen, ist die Arbeit $W = 2 \cdot 10^{-3}$ N m erforderlich. Welche Periodendauer ergibt sich beim Anhängen eines Massenstückes von $m = 50$ g?

**452.** Die an einer Feder hängende Masse von 200 g führt innerhalb von einer Minute 42 Schwingungen aus. Welche Dehnung erfährt die Feder durch die Gewichtskraft im Ruhezustand?

**453.** (Bild 136) Die an den Windkessel einer Wasserpumpe anschließende Rohrleitung enthält bis zum Brunnen eine bestimmte Wassermenge $m$, die unter dem Einfluß des im Kessel herrschenden Druckes $p$ Eigenschwingungen ausführen kann. Für deren Frequenz wird die Formel

$$f = \frac{1}{2\pi}\sqrt{\frac{gpA}{lV}}$$

angegeben ($p$ Manometeranzeige in m Wassersäule, $V$ Luftinhalt des Kessels in m³, $A$ Leitungsquerschnitt in m², $l$ Leitungslänge in m). Wie kommt diese Formel zustande?

**454.** (Bild 137) Ein im Wasser schwimmender Holzquader von der Höhe $h$ und der Dichte $\varrho_K$ führt nach einmaligem Anstoß eine auf- und niederschwingende Bewegung aus. Welcher Ausdruck ergibt sich für die Periodendauer?

**455.** Weshalb kann eine im Wasser schwimmende Holzkugel keine harmonischen Schwingungen ausführen?

**456.** Im Innern der Erde nimmt die Schwerkraft bis zum Wert Null im Erdmittelpunkt gleichmäßig ab. Welche Periodendauer hätte

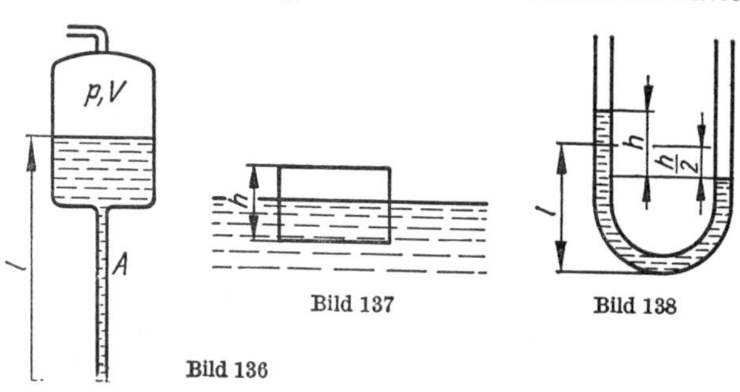


Bild 136

Bild 137

Bild 138

ein Körper, der in einem geraden, durch den Erdmittelpunkt verlaufenden Rohr hin- und herschwingt? (Erdradius $r = 6\,378$ km)

**457.** (Bild 138) Welche Periodendauer ergibt die in einem U-Rohr vom Querschnitt $A$ hin- und herpendelnde Flüssigkeit bei einem anfänglichen Niveauunterschied $h$ und der Füllhöhe $l$?

### 1.4.3. Mathematisches Pendel

**458.** Eine Uhr geht im Verlauf von 12 Stunden 30 Minuten nach. Wie lang muß das ursprünglich 50 cm lange (mathematisch angenommene) Pendel gemacht werden, damit die Uhr richtig geht?

**459.** Geneigtes Zweifadenpendel. Eine Pendelkugel hängt symmetrisch an zwei Fäden, die an einem geneigten Stab befestigt sind (Bild 139). Berechne die Periodendauer.

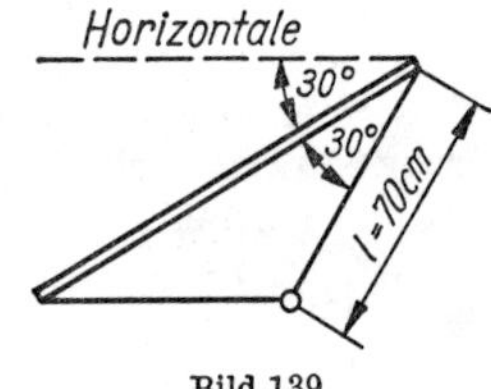

Bild 139

**460.** Von einem Baukran hängt ein Seil herunter. Es führt mit dem daran befestigten Mörtelkübel in 25 Sekunden 2 Schwingungen aus. Wie lang ist das Seil?

**461.** Welche Periodendauern ergeben mathematische Pendel folgender Längen: a) 1 m, b) 2 m, c) 1 mm?

**462.** Verkürzt man ein mathematisches Pendel um $^1/_{10}$ seiner Länge, so vergrößert sich seine Frequenz um $\Delta f = 0{,}1$ Hz. Wie lang ist das Pendel, und wie groß ist seine Frequenz?

**463.** Während das eine von 2 Fadenpendeln 50 Schwingungen ausführt, schwingt das andere 54mal. Verlängert man das zweite um 6 cm, so führt es in der gleichen Zeit ebenfalls 50 Schwingungen aus. Wie lang sind die beiden Pendel?

**464.** (Bild 140) 30 cm unter dem Aufhängepunkt eines 50 cm langen Fadenpendels befindet sich ein fester Stift S, an den sich der Faden während des Schwingens vorübergehend anlegt. Wieviel Schwingungen führt das Pendel in einer Minute aus?

**465.** Um wieviel Prozent verkürzt sich die Periodendauer eines mathematischen Pendels, wenn es um $^1/_4$ seiner Länge gekürzt wird?

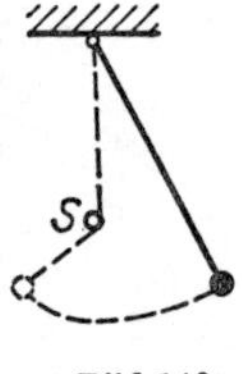

Bild 140

### 1.4.4. Physisches Pendel

**466.** Welche Periodendauer hat ein 80 cm langer, homogener Stab, der als Pendel um einen Punkt schwingt, der 20 cm unterhalb des oberen Endes liegt?

**467.** Wie groß ist die Periodendauer einer Schwungscheibe von 15 kg Masse, deren Massenträgheitsmoment 0,8 kg m² beträgt und die um einen Punkt pendelt, der 12 cm oberhalb ihres Schwerpunktes liegt?

**468.** Eine Kreisscheibe, die um einen Punkt ihres Umfanges in ihrer Ebene schwingt, hat die Periodendauer $T = 0{,}5$ s. Wie groß ist ihr Durchmesser?

**469.** Welche Periodendauer hat das auf Bild 141 angegebene Uhrpendel? Die Masse der Pendellinse sei punktförmig angenommen. (Masse des Stabes 200 g, Masse der Pendellinse 500 g)

**470.** (Bild 142) An einem masselosen Faden von $l = 60$ cm Länge hängt ein $l = 60$ cm langer Stab. Das Ganze schwingt um den Aufhängepunkt des Fadens. Wie groß ist die Periodendauer?

**471.** Wird ein Stabpendel um $e = 50$ cm verlängert, so verdoppelt sich die Periodendauer. Wie lang ist es ursprünglich?

**472.** Ein masselos gedachter, um seinen Mittelpunkt schwingender Stab der Länge $2l$ trägt an seinen Enden je eine punktförmig gedachte Masse $m_1$ bzw. $m_2$. Welche Periodendauer ergibt sich für dieses Pendel?

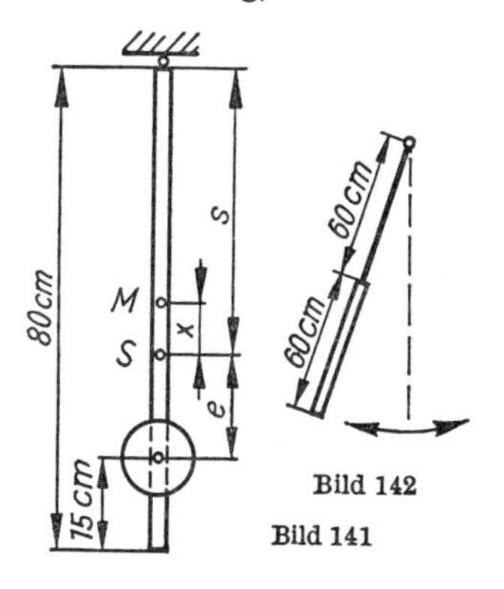

Bild 142

Bild 141

**473.** Welche Periodendauer ergibt sich nach der letzten Aufgabe, wenn $m_1 = 4$ kg, $m_2 = 3$ kg und $2l = 80$ cm beträgt?

**474.** Welche Periodendauer hat ein an seinem Umfang aufgehängter Kreisring vom Durchmesser $d$, der in der Kreisringebene frei pendelt?

**475.** Das Ersatzrad von 20 kg Masse eines PKW wird an einer Schnur aufgehängt und führt in 1 min 32 Schwingungen aus. Wie groß ist das Massenträgheitsmoment bezüglich des Schwerpunktes, wenn der Abstand vom Aufhängepunkt bis zum Schwerpunkt $e = 80$ cm beträgt?

**476.** Ein um seinen Mittelpunkt leicht drehbarer dünner Kreisring von der Masse $m_1$ (Fahrradfelge) und dem Radius $r$ ist durch eine an seinem Umfang befestigte Masse $m_2$ (Fahrradventil) einseitig belastet und führt dadurch pendelnde Bewegungen aus. Welcher Ausdruck für die Periodendauer gibt sich?

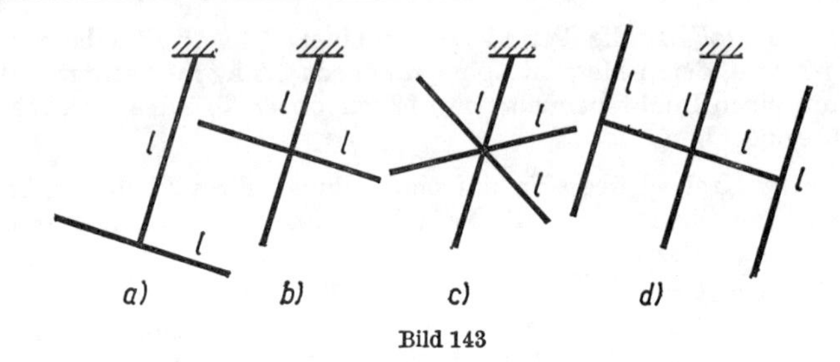

Bild 143

**477.** (Bild 143) Welche Periodendauern haben die aus dünnen Stäben von der Masse $m$ und der Länge $l$ zusammengesetzten Pendel?

**478.** Welche Länge darf ein an seinem Endpunkt pendelnd aufgehängter dünner Stab höchstens haben, wenn er Schwingungen von 1 s Dauer ausführen soll, und welchen Abstand hat dann der Aufhängepunkt vom Schwerpunkt?

**479.** Ein um seinen Endpunkt schwingender homogener Stab der Masse $m$ trägt in seinem Schwerpunkt eine punktförmig zu denkende Zusatzmasse $m$. Welche Länge hat der Stab, wenn die Periodendauer 5 s beträgt?

**480.** Ein aus 4 dünnen Stäben angefertigter quadratischer Rahmen ist an einer Ecke aufgehängt und führt Schwingungen von 1 s Dauer aus. Wie groß ist die Seitenlänge des Quadrates?

**481.** Eine rechteckige Fläche mit den Seiten $h$, $b$ wird so aufgehängt, daß sie als physisches Pendel um die Mitte einer Schmalseite $b$ in ihrer Ebene schwingen kann. Wird sie dann in der Mitte einer Längsseite aufgehängt, so ergibt sich im allgemeinen eine andere Periodendauer. Bei welchem Seitenverhältnis ergibt sich für beide Fälle die gleiche Periodendauer?

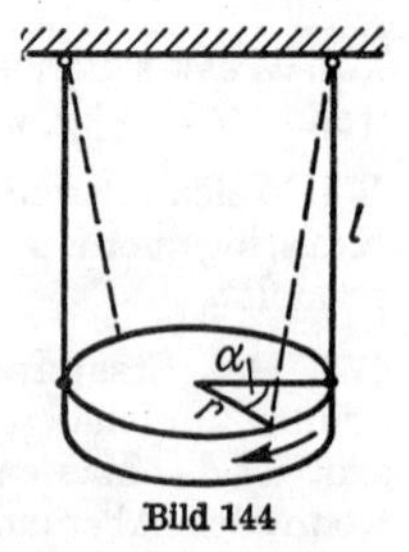

Bild 144

**482.** (Bild 144) Wird eine Taschenuhr (der Einfachheit halber als massiver Zylinder zu betrachten) an zwei gegenüberliegenden Punkten mit gleich langen Fäden aufgehängt, so führt sie infolge von Resonanz Drehschwingungen in ihrer eigenen Ebene aus. Wie lang müssen die Aufhängefäden sein, wenn die Periodendauer $T = 0{,}4$ s betragen soll?

## 1.4.5. Gedämpfte Schwingungen

**483.** (Bild 145) Welche Werte haben die Amplituden der 2., 5. und 10. Schwingung, wenn die Amplitude der 1. Schwingung 5 cm und das Dämpfungsverhältnis $k = 1{,}5$ betragen?

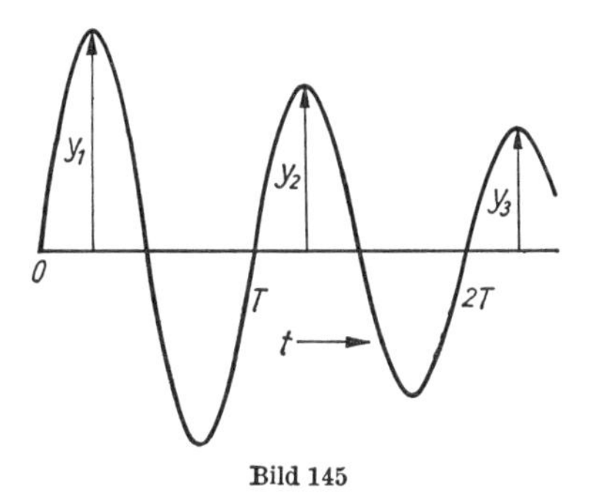

Bild 145

**484.** Die Amplituden der 1. und 3. Schwingung des Zeigers einer Analysenwaage betragen 10,5 bzw. 9,9 Skalenteile. Wie groß ist die Amplitude der 8. Schwingung?

**485.** Die 1. bzw. 20. Amplitude eines schwingenden Pendels sind 12 cm bzw. 9,6 cm. Die wievielte Schwingung hat die Amplitude 6 cm?

**486.** Die Amplitude der 50. Schwingung eines Pendels hat die Hälfte des Anfangswertes. Wie groß ist die Amplitude der 10. Schwingung im Vergleich zur ersten?

**487.** Die Amplituden der 4. bzw. der 5. Schwingung eines Pendels betragen 12 bzw. 11 cm. Wie groß ist die Amplitude der 1. Schwingung?

**488.** Das logarithmische Dekrement einer gedämpften harmonischen Schwingung ($f = 50$ Hz) ist $\Lambda = 0{,}015$. Wie groß sind das Dämpfungsverhältnis $k$ und der Abklingkoeffizient $\delta$?

**489.** Infolge starker Dämpfung verringert sich die Frequenz einer harmonischen Schwingung von 100 Hz auf 99 Hz. Zu berechnen sind a) der Abklingkoeffizient, b) das logarithmische Dekrement und c) das Dämpfungsverhältnis.

**490.** Das Dämpfungsverhältnis einer harmonischen Schwingung der Periode $T = 0{,}5$ s ist $k = 2{,}1$. Wie groß ist die Periodendauer der ungedämpften Schwingung?

## 1.4.6. Überlagerung von Schwingungen gleicher Frequenz und Schwebungen

**491.** (Bild 146) Zwei Schwingungen gleicher Frequenz haben die Amplituden 4 cm und 8 cm und den Phasenunterschied $\alpha = 45°$. Welche Amplitude hat die resultierende Schwingung?

**492.** Die Amplitude der Resultierenden zweier Schwingungen mit 60° Phasenunterschied ist $y = 6$ cm. Welche Amplitude hat die eine Komponente, wenn die der anderen $y_1 = 5$ cm ist?

**493.** Welche Phasendifferenz besteht zwischen 2 Schwingungen gleicher Frequenz und Amplitude, wenn die Amplitude ihrer Resultierenden ebenso groß wie die ihrer Komponenten ist?

**494.** Welche Amplitude hat die bei der Überlagerung dreier Schwingungen von 4 cm, 6 cm und 8 cm Amplitude entstehende Resultierende, wenn die zweite Schwingung um 90° und die dritte um 120° gegenüber der ersten verschoben ist?

**495.** (Bild 147) Eine Schwingung der Periode $T_1 = 0{,}02$ s liefert eine Schwebung der Periode $T_s = 0{,}2$ s. Welche Periode $T_2$ hat die andere Grundschwingung?

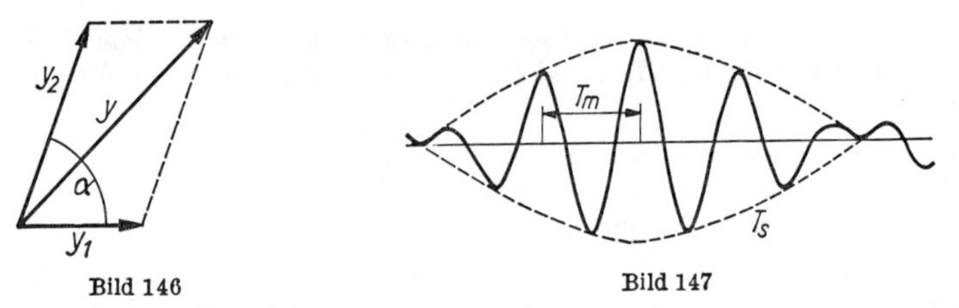


Bild 146 Bild 147

**496.** Zwei Stimmgabeln ergeben eine Schwebung der Dauer $T_s = 0{,}5$ s und der mittleren Frequenz $f_m = 441$ Hz. Welche Frequenzen haben sie einzeln?

# 2. Mechanik der Flüssigkeiten und Gase

## 2.1. Mechanik der Flüssigkeiten

### 2.1.1. Hydrostatischer Druck

**497.** (Bild 148) Die Druckzylinder einer Hebevorrichtung haben die Durchmeser $d_1 = 12$ cm bzw. $d_2 = 3$ cm. Wie groß ist der Druck im unteren Zylinder, wenn auf den oberen Kolben ein Druck von 15 bar wirkt?

**498.** Wie groß ist der Druck am Boden eines 0,8 m hoch mit Öl ($\varrho = 0{,}8$ g/cm³) gefüllten Gefäßes bei einem Luftdruck von 987 mbar?

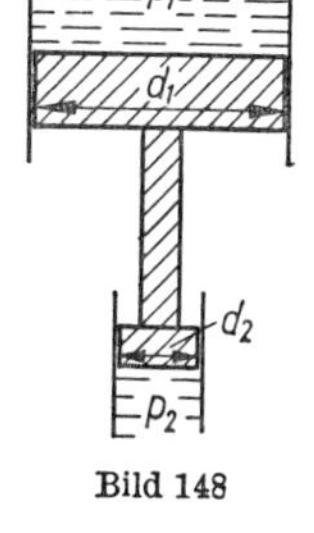

Bild 148

**499.** Wie hoch steigt ein unter 5 bar Überdruck senkrecht nach oben ausströmender Wasserstrahl, wenn man von der Luftreibung absieht?

**500.** Bei welcher Füllhöhe wird der Überdruck am Boden eines mit Azeton ($\varrho = 0{,}79$ g/cm³) gefüllten Behälters gleich 0,15 bar?

**501.** Wie groß ist der Überdruck am Boden einer Gießform, wenn sie 78 cm hoch mit flüssigem Grauguß ($\varrho = 6{,}9$ g/cm³) gefüllt ist?

**502.** (Bild 149) In ein beiderseits offenes U-Rohr von 1 cm² Querschnitt gießt man der Reihe nach: in die linke Öffnung 40 cm³

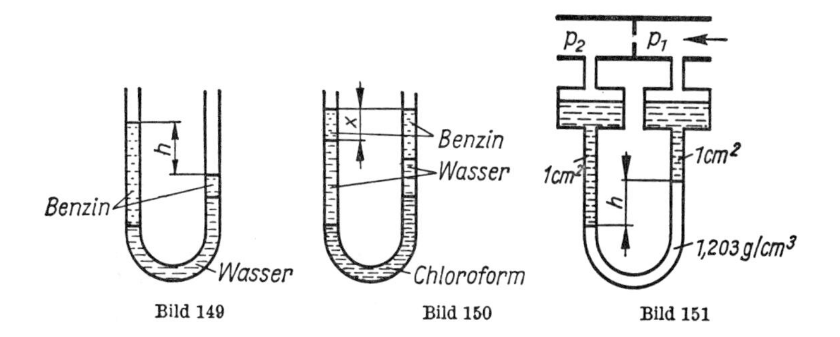

Bild 149 Bild 150 Bild 151

Wasser, in die rechte 10 $cm^3$ Benzin ($\varrho = 0{,}72$ g/$cm^3$) und in die linke Öffnung 40 $cm^3$ Benzin. Welche Niveaudifferenz ergibt sich?

**503.** (Bild 150) In das U-Rohr der Aufgabe 502 werden der Reihe nach eingefüllt: 1. links 20 $cm^3$ Chloroform ($\varrho_1 = 1{,}489$ g/$cm^3$), 2. rechts 5 $cm^3$ Wasser, 3. links 15 $cm^3$ Wasser und 4. rechts 8 $cm^3$ Benzin ($\varrho_2 = 0{,}720$ g/$cm^3$). Wieviel Benzin ist links noch zuzugeben, um Niveaugleichheit herzustellen?

**504.** Welchen Niveauunterschied weist ein offenes Manometer auf, das Azetylentetrabromid ($\varrho = 2{,}967$ g/$cm^3$) enthält, wenn der Überdruck 0,015 bar beträgt?

**505.** Zur genauen Messung kleiner Druckdifferenzen dient das Zweistoffmanometer (Bild 151). Ein solches ist mit Nitrobenzol ($\varrho = 1{,}203$ g/$cm^3$) und Wasser gefüllt und zeigt einen Niveauunterschied von $h = 26$ mm. Welche Druckdifferenz ergibt sich daraus?

### 2.1.2. Auftrieb in Flüssigkeiten

**506.** Von einem Eisberg ragt ein etwa quaderförmiges Stück von 500 m × 80 m × 50 m aus dem Wasser heraus. Wie groß ist das eintauchende Volumen, wenn sich die Dichten von Eis und Wasser wie 9:10 zueinander verhalten?

**507.** Ein flacher, $h = 4$ cm hoher Holzquader sinkt in Benzin ($\varrho = 0{,}7$ g/$cm^3$) um $\Delta h = 8$ mm tiefer ein als in Wasser. Welche Dichte $\varrho_H$ hat das Holz?

**508.** Ein Zahnrad aus Gußbronze wiegt an der Luft 45,0 g und, in Benzin ($\varrho_1 = 0{,}75$ g/$cm^3$) getaucht, 41,0 g. Wieviel Prozent Kupfer ($\varrho_2 = 8{,}9$ g/$cm^3$) und Zinn ($\varrho_3 = 7{,}2$ g/$cm^3$) sind darin enthalten?

**509.** (Bild 152) Ein Perpetuum mobile soll so arbeiten, daß ein endloser Schlauch durch ein U-Rohr läuft, beim Austritt aus dem kürzeren Schenkel aber in Wasser gelangt. Das U-Rohr selbst enthält kein Wasser und ist bei $A$ und $B$ gut abgedichtet. Infolge des nur links vorhandenen Auftriebes steigt der Schlauch ständig nach oben und dreht das Rad. Wo liegt der Fehler?

**510.** (Bild 153) Auf den ebenen Grund eines Wasserbeckens wird ein wasserdicht abschließender Holzquader gedrückt. Was geschieht, wenn man den Quader losläßt?

**511.** (Bild 154) Eine Kerze wird unten so mit einem Nagel beschwert, daß sie aufrecht im Wasser schwimmt und ein wenig herausragt. Zündet man sie an, dann brennt sie fast vollständig ab, ohne unter-

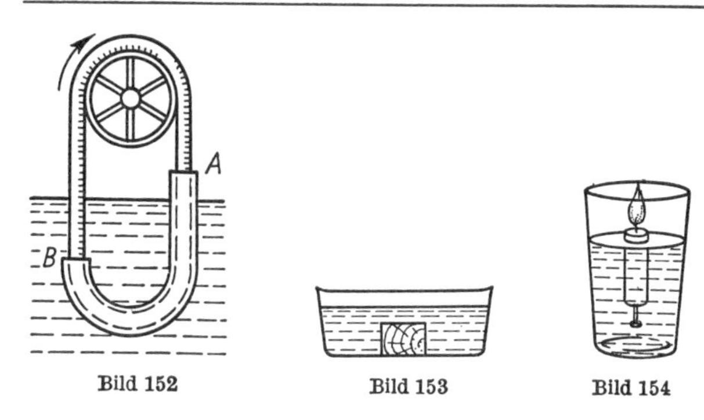


Bild 152 Bild 153 Bild 154

zugehen. Als Erklärung wurde einmal angegeben, daß sie beim Abbrennen leichter wird und deshalb nach oben steigt. Ist diese Erklärung richtig?

**512.** Ein Lastkahn von 6,5 t Masse gelangt vom Fluß in das Meer ($\varrho$ = 1,03 g/cm³). Wieviel Tonnen müssen zugeladen werden, damit der Tiefgang gleichbleibt?

**513.** Die scheinbare Masse einer in Benzin ($\varrho_B$ = 0,7 g/cm³) getauchten Aluminiumkugel ($\varrho_{Al}$ = 2,7 g/cm³) ist $m'$ = 20 g. Welchen Durchmesser hat sie?

**514.** Als Schwimmer für einen Füllstandmesser dient eine aus 0,5 mm dickem Messingblech ($\varrho_M$ = 8,6 g/cm³) gefertigte Kugel von 5 cm Durchmesser. a) Mit welcher Kraft strebt sie nach oben, wenn sie vollständig in Benzin ($\varrho_B$ = 0,72 g/cm³) getaucht wird, und b) welcher Teil ihres Volumens taucht ein, wenn sie schwimmt?

**515.** Welche Wanddicke hat eine Hohlkugel von $r_1$ = 3 cm Außenradius aus Aluminium ($\varrho_{Al}$ = 2,7 g/cm³), die in Wasser schwimmt und dabei zur Hälfte herausragt?

**516.** Wie groß sind Durchmesser $D$ und Wanddicke $d$ einer Tiefsee-Tauchkugel aus Stahl ($\varrho_s$ = 7,7 g/cm³), deren Masse 13 t bzw. unter Wasser ($\varrho_W$ = 1 g/cm³) scheinbar nur 8 t beträgt?

**517.** Ein im Wasser schwimmender quaderförmiger Ponton hat die Grundfläche 2 m × 4 m, ist 1,2 m hoch und ist aus 10 mm dickem Stahlblech ($\varrho$ = 7,5 g/cm³) gefertigt. a) Wie weit ragt er aus dem Wasser, und b) bis zu welcher Höhe kann er sich mit Wasser füllen, ehe er untergeht?

**518.** Wie dick muß das zur Anfertigung eines Vergaserschwimmers dienende Messingblech ($\varrho_1$ = 8,6 g/cm³) sein, wenn dieser, in Benzin ($\varrho_2 = 0{,}75$ g/cm³) schwimmend, zu $^1/_4$ seiner Höhe herausragen soll? Der Schwimmer ist zylindrisch, 4 cm hoch und hat den Durchmesser 5 cm.

**519.** Wieviel Kork ($m_1$; $\varrho_1 = 0{,}24$ g/cm³) ist für eine Schwimmweste notwendig, damit ein Mann ($m_2 = 70$ kg; $\varrho_2 = 1{,}1$ g/cm³) so im Wasser schwimmt, daß $^1/_6$ des Körpervolumens herausragen kann?

**520.** (Bild 155) Ein Aluminiumrohr von 120 g Masse, $d = 4$ cm Durchmesser und $h = 30$ cm Länge ist mit 150 g Bleischrot beschwert und schwimmt in Petroleum ($\varrho = 0{,}8$ g/cm³). Wie weit ragt es aus der Flüssigkeit heraus?

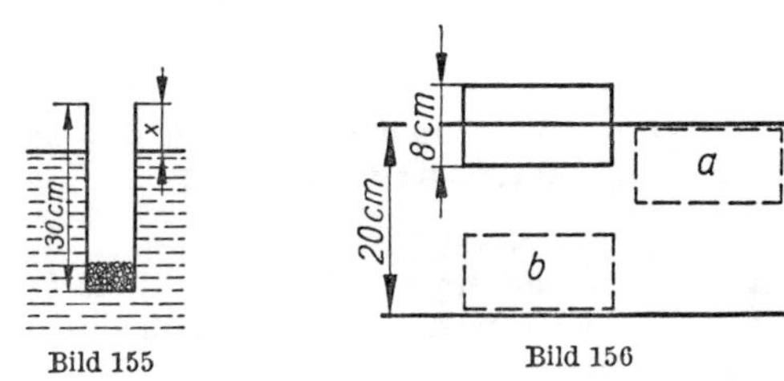


Bild 155 Bild 156

**521.** Wieviel Bleischrot muß dem Rohr in Aufgabe 520 zugegeben werden, damit es um 1 cm tiefer einsinkt?

**522.** Um ein gesunkenes Schiff zu heben, werden 30 leere Fässer von je 2 m³ Inhalt und je 150 kg Eigenmasse daran befestigt, wodurch es eben zu steigen beginnt. (Die Dichte des Seewassers ist 1,03 g/cm³.) Wie schwer ist das Schiff im Wasser?

**523.** Ein unter Wasser ($\varrho_1 = 1$ g/cm³) liegendes stählernes Wrackteil ($\varrho_2 = 7{,}5$ g/cm³) wirkt am Zugseil mit der scheinbaren Masse $m' = 550$ kg. Wie schwer wird es über Wasser sein?

**524.** Eine Holzkonstruktion ($m = 600$ kg, $\varrho_1 = 0{,}65$ g/cm³) soll im Wasser ($\varrho = 1$ g/cm³) versenkt und durch Auflegen von Steinen ($\varrho_2 = 2{,}5$ g/cm³) am Aufsteigen gehindert werden. Welche Mindestmasse $m'$ an Steinen ist notwendig?

**525.** Welche Masse $m''$ an Steinen ist notwendig, wenn die in der vorigen Aufgabe beschriebene Konstruktion unter Wasser genauso fest aufruhen soll wie am Lande?

**526.** (Bild 156) Ein im Wasser schwimmender Holzquader von 2 kg Masse und $h = 8$ cm Höhe ragt zur Hälfte aus dem Wasser heraus. Welche Arbeit ist erforderlich, um ihn a) gerade unter den Wasserspiegel und b) bis auf den Grund des $s = 20$ cm tiefen Wassers zu drücken? Der Wasserstand sei konstant.

**527.** Wie ändert sich das Ergebnis der Aufgabe 526, wenn ein Quader von 2 kg Masse und $h = 8$ cm Höhe verwendet wird, der nur zu $^1/_4$ aus dem Wasser ragt?

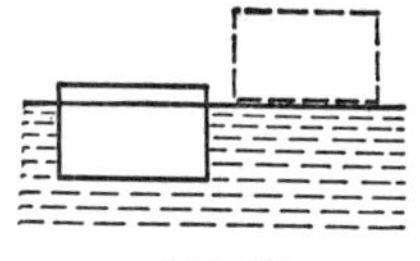

Bild 157

**528.** Ein Gegenstand von 100 g Masse erscheint, in Benzin getaucht ($\varrho_B = 0{,}7$ g/cm³), um 20 % schwerer als in Wasser getaucht. Wie groß ist sein Volumen?

**529.** (Bild 157) Ein 1 m hoher stählerner Schwimmer mit der Eigenmasse 750 kg und der Grundfläche 4 m × 2 m soll so weit mit Wasser gefüllt werden, daß er nur noch 10 cm aus dem Wasser ragt. Wieviel Wasser muß eingefüllt werden, und welche Arbeit ist nötig, ihn von seiner Schwimmlage aus dem Wasser zu heben?

**530.** Wenn der Spiegel der aus einem Gefäß abfließenden Flüssigkeit unter eine an der Wandung angebrachte Marke sinkt, wird eine Stoppuhr in Gang gesetzt und unmittelbar danach ein Schwimmer von 150 g Masse in die Flüssigkeit gesenkt. Bis zu dem Augenblick, in dem der Spiegel zum zweiten Mal die Marke passiert, vergehen 6,5 s. Wie groß ist die Ausflußmenge $Q$ in kg/min?

## 2.2. Mechanik der Gase

### 2.2.1. Luftdruck

**531.** Wieviel Pascal beträgt der Luftdruck in einem Behälter, wenn er, von 950 mbar ausgehend, um $5 \cdot 10^4$ Pa erhöht wird?

**532.** Wieviel Pascal beträgt die Zunahme des Luftdrucks, wenn die in einem Barometer stehende Quecksilbersäule um 60 mm steigt? (Dichte des Quecksilbers $\varrho = 13{,}595$ g/cm³)

**533.** Um wieviel Millimeter sinkt die in einem Barometer enthaltene Quecksilbersäule, wenn der Luftdruck von 1021 mbar auf 1005 mbar abnimmt?

**534.** Am Kondensator einer Dampfmaschine wird ein Unterdruck von $0{,}9 \cdot 10^5$ Pa gemessen. Der Barometerstand ist 975 mbar. Wie groß ist der absolute Druck im Kondensator?

**535.** Im Kesselraum eines Schiffes zeigt ein Manometer 220 mm Wassersäule an. Wie groß ist der absolute Druck bei einem Luftdruck im Freien von 1050 mbar?

**536.** Das Manometer einer Leuchtgasleitung zeigt 55 mm Wassersäule an. Wieviel Pascal beträgt der Gasdruck bei einem äußeren Luftdruck von 980 mbar?

**537.** Eine umgekehrte Flasche ist nach Bild 158 zum Teil mit Wasser gefüllt und durch ein dicht anliegendes Papierblatt verschlossen. Welchen Druck hat der Luftraum in der Flasche, wenn der äußere Luftdruck $1{,}013 \cdot 10^5\ \mathrm{N/m^2}$ beträgt?

**538.** Um wieviel Meter Wassersäule kann sich die Saugleistung einer Wasserpumpe ändern, wenn mit einer Schwankung des Luftdruckes von $\pm 40$ mbar gerechnet werden muß?

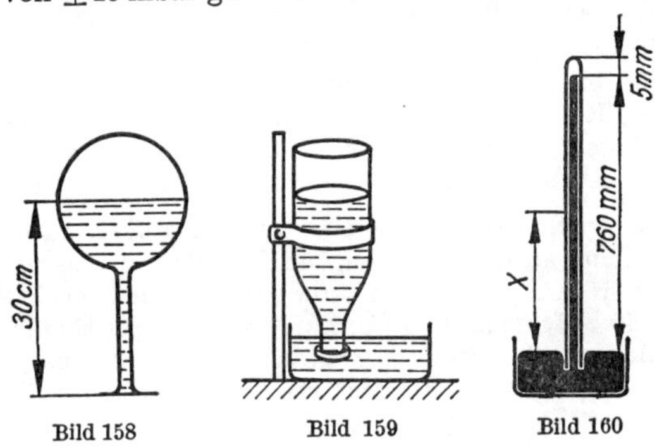


Bild 158 Bild 159 Bild 160

**539.** Wie wirkt die auf Bild 159 angegebene Geflügeltränke?

**540.** (Bild 160) In eine Torricellische Röhre von $1\ \mathrm{cm^2}$ Querschnitt, die bei normalem Luftdruck ein Vakuum von 5 mm Höhe enthält, werden von unten $0{,}2\ \mathrm{cm^3}$ Luft hineingedrückt. Auf welche Höhe sinkt dadurch die Quecksilbersäule?

**541.** Welche Druckkraft verschließt den Deckel eines Konservenglases, wenn von innen der Dampfdruck des Wassers mit 20 mbar und von außen der Luftdruck mit 980 mbar wirkt? (Innerer Durchmesser des Glases 85 mm)

**542.** Bei welchem Barometerstand ist die Gefahr schlagender Wetter in Bergwerken besonders groß?

**543.** Otto von Guericke benutzte für seinen berühmten Versuch zwei Halbkugeln von 57,5 cm Durchmesser. Mit welcher Kraft hielten diese zusammen, wenn normaler Luftdruck angenommen wird?

**544.** Um zwei dichtschließende, aneinandergelegte, teilweise evakuierte Halbkugeln von je 8 cm innerem Durchmesser zu trennen, muß man eine Kraft von 200 N aufwenden. Wie groß ist der Druck in der Kugel, wenn der äußere Luftdruck 95 kPa beträgt?

**545.** (Bild 161) Welcher Druck $p$ herrscht im Gasraum eines Druckkessels, wenn das Manometer M $p_1 = 2{,}45 \cdot 10^5$ Pa Überdruck anzeigt? Der äußere Luftdruck beträgt $p_2 = 950$ mbar, der Spiegel der Absperrflüssigkeit (Öl, $\varrho = 0{,}85$ g/cm³) steht 80 cm über dem Manometeranschluß.

**546.** Die in einem Schornstein befindlichen Rauchgase haben die Dichte $\varrho_1 = 0{,}84$ kg/m³. Welcher Druckunterschied in Pascal ergibt sich bei der Schornsteinhöhe $h = 30$ m, wenn die Luft außerhalb des Schornsteins die Dichte $\varrho_2 = 1{,}293$ kg/m³ hat?

**547.** Wie hoch dürfte die irdische Atmosphäre entsprechend dem normalen Luftdruck sein, wenn sie durchweg von gleicher Dichte wäre und die Dichte der Luft mit 1,293 kg/m³ angenommen wird? Weshalb ist diese Betrachtungsweise falsch?

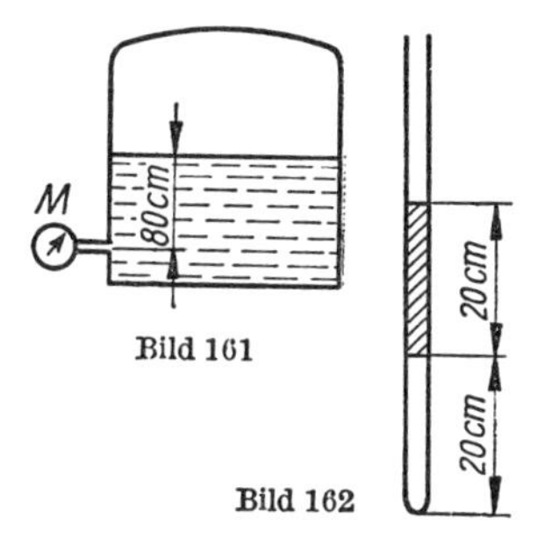


Bild 161

Bild 162

### 2.2.2. Gesetz von Boyle-Mariotte

**548.** Eine 2 mm weite, einseitig geschlossene Glasröhre enthält eine 20 cm lange Quecksilbersäule. In der auf Bild 162 gezeigten Lage schließt sie eine 20 cm hohe Luftsäule ab. Wie lang wird die Luftsäule, wenn man die Röhre auf den Kopf stellt? (Äußerer Luftdruck $p_1 = 990$ mbar)

**549.** Wie groß ist in der vorigen Aufgabe der äußere Luftdruck, wenn die eingeschlossene Luftsäule in aufrechter Stellung der Röhre 18,5 cm bzw. in umgekehrter Lage 48,5 cm und die Quecksilberfüllung 20 cm lang ist?

**550.** Eine Erdgasquelle speist täglich 35000 m³ Gas von $1{,}5 \cdot 10^5$ Pa in die Sammelleitung. Wieviel Kubikmeter verliert das Innere der Quelle, wenn diese unter einem Druck von $60 \cdot 10^5$ Pa steht?

**551.** Wenn man ein bestimmtes Luftvolumen durch Zusammendrücken isotherm um $\Delta V = 5$ l verringert, steigt der Druck auf den 3fachen Wert an. Wie groß ist das Anfangsvolumen?

**552.** Wieviel Kubikmeter Luft vom Druck $p_0 = 1\,000$ mbar müssen in einen Druckluftbehälter, der bereits $V = 800$ l von $p_1 = 3$ bar Überdruck enthält, noch hineingepumpt werden, damit ein Überdruck von $p_2 = 8$ bar entsteht?

**553.** Erhöht man den Druck komprimierter Luft um $2 \cdot 10^5$ Pa, so verringert sich das Volumen von 100 l auf 60 l. Wie groß ist der anfängliche Druck?

**554.** Die Dichte von Neon beträgt bei 0 °C und $p_1 = 1013$ mbar $0{,}900\ kg/m^3$. a) Wie groß ist sie bei 0 °C und 5 bar Überdruck? b) Bei wieviel mbar ist sie gleich $1\ kg/m^3$?

**555.** (Bild 163) Die Quecksilberspiegel in einem geschlossenen Manometer stehen bei 1000 mbar und 20 °C auf gleichem Niveau, wobei der Gasraum $50\ cm^3$ enthält (Rohrquerschnitt $1\ cm^2$, $\varrho_{Hg} = 13{,}595\ g/cm^3$). Wieviel Bar zeigt das Manometer bei einem Stand von $h = 20$ cm und gleicher Temperatur an?

**556.** In einem geschlossenen Manometer befindet sich bei einem äußeren Luftdruck von 950 mbar eine 40 cm hohe Luftsäule. Auf welche Länge verkürzt sich diese, wenn auf den offenen Schenkel ein Überdruck von a) 2, b) 4 und c) 6 bar wirkt?
Die Gewichtskraft der Manometerflüssigkeit werde vernachlässigt.

**557.** Zwischen zwei gleich großen Gefäßen besteht eine Druckdifferenz von $\Delta p = 1{,}5$ bar. Nachdem sie durch ein Rohr verbunden werden, beträgt der gemeinsame Enddruck $p = 4{,}5$ bar. Wie groß sind die Drücke $p_1$ und $p_2$ vorher?

**558.** Zwei Druckgasflaschen, von denen die eine 10 l Gas unter 15 bar Druck und die andere 40 l Gas unter 8 bar Druck enthält, werden miteinander verbunden. Welcher gemeinsame Druck stellt sich ein?

**559.** Wieviel Kubikmeter Sauerstoff können aus einem $3{,}5\ m^3$ großen Druckbehälter (15 bar Überdruck) bei einem Barometerstand von 1030 mbar entweichen?

**560.** Auf welchen Überdruck müssen $2\ m^3$ eines Gases komprimiert werden, das bei 950 mbar in eine 40 l fassende Druckflasche gefüllt wird?

**561.** Von zwei gleich großen Behältern ist der eine mit Kohlendioxid von 5 bar, der andere mit Luft von 2 bar gefüllt. Welcher

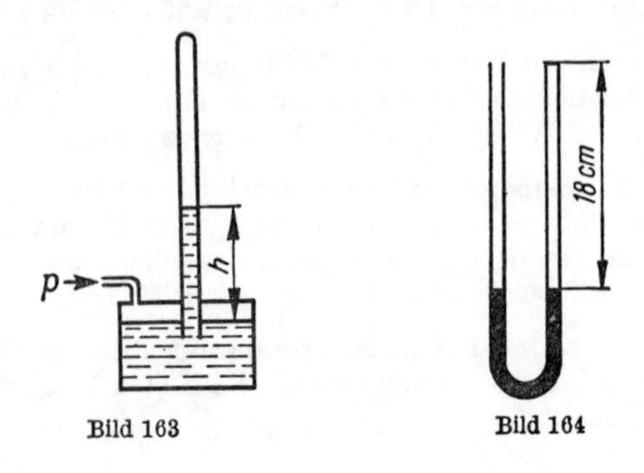


Bild 163 Bild 164

gemeinsame Druck stellt sich ein, wenn die Behälter durch ein Rohr verbunden werden, und welcher Volumenanteil $CO_2$ befindet sich danach in der Luft?

**562.** Aus einer Sauerstoffflasche (anfänglicher Überdruck 50 bar) von $V_1 = 40$ l Inhalt werden bei einem Luftdruck von $p_2 = 1$ bar $V_2 = 0{,}8$ m³ entnommen. Auf welchen Betrag geht der Überdruck der Flasche zurück?

**563.** Verringert man das Volumen eines Gases durch Zusammenpressen erst um 60 l und dann um weitere 30 l, so nimmt der Druck erst um 2 bar und dann um weitere 2,5 bar zu. Wie groß sind Anfangsdruck und Anfangsvolumen?

**564.** (Bild 164) Ein einseitig geschlossenes U-Rohr von 1 cm² Querschnitt enthält eine 18 cm lange Luftsäule, die durch beiderseits auf gleichem Niveau stehendes Quecksilber abgesperrt ist. Auf wieviel Zentimeter verkürzt sich die Luftsäule, wenn man am offenen Ende 30 cm³ Quecksilber zugießt und der äußere Luftdruck einer Quecksilbersäule von 73 cm Höhe entspricht?

**565.** Auf das wievielfache Volumen vergrößert sich eine am Grund einer 50 cm hoch mit Quecksilber ($\varrho = 13{,}6$ g/cm³) gefüllten Flasche haftende Luftblase beim Aufsteigen, wenn der äußere Luftdruck 981 mbar beträgt?

**566.** Eine Torricellische Röhre von 1 cm² Querschnitt enthält bei normalem Luftdruck eine Quecksilbersäule ($\varrho = 13{,}6$ g/cm³) von $l = 76$ cm Höhe und darüber $l_0 = 4$ cm leeren Raumes. Von unten her wird eine Luftblase von $V = 10$ mm³ hineingedrückt, die unter Ausdehnung nach oben steigt. Auf welche Länge vergrößert sich der zuvor leere Raum?

**567.** In einem Gasometer von 2 m Durchmesser und 1,5 m innerer Höhe steht Gas unter dem Druck $1{,}3 \cdot 10^5$ Pa. Um wieviel senkt sich die Glocke, wenn diese durch Auflegen einer Masse von 3000 kg zusätzlich belastet wird?

**568.** In einen oben offenen Zylinder von 3 cm Durchmesser und $h = 60$ cm Höhe wird bei einem äußeren Luftdruck von $p_0 =$ 945 mbar ein reibungslos und dicht schließender Kolben eingesetzt. Wie schwer ist dieser, wenn er durch seine eigene Gewichtskraft $G$ um $\Delta h = 25{,}4$ cm nach unten sinkt?

### 2.2.3. Auftrieb in der Luft

**569.** Worauf beruht der Auftrieb in der Luft?

**570.** Der erste, von Charles 1783 in Paris gestartete Luftballon faßte $V = 310$ m³. Er enthielt $V' = 299$ m³ unreinen Wasserstoff, dessen Dichte nur $^4/_{21}$ von der der Luft ($\varrho = 1{,}29\ \mathrm{kg/m^3}$) betrug, und hatte ohne Gasfüllung eine Eigenmasse von $m = 302{,}25$ kg. a) Welche Steigkraft hatte der Ballon? b) In welcher Höhe blähte sich der Ballon ganz auf? (Anzunehmen sind normaler Luftdruck $p_0$, eine Luftdichte von $\varrho = 1{,}29\ \mathrm{kg/m^3}$ am Boden und die Druckabnahme von 1 mbar je 7,9 m Höhenunterschied.)

**571.** Aristoteles meinte, daß Luft keine Masse habe, weil eine mit Luft gefüllte Blase ebensoviel wiegt wie die zusammengedrückte Blase. Worin bestand der Irrtum?

**572.** Auf einer im Gleichgewicht befindlichen Waage liegen links ein Stück Holz und rechts ein Stück Eisen. Was würde geschehen, wenn die Waage unter den Rezipienten einer Luftpumpe gestellt und der Raum leergepumpt würde?

**573.** Welche Masse $m'$ an Messing ist auf eine Waage zu legen, wenn genau (d. h. unter Berücksichtigung des beiderseitigen Auftriebes) $m = 100$ g Wasser abgewogen werden sollen? (Dichte des Messings $\varrho_M = 8{,}9\ \mathrm{g/cm^3}$, Dichte der Luft $\varrho_L = 0{,}001\,29\ \mathrm{g/cm^3}$)

**574.** Um wieviel ist die wahre Masse eines Menschen von 70 kg größer als seine scheinbare? (Die Dichte des Menschenkörpers ist zu schätzen.)

**575.** Welche Dichte $\varrho$ hat eine Probe Uranpechblende, deren Masse ohne Berücksichtigung des Luftauftriebes $m_1 = 4{,}5553$ g und mit Auftriebskorrektur $m_2 = 4{,}5560$ g beträgt? (Luftdichte $\varrho_L = 1{,}28\ \mathrm{g/dm^3}$)

**576.** Auf welches Volumen muß eine Gummiblase von 5 g Masse mit Stadtgas ($\varrho_G = 0{,}85$ g/l) aufgebläht werden, damit sie in Luft ($\varrho_L = 1{,}29$ g/l) gerade schwebt?

## 2.3. Strömungen

**577.** Welchen Durchmesser hat die Windleitung eines Kupolofens, dem je Minute $V = 70{,}8\ \mathrm{m^3}$ Luft mit der Geschwindigkeit $v = 16{,}9$ m/s zugeführt werden?

**578.** Durch eine Rohrleitung von 250 mm lichter Weite drückt eine Pumpe stündlich 450 m³ Wasser. Welche Strömungsgeschwindigkeit hat das Wasser?

**579.** In einem Überhitzer zirkuliert Wasserdampf von 550 °C mit der Geschwindigkeit 15 m/s durch Rohre von 27 mm innerem Durchmesser. Wie groß ist die stündliche Durchflußmenge in Kilogramm, wenn die Dampfdichte 35,3 kg/m³ beträgt?

**580.** Welche Geschwindigkeit hat die Luft in einem pneumatischen Förderer, wenn der Luftverbrauch 110 m³/min und der Durchmesser der Saugleitung 30 cm beträgt?

**581.** Auf welchen Durchmesser muß ein 8 cm weites Rohr verjüngt werden, damit sich die Strömungsgeschwindigkeit verdoppelt?

**582.** Weshalb wird ein ausfließender Wasserstrahl nach unten hin immer dünner?

**583.** Ein Behälter ist bis zu 3,5 m Höhe mit Wasser gefüllt.
a) Wieviel Wasser fließt anfangs je Sekunde aus der 2,5 cm² großen Bodenöffnung ab (Ausflußzahl $\mu = 0{,}62$)? Wieviel fließt je Sekunde ab, nachdem sich der Spiegel b) auf die Hälfte und c) auf ein Viertel der Anfangshöhe gesenkt hat?

**584.** Mit welcher Geschwindigkeit tritt ein Wasserstrahl aus der Öffnung eines Behälters aus, der unter einem Überdruck von 1,2 MPa stehendes Wasser enthält? (Ausflußzahl $\mu = 0{,}7$)

**585.** Aus einem zylindrischen Gefäß (Füllhöhe 1,4 m, Durchmesser 85 cm, Ausflußzahl $\mu = 0{,}65$) fließt aus der 5 cm² großen Bodenöffnung ebensoviel ab, wie zufließt. Wie lange dauert es, bis eine dem Gefäßinhalt gleiche Wassermenge abgeflossen ist?

**586.** In einem Behälter herrscht ein Überdruck von $10^5$ Pa, und es strömen je Minute 3 m³ Gas aus. Wieviel Gas strömt aus der gleichen Öffnung, wenn der Überdruck $2 \cdot 10^5$ Pa beträgt? Für die Ausströmgeschwindigkeit gilt das Bunsensche Gesetz

$$v = \sqrt{\frac{2\Delta p}{\varrho}} \quad (\Delta p \text{ Druckdifferenz, } \varrho \text{ Gasdichte})$$

**587.** Ein Wassertank entleert aus einer scharfkantigen Düse von 2 cm Durchmesser 25 l in 15 s, wobei das Niveau durch entsprechenden Zufluß konstant bleibt. Wie hoch steht das Wasser über der Düsenmitte, wenn die Ausflußzahl $\mu = 0{,}97$ beträgt?

**588.** Aus einem unterhalb des Wasserspiegels undicht gewordenen Dampfkessel spritzt in 1 m Höhe ein horizontal austretender Wasserstrahl 14,16 m weit. Wie groß ist der Dampfdruck, wenn ideale Ausflußverhältnisse angenommen werden?

**589.** Bei welcher Strömungsgeschwindigkeit beträgt der Staudruck 15 kPa a) in Wasser und b) in Luft ($\varrho_L = 12{,}6$ kg/m³)?

**590.** Der Winddruck gegen einen Fabrikschornstein wird mit 1 050 N/m² bei Windstärke 12 (etwa 50 m/s) angenommen. Welche Widerstandsbeizahl $c_W$ liegt der Berechnung bei der Luftdichte 1,25 kg/m³ zugrunde?

**591.** Der Fallschirm ($m_1 = 32$ kg) eines Piloten ($m_2 = 75$ kg) hat im geöffneten Zustand 12 m Durchmesser und sei als Halbkugel mit $c_W = 1{,}3$ betrachtet. Welche höchste Sinkgeschwindigkeit ergibt sich bei der Luftdichte 1,25 kg/m³?

**592.** Welchen Durchmesser haben Regentropfen, die bei der Luftdichte $\varrho_L = 1{,}25$ kg/m³ und der Widerstandsbeizahl $c_W = 0{,}25$ eine konstante Sinkgeschwindigkeit von 8 m/s erreichen?

**593.** Das Luftschiff Graf Zeppelin hatte den größten Durchmesser 27 m, die Widerstandsbeizahl $c_W = 0{,}0566$. Berechne den Luftwiderstand und die für eine Reisegeschwindigkeit von 108 km/h erforderliche Antriebsleistung. (Luftdichte $\varrho_L = 1{,}25$ kg/m³)

**594.** Bei welcher Windgeschwindigkeit wird eine Holzbude von 280 kg Masse und 2,20 m Höhe (Schwerpunkt in halber Höhe) und der Grundfläche von 1,50 m × 1,50 m umgeworfen, wenn der Wind lotrecht gegen eine Wand trifft? (Widerstandsbeizahl $c_W = 0{,}9$, $\varrho_L = 1{,}29$ kg/m³)

**595.** Mit welcher Kraft drückt Wind von $v = 14$ m/s Geschwindigkeit gegen ein 25 m² großes, quer zum Wind stehendes Segel? (Widerstandsbeizahl $c_W = 1{,}2$, Dichte der Luft $\varrho_L = 1{,}18$ kg/m³)

**596.** Mit welcher Leistung wird das Schiff (Aufgabe 595) bei einer Fahrgeschwindigkeit von 3,5 m/s in Windrichtung vorangetrieben?

**597.** Ein Gummiballon ist mit einer Düse vom Querschnitt $A = 0{,}5$ cm² versehen und wird auf das Volumen $V = 6$ l aufgeblasen. Nach Öffnen der senkrecht nach unten weisenden Düse strömt die Luft ($\varrho_L = 1{,}3$ g/l) innerhalb von $t = 5$ s mit konstanter Geschwindigkeit $v$ aus und hält den Ballon in der Schwebe. Wie groß muß die Masse des Ballons sein?

**598.** Für die überschlägliche Berechnung der Leistung von Windkraftwerken wird die Formel angegeben $P/\text{kW} = \frac{Av^3}{800}$ (auffangende Fläche $A$ in m², Windgeschwindigkeit $v$ in m/s). Wie kommt diese Formel zustande?

**599.** Bei welcher Strömungsgeschwindigkeit wird an einer unter Wasser rotierenden Schiffsschraube der Dampfdruck des Wassers von 14 mbar unterschritten? (Luftdruck über Wasser 1013 mbar)

**600.** Bei welcher Geschwindigkeit beträgt der statische Druck des in einem horizontalen Rohr strömenden Wassers die Hälfte des mit dem Pitotrohr gemessenen Gesamtdruckes $p_0$, der dem einer 100 mm hohen Wassersäule entspricht?

**601.** Versuchsfahrten mit älteren elektrischen Schnellbahnwagen ergaben für den Luftdruck $p$ (in N/m²) auf 1 m² Stirnfläche die Formel $p = 0{,}051\, v^2$ ($v$ in km/h).

a) Wie lautet diese Formel, wenn $v$ in m/s eingesetzt werden soll?
b) Welchen Wert hat die Widerstandsbeizahl bei der Luftdichte 1,25 kg/m³?

**602.** Wie groß wird der Luftwiderstand des in Aufgabe 601 betrachteten Wagens bei 100 km/h und 22 km/h Gegenwind, und welche Antriebsleistung wird zur Überwindung des Luftwiderstandes verbraucht? ($A = 6{,}25$ m²)

**603.** Welche Leistung muß ein Ventilator aufbringen, wenn er bei einem Druckgefälle von 1962 N/m² und einem Wirkungsgrad $\eta = 0{,}65$ je Sekunde 1,5 m³ Luft befördern soll?

**604.** Welches Druckgefälle und welche Sauggeschwindigkeit erzeugt ein Ventilator, wenn er je Sekunde 0,8 m³ Luft durch einen Rohrquerschnitt von 1200 cm² fördert und bei einem Wirkungsgrad von $\eta = 0{,}7$ die Antriebsleistung 8 kW benötigt?

**605.** Welcher Unterdruck entsteht an der verengten Stelle des auf Bild 165 angegebenen Entwässerungsrohres, wenn das Wasser bei $A$ mit $v_1 = 6$ m/s abströmt? (Durchmesser $d_1 = 9$ cm, $d_2 = 6$ cm)

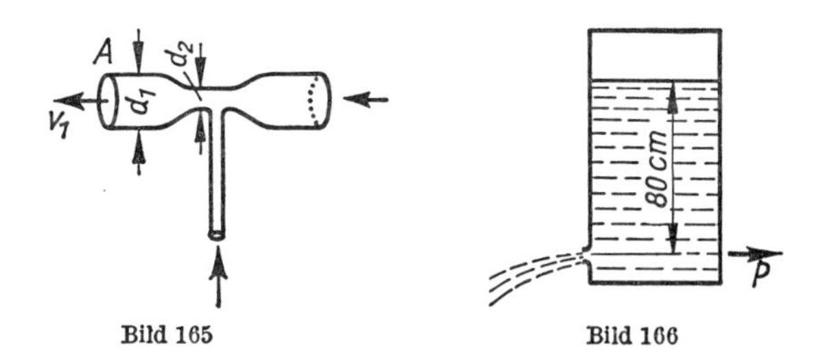


Bild 165 Bild 166

**606.** Ein- bzw. Austrittsöffnung einer Wasserturbine haben die Querschnitte $A_1 = 300$ cm² bzw. $A_2 = 700$ cm². Welchem Nutzgefälle entspricht die an die Turbine abgegebene Leistung von 250 kW?

**607.** Ein mit Wasser gefüllter Behälter hat nach Bild 166 eine seitliche Öffnung von 1 cm² Querschnitt. Wie groß ist die durch das ausfließende Wasser verursachte Rückstoßkraft, wenn der Wasserspiegel 80 cm über der Öffnung liegt?

## 2.4. Wellen

### 2.4.1. Ausbreitung von Wellen

**608.** Das freie Ende eines ausgespannten Gummischlauches wird mit der Frequenz 3 1/s auf und ab bewegt, wobei sich eine stehende Welle mit 1,80 m Knotenabstand bildet. Wie groß ist die Ausbreitungsgeschwindigkeit $c$?

**609.** Zwei ebene Wellen laufen mit der Geschwindigkeit $c = 340$ m/s in gleicher Richtung in gleicher Phase durch einen Punkt $A$ und haben die Frequenzen $f_1 = 300$ 1/s bzw. $f_2 = 240$ 1/s. Nach welcher Laufstrecke $x$ und Laufzeit $t$ sind sie zum ersten Mal wieder in gleicher Phase?

**610.** Welche Frequenz hat eine ebene Welle, die 12 s benötigt, um eine Strecke von 7,5 Wellenlängen zurückzulegen?

**611.** Wieviel Wellenlängen legt eine Welle innerhalb von 25 s zurück, wenn die Ausbreitungsgeschwindigkeit 40 cm/s und die Wellenlänge 10 cm betragen?

**612.** Zwei gleichzeitig mit der Elongation $y = 0$ startende Wellen legen in 4 s die gemeinsame Strecke 5 m zurück. Wie groß sind ihre Wellenlängen, wenn die eine von beiden auf der gemeinsamen Strecke 3 Wellenlängen mehr hat und die Frequenzen im Verhältnis 7:8 zueinander stehen?

**613.** (Bild 167) Von den Punkten $A$ und $B$ aus starten gleichzeitig zwei Wellen. Im Punkt $C$, der 2,4 m von $A$ und 3,6 m von $B$ entfernt ist, trifft die von $A$ ausgehende Welle nach 10 s ein. 5 s später beginnt hier die Überlagerung der Wellen mit der mittleren Frequenz $f_m = 7$ 1/s und der Schwebungsfrequenz $f = 2$ 1/s. Welche Wellenlängen liegen vor?

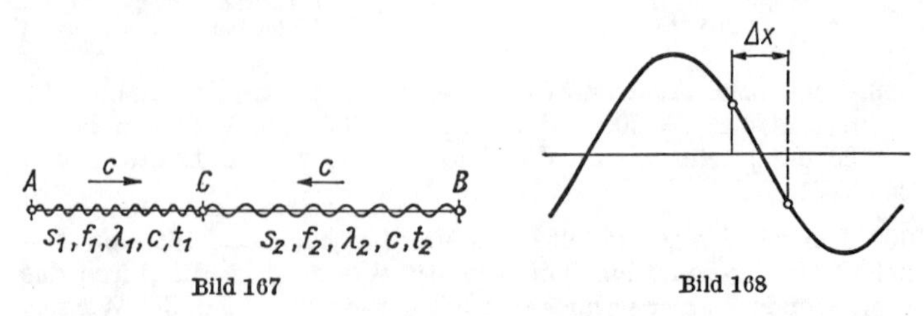


Bild 167 Bild 168

**614.** (Bild 168) Wie groß ist die Wellenlänge, wenn die im Abstand $\Delta x = 6{,}8$ m aufeinanderfolgenden Elongationen mit je 1/3 des Scheitelwertes entgegengesetzt gleich sind und die Ausbreitungsgeschwindigkeit der Welle $c = 340$ m/s ist?

**615.** Nach der Laufzeit 1,5 s und der Laufstrecke 250 m beträgt die Elongation einer ebenen Welle $^1/_4$ der Amplitude. Wie groß ist die Wellenlänge? ($c = 300$ m/s)

**616.** Eine ebene Welle hat die Amplitude 10 cm, die Geschwindigkeit 60 cm/s und die Wellenlänge 6 cm. In welcher Entfernung vom Ausgangspunkt ist nach 5 s Laufzeit die Auslenkung 5 cm, wenn sie beim Start gleich 0 ist?

**617.** Eine ebene Welle hat die Amplitude 10 cm, die Frequenz 50 $^1/$s und die Wellenlänge 60 cm. a) In welchem kleinsten zeitlichen Abstand $\Delta t$ beträgt die Auslenkung in einem bestimmtem Punkt der $x$-Achse zweimal nacheinander $+5$ cm? b) Welchen kürzesten räumlichen Abstand haben zwei Punkte, die gleichzeitig die Auslenkung $+5$ cm erfahren?

**618.** Eine ebene Welle hat die Amplitude 20 cm, die Geschwindigkeit 40 cm/s und die Frequenz 10 $^1/$s. Im Startpunkt hat die Auslenkung den Betrag Null, 12 cm davon entfernt den Betrag 15 cm. Welche Laufzeit benötigt die Welle für diese Strecke?

**619.** Von zwei um 120 cm voneinander entfernten Punkten $A$ und $B$ starten gleichzeitig zwei ebene Wellen von gleich großer Amplitude und den Daten: $f_1 = 4$ Hz, $c_1 = 15$ cm/s bzw. $f_2 = 8$ Hz, $c_2 = 20$ cm/s. Nach Ablauf welcher Zeit löschen sich die Wellen im Punkt ihrer Begegnung zum ersten Male aus?

### 2.4.2. Dopplereffekt

**620.** Welche Frequenz $f$ nimmt man wahr, a) wenn man sich mit Schallgeschwindigkeit gegen eine ruhende Schallquelle der Frequenz $f_0$ hin bewegt und b) wenn diese sich mit Schallgeschwindigkeit gegen den ruhenden Beobachter hin bewegt?

**621.** Auf dem Umfang einer mit der Drehzahl $n = 4$ $^1/$s rotierenden Kreisscheibe von 60 cm Durchmesser ist eine schwingende Stimmgabel ($a^1 = 440$ Hz) befestigt. Zwischen welchen Frequenzen schwankt der Ton für einen in der Scheibenebene befindlichen entfernten Beobachter? ($c = 340$ m/s)

**622.** Wie groß ist die Rotverschiebung $\frac{\Delta\lambda}{\lambda}$ eines Spiralnebels, dessen Fluchtgeschwindigkeit auf Grund des Dopplereffektes zu 15400 km/s errechnet wurde, und mit welcher Wellenlänge erscheint dadurch die Heliumlinie $\lambda = 587{,}56$ nm? ($c = 300\,000$ km/s)

**623.** Beim Herannahen eines Rennmotorrades nimmt man am Straßenrand einen Ton wahr, der um eine harmonische Quart ($f_1 : f_2 = 4:3$) höher ist als der Ton beim Davonfahren der Maschine. Welche Geschwindigkeit hat diese?

**624.** Im Spektrum eines Fixstern wurde die Wellenlänge der $D_1$-Linie des Natriums mit $\lambda = 592$ nm bestimmt. Mit welcher Geschwindigkeit entfernt sich der Stern von der Erde, wenn irdische Messungen für diese Linie den Wert $\lambda_0 = 589{,}6$ nm ergeben?

**625.** Zur Bestimmung der Geschwindigkeit einer davonfliegenden Rakete wird diese mit einem Radargerät von 120 MHz verfolgt. Die Überlagerung der vom Geschoß reflektierten mit den ausgesandten Wellen liefert eine Schwebungsfrequenz von $f_s = 450$ Hz. Welche Geschwindigkeit ergibt sich daraus?

### 2.4.3. Schallpegel

**626.** Die Schallstärke der menschlichen Stimme im Abstand 1 m kann zwischen $10^{-7}$ μW/cm² und $10^{-1}$ μW/cm² schwanken. Welchen Schallpegeln entspricht dies, wenn die geringste wahrnehmbare Schallstärke $10^{-10}$ μW/cm² beträgt?

**627.** Ein Benzinmotor hat den Schallpegel 80 dB. Welchen Schallpegel haben a) 3 Motoren und b) 50 Motoren? c) Wieviel Motoren müßten gleichzeitig laufen, wenn 130 dB (Schmerzgrenze) erreicht werden sollen?

**628.** 10 gleichartige Motorräder ergeben zusammen den Schallpegel 95 dB. Welchen Schallpegel hat 1 Motorrad?

**629.** Eine ursprünglich 10 m vom Hörer entfernte punktförmige Schallquelle entfernt sich im schalltoten Raum mit der Geschwindigkeit von 18 m/s. a) Auf welchen Bruchteil des Anfangswertes $J_1$ nimmt die Schallstärke in den ersten 5 s ab? b) Um wieviel Dezibel nimmt der Schallpegel in dieser Zeit ab?

**630.** Bei einer Gehörprüfung hört der Patient ein in 3 m Entfernung leise gesprochenes Wort noch gut, in 8 m Abstand jedoch eben nicht mehr. Wie groß ist der Schallpegel in 3 m Abstand?

**631.** Durch eine Holzwand, deren Dämmwert 15 dB beträgt, hört man das Geräusch von Schreibmaschinen mit dem Schallpegel 45 dB. Wieviel Maschinen sind in Betrieb, wenn eine einzelne Maschine im Arbeitsraum 45 dB ergibt?

# 3. Wärmelehre

Nach gesetzlicher Vorschrift sind im folgenden alle Temperaturdifferenzen mit der Einheit K (Kelvin) bezeichnet. Als Einheit der Wärmemenge wird ausschließlich das Joule (4,1868 J = 1 cal) verwendet.

## 3.1. Ausdehnung durch Erwärmung

### 3.1.1. Längenausdehnung

**632.** Welchen Längenausdehnungskoeffizienten hat eine Glassorte, die sich bei Erwärmung um 65 K um 0,4‰ ausdehnt?

**633.** Wie lang muß ein Messingrohr ($\alpha = 18 \cdot 10^{-6}$ 1/K) bei 15 °C sein, und welchen inneren Durchmesser muß es haben, damit es bei 60 °C eine Länge von 50 cm und eine lichte Weite von 20 mm hat?

**634.** Wieviel Spielraum erhalten bei —5 °C genau passende Kolbenringe von 3 mm Breite aus Stahl ($\alpha_1 = 13 \cdot 10^{-6}$ 1/K) in den Nuten des Kolbens ($\alpha_2 = 24 \cdot 10^{-6}$ 1/K) bei einer Betriebstemperatur von 250 °C?

**635.** Bei der Celsius-Temperatur $t$ ist die Länge des deutschen Urmeters $l = 1\ \text{m} - 1{,}50\ \mu\text{m} + (8{,}621\, t + 0{,}00180\, t^2)\ \mu\text{m}$. Wieviel Millimeter beträgt seine Länge bei 18 °C?

**636.** Eine Aluminium-Hochspannungsleitung ist bei einem Mastabstand von 60 m verlegt. Wie groß muß der Durchhang bei 20 °C sein, wenn die Leitung bei —25 °C (theoretisch) geradlinig gespannt ist und der Durchhang zur Vereinfachung der Rechnung dreieckig angenommen wird? ($\alpha = 0{,}000023$ 1/K)

**637.** (Bild 169) Das insgesamt 60 cm lange Kompensationspendel einer Wanduhr besteht aus Eisenstäben ($\alpha_1 = 12 \cdot 10^{-6}$ 1/K), deren Ausdehnung durch zwei Zinkstäbe ($\alpha_2 = 36 \cdot 10^{-6}$ 1/K) genau ausgeglichen werden soll. Welche Länge müssen die Zinkstäbe haben?

**638.** (Bild 170) Um den Längenausdehnungskoeffizienten eines Rohres zu messen, läßt man Wasserdampf von 100 °C hindurch-

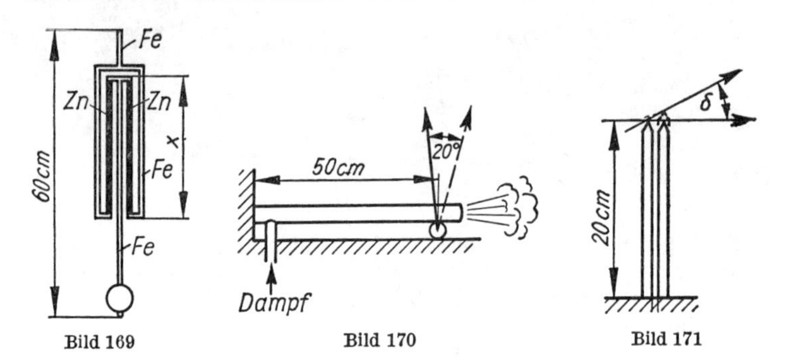


Bild 169 Bild 170 Bild 171

strömen, wobei das sich ausdehnende Rohr einseitig beweglich auf einer Rolle von $d = 1$ mm Durchmesser ruht. Der daran befestigte Zeiger dreht sich um den Winkel $\varphi = 20°$. Wie groß ist der lineare Ausdehnungskoeffizient, wenn die Anfangstemperatur 18 °C ist?

**639.** (Bild 171) Auf zwei im Abstand von 1 mm senkrecht stehenden, bei 15 °C je 20 cm langen Stäben aus Kupfer ($\alpha_1 = 14 \cdot 10^{-6}$ 1/K) bzw. Zink ($\alpha_2 = 36 \cdot 10^{-6}$ 1/K) ruht waagerecht ein Querstab. Um welchen Winkel $\delta$ neigt er sich, wenn die Stäbe auf 75 °C erwärmt werden?

**640.** Die Temperatur von Rauchgasen soll dadurch gemessen werden, daß die Dehnung eines Eisenrohres ($\alpha_1 = 11 \cdot 10^{-6}$ 1/K) gegenüber einem koaxial verlaufenden Invarstab ($\alpha_2 = 2 \cdot 10^{-6}$ 1/K) gleicher Länge mit einer Meßuhr festgestellt wird. Wie lang muß das Rohr sein, wenn es sich gegenüber dem Invarstab bei einer Temperaturzunahme um 1000 K um 10 mm verlängern soll und der Ausdehnungskoeffizient des Eisens je 100 K um $0{,}5 \cdot 10^{-6}$ 1/K zunimmt?

**641.** Erwärmt man zwei Aluminiumschienen ($\alpha = 23 \cdot 10^{-6}$ 1/K) von der ursprünglichen Gesamtlänge 8 m um 70 K, so verlängert sich die eine um $\Delta l = 2$ mm mehr als die andere. Welche Länge haben die beiden Schienen einzeln?

**642.** (Bild 172) Ein 10 cm langer Bimetallstreifen aus je $a = 1$ mm dickem Zink- ($\alpha_1 = 0{,}000036$ 1/K) und Kupferblech ($\alpha_2 = 0{,}000014$ 1/K) wird um 50 K erwärmt. Um wieviel hebt sich der Streifen von dem in halber Höhe befindlichen Kontakt K ab?

**643.** Der auf Bild 173 angegebene Konus ist bei 20 °C genau eingepaßt. Er wird herausgenommen und bei 180 °C (beide Teile) erneut eingesetzt. Um wieviel ragt er jetzt oben heraus? ($\alpha_{Cu} = 14 \cdot 10^{-6}$ 1/K, $\alpha_{Al} = 23 \cdot 10^{-6}$ 1/K)

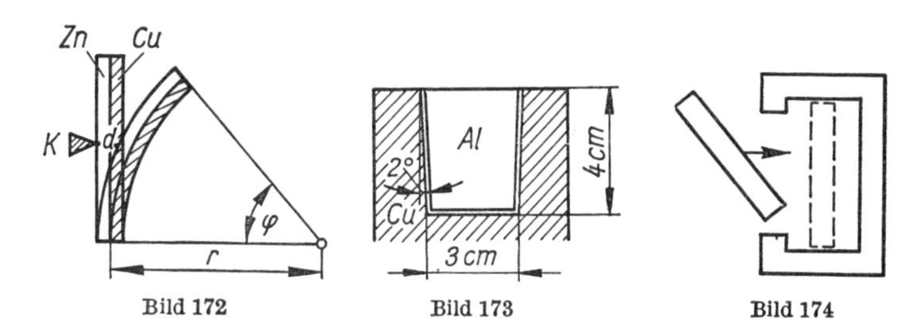


Bild 172 Bild 173 Bild 174

**644.** Die Stoßfuge zwischen den je $l = 25$ m langen Eisenbahnschienen verengt sich bei Erwärmung von 5 °C auf 20 °C um 30 % ihres Anfangswertes. Bei welcher Temperatur schließen sich die Schienen völlig zusammen ($\alpha = 14 \cdot 10^{-6}$ 1/K), und wie groß ist der anfängliche Abstand?

**645.** (Bild 174) Ein zylindrischer Glasstab ($l_{20} = 60$ mm, $d_{20} =$ 3 mm, $\alpha = 9 \cdot 10^{-6}$ 1/K) soll durch das Fenster eines Gehäuses zwanglos eingeführt werden, so daß er bei 20 °C in senkrechter Lage genau hineinpaßt. Auf wieviel Grad Celsius mußte er vor der Montage abgekühlt werden?

**646.** Mit welcher Zugkraft werden die Verbindungslaschen zweier Eisenbahnschienen S 49 ($A = 62{,}3$ cm²) beansprucht, wenn sie bei 10 °C verschraubt werden und mit einer Erwärmung auf 45 °C gerechnet wird? ($\alpha = 14 \cdot 10^{-6}$ 1/K, $E = 2{,}1 \cdot 10^5$ N/mm²)

### 3.1.2. Räumliche Ausdehnung

**647.** Wie groß ist die Dichte von Gußstahl bei 20 °C, wenn diese bei 1 200 °C 7,3 g/cm³ beträgt? ($\alpha = 11 \cdot 10^{-6}$ 1/K)

**648.** Ein rechteckiger Öltank von 5,2 m Länge und 4,1 m Breite ist bis 3,9 m Höhe mit Heizöl von der Dichte 0,88 t/m³ und 12 °C gefüllt. Um es dünnflüssig zu machen, wird es auf 70 °C erwärmt ($\gamma = 0{,}000\,96$ 1/K). Um wieviel steigt der Ölspiegel, und wie ändert sich die Dichte des Öls? (Die Ausdehnung des Behälters selbst werde nicht mit berücksichtigt.)

**649.** Ein Meßglas ($\alpha = 6 \cdot 10^{-6}$ 1/K) ist bei 20 °C bis zur Füllmarke mit 1 l Wasser gefüllt. Um wieviel nimmt das Volumen des Wassers scheinbar zu, wenn es auf 100 °C erwärmt wird und mit dem mittleren Volumenausdehnungskoeffizienten des Wassers 0,000 52 1/K gerechnet wird?

**650.** Das Stahlgehäuse eines Transformators vom Leervolumen 300 l (bei 20 °C) ist mit Öl ($\gamma = 0{,}000\,96$ 1/K) gefüllt. Der darin befindliche Transformator besteht in der Hauptsache aus 500 kg Eisen ($\varrho_1 = 7{,}75$ g/cm³, $\alpha_1 = 12 \cdot 10^{-6}$ 1/K) und 500 kg Kupfer ($\varrho_2 = 8{,}93$ g/cm³, $\alpha_2 = 14 \cdot 10^{-6}$ 1/K). Wieviel Öl fließt bei der Betriebstemperatur von 60 °C in das Ausgleichsgefäß über?

**651.** Welcher mittlere Volumenausdehnungskoeffizient $\gamma$ ergibt sich für Wasser, dessen Dichte bei 20 °C $\varrho_1 = 0{,}99821$ g/cm³ und bei 100 °C $\varrho_2 = 0{,}95835$ g/cm³ beträgt?

**652.** Welchen Längenausdehnungskoeffizienten hat Grauguß, wenn sich sein Volumen beim Abkühlen von 1180 °C auf 20 °C um 3% des Anfangswertes verringert?

**653.** Die Dichte von Grauguß springt beim Erstarren von 6,9 g/cm³ auf 7,25 g/cm³. Welcher linearen Schwindung entspricht dies?

**654.** Welche Dichte hat Quecksilber bei 25 °C, wenn sie bei 0 °C 13,5951 g/cm³ beträgt? ($\gamma = 0{,}000181$ 1/K)

**655.** Welchen Querschnitt muß die Kapillare eines Thermometers haben, wenn $\Delta t = 10$ K eine Skalenlänge von $l = 10$ cm ergeben soll? Die Kuppe enthält 0,5 cm³ Quecksilber, der scheinbare Ausdehnungskoeffizient des Quecksilbers im Glas ist 0,00016 1/K.

**656.** Für die Abnahme der Dichte einer Flüssigkeit bei Erwärmung von 0 °C auf die Temperatur $t$ (in °C) gilt die Näherungsformel $\varrho_t \approx \varrho_0 (1 - \gamma t)$ ($\gamma$ Volumenausdehnungskoeffizient). Wie kommt die Formel zustande?

**657.** (Bild 175) Die bei 5 °C 10 mm breiten Stoßfugen zwischen den 10 m langen und 20 cm dicken Betonplatten ($\alpha = 12 \cdot 10^{-6}$ 1/K) einer Autostraße sind mit Teer ($\gamma = 0{,}00055$ 1/K) zugegossen. Wieviel Teer quillt je 10 cm Fugenlänge heraus, wenn sich die Platten auf 30 °C erwärmen?

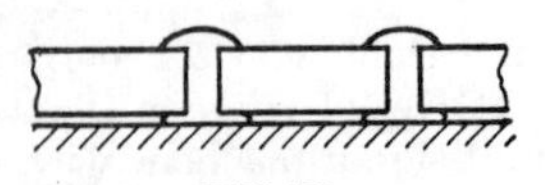

Bild 175

**658.** Welcher Querschnitt muß einer bei 18 °C angefertigten Meßdüse von kreisförmigem Querschnitt aus Chromnickelstahl gegeben werden, damit sie bei einer Betriebstemperatur von 350 °C einen Querschnitt von 25 mm² hat? ($\alpha = 18{,}5 \cdot 10^{-6}$ 1/K)

**659.** Um wieviel Prozent vergrößern sich a) Durchmesser, b) Oberfläche und c) Rauminhalt eines Aluminiumgefäßes ($\alpha = 0{,}000023$ 1/K), wenn es von 10 °C auf 90 °C erwärmt wird?

**660.** In ein Pyknometer, das bei 20 °C 50 cm³ faßt, wird bei 10 °C eine Flüssigkeit gefüllt und im Wasserbad auf 100 °C erwärmt.

Welchen Volumenausdehnungskoeffizienten hat die Flüssigkeit, wenn bei dem Versuch 2 $cm^3$ überfließen? ($\alpha_{Glas} = 8 \cdot 10^{-6}$ 1/K)

### 3.1.3. Ausdehnung der Gase

**661.** Welche Zugstärke in Pa (= $N/m^2$) ergibt ein 50 m hoher Schornstein, wenn die Dichte der Abgase 1,33 $kg/m^3$ im Normzustand und deren mittlere Temperatur 200 °C beträgt? Die Dichte der Außenluft sei mit 1,29 $kg/m^3$ angenommen.

**662.** Wieviel Luft ($m^3$) entweicht bei gleichbleibendem Druck aus einem 200 $m^3$ großen Raum, wenn seine Temperatur von 12 °C auf 22 °C steigt?

**663.** Die Dichte von Chlorgas beträgt bei 0 °C 3,22 $kg/m^3$. Wie groß ist sie bei unverändertem Druck und a) +20 °C und b) —20 °C?

**664.** Der Überdruck in einer Stahlflasche nimmt durch Erwärmung von 62 bar auf 75 bar zu. Wie groß ist die Endtemperatur, wenn die Anfangstemperatur —14 °C beträgt?

**665.** Eine Kesselanlage verbraucht stündlich 300 kg Kohle, für deren Verbrennung je kg 12 $m^3$ Luft zugeführt werden. Wie groß muß der Mündungsdurchmesser des Schornsteins sein, wenn die Rauchgase am Mündungskopf 250 °C heiß sind und mit der Geschwindigkeit $v$ = 4 m/s abziehen sollen?

**666.** Auf welchen Überdruck steigt der Druck in einer Gasflasche bei Erwärmung auf 50 °C, wenn sie bei 10 °C einen Überdruck von 150 bar hat? (Luftdruck 1 bar)

**667.** Eine mit Luft gefüllte Glaskugel, die man bei 15 °C gewogen hat, wird bei offenem Hahn auf 80 °C erwärmt und der Hahn sodann geschlossen. Eine zweite Wägung ergibt einen Massenverlust von 0,250 g. Wie groß ist das Volumen der Kugel, wenn die Ausdehnung des Gefäßes vernachlässigt wird? (Dichte der Luft bei 0 °C $\varrho_0$ = 1,293 $g/dm^3$)

**668.** Auf wieviel Pascal steigt der bei 15 °C 250 Pa betragende Fülldruck einer Glühlampe, wenn sich diese auf 120 °C erwärmt?

**669.** Wird die (in Celsiusgraden gemessene) Temperatur des in einem festen Behälter eingeschlossenen Gases um 50 % erhöht, so steigt der Druck um 10 %. Welche Anfangstemperatur hat das Gas?

**670.** Um wieviel Prozent nimmt das Volumen eines Gases zu, wenn die Celsius-Temperatur bei gleichbleibendem Druck von anfänglich 117,1 °C auf den doppelten Wert steigt?

**671.** Wird eine in einem Behälter eingeschlossene Gasmenge um 150 K erwärmt, so steigt der Druck um 40 %. Wie hoch sind Anfangs- und Endtemperatur?

### 3.1.4. Zustandsgleichung der Gase

**672.** Welchen Wert hat die Gaskonstante von Stadtgas, wenn 50 m³ bei 15 °C und 1027 mbar 41,5 kg wiegen?

**673.** Wieviel Kilogramm Luft enthält ein Wohnraum der Größe 4,5 m · 3,5 m · 5,2 m bei 24 °C und 965 mbar?
[$R_L$ = 286,8 J/(kg K)]

**674.** Bei welcher Temperatur haben 58,5 m³ Luft die Masse 71,7 kg, wenn der Luftdruck 1013 mbar beträgt?

**675.** Wie groß ist der Druck in einer 40 l fassenden Flasche, die bei 18 °C 4,147 kg Sauerstoff enthält? [$R_{O_2}$ = 259,8 J/(kg K)]

**676.** Welche Masse hat 1 m³ Mischgas mit folgenden Volumenanteilen bei 30 °C und 980 mbar: 15 % Wasserstoff, 30 % Kohlenoxid, 5 % Kohlendioxid, 50 % Stickstoff?

**677.** Welche Dichte hat das in einer Druckflasche eingeschlossene Wasserstoffgas bei 20 °C und 15 MPa Überdruck?

**678.** Wieviel Gramm Argon enthält eine 300 cm³ große Glühlampe, deren Innendruck bei 15 °C 250 Pa beträgt?

**679.** Hülle und Zubehör eines 160 m³ fassenden Heißluftballons haben die Masse 45 kg. Auf welche Temperatur muß die Innenluft bei 10 °C Außentemperatur und 970 mbar mindestens erhitzt werden, damit er sich vom Boden erheben kann?

**680.** Wie groß ist das Normvolumen $V_0$ von 2,300 m³ Luft in trockenem Zustand, deren Temperatur 16 °C, deren Druck 990 mbar und deren relative Feuchtigkeit 65 % beträgt?

**681.** Wieviel (Normzustand) Generatorgas werden einem $V$ = 4,8 m³ fassenden Windkessel entnommen, wenn der absolute Druck bei Beginn der Entnahme $p_1$ = 3,85 bar und am Ende $p_2$ = 1,17 bar beträgt und die entsprechenden Temperaturen $t_1$ = 24 °C bzw. $t_2$ = 22 °C sind?

**682.** Die durch eine weite Rohrleitung strömende Menge $CO_2$-Gas wird nach Bild 176 dadurch gemessen, daß mittels einer Heizwendel H eine elektrische Leistung von 3,5 W zugeführt wird. Wieviel

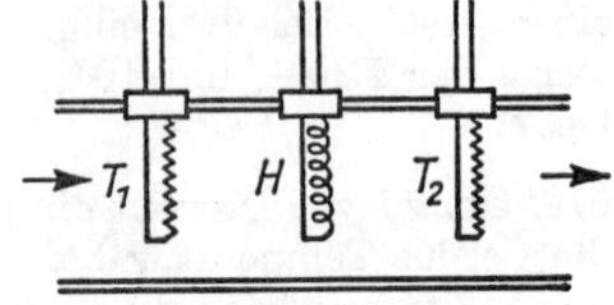

Bild 176

Kubikmeter strömen je Stunde dem Rohr zu, wenn vor dem Heizkörper 22 °C und dahinter 36 °C gemessen werden?
[$c_p = 0{,}845$ kJ/(kg K), $p = 160$ kPa, Dichte im Normzustand $\varrho_0 = 1{,}977$ kg/m³]

**683.** 1 m³ Luft hat bei 20 °C und 95 kPa die Masse 1,3 kg. Wie hoch ist der Massenanteil an Azetondampf ($C_3H_6O$) in Prozent?

**684.** Die in einem zylindrischen Gefäß befindliche Luft wird von 15 °C auf 650 °C erwärmt und treibt bei konstantem Druck einen Kolben vorwärts. Wie groß ist die Masse der Luft, wenn sie dabei die Arbeit 25 kJ verrichtet?

**685.** Beim Rösten von Erzen entsteht ein aus 80 Raumteilen Stickstoff [$R_{N_2} = 296{,}8$ J/(kg K)] und 20 Raumteilen Schwefeldioxid [$R_{SO_2} = 129{,}9$ J/(kg K)] bestehendes Gasgemisch von 650 °C.
a) Welche mittlere Gaskonstante hat das Gas?
b) Welche Dichte hat das Gas bei dem Druck 77 kPa?

**686.** 3 m³ Luft von 150 °C werden mit 8 m³ Luft von 5 °C vermischt. Welche Temperatur und welches Gesamtvolumen ergeben sich daraus, wenn der Druck von $10^5$ Pa dabei konstant bleibt?

**687.** In einem elektrolytischen Gasentwickler bilden sich 500 cm³ Knallgas von 32 °C und 98 kPa. Welches Volumen nimmt das Gas im Normzustand (0 °C, 101,3 kPa) ein?

**688.** In Bodennähe enthält ein Freiballon bei 18 °C und 1 020 mbar 1 200 m³ Gas, in größerer Höhe bei 480 mbar dagegen 2 250 m³. Welche Temperatur hat das Füllgas dabei angenommen?

**689.** Wenn man Luft von der Anfangstemperatur 20 °C auf den 4. Teil zusammenpreßt, steigt ihr Druck auf den 6fachen Wert. Wie hoch steigt dabei die Temperatur, wenn die gebildete Wärme nicht entweichen kann?

**690.** Ein Hochofengebläse ist ausreichend bemessen, wenn es je Minute 400 m³ Luft von 0 °C und 1,013 bar ansaugt. Für welches je Minute anzusaugende Luftvolumen ist es jedoch zu berechnen, wenn im praktischen Betrieb mit einer Lufttemperatur von 28 °C und einem Barometerstand von 0,95 bar gerechnet werden muß?

**691.** Ein Gaserzeuger liefert je Stunde 500 m³ Generatorgas (Massenanteile 40 % CO und 60 % $N_2$) von 65 °C und 120 kPa. Wieviel Kilogramm Gas sind dies?
[$R_{CO} = 296{,}8$ J/(kg K) und $R_{N_2} = 296{,}8$ J/(kg K)]

**692.** Aus einer unter $70 \cdot 10^5$ Pa Druck stehenden, 40 l fassenden Flasche werden bei einem Luftdruck von $10^5$ Pa 80 l Gas entnommen. Auf welchen Betrag sinkt der Druck in der Flasche?

**693.** Wieviel Liter Gas strömen bei einem Luftdruck von 1 bar aus einer 20 l fassenden Flasche, wenn der Druck dadurch von 100 bar auf 95 bar sinkt?

**694.** Das in einem Behälter von 50 l Inhalt eingeschlossene Gas wird von 100 °C auf 10 °C abgekühlt. Auf welches Volumen muß es komprimiert werden, damit der Druck konstant bleibt?

## 3.2. Wärmeenergie

### 3.2.1. Wärmemenge

In den Aufgaben wird die spezifische Wärmekapazität des Wassers $c_W = 4{,}19$ J/(g K) zugrunde gelegt.

**695.** Welche Anfangstemperatur hat eine glühende Kupferkugel [$c = 0{,}385$ J/(g K)] von der Masse $m = 63$ g, die, in 300 g Wasser von 18 °C geworfen, dieses auf 37 °C erwärmt?

**696.** 200 g Wasser werden in ein Kalorimetergefäß aus Kupfer von der Masse $m = 151$ g gegeben, wonach eine Temperatur von 18,6 °C gemessen wird. Nach Einbringen von 85 g Kupfer, das zuvor auf 98,5 °C erwärmt wurde, steigt die Temperatur auf 21,4 °C. Welcher Wert ergibt sich hiernach für die spezifische Wärmekapazität des Kupfers?

**697.** 50 cm³ heißen Tees von 65 °C werden in einen Aluminiumbecher von 120 g und 12 °C gegossen. Welche Temperatur nimmt der Tee dabei an? [Aluminium: $c = 0{,}896$ J/(g K)]

**698.** In einer Badewanne befinden sich 220 l Wasser von 65 °C. Wieviel kaltes Wasser von 14 °C muß zugegossen werden, damit eine Mischtemperatur von 45 °C entsteht?

**699.** Zu $m_1 = 200$ g verdünntem Alkohol von $t_1 = 60$ °C werden $m_2 = 100$ g Wasser von $t_2 = 18$ °C gegossen, wodurch eine Mischtemperatur von $t_m = 42{,}5$ °C entsteht. Welchen Massenanteil Wasser enthielt der Alkohol? [$c_1 = 2{,}39$ J/(g K)]

**700.** Zur Bereitung eines Wannenbades von 200 l wird ein Heißwasserbedarf von 70 l bei $t_1 = 85$ °C angegeben. Welche Mischwassertemperatur $t$ ist dabei angenommen, wenn das Kaltwasser die Temperatur $t_2 = 15$ °C hat?

**701.** Dem Motor eines Traktors werden je Stunde 3100 l Kühlwasser zugeführt, das sich dabei um 8 K erwärmt. Wieviel Prozent der umgesetzten Wärme führt das Wasser ab, wenn die Maschine je Stunde 11 l Kraftstoff vom Heizwert 29,3 MJ/l verbraucht?

**702.** Wie lang ist ein Stahldraht von 4 mm² Querschnitt [$c$ = 0,50 J/(g K), $\alpha = 11 \cdot 10^{-6}$ 1/K, $\varrho$ = 7,6 g/cm³], der sich bei Aufnahme der Wärmemenge $Q$ = 1250 J um 0,1 % verlängert?

**703.** Welche Wärmemenge muß man einem Kupferzylinder von 50 mm² Querschnitt [$c$ = 0,385 J/(g K), $\varrho$ = 8,9 g/cm³, $\alpha = 14 \cdot 10^{-6}$ 1/K] zuführen, damit er sich um 0,2 mm verlängert?

**704.** Wieviel Eis aus Wasser von 6 °C können mit 8 kg Trockeneis (festes $CO_2$) hergestellt werden, das bei Erwärmung von —80 °C auf 0 °C unter Sublimation 600 kJ je kg aufnimmt? (Erstarrungswärme des Wassers 333,7 kJ/kg)

**705.** Auf $t_1$ = 950 °C erhitzte Stücke aus Werkzeugstahl [$c_1$ = 0,50 kJ/(kg K)] sollen in $m_2$ = 80 kg Öl [$c_2$ = 1,67 kJ/(kg K)] von $t_2$ = 25 °C abgeschreckt werden, wobei die Endtemperatur $t_m$ = 350 °C nicht überschreiten darf. Wieviel Stahl darf höchstens eingebracht werden, wenn mit 10 % Wärmeverlusten gerechnet wird?

**706.** Welche Temperatur erlangt ein kupferner Lötkolben [$c_1$ = 0,385 kJ/(kg K)] der Masse $m_1$ = 300 g von $t_1$ = 1000 °C, nachdem er kurze Zeit in $m_2$ = 2 l Wasser getaucht wird und dieses um $\Delta t$ = 3,5 K erwärmt?

**707.** Wieviel Wasser verdampft, wenn $m_1$ = 6 kg glühende Stahlschrauben [$c_1$ = 0,50 kJ/(kg K)] von $t_1$ = 1200 °C in $m_2$ = 3 kg Wasser von $t_2$ = 20 °C geworfen werden?
(Verdampfungswärme des Wassers 2257 kJ/kg)

**708.** Zwei Gußteile aus Aluminium [$c_1$ = 0,896 kJ/(kg K)] und Kupfer [$c_2$ = 0,385 kJ/(kg K)] von je $t_1$ = 450 °C und zusammen $m$ = 650 g werden in $m_3$ = 2,5 kg Wasser von $t_3$ = 12 °C geworfen, das sich dabei auf $t_m$ = 27 °C erwärmt. Welche Masse haben die beiden Teile einzeln?

**709.** Wieviel Eis bildet sich, wenn 2 l auf —8 °C unterkühltes Wasser durch Erschütterung plötzlich gefrieren?

**710.** Wieviel Dampf von 100 °C müssen in 800 l Wasser von 12 °C eingeleitet werden, damit dieses zum Sieden kommt?

**711.** Wieviel Eis von 0 °C kann man mit $m_1$ = 30 kg flüssigem Blei von $t_1$ = 450 °C schmelzen, wenn das Schmelzwasser $t_2$ = 20 °C warm werden soll? [Spezifische Schmelzwärme des Bleis $q_{s1}$ = 26,5 kJ/kg, spezifische Wärmekapazität des Bleis konstant $c_1$ = 0,13 kJ/(kg K)]

**712.** Welchen Wasserwert $w$ hat der eintauchende Teil eines Thermometers, das anfangs $t_1$ = 15 °C anzeigt und nach dem Eintauchen in $m_2$ = 10 g Alkohol [$c_2$ = 2,39 J/(g K)] von $t_2$ = 30 °C die Temperatur $t_m$ = 28,2 °C annimmt?

**713.** Um wieviel dehnt sich ein stromdurchflossener Aluminiumdraht [$\alpha = 23 \cdot 10^{-6}$ 1/K, $c = 0{,}896$ J/(g K), $\varrho = 2{,}7$ g/cm³] von 5 mm² Querschnitt aus, der 1 min lang die Leistung 16 W aufnimmt, wenn angenommen wird, daß keine Wärmeverluste eintreten?

**714.** Wie groß ist die spezifische Wärmekapazität von flüssigem Grauguß, von dem 1 kg bei 1170 °C den Wärmeinhalt $h_1 = 1\,059$ kJ und bei 1400 °C den Wärmeinhalt $h_2 = 1\,181$ kJ aufweist?

**715.** Wie groß ist die spezifische Schmelzwärme $q_s$ von Grauguß, dessen mittlere spezifische Wärmekapazität 0,720 kJ/(kg K) und dessen Wärmeinhalt im flüssigen Zustand bei 1250 °C je kg 1143 kJ beträgt?

**716.** Der Wärmeinhalt von 50 kg Grauguß ist bei Gießtemperatur ($t_2 = 1\,450$ °C) 60,71 MJ. Wie groß ist die mittlere spezifische Wärmekapazität $c_0$ im festen Zustand, wenn die spezifische Schmelzwärme $q_s = 234$ kJ/kg und die spezifische Wärmekapazität vom Schmelzpunkt ($t_1 = 1\,150$ °C) bis zur Gießtemperatur $c_1 = 0{,}565$ kJ/(kg K) beträgt? (Anfangstemperatur $t_0 = 0$ °C)

**717.** Wieviel Kilogramm Wasser von 96 °C können je Minute einem elektrischen Heißwasserbereiter entnommen werden, wenn dieser 1,6 kW aufnimmt und das Wasser die Anfangstemperatur 14 °C hat?

**718.** Welche Wärmemenge gibt eine Warmwasserheizung je Stunde ab, wenn das Wasser mit 15 l/min zirkuliert, im Kessel auf 92 °C erhitzt wird und in den Heizkörpern die Temperatur 70 °C annimmt?

### 3.2.2. Erster Hauptsatz

**719.** Die Ladung einer Gewehrpatrone (3,2 g Blättchenpulver) hat einen Energiegehalt von 11,7 kJ und entwickelt beim Abfeuern die Energie 4000 N m. Wieviel Prozent der Energie werden ausgenutzt?

**720.** Um welchen Betrag müßte die Wassertemperatur zunehmen, wenn sich die gesamte Energie eines 15 m hohen Wasserfalls in Wärme umwandeln würde?

**721.** Wie groß ist der Wirkungsgrad eines Motorrades, das je Stunde 2 kg Benzin (Heizwert 42 MJ/kg) verbraucht und dabei eine Leistung von 5 kW entwickelt?

**722.** Welche Wärmemenge entsteht in den Bremsen eines Güterzuges von 1200 t Masse, der aus der Geschwindigkeit 50 km/h zum Halten gebracht wird?

**723.** Welchen stündlichen Benzinverbrauch hat ein Motorrad, von dem folgende Werte bekannt sind: 4-Takt-1-Zylinder-Motor von 350 cm³ Hubraum, mittlerer Arbeitsdruck 910 kPa, bei der Drehzahl $n = 5030$ 1/min, Wirkungsgrad 22 %, Heizwert des Benzins 42 MJ/kg?

**724.** Bei der isobaren Erwärmung von 5 kg $CO_2$-Gas verrichtet dieses die Ausdehnungsarbeit 50 kN m. Welche Temperatur wird dabei erreicht, wenn diese anfangs 10 °C beträgt?
[$R = 188{,}9$ J/(kg K)]

**725.** In einer Stahlflasche befinden sich 20 l Wasserstoffgas. Welche Wärmemenge nimmt das Gas auf, wenn der Druck von 50 bar auf 60 bar ansteigt? [$c_v = 10{,}11$ kJ/(kg K), $R = 4124$ J/(kg K)]

**726.** Durch Zufuhr von 200 kJ werden 300 l Luft bei konstantem Druck erwärmt. Wie groß ist der Druck, wenn sich das Volumen dabei verdoppelt?

**727.** Das Volumen des in einem Gasometer unter dem konstant bleibenden Druck $10^5$ Pa stehenden Gases von der anfänglichen Dichte 1,94 kg/m³ nimmt um 11 % zu, wenn es sich um 20 K erwärmt. Welchen Wert hat die Gaskonstante?

**728.** Wieviel Braunkohle vom Heizwert 2,5 MJ/kg würde theoretisch ausreichen, um die Luft ($\varrho = 1{,}25$ kg/m³ bei 60 °C) eines 90 m³ großen Wohnraumes von 6 °C auf 24 °C zu erwärmen? $c_p = 1{,}009$ kJ/(kg K)]

**729.** Welche Wärmemenge ist 2 kg Luft der Anfangstemperatur 10 °C bei konstantem Druck zuzuführen, damit sich deren Dichte auf den 3. Teil verringert? [$c_p = 1{,}005$ kJ/(kg K)]

**730.** 0,5 kg Kohlendioxid von der Temperatur $t_1 = 18$ °C steht unter dem anfänglichen Druck $2 \cdot 10^5$ Pa und wird unter Aufwand der Arbeit 35 kNm auf 1/4 des Volumens komprimiert. Welche Endtemperatur und welcher Enddruck entstehen, wenn durch Kühlung 19 kJ abgeführt werden? [$c_v = 632$ J/(kg K)]

**731.** Der Belastungswiderstand einer dynamoelektrischen Bremse nimmt die Leistung 300 kW auf und wird mittels hindurchgesaugter Luft gekühlt, die sich von 20 °C auf 120 °C erhitzen darf. Welches Volumen an Kühlluft ist je Stunde erforderlich? [$p = 1013$ mbar, $c_p = 1005$ J/(kg K), $R = 286{,}8$ J/(kg K)]

**732.** 4 m³ Luft vom Normzustand (0 °C, 1013 mbar) werden unter Aufwand von 350000 Nm komprimiert, wobei die Endtemperatur 82 °C erreicht wird. Welche Wärmemenge führt das Kühlwasser dabei ab?

**733.** Welche Arbeit verrichten 15 kg Luft, wenn diese bei gleichbleibendem Druck von 20 °C auf 150 °C erwärmt wird?

**734.** Ein Gasgemisch hat die spezifischen Wärmekapazitäten $c_p = 3{,}220$ bzw. $c_v = 2{,}290$ kJ/(kg K). Welche Ausdehnungsarbeit leistet 1 kg des Gases, wenn es bei konstantem Druck um 1 K erwärmt wird?

**735.** Auf welche Temperatur erwärmen sich 5 kg Luft bei einer Wärmezufuhr von 20 kJ, und welches Volumen nimmt die Luft ein, wenn der absolute Druck konstant bleibt? [Anfangszustand 10 °C und 1 bar, $R = 286{,}8$ J/(kg K)]

**736.** In einer Sauerstoffflasche von 40 l Inhalt steht das Gas bei 19 °C unter dem absoluten Druck $80 \cdot 10^5$ Pa. Wie hoch steigen Temperatur und Druck, wenn dem Gas 85 kJ Wärmeenergie zugeführt werden? [$c_v = 653$ kJ/(kg K)]

**737.** Welche Wärmemenge muß man einem Behälter mit 2,5 m³ Luft zuführen, damit der Druck von $2 \cdot 10^5$ Pa auf $3 \cdot 10^5$ Pa ansteigt? [$c_v = 718$ J/(kg K)]

**738.** Ein Zylinder von 10 cm Durchmesser ist durch einen reibungslos beweglichen Kolben mit der Masse 60 kg verschlossen und enthält $V_1 = 2$ l Luft von 22 °C bei einem äußeren Luftdruck von $p_2 = 10^5$ Pa. Auf wieviel Grad Celsius ist die Luft zu erhitzen, wenn sich der Kolben um $h = 15$ cm heben soll, und welche Wärmemenge $Q$ ist zuzuführen?

### 3.2.3. Zustandsänderung von Gasen

**739.** Welche Arbeit ist aufzuwenden, um 12 m³ Druckluft von $12 \cdot 10^5$ Pa herzustellen, wenn der Anfangsdruck $1{,}1 \cdot 10^5$ Pa beträgt und die Temperatur konstant bleibt?

**740.** Welcher Enddruck $p_2$ wird erreicht, wenn 500 m³ Luft vom Anfangsdruck $p_1 = 1{,}1 \cdot 10^5$ Pa unter Aufwand von 20 kWh isotherm verdichtet werden?

**741.** Aus einem Zylinder entweichen 1,5 m³ Druckluft von $8 \cdot 10^5$ Pa unter Entspannung auf $1{,}05 \cdot 10^5$ Pa. Welche Ausdehnungsarbeit verrichtet die Luft dabei, wenn der Vorgang isotherm geleitet wird, und welche Wärmemenge muß die Luft dabei aufnehmen?

**742.** Ein Luftkompressor nimmt eine Leistung von 15 kW auf und verdichtet isotherm stündlich 200 m³ Luft vom Anfangsdruck $1{,}12 \cdot 10^5$ Pa. Welcher Enddruck wird bei einem Wirkungsgrad von 85 % erreicht?

**743.** Welche Arbeit (kWh) kann mit 800 l auf $25 \cdot 10^5$ Pa Überdruck komprimierter Luft bei 20 °C auf isothermem Weg bestenfalls gewonnen werden, wenn der Außendruck $1 \cdot 10^5$ Pa beträgt?

**744.** Welches Luftvolumen von $6 \cdot 10^5$ Pa Überdruck kann ein Kompressor bei isothermer Verdichtung stündlich höchstens liefern, wenn er eine Antriebsleistung von 15 kW aufnimmt? (Außendruck $1 \cdot 10^5$ Pa)

**745.** 1 kg Luft von $1 \cdot 10^5$ Pa soll in zwei aufeinanderfolgenden Stufen isotherm auf $20 \cdot 10^5$ Pa verdichtet werden. Welcher Druck muß in der ersten Stufe erreicht werden, damit in beiden Stufen die gleiche Arbeit verrichtet wird?

**746.** Zwei oben offene zylindrische Gefäße von gleichem Querschnitt $A = 200\ \text{cm}^2$ stehen nach Bild 177 miteinander in Verbindung und sind z. T. mit Wasser gefüllt. Im linken Gefäß befindet sich $h = 60$ cm über dem Spiegel ein dichtschließender Kolben, der so weit hineingedrückt werden soll, daß das Wasser rechts um 25 cm steigt. Welche Wärmemenge ist dabei abzuführen, und welche Arbeit ist aufzuwenden, wenn der Vorgang isotherm verläuft? Die Anwesenheit von Wasserdampf werde nicht beachtet. (Äußerer Luftdruck $p = 1$ bar)

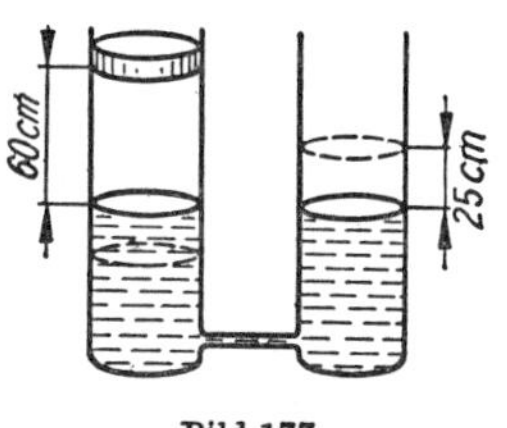

Bild 177

**747.** Ein dichtschließender Raum ist durch eine Trennwand halbiert und enthält Luft von einerseits 0 °C und andererseits 100 °C. Welche Mischtemperatur und welcher gemeinsame Druck stellen sich ein, wenn die Wand geöffnet wird und der Anfangsdruck $p$ in beiden Hälften gleich groß ist?

**748.** Welche Arbeit verrichten 2,5 m³ Luft von 32 °C und $4{,}5 \cdot 10^5$ Pa, wenn sie sich adiabatisch so weit ausdehnt, daß ihre Temperatur auf 15 °C sinkt? [$c_v = 0{,}718$ kJ/(kg K), $R = 286{,}8$ J/(kg K)]

**749.** Welche Werte erreichen in der letzten Aufgabe Endvolumen und Enddruck? ($\varkappa = 1{,}40$)

**750.** Welches Verdichtungsverhältnis ist notwendig, um durch adiabatische Verdichtung die Lufttemperatur von 75 °C auf 650 °C zu steigern? ($c_p/c_v = 1{,}4$)

**751.** Der Kolben eines Verdichters ist im oberen Totpunkt 80 cm vom Zylinderboden entfernt und komprimiert die mit 1 bar angesaugte Luft auf 6 bar, und zwar a) isotherm und b) adiabatisch.

Welchen Weg muß der Kolben in beiden Fällen zurücklegen? ($\varkappa = 1{,}40$)

**752.** Welchen Wert hat der Polytropenexponent $n$, wenn der in der vorigen Aufgabe verlangte Enddruck nach einem Kolbenweg von 63 cm erreicht wird?

**753.** Auf welche Temperatur kühlt sich das in einer halbleeren Bierflasche enthaltene Kohlendioxid (18 °C, 0,5 bar Überdruck) ab, wenn der Verschluß plötzlich aufspringt und der äußere Luftdruck 1 bar beträgt? ($\varkappa = 1{,}30$)

**754.** Im Zylinder eines Dieselmotors wird die angesaugte Luft (60 °C, $10^5$ Pa) auf den 15. Teil des Volumens zusammengedrückt. Wie hoch sind Endtemperatur und Enddruck, wenn die Kompression adiabatisch verläuft? ($\varkappa = 1{,}40$)

**755.** Luft von 0 °C wird in zwei aufeinanderfolgenden Stufen adiabatisch verdichtet, wobei sich der Druck jedesmal verdoppelt. Welche Zwischen- und Endtemperatur wird dabei erreicht?

**756.** Der in einem Zylinder von 400 cm² Querschnitt bewegliche Kolben wird um 20 cm nach innen geschoben, wodurch sich der Druck der eingeschlossenen Luft adiabatisch verdoppelt. Wie groß ist das Anfangsvolumen im Zylinder? ($\varkappa = 1{,}40$)

**757.** Die Celsius-Temperatur einer Luftmenge sinkt auf den halben Wert, wenn diese sich adiabatisch auf den doppelten Wert des Anfangsvolumens ausdehnt. Wie hoch ist die Anfangstemperatur? ($\varkappa = 1{,}40$)

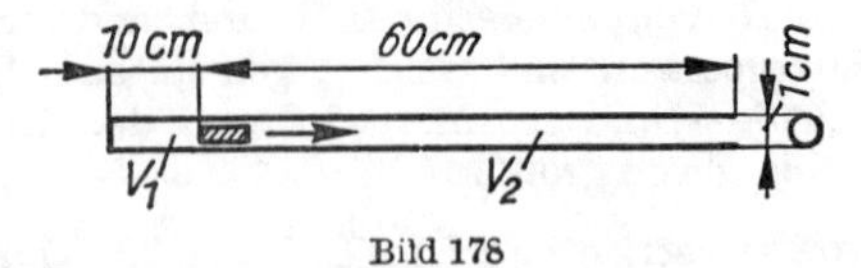


Bild 178

**758.** 3 kg Luft ($t_1 = 20$ °C und $p_1 = 0{,}8 \cdot 10^5$ Pa) wird bei konstantem Volumen erwärmt. Anschließend dehnt sich die Luft adiabatisch aus, wobei sie sich wieder auf die Anfangstemperatur $t_1 = 20$ °C ($p_3 = 0{,}366 \cdot 10^5$ Pa) abkühlt. a) Wie hoch sind Zwischentemperatur $T_2$ und -druck $p_2$? b) Welche Wärmemenge $Q$ ist zuzuführen?

**759.** Welche Leistung hat der Antriebsmotor eines Kompressors aufzuwenden, der stündlich 35 m³ Druckluft von $5 \cdot 10^5$ Pa Überdruck bei einem Luftdruck von $10^5$ Pa isotherm liefern soll?

**760.** Durch adiabatische Entspannung von Druckluft (Anfangsüberdruck $50 \cdot 10^5$ Pa, Anfangstemperatur 20 °C) wird ein Geschoß

($m = 15$ g) nach Bild 178 aus einem vorn offenen Rohr herausgeschleudert. Mit welcher Geschwindigkeit verläßt es den Lauf?

**761.** Ein Behälter mit Luft von 10 °C und $2 \cdot 10^5$ Pa Überdruck wird kurzzeitig geöffnet, wobei Druckausgleich mit der Umgebung ($10^5$ Pa) erfolgt. Welcher Druck stellt sich ein, wenn sich der Behälter anschließend wieder auf 10 °C erwärmt?

## 3.3. Dämpfe

### 3.3.1. Wasserdampf

**762.** 3 m³ Wasserdampf von 150 °C werden in $V_1 = 2$ m³ Wasser von $t_1 = 5$ °C eingeleitet. Welche Mischtemperatur $t_m$ stellt sich ein? (Dampfdichte $\varrho = 2{,}547$ kg/m³, spezifischer Wärmeinhalt des Dampfes $h'' = 2747$ kJ/kg)

**763.** Ein Dampferzeuger nimmt in einer Stunde $35 \cdot 10^6$ kJ auf und liefert bei einer Speisewassertemperatur von $t_W = 86$ °C stündlich 10,25 t überhitzten Dampf. Welcher Wirkungsgrad wird erreicht, wenn der Wärmeinhalt des Dampfes $h'' = 3188$ kJ/kg beträgt?

**764.** Der Dampfdruck des Wassers bei 0 °C beträgt 611 Pa. Wie groß sind die Dichte und das spezifische Volumen $v$ des Dampfes? [Gaskonstante des Wasserdampfes $R = 461{,}5$ J/(kg K)]

**765.** In einem Zylinder vom Anfangsvolumen $V = 18$ l befindet sich gesättigter Dampf von 120 °C ($\varrho = 1{,}121$ kg/m³, $r = 2203$ kJ/kg). Wieviel Kondenswasser $V_W$ bildet sich, und welche Wärmemenge $Q$ ist abzuführen, wenn der Kolben bei konstant gehaltener Temperatur um $^2/_3$ der Zylinderlänge hineingeschoben wird?

**766.** $m_1 = 4$ t Wasser von 17 °C Anfangstemperatur strömen durch eine Rohrschlange und werden im Gegenstrom durch 110 °C heißen Dampf ($h'' = 2691$ kJ/kg) auf 85 °C erhitzt, wobei das Dampfkondensat ($h' = 188{,}6$ kJ/kg) mit 45 °C abfließt. Welche Dampfmenge $m_2$ ist erforderlich?

**767.** Welche Dampfmenge $m_2$ von 150 °C ($h'' = 2747$ kJ/kg) muß in $m_1 = 250$ t Wasser von 8 °C eingeleitet werden, um dieses auf 50 °C ($h' = 209{,}5$ kJ/kg) zu erwärmen?

**768.** Welche Kühlwassermenge $m_2$ von $t_2 = 12$ °C wird im Mischkondensator einer Dampfmaschine für $m_1 = 1$ kg Dampf von 130 °C ($h'' = 2721$ kJ/kg) benötigt, wenn das Kühlwasser mit der Temperatur $t_1 = 30$ °C austreten soll?

**769.** Ein Kessel nimmt stündlich $1{,}26 \cdot 10^6$ kJ auf und erzeugt Dampf von 160 °C ($r = 2083$ kJ/kg, $\varrho = 3{,}26$ kg/m³). Wieviel Kilogramm Dampf entstehen je Stunde, und mit welcher Geschwindigkeit strömt dieser durch das Ableitungsrohr von 12 cm Durchmesser?

**770.** Der gesamte Wirkungsgrad einer Dampfmaschine beträgt 13,5 %. Welche Leistung hat sie bei einem stündlichen Verbrauch von 650 kg Dampf von 180 °C ($h'' = 2\,778$ kJ/kg) und der Speisewassertemperatur 60 °C ($h' = 251{,}1$ kJ/kg)?

**771.** Wieviel Steinkohle (Heizwert $q_H = 28\,500$ kJ/kg) werden zur stündlichen Erzeugung von 450 kg Dampf von 170 °C ($h'' = 2\,769$ kJ/kg) verbraucht, wenn der Wirkungsgrad der Kesselanlage 75 % und die Speisewassertemperatur 45 °C ($h' = 189$ kJ/kg) beträgt?

**772.** Durch plötzliches Öffnen des Ventils sinkt die Temperatur in einem Dampfkessel von 150 °C ($\varrho_1 = 2{,}547$ kg/m³) auf 140 °C ($\varrho_2 = 1{,}966$ kg/m³).

a) Wieviel Kilogramm Dampf strömt aus, wenn das Dampfvolumen im Kessel 0,5 m³ beträgt?
b) Wieviel Wärme wird dadurch im Kessel frei, wenn dieser außer dem Dampf noch 2 m³ Wasser enthält?
c) Wieviel Kilogramm Dampf ($r = 2\,145$ kJ/kg) bilden sich während der sofort einsetzenden Nachverdampfung, wenn der Druck bei 4 bar konstant gehalten wird?

**773.** Ein Kessel ist zum größten Teil mit $m_1 = 120$ t Wasser gefüllt, das als Wärmespeicher dient. Welche Dampfmenge $m_2$ kann entnommen werden, wenn der Kessel mit gesättigtem Dampf von 180 °C ($h_1' = 763{,}2$ kJ/kg, $h_1'' = 2\,778$ kJ/kg) gefüllt und bei 140 °C ($h_2' = 589{,}2$ kJ/kg) entleert wird?

**774.** Welche Dampfmenge $m_2$ von 120 °C ($h'' = 2\,706$ kJ/kg) muß man in Wasser von $t_2 = 6$ °C einleiten, um insgesamt $m_1 = 800$ kg Wasser von $t_1 = 50$ °C zu erhalten?

**775.** Berechne näherungsweise die spezifische Verdampfungswärme des Wassers bei 20 °C, wenn die Verdampfungswärme bei 0 °C $r_0 = 2\,500{,}6$ kJ/kg und bei 100 °C $r_{100} = 2\,256{,}7$ kJ/kg ist.

**776.** Ein Kessel enthält bei anfangs 20 °C und $0{,}96 \cdot 10^5$ Pa Wasser und trockene Luft. Welcher Überdruck stellt sich ein, wenn der Kessel verschlossen und dann auf 100 °C erhitzt wird?

### 3.3.2. Luftfeuchte

**777.** Ein Hygrometer zeigt bei 17 °C eine relative Feuchte von 55 % an. Wie groß ist die absolute Feuchte?

**778.** Welche absolute und relative Feuchte ergibt sich für Luft von 19 °C, deren Taupunkt bei 16 °C liegt?

**779.** 75 l Luft werden bei 22 °C durch Chlorkalzium gesaugt, wobei dieses unter völliger Trocknung der Luft eine Massenzunahme von 0,82 g erfährt. Wie groß sind absolute und relative Feuchte?

**780.** Wieviel Wasser wird aus der Luft eines 250 m³ großen Raumes abgeschieden, wenn die Temperatur von werktags 19 °C während der Feiertage auf 4 °C sinkt und die Feuchte $\varphi = 75\,\%$ betrug?

**781.** Wieviel Wasser muß verdampft werden, um die relative Luftfeuchte eines 180 m³ großen Raumes, in dem die Temperatur 24 °C herrscht, von 25 % auf 70 % zu erhöhen?

**782.** a) Welche Masse hat 1 m³ Luft von 20 °C, 0,96 bar und 60 % relativer Feuchte?
b) Welche Masse hat demgegenüber 1 m³ trockene Luft von 20 °C und 0,96 bar?

**783.** In einen geschlossenen, 60 l großen und mit trockener Luft von 12 °C gefüllten Behälter werden 0,4 g Wasser gebracht. a) Wie groß wird die relative Feuchte? b) Auf welche Temperatur muß der Behälter abgekühlt werden, damit Taubildung eintritt?

**784.** Durch Abkühlung feuchter Luft von 22 °C auf —5 °C vermindert sich deren Druck bei gleichbleibendem Volumen infolge der Kondensation von Wasserdampf von 1091 mbar auf 981 mbar. Wie groß ist die relative Feuchte?

## 3.4. Kinetische Gastheorie

**785.** Wieviel Teilchen enthält 1 cm³ des idealen Gases bei der Temperatur 15 °C und dem Druck $10^{-6}$ Pa?

**786.** Welche Temperatur hat ein Gas, das beim Druck $10^{-8}$ Pa je cm³ $10^6$ Teilchen enthält?

**787.** Welche mittlere Geschwindigkeit haben die Moleküle eines Gases, das bei dem Druck 100 Pa die Dichte $1{,}75 \cdot 10^{-4}$ kg/m³ hat?

**788.** Welche innere Energie (kinetische Energie der Teilchen) enthalten 5 cm³ des idealen Gases bei einem Druck von $10^5$ Pa?

**789.** $6{,}474 \cdot 10^{20}$ Moleküle eines Gases sind im Volumen 20 cm³ eingeschlossen und haben die kinetische Energie 5 Ws. Wie groß sind Druck und Temperatur des Gases?

**790.** Nach Erwärmung eines geschlossenen Gasbehälters von 20 °C auf 200 °C steigt der Druck von $1 \cdot 10^5$ auf $1{,}2 \cdot 10^5$ Pa. Wieviel

Prozent der anfangs vorhandenen Moleküle entweichen dabei durch ein vorhandenes Leck?

**791.** Die Mittelwerte der kinetischen Energie und des Impulses eines einzelnen Moleküls betragen $W = 6{,}5 \cdot 10^{-21}$ Ws bzw. $p = 4{,}253 \cdot 10^{-23}$ kg m/s. Um welches Gas handelt es sich?

**792.** In einem kugelförmigen Gefäß von 15 cm Durchmesser befindet sich Wasserstoff von 25 °C. Bei welchem Fülldruck ist die mittlere freie Weglänge gleich dem Gefäßdurchmesser? (Moleküldurchmesser $2{,}5 \cdot 10^{-10}$ m)

**793.** Welche mittlere Energie (in eV) haben die Teilchen im Plasma des Sonnenzentrums, und unter welchem Druck steht dieses, wenn die Temperatur auf $2 \cdot 10^7$ K und die Teilchendichte auf $5 \cdot 10^{23}$ $^1/\text{cm}^3$ geschätzt werden?

**794.** Bei welchem Gasdruck betragen die kinetische Energie eines Sauerstoffmoleküls (Durchmesser $3 \cdot 10^{-10}$ m) $8 \cdot 10^{-21}$ Ws und seine mittlere freie Weglänge 5 mm?

**795.** Wie groß ist die mittlere freie Weglänge der Moleküle von Wasserstoff, dessen Dichte $1{,}5 \cdot 10^{-8}$ kg/m$^3$ beträgt? (Moleküldurchmesser $2{,}5 \cdot 10^{-10}$ m)

**796.** Auf wieviel Grad Celsius muß die Temperatur eines Gases erhöht werden, damit sich die bei 20 °C vorhandene Molekülgeschwindigkeit verdoppelt?

**797.** Wieviel Zusammenstöße erleidet ein Chlormolekül (Wirkungsradius $r = 3{,}8 \cdot 10^{-10}$ m) im zeitlichen Mittel je Sekunde, wenn das Gas bei 100 °C den Druck $3 \cdot 10^5$ Pa hat?

## 3.5. Ausbreitung der Wärme

### 3.5.1. Wärmeleitung, Wärmedurchgang, Wärmeübergang

**798.** (Bild 179) In einem Prüfgerät zur Bestimmung der Wärmeleitfähigkeit einer 50 cm × 50 cm großen und 6 cm dicken Baustoffplatte wird einerseits durch elektrische Beheizung eine konstante Oberflächentemperatur von 85 °C hergestellt. Die andere Oberfläche wird gekühlt, indem je Minute 5 l Wasser von 18 °C durch eine Kühlplatte strömen. Wie groß ist die Wärmeleitfähigkeit $\lambda$, wenn sich das Wasser auf 20 °C erwärmt?

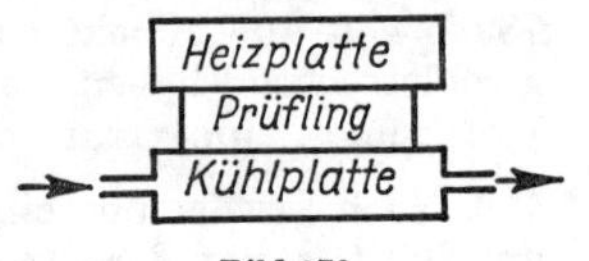


Bild 179

**799.** Welche Wärmemenge geht täglich durch eine 24 $m^2$ große, beiderseits verputzte Ziegelwand von 43 cm Dicke, wenn die Wandtemperaturen innen 20 °C bzw. außen —5 °C betragen?
[$\lambda$ = 2,5 kJ/(m h K)]

**800.** Eine frei aufgehängte Metallkugel von 10 cm Durchmesser empfängt durch Sonnenstrahlung je Stunde 8 kJ. Welche Temperatur erreicht sie, wenn die Außentemperatur $\vartheta$ = 15 °C und der Wärmeübergangskoeffizient $\alpha$ = 18 kJ/($m^2$ h K) beträgt?

**801.** Ein Hörsaal hat einfache Fenster von insgesamt 8 $m^2$ Fensterfläche und 4 mm Glasdicke. Welche Wärme geht im Verlauf von 8 Stunden verloren, wenn die Temperaturen innen 18 °C bzw. außen —5 °C betragen? Die Wärmeübergangskoeffizienten betragen 20 bzw. 50 kJ/($m^2$ h K), die Wärmeleitfähigkeit des Glases 3 kJ/(m h K).

**802.** a) Welchen Wert hat der Wärmedurchgangskoeffizient $k$ für eine 25 cm dicke Ziegelwand, wenn die Wärmeübergangskoeffizienten innen $\alpha_1$ = 20 kJ/($m^2$ h K) bzw. außen $\alpha_2$ = 60 kJ/($m^2$ h K) und die Wärmeleitfähigkeit $\lambda$ = 2 kJ/(m h K) sind?
b) Welche Wandtemperaturen stellen sich ein, wenn die Zimmertemperatur $\vartheta_1$ = 19 °C und die Außentemperatur $\vartheta_2$ = 4 °C beträgt?

**803.** Bei welcher Außentemperatur $\vartheta_2$ beschlägt ein 3 mm dickes einfaches Fenster, wenn die Zimmertemperatur $\vartheta_1$ = 18 °C und die relative Luftfeuchte 70 % beträgt? Es werden die Wärmeübergangskoeffizienten innen $\alpha_1$ = 20 kJ/($m^2$ h K), außen $\alpha_2$ = 50 kJ/($m^2$ h K) und die Wärmeleitfähigkeit $\lambda$ = 3 kJ/(m h K) angenommen.

**804.** Wie dick muß eine Holzwand [$\lambda_1$ = 1,05 kJ/(m h K)] sein, wenn sie je $m^2$ nicht mehr Wärme ableiten soll als eine gleich große 38 cm dicke Ziegelwand? [$\lambda_2$ = 1,7 kJ/(m h K)]

**805.** Welcher Wärmeübergangskoeffizient $\alpha$ ergibt sich für eine frei verlegte, 1,5 mm dicke Kupferleitung, die, mit der höchstzulässigen Stromstärke 25 A belastet, sich im Dauerbetrieb um 35 K über die Außentemperatur von 25 °C erwärmt? (Spez. Widerstand $\varrho$ = 0,02 $\Omega$ $mm^2$/m)

**806.** Welche Wärmemenge dringt je Stunde durch ein 3 $m^2$ großes Doppelfenster in einen Kühlraum, wenn folgende Werte gegeben sind: Wärmeübergangskoeffizient außen $\alpha_1$ = 105 kJ/($m^2$ h K), innen $\alpha_2$ = 25 kJ/($m^2$ h K), Wärmeleitfähigkeit für Glas $\lambda$ = 2,7 kJ/(m h K), Wärmeleitwiderstand des Luftzwischenraums 0,05 $m^2$ h K/kJ, Scheibendicke $d$ = 4 mm, Temperatur außen $\vartheta_1$ = 30 °C, innen $\vartheta_2$ = —8 °C?

**807.** Welche Temperaturen $\vartheta_1' \dots \vartheta_4'$ nehmen die 4 Glasoberflächen der Aufgabe 806 an?

**808.** Welche Wärmemenge geht je Stunde durch 1 m² Rohrwandung eines Überhitzers, wenn die Wärmeübergangskoeffizienten außen bzw. innen $\alpha_1 = 318$ bzw. $\alpha_2 = 7420$ kJ/(m² h K), die Temperatur der Rauchgase 800 °C und die des Wasserdampfes 550 °C betragen? Der Einfluß der Wärmeleitung werde vernachlässigt.

**809.** Von den Brennstoffelementen eines Kernreaktors, deren Oberflächentemperatur 632 °C beträgt, werden je Stunde und Quadratmeter 200 MJ abgegeben. Wie groß ist der Wärmeübergangskoeffizient, wenn das die Wärme abführende Gas die Temperatur 600 °C hat?

**810.** Im Wärmeaustauscher eines Kernkraftwerkes umspült flüssiges Natrium der Temperatur 677,4 °C Rohre von 1 mm Wanddicke, in denen Helium von 600 °C zirkuliert. Wie groß sind die Wärmeübergangskoeffizienten außen und innen sowie die Wärmeleitfähigkeit, wenn die Wandtemperaturen außen 675,8 °C, innen 669,8 °C und der Wärmefluß 480 MJ/(m² h) betragen?

### 3.5.2. Abkühlung und Temperaturstrahlung

**811.** Welchen Wert hat die Konstante $K$ im Newtonschen Abkühlungsgesetz $\Delta\vartheta = \Delta\vartheta_0 \, e^{-Kt}$, wenn ein Körper sich bei der Umgebungstemperatur 20 °C innerhalb von 5 min von 200 °C auf 120 °C abkühlt? ($\Delta\vartheta_0$, $\Delta\vartheta$ Differenzen der Anfangs- bzw. Endtemperatur gegenüber der Umgebungstemperatur $\vartheta_u$)

**812.** Welche Endtemperatur erreicht ein Körper der Anfangstemperatur $\vartheta_0 = 80$ °C nach 48 min, wenn die Abkühlungskonstante $K = 0{,}025$ 1/min und die Raumtemperatur 15 °C betragen?

**813.** Ein Gefäß mit heißem Wasser kühlt sich bei der Raumtemperatur 20 °C innerhalb von 10 min von 95 °C auf 75 °C ab. Nach welcher Gesamtzeit werden 35 °C erreicht?

**814.** Innerhalb welcher Zeit kühlt sich ein Gegenstand auf den halben Betrag der in Celsiusgraden ausgedrückten Anfangstemperatur $\vartheta_0$ ab, wenn die Umgebungstemperatur $\vartheta_u$ und die Abkühlungskonstante $K$ gegeben sind?

**815.** Warum sind blanke Sammelschienen für Starkstrom nicht so hoch belastbar wie angestrichene?

**816.** Die Oberfläche eines Körpers reflektiert 86 % aller auftreffenden Strahlung. Wie groß ist sein Emissionsvermögen $\varepsilon$, wenn das des schwarzen Körpers $\varepsilon_s = 1$ beträgt?

**817.** Welche Leistung ist nötig, um den 40 cm langen und 2 cm dicken Silitstab ($\varepsilon = 0{,}93$) eines elektrischen Ofens (Innentemperatur 300 °C) auf Dunkelrotglut (700 °C) zu halten? [Stefan-Boltzmannsche Konstante $\sigma = 5{,}67 \cdot 10^{-8}$ W/(m² K⁴)]

**818.** Im Weltraum befinde sich in Erdnähe eine senkrecht zum Strahleneinfall der Sonne orientierte, beiderseits schwarze Fläche. Welche Temperatur nimmt sie im Strahlungsgleichgewicht an, wenn die Einstrahlung von seiten der Sonne 0,138 J/(cm²s) beträgt? [Stefan-Boltzmannsche Konstante $\sigma = 5{,}67 \cdot 10^{-8}$ W/(m² K⁴)]

**819.** Welche Temperatur hat die aus 10 m Chromnickeldraht von 1 mm Dicke gedrehte Wendel eines elektrischen Strahlofens, der eine Leistung von 1 kW aufnimmt, wenn die Raumtemperatur 18 °C und das Emissionsvermögens des Drahtes $\varepsilon = 0{,}6$ beträgt?

**820.** Die aus $l = 10$ m Chromnickeldraht gewickelte Heizwendel eines elektrischen Strahlofens für Anschluß an 220 V soll sich bei einer Raumtemperatur von 20 °C auf 1100 °C erhitzen. Welchen Durchmesser $d$ muß der Draht haben? (Spez. Widerstand $\varrho = 1{,}1\ \Omega$ mm²/m, Emissionsvermögen $\varepsilon = 0{,}6$)

**821.** Welche Korrektur erfährt das Ergebnis der Aufgabe 805, wenn die Wärmeabgabe durch Strahlung berücksichtigt wird? (Emissionsvermögen $\varepsilon = 0{,}9$)

**822.** Einem elektrischen Heizkörper von 350 cm² strahlender Oberfläche wird die Leistung 1,5 kW zugeführt. Welche Temperatur nimmt er an, wenn die Raumtemperatur 250 °C und das Emissionsvermögen $\varepsilon = 0{,}9$ beträgt?

**823.** Eine Linse von 10 cm Durchmesser und 20 cm Brennweite wird gegen die Sonne gehalten und in ihren Brennpunkt eine Wolframkugel von der Größe des Sonnenbildes gesetzt. Auf welche Temperatur erwärmt sich die Kugel, wenn angenommen wird, daß die Strahlung beim Durchgang durch die Linse keine Verluste erleidet? (Raumtemperatur 20 °C, Winkeldurchmesser der Sonne 32′, Emissionsvermögen von Wolfram $\varepsilon = 0{,}3$, Solarkonstante 1,37 kW/m²)

**824.** Es ist die an einen Flammrohrkessel (Bild 180) stündlich übertragene Wärmemenge zu berechnen, wobei die Strahlung der Kohlenschicht und der Flamme sowie der Wärmeübergang an das Flammrohr zu berücksichtigen sind. Gegebene Daten: Rostfläche $A_1 = 1{,}5$ m², Flammrohrfläche $A_3 = 2{,}5$ m², strahlende Fläche der Flamme $A_2 = 1$ m²; Temperaturen: Flamme

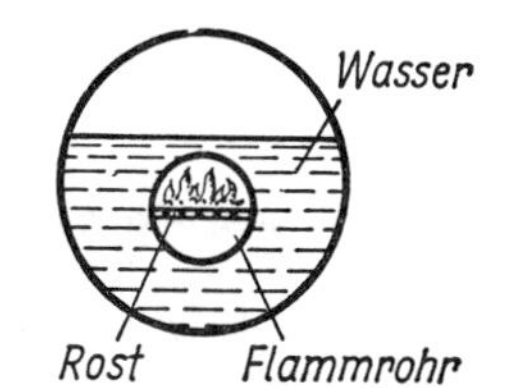

Bild 180

$\vartheta_3 = 1\,050\,°C$, Kohlenschicht $\vartheta_2 = 850\,°C$, Flammrohr $\vartheta_1 = 240\,°C$; Emissionsvermögen: Kohle $\varepsilon_1 = 0{,}9$, Flamme $\varepsilon_2 = 0{,}5$; Wärmeübergangskoeffizient für die 1 050 °C heißen Gase $\alpha = 34$ kJ/(m² h K).

**825.** Ein als schwarzer Körper zu betrachtender Schmelzofen hat die Innentemperatur 1 350 °C. Welche Wärmemenge $Q$ wird stündlich durch die 20 cm × 30 cm große Öffnung bei der Außentemperatur 25 °C abgegeben?

## 3.6. Zweiter Hauptsatz

### 3.6.1. Entropie

**826.** Welchen Wert hat die auf 0 °C bezogene Entropie von 5 l Wasser bei 25 °C?

**827.** Bei welcher Temperatur beträgt die auf 0 °C bezogene spezifische Entropie des Wassers $s = 1{,}227$ kJ/(kg K)?

**828.** Welche Wassermenge hat bei 80 °C die gleiche Entropie wie 500 g Wasser bei 40 °C?

**829.** Um wieviel verändern sich die Entropien der beiden Komponenten sowie die Gesamtentropie, wenn 1 kg Wasser von 100 °C [$c_1 = 4{,}19$ kJ/(kg K)] mit 0,8 kg Äthylalkohol von 20 °C [$c_2 = 2{,}43$ kJ/(kg K)] vermischt werden? Die dabei eintretende Volumenänderung werde nicht berücksichtigt.

**830.** Welche Anfangstemperatur hat Wasser, dessen Entropie sich verdoppelt, wenn die absolute Temperatur um 20 % steigt?

**831.** Die spezifische Entropie trockenen gesättigten Wasserdampfes bei 158 °C ist 6,762 kJ/(kg K). Welchen Wert hat die Verdampfungswärme des Wassers bei dieser Temperatur?

**832.** Um welchen Betrag nimmt die Entropie von 1 kg Luft zu, wenn sie sich auf das Doppelte ihres Volumens isotherm ausdehnt?

**833.** 2 kg Stickstoff werden isobar auf $^1/_{10}$ des Anfangsvolumens verdichtet. Wie ändert sich dabei die Entropie?

### 3.6.2. Kreisprozesse

**834.** (Bild 181) Der im $p,V$-Diagramm angegebene Kreisprozeß eines idealen Gases soll qualitativ in das entsprechende $V,T$-Diagramm umgezeichnet werden.

**835.** (Bild 182) Der im $p,V$-Diagramm angegebene Kreisprozeß eines idealen Gases soll qualitativ in das entsprechende $p,T$-Diagramm übertragen werden.

**836.** (Bild 183) Der aus dem $V,T$-Diagramm ersichtliche Kreisprozeß eines idealen Gases soll qualitativ in das entsprechende $p,V$-Diagramm übertragen werden.

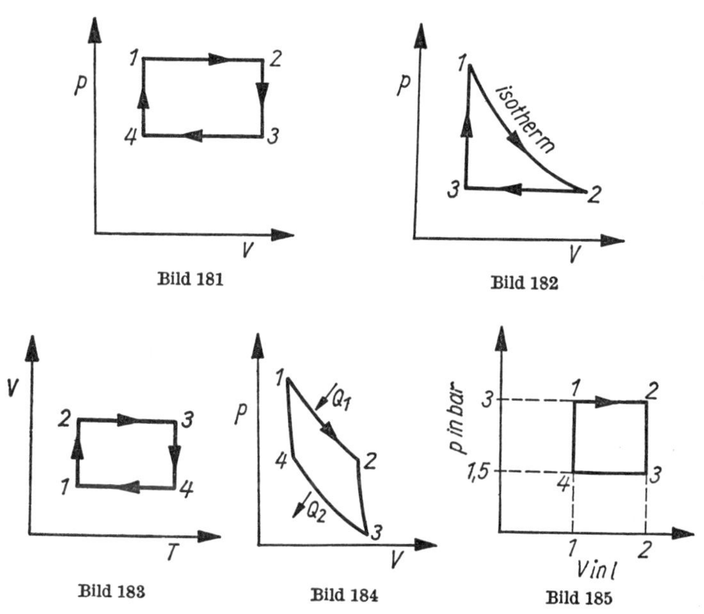

Bild 181 Bild 182

Bild 183 Bild 184 Bild 185

**837.** (Bild 184) Die obere Isotherme mit $T_1 = 500$ K des Carnotprozesses eines idealen Gases ($\varkappa = 1{,}4$) verläuft zwischen den Zuständen $p_1 = 8$ bar, $V_1 = 2$ m³ und $p_2 = 4$ bar, $V_2 = 4$ m³. Zu berechnen sind die Größen $p_3$, $V_3$, $p_4$, $V_4$, wenn die untere Temperatur $T_2 = 350$ K beträgt, sowie die ausgetauschten Wärmemengen $Q_1$ und $Q_2$ und der thermische Wirkungsgrad.

**838.** (Bild 185) Ein ideales Gas durchläuft zwischen den Volumina $V_1 = 1$ l und $V_2 = 2$ l sowie den Drücken $p_4 = 1{,}5$ bar und $p_1 = 3$ bar einen isochor-isobaren Kreisprozeß. Welche Temperaturen bestehen in den Zuständen *2...4*, wenn $T_1 = 600$ K beträgt?

**839.** a) Wie groß ist der thermische Wirkungsgrad des in der vorigen Aufgabe behandelten Kreisprozesses für Luft [$c_p = 1{,}005$ kJ/(kg K),

$c_v = 0{,}718$ kJ/(kg K)] und b) welchen Wirkungsgrad hat der zwischen den gleichen Temperaturen verlaufende Carnotprozeß?

**840.** (Bild 186) In dem dargestellten Kreisprozeß eines idealen Gases sind die Größen $p_1 = 4{,}5$ bar, $V_1 = 0{,}5$ m³, $V_2 = 2$ m³, $p_4 = 1{,}5$ bar und $T_1 = 600$ K gegeben. Zu berechnen sind die Größen $p_2$, $p_3$, $T_2$.

**841.** Welchen thermischen Wirkungsgrad haben der in der vorigen Aufgabe behandelte Kreisprozeß mit Luft und zum Vergleich der zwischen den gleichen Temperaturen verlaufende Carnotprozeß?

**842.** In einem Carnotprozeß mit dem Wirkungsgrad 0,6 wird bei 900 K je Zyklus die Wärmemenge 2000 J zugeführt. Welche Wärmemenge wird abgeführt, und bei welcher Temperatur geschieht dies?

**843.** Einer Dampfturbine wird bei 500 °C überhitzter Dampf mit dem Wärmeinhalt 3300 kJ/kg zugeführt, der diese bei 35 °C als Naßdampf mit 2000 kJ/kg wieder verläßt. Zu berechnen sind a) der thermische Wirkungsgrad und b) der Wirkungsgrad des entsprechenden Carnotprozesses.

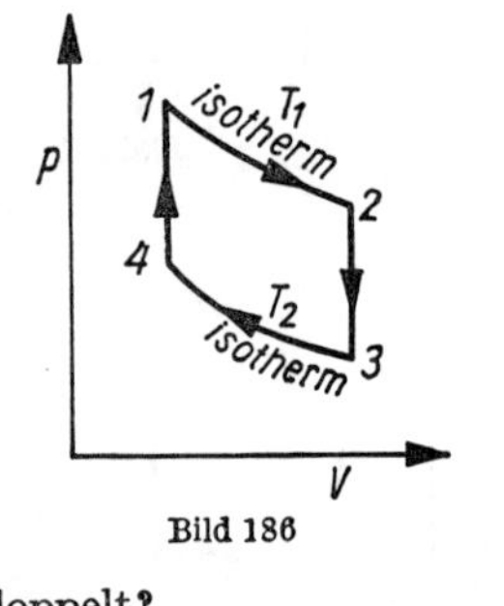

Bild 186

**844.** Auf welchen Betrag ist die obere Arbeitstemperatur eines zwischen 40 und 120 °C arbeitenden Carnotprozesses zu erhöhen, damit sich der Wirkungsgrad verdoppelt?

# 4. Optik

## 4.1. Reflexion des Lichtes

### 4.1.1. Ebener Spiegel

**845.** Die direkte Entfernung zwischen Auge $A$ und Punkt $P$ (Bild 187) beträgt 6 m. Wie weit ist das Spiegelbild des Punktes $P$ vom Auge entfernt?

**846.** (Bild 188) Die Luftlinie zwischen dem 1,60 m hoch gelegenen Auge des Beobachters und der Spitze des 20 m hohen Turmes am jenseitigen Ufer eines Teiches beträgt 50 m. Wie weit ist das im Wasser sichtbare Spiegelbild der Turmspitze vom Auge entfernt?

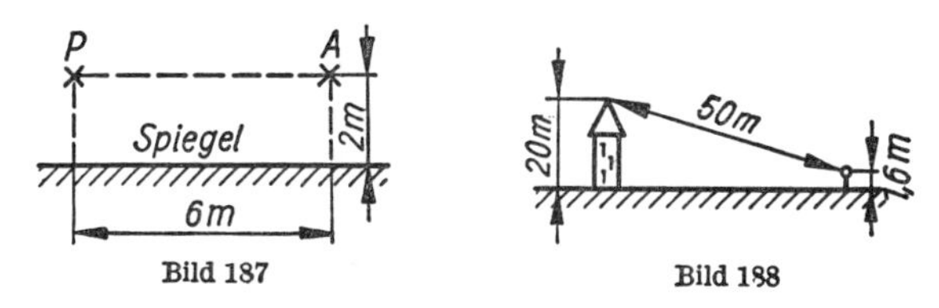


Bild 187

Bild 188

**847.** Welche Länge muß ein senkrecht an der Wand hängender Spiegel mindestens haben, damit man sich selbst vom Scheitel bis zur Sohle vollständig sehen kann?

**848.** Welche Länge $x$ muß ein nach Bild 189 unter $\alpha = 30°$ gegen die Wand hängender Spiegel haben, wenn sich eine davorstehende Person von $h = 1{,}70$ m Größe gerade vollständig darin sehen soll und der Abstand Kopf–Spiegel $a = 2$ m beträgt? (Unter Nichtbeachtung der Stirnhöhe)

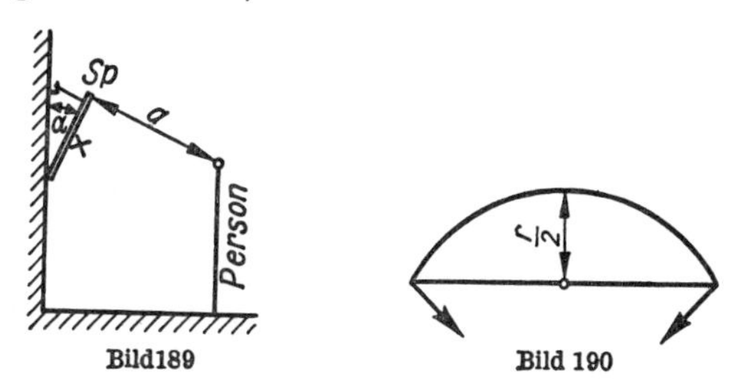


Bild 189

Bild 190

**849.** Der Zeiger eines Meßinstrumentes spielt 1 mm über einer Spiegelskale, deren unten versilbertes Spiegelglas 0,8 mm dick ist. Welche Entfernung $a$ hat das Spiegelbild vom Zeiger?

**850.** Bei der Reflexion an zwei Spiegeln I und II, die den Winkel $\alpha$ miteinander einschließen, ist der ausfallende Strahl gegenüber dem einfallenden um $2\alpha$ verdreht. Dies ist zu beweisen!

### 4.1.2. Sphärischer Spiegel

**851.** (Bild 190) Im Brennpunkt eines sphärischen Hohlspiegels, dessen Rand in Brennpunkthöhe abschneidet, befindet sich eine punktförmige Lichtquelle. Welchen Winkel bilden die reflektierten Randstrahlen mit der Spiegelachse?

**852.** Im Brennpunkt eines halbkugeligen Reflektors ($r = 60$ cm) ist eine kleine Lampe angebracht. a) Welchen Radius $R_1$ hat die 6 m unter dem Brennpunkt liegende beleuchtete Fläche?
b) Welchen Radius $R_2$ hat der von den reflektierten Strahlen besonders hell erleuchtete Kreis?

**853.** An den unteren Rand des in der letzten Aufgabe behandelten Reflektors soll ein zylindrischer Blechkragen so angesetzt werden, daß der Lichtschein nur auf den hellen Innenkreis beschränkt bleibt. Welche Höhe muß die Blende haben?

**854.** Wie groß ist das Öffnungsverhältnis (Öffnungsdurchmesser $d$: Brennweite $f$) eines sphärischen Hohlspiegels von $r = 50$ cm, der achsenparalleles Licht mit einem Fehler von höchstens $\Delta f = 1$ mm im Brennpunkt vereinigt?

**855.** Berechne für einen Hohlspiegel die Größe $B$, die Art und Lage des Bildes und seine Entfernung $b$ vom Spiegelscheitel, wenn folgende Größen gegeben sind:

| Krümmungsradius $r$ | Gegenstandsgröße $G$ | Gegenstandsweite $a$ |
|---|---|---|
| a) 50 cm | 8 cm | 30 cm |
| b) 80 cm | 6 cm | 15 cm |
| c) 40 cm | 12 cm | 30 cm |
| d) 30 cm | 5 cm | 15 cm |

**856.** Wie weit muß ein Gegenstand vom Scheitel des Hohlspiegels ($r = 20$ cm) entfernt sein, damit ein 5mal so großes a) reelles, b) virtuelles Bild entsteht? In welchen Entfernungen vom Scheitel befinden sich diese Bilder?

**857.** Ein Gegenstand steht zwischen einem Konkav- und einem Konvexspiegel von gleich großen Krümmungsradien $r$. Der Scheitelabstand der Spiegel ist $a$. In welcher Entfernung $x$ vom

Konkavspiegel steht der Gegenstand, wenn beide Bilder gleich groß sind?

## 4.2. Lichtbrechung und Linsen

### 4.2.1. Brechungsgesetz

**858.** Weshalb wird ein beliebiger, auf die Hypotenuse in ein rechtwinkliges Spiegelprisma fallender Strahl parallel zu sich selbst zurückgeworfen?

**859.** (Bild 191) Licht fällt senkrecht von oben auf einen unter Wasser liegenden Spiegel. Um welchen Winkel $\varepsilon$ muß dieser mindestens gegen die Horizontale geneigt sein, wenn das von ihm reflektierte Licht nicht wieder in die Luft zurückkehren soll?

**860.** Ein Strahl fällt nach Bild 192 unter 60° auf die Fläche *1* des Prismas ($n = 1{,}5$). Die Fläche *2* außen ist versilbert und bildet mit Fläche *1* einen brechenden Winkel von 30°. Unter welchem Winkel $\varepsilon$ verläßt der Strahl das Prisma?

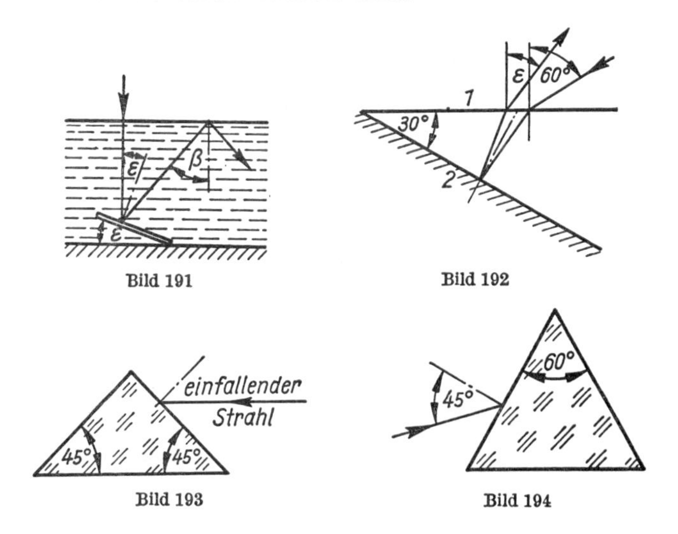


Bild 191 Bild 192

Bild 193 Bild 194

**861.** Aus welcher Fläche und unter welchem Winkel tritt der Strahl aus dem in Bild 193 angegebenen Prisma ($n = 1{,}65$) wieder aus?

**862.** Welche Gesamtablenkung erleidet der in das auf Bild 194 angegebene Prisma einfallende Strahl ($n = 1{,}5$)?

**863.** Prinzip des Lichtleiters.

a) Welche Brechzahl muß ein zylindrischer Stab (Bild 195) mindestens haben, wenn alle in seine Basis eintretenden Strahlen innerhalb des Stabes durch Totalreflexion fortgeleitet werden sollen?
b) Wie groß ist der maximale Eintrittswinkel bei $n = 1{,}33$?

**864.** Wie groß ist die Querverschiebung $d_1$ eines schräg durch eine Parallelplatte von der Dicke $d$ laufenden Lichtstrahls?

a) Allgemeine Formel und b) für $d = 6$ mm, $\alpha = 40°$ und $n = 1{,}5$.

**865.** Um welche Strecke $d_2$ wird ein schräg durch eine Parallelplatte von der Dicke $d$ gehender Strahl in Richtung des Ausfallslotes verschoben:

a) bei beliebigem Einfallswinkel $\alpha$ und
b) bei kleinem Einfallswinkel $\alpha$?

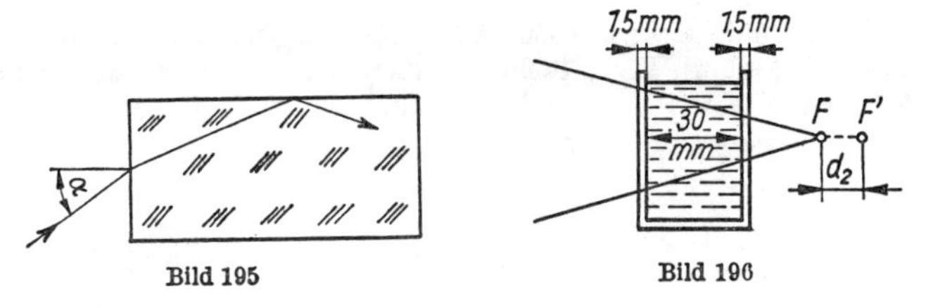


Bild 195 Bild 196

**866.** (Bild 196) In den Strahlengang einer Bildwerferlampe wird zwecks Kühlung eine mit Kupfersulfatlösung gefüllte Küvette gestellt. Um wieviel Millimeter verschiebt sich dadurch der Brennpunkt $F$ scheinbar nach rechts? ($n_{Glas} = 1{,}5$, $n_{Lösung} = 1{,}33$)

**867.** (Bild 197) Fällt ein intensiver Lichtstrahl auf eine Fotoplatte, so kann sich rund um die Auftreffstelle $A$ ein „Reflexionslichthof" bilden (verursacht durch Totalreflexion des in der Emulsion zerstreuten Lichtes an der Plattenunterseite). Wie groß ist dessen innerer Radius $r$, wenn das Glas die Dicke $d = 1{,}5$ mm hat und $n = 1{,}5$ ist?

**868.** Ein Lichtstrahl fällt unter 75° auf eine 15 mm dicke Glasplatte ($n = 1{,}5$), die auf der Rückseite versilbert ist. Ein Teil des Lichtes dringt ins Glas ein und wird an der Unterseite reflektiert. Welchen Abstand haben die beiden parallel austretenden Strahlen?

**869.** Unter welchem Winkel muß ein Lichtstrahl auf Glas von $n = 1{,}5$ fallen, wenn reflektierter und eindringender Strahl aufeinander senkrecht stehen sollen (Brewster-Winkel)?

**870.** Wie groß ist der Durchmesser des Kreises, durch den ein 12 m unter Wasser befindlicher Taucher den Himmel sehen kann?

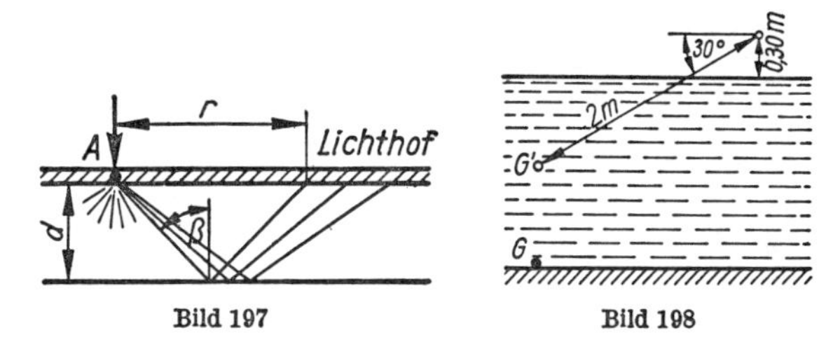


Bild 197 Bild 198

**871.** (Bild 198) Ein scheinbar vom Punkt $G'$ unter Wasser ausgehender Lichtstrahl wird unter einem Senkungswinkel von 30° gesehen und hat die scheinbare Länge von 2 m. In welcher Tiefe liegt der Gegenstand, wenn $n = 1{,}33$ ist?

### 4.2.2. Einfache Linsen

**872.** Wieviel Dioptrien hat ein konkavkonvexes Brillenglas ($n = 1{,}5$) mit den Krümmungsradien $r_1 = 12$ cm und $r_2 = 18$ cm?

**873.** Eine Plankonvexlinse hat den Krümmungsradius $r = 12$ cm und die Brennweite $f = 20$ cm. Wie groß ist ihre Brechzahl?

**874.** Verschiebt man eine punktförmige Lichtquelle längs der Achse einer Linse von 6 cm Durchmesser und 12 cm Brennweite, so entsteht auf dem 30 cm entfernten Bildschirm zweimal ein Lichtschein von Linsengröße. Wie weit ist die Lampe in beiden Fällen von der Linse entfernt, und in welchem Fall ist der Schein heller?

**875.** Sonnenlicht trifft lotrecht auf eine Linse von 7 cm Durchmesser und wirft auf einen 4 cm dahinter aufgestellten Schirm einen Schein von 5 cm Durchmesser. Wie groß ist die Brennweite der Linse?

**876.** Eine punktförmige Lichtquelle soll auf einem 2 m entfernten Schirm eine Kreisfläche von 20 cm Durchmesser möglichst hell ausleuchten. In welchem Abstand von der Lichtquelle muß eine zur Verfügung stehende Sammellinse von 8 cm Durchmesser und 25 cm Brennweite aufgestellt werden?

**877.** Ein Lichtstrahl fällt nach Bild 199 sehr nahe an der brechenden Kante ($\omega = 40°$) parallel zur Basis auf ein gleichschenkliges Prisma ($n = 1{,}3$). Unter welchem Winkel $\varphi$ und in welcher Entfernung $e$ von der Symmetrieebene erreicht der Strahl die verlängerte Basis?

**878.** (Bild 200) Die beiden Oberflächen einer symmetrischen Bikonvexlinse ($n = 1{,}5$) bilden am Rand einen Winkel von $\omega = 20°$.

Um wieviel Prozent ändert sich die Entfernung des Sammelpunktes von der Linse für achsparallele Strahlen beim Übergang von achsnahen Strahlen zu den Randstrahlen?

**879.** Es ist zu beweisen, daß die auf Bild 201 angegebene Konstruktion eine von den drei Größen $a$, $b$ und $f$ liefert, wenn die zwei anderen gegeben sind. Die Länge $d$ der Grundlinie $\overline{AB}$ ist beliebig.

**880.** Das Objektiv einer Kamera von $f = 5$ cm ist auf eine Objektentfernung von 50 cm eingestellt. In welchem Verhältnis stehen Bild- und Objektgröße zueinander?

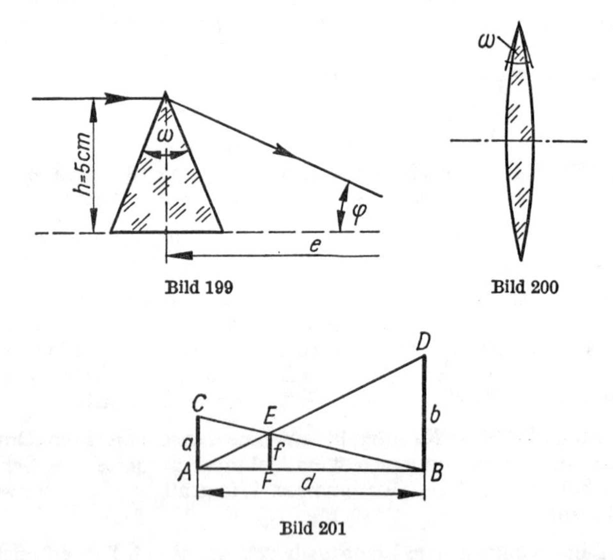


Bild 199

Bild 200

Bild 201

**881.** Wie weit muß eine 1,75 m große Person vom Objektiv ($f = 5$ cm) einer Kleinbildkamera mindestens entfernt sein, wenn sie auf dem 24 mm × 36 mm großen Film (Hochformat) vollständig abgebildet werden soll?

**882.** Welche Brennweite muß das Objektiv einer Kamera haben, wenn ein in 60 cm Entfernung befindlicher Gegenstand in natürlicher Größe abgebildet werden soll?

**883.** Ein Kleinbildprojektor (Filmbreite 36 mm) entwirft ein 72 cm breites Bild auf dem Schirm. Rückt man ihn um 2 m weiter weg, so wird das Bild um 1 m breiter. Welche Brennweite hat das Objektiv, und welche Entfernung hat jetzt das Gerät vom Schirm?

**884.** (Bild 202) Um die Brennweite eines Objektivs zu bestimmen, stellt man den Abbildungsmaßstab $\beta_1$ für eine bestimmte Entfernung des Objektes fest. Dann verschiebt man das Objekt um die Strecke $h$ und bestimmt den neuen Abbildungsmaßstab $\beta_2$. Es ist zu beweisen, daß $f = \frac{h}{\beta_2 - \beta_1}$ ist.

**885.** Welche Brennweite muß das Objektiv eines Filmvorführgerätes haben, wenn das 18 mm hohe Filmbild auf der 35 m entfernten Leinwand 2,5 m hoch erscheinen soll?

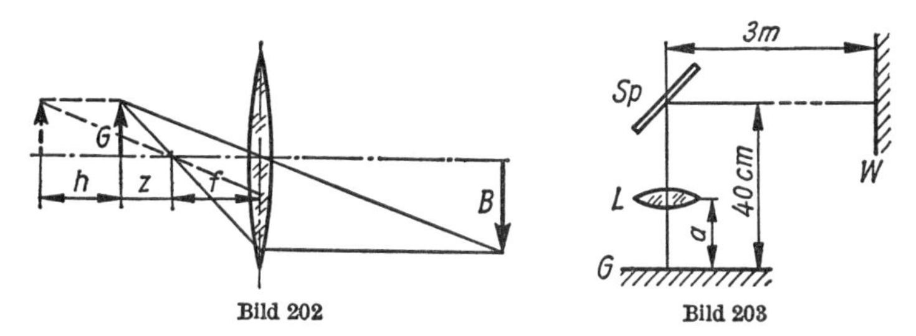


Bild 202 Bild 203

**886.** Eine Bikonvexlinse von $f = 60$ mm wird als Lupe benutzt. Zu bestimmen sind Entfernung, Größe und Art des Bildes, das entsteht, wenn der 1,2 cm große Gegenstand 4 cm vor der Linse liegt.

**887.** (Bild 203) Welche Entfernung $a$ vom Gegenstand G hat das Objektiv L ($f = 15$ cm) eines Episkops, wenn der Umlenkspiegel Sp vom Gegenstand 40 cm und von der Projektionswand W 3 m entfernt ist?

**888.** Wieviel Quadratkilometer Erdoberfläche werden von einer Luftbildkamera der Brennweite $f = 50$ cm bei einem Bildformat von 18 cm $\times$ 18 cm aus 4000 m Höhe abgebildet?

**889.** Zwischen Gehäuse und Objektiv einer Kleinbildkamera von $f = 5$ cm, deren Objektiv für Gegenstandsweiten zwischen 50 cm und $\infty$ verstellbar ist, wird ein 2 cm langer Zwischenring eingesetzt. Welche Gegenstandsweiten können nunmehr erfaßt werden?

**890.** Innerhalb welchen Spielraums ist das Objektiv ($f = 5$ cm) einer Kamera entsprechend der angegebenen Entfernungsskale von 1 m bis $\infty$ verschiebbar?

**891.** Ein konvexkonkaves Brillenglas hat auf der hohlen Seite den Krümmungsradius $r_1 = 15$ cm. Wie stark muß die Krümmung der konvexen Seite sein, damit die Brechkraft des Glases —2,5 dpt ($n = 1{,}5$) beträgt?

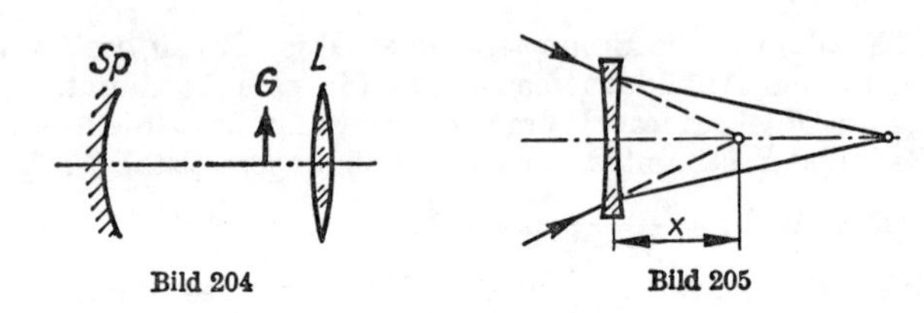


Bild 204 Bild 205

**892.** (Bild 204) Im Krümmungsmittelpunkt eines Hohlspiegels ($f = 50$ cm) steht eine Sammellinse, die die gleiche Brennweite wie der Hohlspiegel hat. 25 cm vor der Linse steht ein leuchtender Gegenstand G. Wie wird dieser abgebildet?

**893.** (Bild 205) Wie weit muß eine Konkavlinse von $f = -10$ cm vom Sammelpunkt eines konvergenten Strahlenbündels entfernt sein, damit dieser Punkt um 40 cm verschoben wird?

**894.** Läßt man Sonnenlicht durch eine Zerstreuungslinse auf einen Bildschirm fallen, so entsteht dort in der Entfernung $l$ ein Lichtkreis vom Durchmesser $b$. Mit dem Linsendurchmesser $d$ gilt dann für die Brennweite $f = \frac{dl}{b-d}$. Wie kommt die Formel zustande?

**895.** Zwischen einem leuchtenden Gegenstand G und dem Bildschirm im feststehenden Abstand $l$ wird eine Sammellinse hin- und hergeschoben. Dabei erzeugt sie einmal ein verkleinertes und einmal ein vergrößertes Bild. Ist der Abstand zwischen diesen beiden Linsenstellungen gleich $e$, so gilt für die Brennweite $f = \frac{l^2 - e^2}{4l}$. Wie kommt die Formel zustande?

**896.** Sonnenlicht fällt durch einen mit Wasser ($n = 4/3$) gefüllten Standzylinder von 6 cm Durchmesser. In welcher Entfernung von der Hinterwand entsteht die Brennlinie, wenn für den Abstand der beiden Hauptebenen die Formel $\overline{HH'} = d\,(1 - 1/n)$ gilt?

**897.** Welchen Krümmungsradius muß eine Bikonvexlinse ($n = 1{,}650$) haben, damit man unter Wasser ($n = 1{,}333$) einen in deutlicher Sehweite befindlichen Gegenstand einwandfrei sehen kann, wenn die Linse 6 cm von der Netzhaut entfernt ist? Hierbei ist anzunehmen, daß die Brechzahl der das Auge bildenden Substanzen gleich der des Wassers ist.

**898.** (Bild 206) 8 cm vor den Sammelpunkt eines konvergenten Strahlenbündels wird a) eine Sammellinse von $f = 20$ cm und b) eine Zerstreuungslinse von $f = -20$ cm gesetzt. In welcher Entfernung $b$ von der Linse sammeln sich die Strahlen jetzt?

### 4.2.3. Systeme dünner Linsen

**899.** Eine Sammellinse ($f_1 = 8$ cm) wird mit einer Zerstreuungslinse ($f_2 = -8$ cm) zu einem Linsensystem vereinigt. Welche Gesamtbrennweite ergibt sich bei einem gegenseitigen Abstand von a) 5 mm, b) 10 mm, c) 20 mm und d) 0?

**900.** Eine Kamera ($f_1 = 5$ cm) soll mit einer Vorsatzlinse versehen werden, so daß eine Briefmarke in natürlicher Größe erscheint, wenn die Kamera auf $\infty$ eingestellt wird. Wie groß ist die Brennweite $f_2$ der Vorsatzlinse?

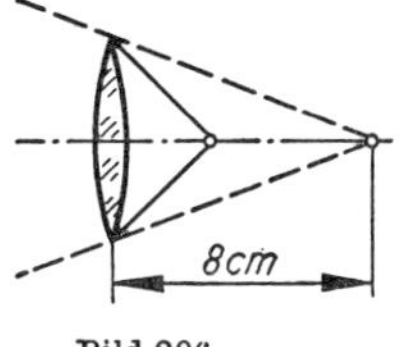


Bild 206

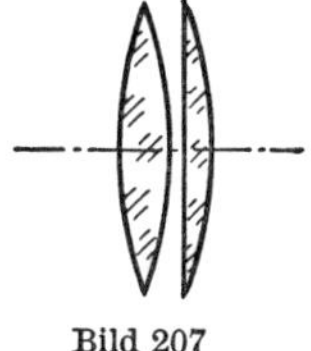

Bild 207

**901.** Entsprechend den Kameraeinstellungen von $\infty$ bis 1 m soll eine Vorsatzlinse für Entfernungen von 20 cm an abwärts verwendbar sein.

a) Welche Brennweite $f_2$ muß sie bei einem Objektiv von $f_1 = 5$ cm haben, und

b) welcher Objektentfernung entspricht die Einstellung auf 1 m?

**902.** Welcher Ausdruck ergibt sich für die Brennweite $f$ des auf Bild 207 angegebenen Linsensystems, wenn die Krümmungsradien $r$ gleich groß sind und $n = 1{,}5$ beträgt?

**903.** Welche Brennweite bzw. wieviel Dioptrien muß eine Brille haben, um die deutliche Sehweite a) von 18 cm eines Kurzsichtigen b) von 60 cm eines Weitsichtigen auf den normalen Wert von 25 cm zu korrigieren? (Es soll die einfache Formel $f = \frac{f_1 f_2}{f_2 + f_1}$ angewandt werden.)

**904.** Zwei Linsen, von denen die schwächere eine Brennweite von $f_1 = 8$ cm hat, sollen zu einer zusammenklappbaren Doppellupe so vereinigt werden, daß sich die drei Normalvergrößerungen wie 1:2:3 verhalten. Welche Brennweite muß die andere Linse haben, und welche Vergrößerungen ergeben sich?

**905.** Welchen Abstand müssen 2 Sammellinsen von je 10 cm Brennweite haben, damit ihre Gesamtbrennweite $f = 8$ cm wird?

**906.** Welche Brennweite muß eine im Abstand $e = 5$ cm von einer Sammellinse $f_1 = 14$ cm stehende Zerstreuungslinse haben, damit deren sammelnde Wirkung gerade aufgehoben wird?

**907.** Die beleuchtete Lichtmarke M eines Spiegelgalvanometers wird nach Bild 208 mit einer dicht vor dem Systemspiegel Sp stehenden Linse L auf die 1,20 m entfernte Skale projiziert. Welche Brennweite hat die Linse?

**908.** Ein Teleobjektiv besteht aus einer Sammellinse (objektseitig) von $f_1 = 8$ cm und einer Zerstreuungslinse (bildseitig) von $f_2 = -4$ cm im Abstand $e = 6$ cm. Welche Brennweite hat das System, und in welcher Entfernung von der Frontlinse befinden sich die beiden Hauptebenen?

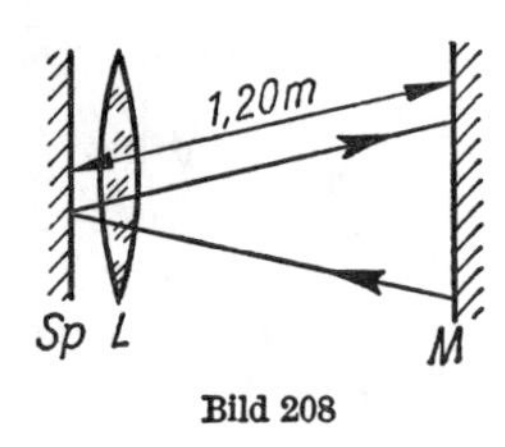


Bild 208

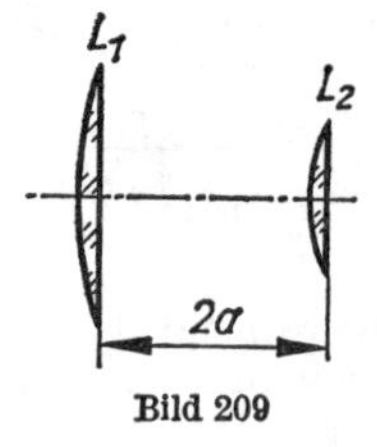


Bild 209

**909.** Prinzip einer „Gummilinse". Durch Änderung des gegenseitigen Linsenabstandes innerhalb eines Spielraumes von 2 bis 8 cm ist die Brennweite eines zweilinsigen Systems zwischen $f' = 5$ cm und $f'' = 8$ cm veränderlich. Welche Brennweiten müssen die Einzellinsen haben?

**910.** Ein Huygenssches Okular besteht nach Bild 209 aus zwei Sammellinsen $L_1$ und $L_2$ von $f_1 = 3a$ bzw. $f_2 = a$ im Abstand $e = 2a$. Zu berechnen sind die Abstände der beiden Hauptebenen von den Linsen und die Systembrennweite.

## 4.3. Wellenoptik

**911.** Welche Wellenlängen aus dem sichtbaren Bereich des Spektrums werden bei der Reflexion an einer 750 nm dicken Seifenlamelle ($n = 1{,}35$) bei senkrechtem Strahleneinfall a) ausgelöscht und b) verstärkt?

**912.** (Bild 210) Interferenz am dünnen Blättchen. Es ist zu beweisen, daß Strahl *1* bis zu seiner Vereinigung mit Strahl *2* im Punkt $B$ auf dem Umweg über $F$ einen Gangunterschied von

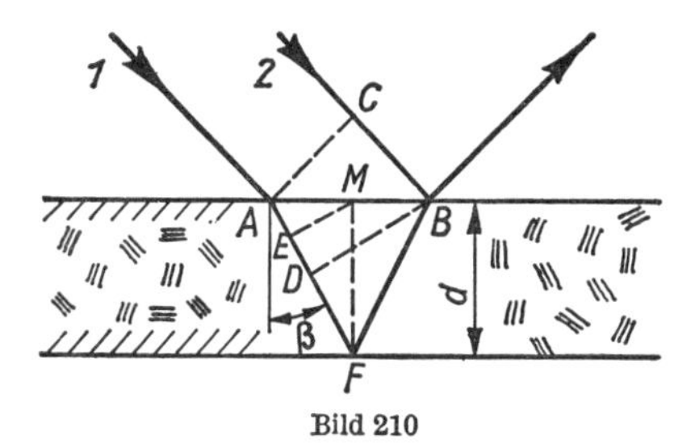

Bild 210

$\Delta s = 2nd \cos \beta - \frac{\lambda}{2}$ erleidet. ($AC$ und $DB$ sind Wellenfronten, $\beta$ Brechungswinkel)

**913.** a) Der Gangunterschied bei der Reflexion am dünnen Blättchen $\Delta s = 2nd \cos \beta - \frac{\lambda}{2}$ ist als Funktion des Einfallswinkels $\alpha$ auszudrücken. b) Um welchen Betrag ändert sich der Gangunterschied mit dem Einfallswinkel zwischen 0 und 90° bei der Blättchendicke 500 nm und $n = 1{,}5$?

**914.** Die Oberfläche einer Linse ($n = 1{,}53$) wird mit einem Material ($n = 1{,}35$) vergütet, so daß die im reflektierten Licht enthaltene (Vakuum-)Wellenlänge $\lambda = 550$ nm ausgelöscht wird. a) Wie dick muß die Schicht sein? b) Welche Phasenverschiebung erleidet dadurch das reflektierte violette (400 nm) und rote (700 nm) Licht (in Winkelgrad)?

**915.** Lloydscher Spiegel (Bild 211). Das vom Spalt S ausgehende Licht erreicht auf direktem (*1*) und indirektem (*2*) Weg den Punkt $P$ und kommt hier zur Interferenz. Welchen Abstand $y$ vom Spiegel hat Punkt $P$, wenn hier das 1. Minimum erscheint? Gegeben seien die Wellenlänge $\lambda$, der Schirmabstand $a$ und der Abstand $d$ des Spaltes vom Spiegel. ($d$ und $y$ sind gegenüber $a$ vernachlässigbar klein.)

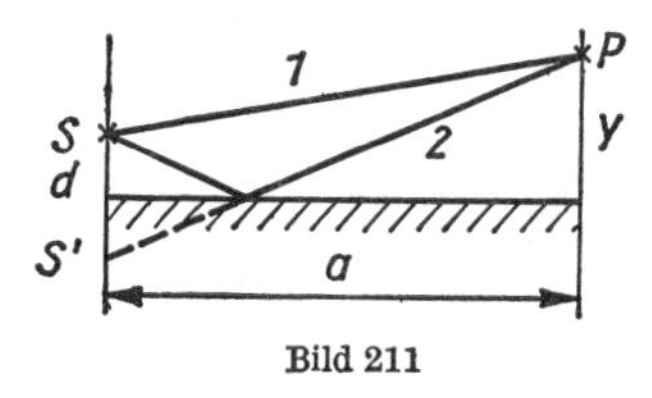

Bild 211

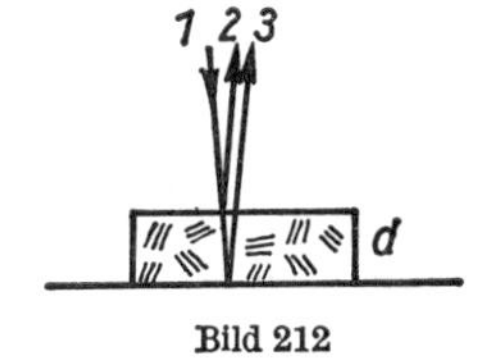

Bild 212

**916.** (Bild 212) Das dünne Blättchen befindet sich auf einer optisch dichteren Unterlage. Der an der Oberseite reflektierte Strahl *2* löscht sich mit Strahl *3* aus, wenn bei senkrechtem Einfall der optische Weg von Strahl *3* dreimal so groß ist wie sein geometrischer Weg.

a) Wie groß ist die Brechzahl des Blättchens?
b) Welche Dicke hat das Blättchen im Verhältnis zur Wellenlänge?
c) Welche Erscheinung zeigt sich, wenn das Blättchen auf einer optisch dünneren Unterlage liegt?

**917.** (Bild 213) a) Welchen Gangunterschied erleidet Strahl *3* gegenüber dem an der Oberseite reflektierten Strahl *2* bei nahezu senkrechtem Lichteinfall, wenn er im Vakuum 2 im Abstand $a = d$ befindliche Platten von der Dicke $d$ nacheinander durchsetzt? b) Bei welchem kleinsten Abstand $a_{min}$ bei unveränderter Plattendicke tritt Auslöschung ein?

**918.** a) Welchen Gangunterschied $\Delta s$, ausgedrückt in Vielfachen der Wellenlänge ($\lambda = 500$ nm in Luft), erleidet ein Lichtstrahl beim Durchsetzen einer 2 µm dicken Kunststoffolie ($n = 1{,}45$) gegenüber dem ungestörten Strahl? b) Welche Dicke hat die Folie, wenn der Gangunterschied $\frac{\lambda}{4}$ beträgt?

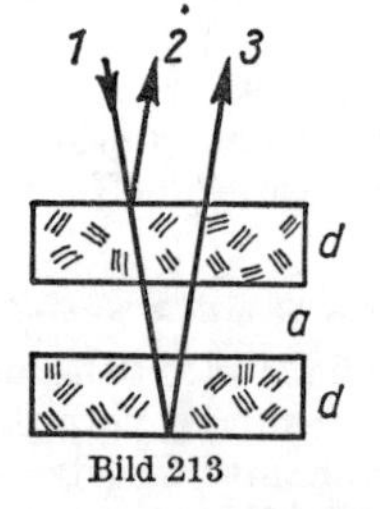

Bild 213

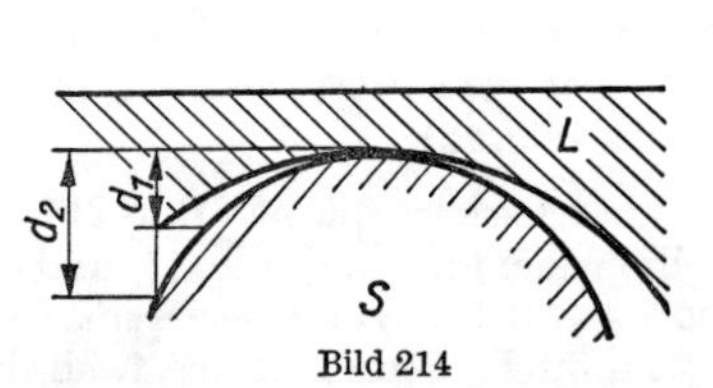

Bild 214

**919.** In einem Interferometer entsteht bei Verwendung von Natriumlicht ($\lambda = 589{,}3$ nm) ein Gangunterschied von 127 Wellenlängen, wenn die eine der beiden $l = 50$ cm langen Meßkammern mit einem Gas gefüllt wird. Wie groß ist dessen Brechzahl, wenn als Vergleichsgas Luft ($n = 1{,}000\,292$) dient?

**920.** Wie verändert sich der Radius des $k$-ten Newtonschen Ringes $a_k = 2{,}60$ cm, wenn der Raum zwischen Linse und ebener Platte mit Äthylalkohol ($n = 1{,}36$) ausgefüllt wird?

**921.** Prüfverfahren beim Linsenschleifen (Bild 214). Die zu prüfende Konkavlinse L (Krümmungsradius $r_1$) wird auf eine sphärische Vergleichsfläche S ($r_2 = 25$ cm) gelegt. Wegen nicht völliger Übereinstimmung von $r_1$ und $r_2$ hat bei grünem Licht ($\lambda = 550$ nm) der

1. dunkle Newtonsche Ring den Radius $a = 12$ nm. Um wieviel weicht $r_1$ von $r_2$ ab?

**922.** Für den $k$-ten dunklen Newtonschen Ring, der bei der Wellenlänge $\lambda$ und dem Krümmungsradius $r$ der Linse den Radius $a_k$ hat, gilt die Beziehung $\lambda = \frac{a_k^2}{kr}$. a) Welche Wellenlänge hat das verwendete Licht, wenn mit einer Linse von $r = 4$ m der 5. Ring den Radius 3,1 mm hat? b) Der wievielte Ring hat den doppelten Radius?

**923.** Weshalb erscheint das Zentrum der Newtonschen Ringe im reflektierten Licht schwarz?

**924.** Auf der optischen Achse des einfachen Spaltes (Bild 215) $S_1S_2$ befindet sich die punktförmige Lichtquelle $A$ und liefert bei $B$ mit dem über $S_1$ bzw. $S_2$ laufenden Strahl ein Beugungsmaximum. Welche Bedingung erfüllt dabei die Summe $\frac{1}{a} + \frac{1}{b}$?

**925.** Beugung nach Fraunhofer. Ein einfacher Spalt von $d = 0{,}25$ mm Breite wird von parallelem Licht der Wellenlänge $\lambda = 500$ nm beleuchtet. In dem von einer Sammellinse auf dem Schirm entworfenen Beugungsbild beträgt der Abstand zwischen den links bzw. rechts von der Mitte gelegenen 3. Minima $2a = 3$ mm. Welche Brennweite hat die Linse?

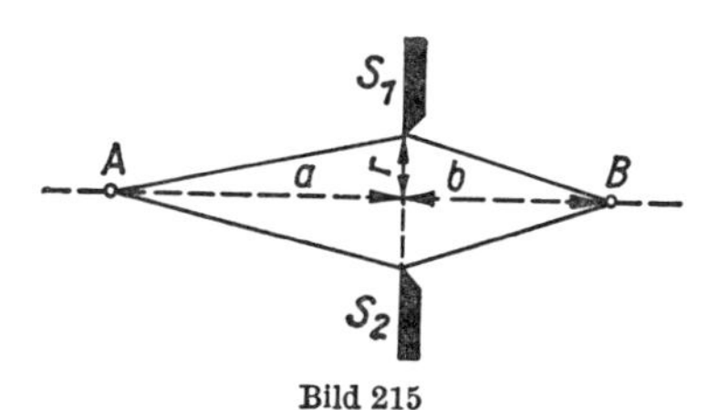


Bild 215

**926.** Mit einer Kamera vom Öffnungsverhältnis $d:f = 1:2{,}8$ wird ein Stern fotografiert. Welchen Radius hat das auf dem Film entstehende zentrale Beugungsscheibchen ($\lambda = 600$ nm)?

**927.** Blickt man durch ein Strichgitter gegen den leuchtenden Plasmafaden einer Heliumröhre, so sieht man die gelbe Linie 1. Ordnung ($\lambda = 587{,}56$ nm) unter einem seitlichen Winkel von $\alpha_1 = 27{,}4°$. Unter welchem Winkel erscheint die Linie 2. Ordnung?

**928.** Welche Breite (in Winkelgrad) hat das Spektrum 1. Ordnung (gerechnet von $\lambda_1 = 700$ nm bis $\lambda_2 = 400$ nm), wenn weißes Licht senkrecht auf ein Strichgitter fällt, das 800 Linien je Millimeter enthält?

**929.** Es soll nachgewiesen werden, daß das rote Ende ($\lambda_1 = 700$ nm) des Spektrums 2. Ordnung eines Beugungsgitters vom violetten Ende des Spektrums 3. Ordnung ($\lambda_2 = 400$ nm) überlappt wird.

**930.** Paralleles weißes Licht ($\lambda = 350 \ldots 750$ nm) fällt senkrecht auf ein Beugungsgitter. Unmittelbar dahinter steht eine Sammellinse ($f = 150$ cm) und entwirft in ihrer Brennebene ein Spektrum 1. Ordnung von 6 cm Breite. Wie groß ist die Gitterkonstante?

**931.** Welchen Durchmesser muß ein kreisförmiger Fleck in der Zeichenebene haben, wenn er in der deutlichen Sehweite (25 cm) ebenso groß erscheint wie der Mond am Himmel? (Mondentfernung 384400 km, Monddurchmesser 3480 km)

**932.** Fällt Sonnenlicht durch das Blätterdach eines Baumes, so entstehen am Boden kreisrunde Lichtflecke von 12 cm Durchmesser. In welcher Höhe befindet sich die Baumkrone? (Die Sonne erscheint unter einem Sehwinkel von 32′.)

**933.** Für die förderliche Vergrößerung eines Mikroskops wird die Formel $v = \frac{\varepsilon A}{6{,}88\lambda}$ angegeben. Sie entsteht durch Vergleich des physiologischen Sehwinkels $\varepsilon$ des Auges mit dem Winkel $\varepsilon_0$, der durch den kleinsten auflösbaren Punktabstand $g = \frac{\lambda}{2A}$ und der deutlichen Sehweite $s$ gegeben ist ($A$ numerische Apertur, $\lambda$ Wellenlänge des Lichtes in mm, $\varepsilon$ in Minuten, $s = 250$ mm). a) Die Richtigkeit der Formel ist zu bestätigen. b) Welcher Wert ergibt sich bei der mittleren Wellenlänge $\lambda = 550$ nm, der numerischen Apertur $A = 1{,}4$ und dem Sehwinkel für aufmerksames Sehen $\varepsilon = 2'$?

**934.** Trotz Auswechseln des Okulars und Verlängerung des Tubus des Mikroskops ist es mit einem bestimmten Objektiv nicht möglich, mehr Einzelheiten zu erkennen als bei 500facher Vergrößerung. Welches ist der kleinste auflösbare Punktabstand? (Sehwinkel für aufmerksames Sehen 2′, deutliche Sehweite 25 cm, mittlere Wellenlänge $\lambda = 600$ nm)

## 4.4. Fotometrie

**935.** Der Paraffinfleck auf einem Fotometerschirm verschwindet für das Auge, wenn er einerseits von einer Lampe der Lichtstärke $I_1 = 2{,}5$ cd aus 65 cm Entfernung, andererseits von einer Lampe der Lichtstärke $I_2$ aus 1,56 m Entfernung beleuchtet wird. Wie groß ist die Lichtstärke $I_2$?

**936.** (Bild 216) Zwei Lampen von $I_1 = 35$ cd bzw. $I_2 = 95$ cd haben einen Abstand von 1,50 m. An welcher Stelle ihrer Verbindungsstrecke muß ein beiderseits weißer Schirm S aufgestellt werden, damit er auf beiden Seiten gleich stark beleuchtet wird?

**937.** Eine punktförmig strahlende Lampe ergibt in 50 m Abstand die Beleuchtungsstärke 0,1 lx. a) Welche Lichtstärke und b) welchen Lichtstrom hat die Lampe?

**938.** Welche Beleuchtungsstärke ergibt eine punktförmige Lichtquelle in 6 m Entfernung, wenn sie in 8 m Entfernung 12 lx beträgt?

**939.** Welchen Lichtstrom empfängt eine 20 cm × 30 cm große Fläche, auf die das Licht einer 2,40 m entfernten punktförmigen Lichtquelle von 80 cd senkrecht auftrifft?

**940.** Der Lichtkegel eines Scheinwerfers ist 60 m lang und beleuchtet einen Kreis von 3 m Durchmesser mit 4 lx. a) Welche Lichtstärke hat die Lichtquelle, und b) welcher Lichtstrom fällt auf den Kreis?

**941.** (Bild 217) Zwei Lampen von $I_1 = 20$ cd bzw. $I_2 = 80$ cd im Abstand von 1,80 m beleuchten einen Schirm, der 90 cm seitwärts von der Mitte ihrer Verbindungslinie aufgestellt ist. Um welchen Winkel muß er geneigt werden, damit er von beiden Lampen gleich stark beleuchtet wird? Wie groß ist dann die Beleuchtungsstärke des Schirms?

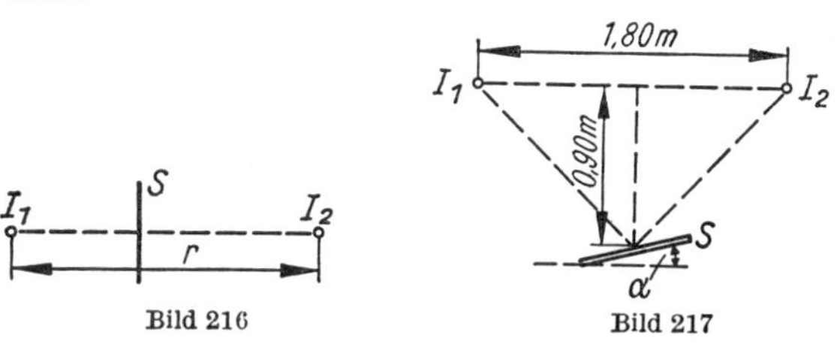


Bild 216 Bild 217

**942.** Eine allseitig gleichmäßig strahlend gedachte Lampe von 5000 lm hängt 8 m über der Straße. Welche Beleuchtungsstärke ergibt sich a) senkrecht unter der Lampe und b) am 6 m seitlich gelegenen Straßenrand?

**943.** Welche Beleuchtungsstärke liefert eine Lampe, die 1,80 m über und 1 m seitlich von der Schreibfläche eines Tisches angebracht ist und in der betrachteten Richtung die Lichtstärke 142 cd aufweist?

**944.** Der Teil einer Tischfläche, der 2,5 m unterhalb und 1,2 m seitlich einer Lampe liegt, soll mit 80 lx beleuchtet werden. Welche Lichtstärke muß die Lampe in dieser Richtung haben?

**945.** Eine 150 cd starke Lampe hängt $h = 2$ m über Tischhöhe.

a) Wie groß ist die Beleuchtungsstärke auf der Tischfläche unmittelbar unter der Lampe?

b) Wieviel Meter seitlich davon besteht noch eine Beleuchtungsstärke von 20 lx, wenn angenommen wird, daß die Lichtstärke in seitlicher Richtung unverändert 150 cd beträgt?

**946.** (Bild 218) Über einem Arbeitsplatz werden in gleicher Höhe zwei Lampen angebracht, die eine 1 m links, die andere 2 m rechts davon, so daß der Lampenabstand 3 m beträgt. Wie hoch müssen die Lampen hängen, damit an der beleuchteten Stelle möglichst wenig Schatten entsteht, wenn die Lichtstärken $I_1 = 100$ cd bzw. $I_2 = 266$ cd betragen?

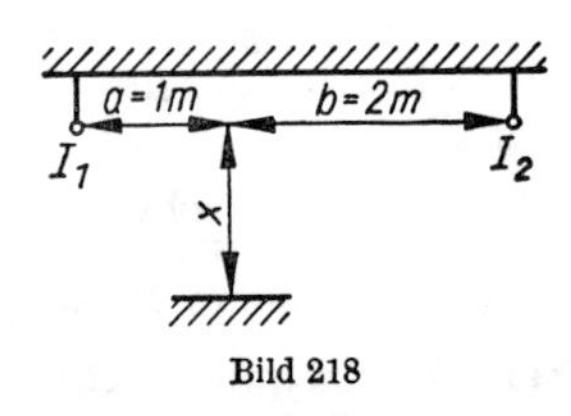

Bild 218

**947.** Welchen Lichtstrom wirft eine punktförmig strahlende Lampe der Lichtstärke 250 cd auf eine $r_1 = 3{,}5$ m entfernte kreisförmige Fläche vom Radius $r_2 = 40$ cm?

**948.** Eine Lampe von 65 cd beleuchtet eine 1,8 m darunterliegende Fläche. Wie stark muß eine Lampe sein, die aus einer Höhe von 3,2 m die gleiche Beleuchtungsstärke ergibt?

**949.** Eine 50 cm² große Fläche, die senkrecht zu den einfallenden Strahlen gehalten wird, strahlt mit einer Leuchtdichte von 200 cd/m². Welche Beleuchtungsstärke erfährt sie von der 2 m entfernten Lampe bei vollständiger diffuser Reflexion?

**950.** Die punktförmige Lichtquelle (3000 lm) eines Bildwerfers steht 12 cm vom Kondensor (Durchmesser 10 cm) im Krümmungsmittelpunkt des Reflektors. Welche Beleuchtungsstärke erfährt die 8 m vom Objektiv ($f = 25$ cm) entfernte Projektionswand, wenn von Lichtverlusten abgesehen wird?

**951.** Welche Lichtstärke hat eine 1,20 m lange und 5 cm dicke Leuchtstoffröhre, deren Leuchtdichte 2000 cd/m² beträgt?

**952.** Ein Fotometer wird von einer Klarglaslampe in 110 cm Abstand ebenso hell beleuchtet wie von einer Lampe von 45 cd im Abstand von 75 cm. a) Welche Lichtstärke hat die Klarglaslampe? b) Welche Leuchtdichte hat diese Lampe, wenn die abstrahlende Oberfläche des Glühfadens in der betrachteten Richtung 6 mm² beträgt?

**953.** Welche Leuchtdichte hat eine mattierte kugelförmige Glühlampe von 6 cm Durchmesser und 350 lm bei Annahme gleichmäßiger Abstrahlung?

**954.** Eine kugelförmige Lampe von $r = 3{,}5$ cm Radius und der Leuchtdichte $L_L = 30\,000$ cd/m² beleuchtet eine $a = 60$ cm entfernte, verlustlos diffus reflektierende Fläche. Wie groß ist deren Leuchtdichte $L_F$?

**955.** Bei der Beleuchtung von Arbeitsplätzen soll zur Vermeidung von Blendung die Leuchtdichte von Lampen den Wert von 2000 cd/m² nicht überschreiten. Welchen Durchmesser muß die kugelförmige Milchglasglocke um eine 100-W-Lampe (1220 lm) mindestens haben, wenn angenommen wird, daß diese nach allen Richtungen gleichmäßig strahlt?

**956.** Welche Leuchtdichte hat eine vom Tageslicht mit 2000 lx beschienene, ideal weiße, 50 cm² große Fläche, und welche Lichtstärke kommt ihr zu, wenn man sie als Eigenstrahler auffaßt?

**957.** Welche Beleuchtungsstärke $E_{Mo}$ liefert der Vollmond auf der Erde, wenn die des vollen Sonnenlichtes auf der Erde $E_{So} = 100\,000$ lx beträgt und folgende Daten gegeben sind: Entfernung $r_{So}$ Sonne–Mond = Sonne–Erde, Monddurchmesser $d = 3480$ km, Entfernung Mond–Erde $r_{Mo} = 384\,400$ km. Rückstrahlung des Mondes $\eta = 0{,}073$ des auffallenden Lichtes.

**958.** Vor einem weißen, von der Sonne mit 8000 lx beschienenen Hintergrund hängt eine kugelige Opalglas-Glühlampe von 10 cm Durchmesser. Mit wieviel Candela darf die Lampe höchstens leuchten, wenn ihr Eigenlicht vor dem Hintergrund verschwinden soll? (Unter Nichtbeachtung des Farbunterschiedes)

**959.** Die 7 m × 5,9 m große Leinwand eines Lichtspielhauses wirft 75 % der auffallenden Lichtmenge zurück. Bei der Wiedergabe von Farbfilmen wird eine Beleuchtungsstärke vom 50fachen Zahlenwert der in Meter gerechneten Bildbreite verlangt. Wie groß sind a) die Beleuchtungsstärke, b) der auf die Fläche fallende Lichtstrom und c) die Leuchtdichte?

**960.** In welchem Abstand von einer 60 cd starken Lampe muß eine weiße Fläche aufgestellt werden, damit sie ebenso hell erleuchtet wird wie vom Licht des Vollmondes, dessen Leuchtdichte 2500 cd/m² beträgt und der unter dem Sehwinkel von 31′ erscheint?

# 5. Elektrizitätslehre

## 5.1. Gleichstrom

### 5.1.1. Einfacher Stromkreis

**961.** Welche Spannung besteht zwischen zwei um 50 cm voneinander entfernten Punkten eines 1 mm dicken Kupferdrahtes ($\varrho = 0{,}0178\ \Omega\ \text{mm}^2/\text{m}$), durch den ein Strom von 6 A fließt?

**962.** Zwischen zwei um 6 m voneinander entfernten Punkten einer Starkstromleitung (Kupfer, $\varrho = 0{,}0178\ \Omega\ \text{mm}^2/\text{m}$) von 70 mm² Querschnitt wird die Spannung 0,23 V gemessen. Welcher Strom fließt durch die Leitung?

**963.** Welcher Strom fließt bei vollständigem Kurzschluß durch einen Akkumulator von 2 V und 0,05 Ω Innenwiderstand?

**964.** Welcher Strom fließt je Volt Spannung durch einen Spannungsmesser, dessen Innenwiderstand 30 kΩ beträgt?

**965.** Durch einen unbelasteten Spannungsteiler von 8 cm Länge und 3 kΩ Gesamtwiderstand fließt ein Querstrom von 0,45 mA. Welche Spannung wird an zwei um 5 cm entfernten Punkten abgegriffen?

**966.** Ein Relais trägt 40000 Windungen von je 8,2 cm mittlerer Länge aus 0,5 mm dickem Kupferdraht und liegt an einer Spannung von 60 V. Welcher Strom fließt?

**967.** Wickelt man von einer Spule 10 m Draht ab, so erhöht sich bei derselben Spannung der Strom von 1,52 A auf 1,54 A. Wieviel Meter Draht enthält die volle Spule?

**968.** Auf das Wievielfache nimmt der Widerstand eines Drahtes zu, wenn dieser bei unveränderter Masse auf die 10fache Länge gestreckt wird?

**969.** Ein $l = 32$ cm langer, lückenlos bewickelter Schiebewiderstand hat den Höchstwert 400 Ω. Wieviel Windungen trägt der $d_1 =$ 4 cm dicke Wickelkörper, und welche Dicke $d_2$ hat der Draht? (Konstantan, $\varrho = 0{,}5\ \Omega\ \text{mm}^2/\text{m}$)

**970.** Welchen Spannungsverlust verursacht die aus 5 mm dickem Kupferdraht ($\varrho = 0{,}0175\ \Omega\,\mathrm{mm^2/m}$) bestehende Zuleitung zu der 650 m vom Speisepunkt entfernten Baustelle bei einer Belastung mit a) 25 A und b) 60 A?

**971.** Ein Verbraucher ist über eine 500 m vom Speisepunkt entfernte, 3 mm dicke Aluminiumleitung ($\varrho = 0{,}0286\ \Omega\,\mathrm{mm^2/m}$) mit der Spannungsquelle verbunden. Bei Belastung mit $I_1 = 5$ A beträgt die Klemmenspannung 189,8 V. Wie groß ist die Klemmenspannung bei Belastung mit $I_2 = 10$ A?

**972.** Ein Relais hat den Widerstand 1961 Ω. Die Wicklung hat den Querschnitt 60,4 mm × 4 mm, den Kupferfüllfaktor 0,65 und den Innendurchmesser 1 cm. Wieviel Windungen enthält die Spule, und welchen Netto-Durchmesser hat der Draht?

**973.** (Bild 219) Auf einen $d_1 = 2$ cm dicken Kern soll aus $d_2 = 0{,}2$ mm dickem Kupferdraht ($\varrho = 0{,}0175\ \Omega\,\mathrm{mm^2/m}$) eine aus 15000 Windungen bestehende Spule gewickelt werden, deren Widerstand 1000 Ω beträgt. Welche Wickelbreite $b$ und Wickelhöhe $h$ erhält die Spule bei einem Kupferfüllfaktor von 0,6?

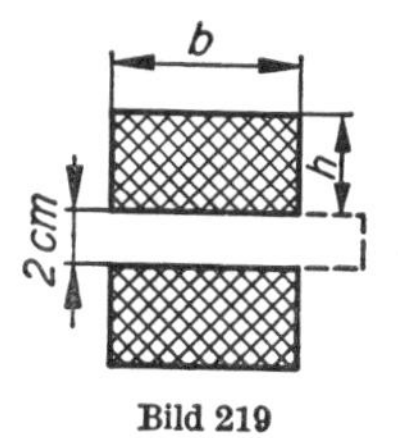


Bild 219

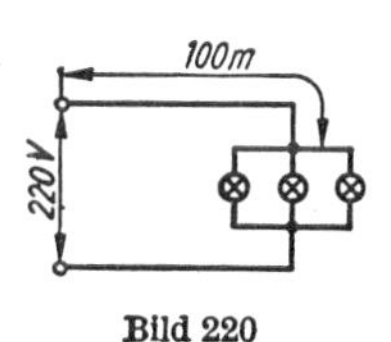


Bild 220

**974.** (Bild 220) 3 Lampen mit je 240 Ω Widerstand sind über eine 100 m lange (Einfachlänge), 1,5 mm dicke Aluminiumleitung ($\varrho = 0{,}02857\ \Omega\,\mathrm{mm^2/m}$) an eine Spannung von 220 V angeschlossen. Wie groß ist die Brennspannung der Lampen, und um wieviel erhöht sie sich, wenn eine bzw. zwei Lampen abgeschaltet werden?

**975.** An einer Sammlerbatterie, deren Quellenspannung 6,2 V beträgt, wird bei Entnahme eines Stromes von $I_1 = 5$ A die Klemmenspannung $U_k = 6{,}1$ V gemessen. Wie groß sind Klemmenspannung und innerer Widerstand bei Entnahme von $I_2 = 20$ A?

**976.** Wie groß sind der innere Widerstand und die Quellenspannung einer Spannungsquelle, wenn die Klemmenspannung bei Entnahme von $I_1 = 12$ A bzw. $I_2 = 25$ A die Werte $U_{k1} = 24{,}6$ V bzw. $U_{k2} = 24{,}3$ V annimmt?

**977.** Von einer Steckdose, an der $U = 224$ V gemessen werden, führt eine $l = 26$ m lange (Einfachlänge), 2 mm dicke Aluminiumleitung ($\varrho = 0{,}0286\ \Omega\ \mathrm{mm}^2/\mathrm{m}$) zu einem Kochherd, der den Strom $I = 12$ A aufnimmt. Welche Spannung liegt am Kochherd?

**978.** Eine Autobatterie, deren Quellenspannung 6 V und deren innerer Widerstand 0,01 Ω beträgt, wird bei Nachtfahrt mit a) 15 A und b) bei zusätzlicher Betätigung des Anlassers mit 130 A belastet. Wie groß sind die Klemmenspannungen?

**979.** Die Klemmenspannung einer Batterie hat bei einem äußeren Widerstand $R_{a1} = 17\ \Omega$ den Betrag 4,4 V und bei $R_{a2} = 9\ \Omega$ den Betrag 4,3 V. Wie groß sind Quellenspannung und innerer Widerstand?

**980.** Ein Gleichstromgenerator mit der Quellenspannung 120 V und dem Innenwiderstand 0,04 Ω ist über eine 80 m lange (Einfachlänge), 1 mm dicke Kupferleitung mit 2 parallelgeschalteten Verbrauchern von 20 Ω bzw. 28 Ω verbunden. Von welchem Strom werden diese durchflossen, und wie groß ist die Klemmenspannung am Generator sowie an den Verbrauchern?

**981.** Jedes der auf Bild 221 angegebenen Elemente hat die Quellenspannung $U_q$, von den Widerständen haben drei den Wert $R$, einer den Wert $2R$. Wie groß ist die Spannung zwischen den Punkten $A$ und $B$?

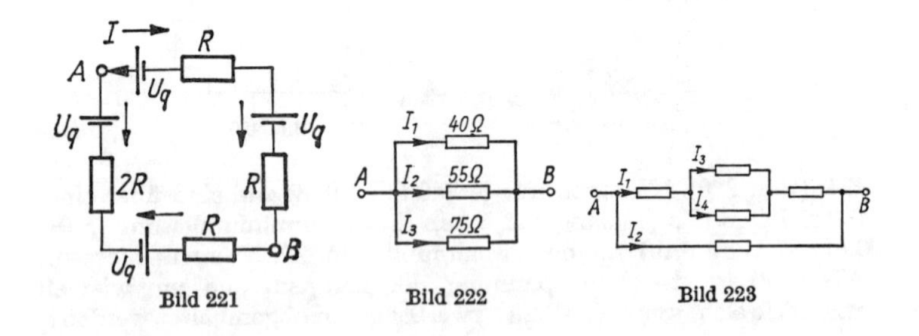

Bild 221 Bild 222 Bild 223

**982.** (Bild 222) Wie groß sind die Ströme $I_1 \ldots I_3$, wenn an den Klemmen $A$ und $B$ die Spannung 65 V liegt?

**983.** Jeder der auf Bild 223 angegebenen Widerstände beträgt 50 Ω. Von welchen Strömen werden sie durchflossen, wenn die Spannung zwischen $A$ und $B$ 125 V beträgt?

**984.** 4 Lämpchen zu je $R = 36\ \Omega$ sind nach Bild 224 über einen Vorschaltwiderstand von $R_v = 9\ \Omega$ an eine 12-V-Batterie angeschlossen. Auf welchen Wert ist der Widerstand einzuregeln, wenn bei Ausfall eines Lämpchens die Stromstärke der übrigen so groß wie vorher bleiben soll?

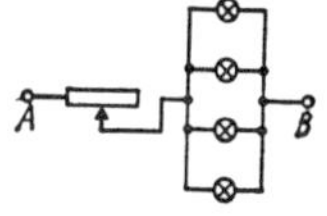

Bild 224

**985.** Ein Drehspulinstrument von $R_i = 3\ \Omega$ Innenwiderstand, das bei 30 mA voll ausschlägt, soll als Spannungsmesser für einen Meßbereich von a) 3 V, b) 10 V und c) 100 V dienen. Welchen Wert muß der erforderliche Vorschaltwiderstand jeweils haben?

**986.** Schaltet man ein Drehspulinstrument in Reihe mit einem Widerstand von 50 Ω bzw. 60 Ω, so zeigt es einen Strom von 85,7 mA bzw. 72,0 mA an. Wie groß sind der Widerstand des Instrumentes und die angelegte Spannung?

### 5.1.2. Zusammengesetzte Widerstände

**987.** (Bild 225) Wie groß muß $R_2$ gewählt werden, wenn $R_1 = 750\ \Omega$ ist und der Gesamtwiderstand $R_g = 350\ \Omega$ betragen soll?

**988.** (Bild 226) Berechne den Gesamtwiderstand zwischen den Punkten $A$ und $B$, wenn jeder Einzelwiderstand 3 Ω beträgt.

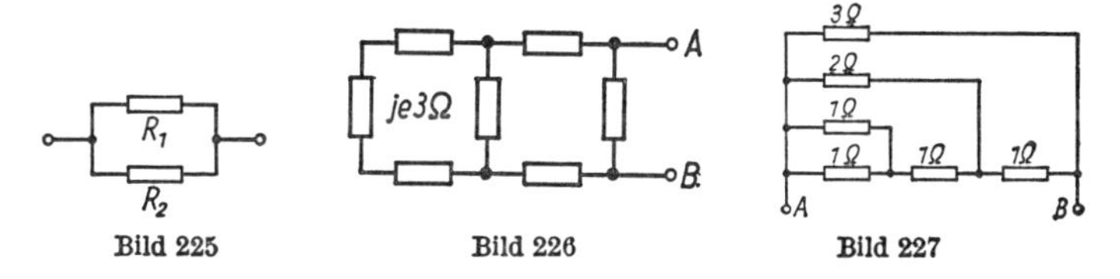

Bild 225 Bild 226 Bild 227

**989.** (Bild 227) Berechne den Gesamtwiderstand zwischen den Punkten $A$ und $B$.

**990.** Wie groß muß der Widerstand $R_x$ auf Bild 228 gewählt werden, damit der Gesamtwiderstand zwischen den Klemmen $A$ und $B$ den Betrag $R_{AB} = 7\ \Omega$ hat?

**991.** Innerhalb welcher Grenzen läßt sich der Gesamtwiderstand in der letzten Aufgabe bei beliebiger Wahl von $R_x$ ändern?

**992.** Schaltet man zu einem Widerstand $R_1$ einen zweiten $R_2$ parallel, so beträgt der Gesamtwiderstand nur noch $R_1/5$. Wie groß ist das Verhältnis $R_1/R_2$?

**993.** Zwei Widerstände ergeben in Reihenschaltung den 6fachen Wert wie in Parallelschaltung. In welchem Verhältnis $R_1/R_2 = a$ stehen sie zueinander?

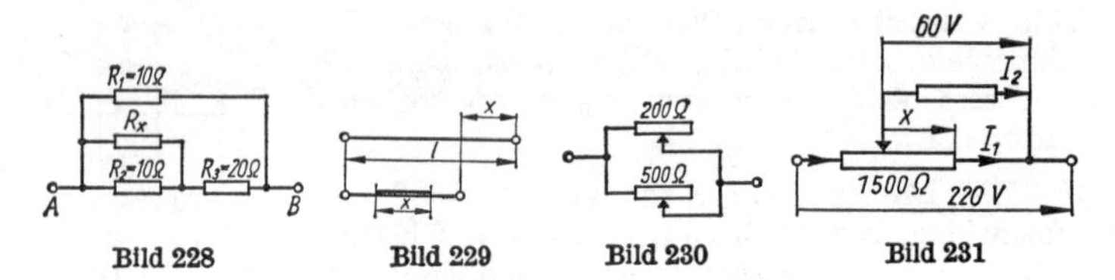


Bild 228 Bild 229 Bild 230 Bild 231

**994.** Von einem geraden Stück Draht der Länge $l$ wird ein Stück $x$ abgeschnitten und der Länge nach mit dem Rest verlötet (Bild 229). Wie lang muß das Stück $x$ sein, wenn der Widerstand nunmehr den halben Wert haben soll?

**995.** Ein gerades Stück Draht vom Widerstand $R$ wird zu einem quadratischen Rahmen zusammengelötet. Den wievielten Teil von $R$ beträgt der Widerstand zwischen den Endpunkten einer Quadratseite?

**996.** Ein gerades Stück Draht vom Widerstand $R$ wird zu einem Rechteck gebogen und zusammengelötet. In welchem Verhältnis stehen die Rechteckseiten zueinander, wenn der Widerstand zwischen den Endpunkten einer Rechteckseite $^1/_8 R$ beträgt?

**997.** Zwei Widerstände von 200 Ω (1 ± 10%) bzw. 500 Ω (1 ± 10%) sind parallelgeschaltet. Wie groß sind der Gesamtwiderstand und die dazugehörige Toleranz?

**998.** Zwei gleichmäßig bewickelte Schiebewiderstände von je 20 cm Länge und $R_1 = 200\ \Omega$ bzw. $R_2 = 500\ \Omega$ sind nach Bild 230 je zur Hälfte eingeschaltet und liegen parallel. Um wieviel ist der Abgriff des unteren Widerstandes zu verschieben, wenn der obere um 4 cm nach rechts verschoben wird und der Gesamtstrom sich dabei nicht ändern soll?

**999.** (Bild 231) An einem Spannungsteiler von $R = 1500\ \Omega$ Gesamtwiderstand wird die Spannung $U_1 = 60$ V abgegriffen, wobei der vom Verbraucher entnommene Strom $I_2 = 0{,}15$ A beträgt. Welcher Bruchteil $x$ der Länge des Spannungsteilers liegt dem Verbraucher parallel, und mit welchen Strömen $I$ und $I_1$ werden die beiden Teilabschnitte belastet, wenn die Gesamtspannung $U =$ 220 V beträgt?

**1000.** Der Meßbereich $I_1 = 20$ mA eines Strommessers soll durch Parallelschalten eines Widerstandes (Shunt) auf a) $I = 200$ mA, b) $I = 1$ A und c) $I = 10$ A erweitert werden. Welche Widerstandswerte müssen die Shunts aufweisen, wenn der Widerstand des Instrumentes einschl. Anschlußschnüren $R_1 = 3\ \Omega$ beträgt?

**1001.** Zu einem Strommesser, dessen Innenwiderstand $R_i = 1\ \Omega$ beträgt, werden nacheinander Widerstände (Shunts) von a) 0,2 Ω, b) 0,01266 Ω und c) 0,00402 Ω parallelgeschaltet. Auf den wievielfachen Wert erhöht sich dadurch der Meßbereich?

**1002.** Der Zeiger eines Strommessers, dessen Innenwiderstand 24 Ω beträgt, schlägt bei 84 mA voll aus. Welchen Wert muß ein Nebenwiderstand haben, wenn dem Vollausschlag 100 mA entsprechen sollen?

**1003.** Durch Parallelschalten eines Widerstandes von 28 Ω wird der Meßbereich eines Strommessers von 5,6 A auf 6 A korrigiert. Wie groß ist sein Innenwiderstand?

### 5.1.3. Arbeit und Leistung des elektrischen Stromes

**1004.** Wieviel Lampen von je 40 W dürfen bei 125 V Spannung höchstens gleichzeitig brennen, wenn die Leitung mit 6 A abgesichert ist?

**1005.** Wieviel Watt verbraucht eine Lampe (100 W/220 V), wenn die Netzspannung nur 190 V beträgt und ihr Widerstand als konstant angenommen wird?

**1006.** Welche elektrische Leistung wird vergeudet, wenn man ein für $U_1 = 125$ V bestimmtes Gerät mit dem Verbrauch 850 W über einen passenden Vorschaltwiderstand an das 220-Volt-Netz anschließt?

**1007.** Ein Zähler macht je kWh 1800 Umdrehungen. Welche Leistung verbrauchen die angeschlossenen Geräte, wenn er in einer Minute 117 Umdrehungen ausführt?

**1008.** Zwei in einen Kochherd eingebaute Heizkörper geben in Reihe 133 W und parallelgeschaltet 600 W ab. Welche Leistungen werden abgegeben, wenn jeder Heizkörper einzeln eingeschaltet wird?

**1009.** In welchem Verhältnis stehen 2 Widerstände zueinander, die bei gleicher Spannung in Parallelschaltung die 6fache Leistung wie in Reihenschaltung verbrauchen?

**1010.** Die Beträge zweier Widerstände verhalten sich zueinander wie $R_1 : R_2 = 1 : 5{,}83$. In welchem Verhältnis stehen die Leistungen zueinander, wenn die Widerstände parallel zueinander geschaltet werden?

**1011.** Zwei für $U_1 = 125$ V bestimmte Lampen von $P_1 = 40$ W bzw. $P_2 = 100$ W werden in Reihe an $U_2 = 220$ V angeschlossen.

Welche Leistungen nehmen sie bei unverändert angenommenem Widerstand auf?

**1012.** Eine Lampe für $U_1 = 4$ V und $P_1 = 6$ W soll in Reihe mit einem elektrischen Heizkörper an das 220-V-Netz angeschlossen werden, wobei sie normal brennen soll. Welche Leistung muß der Heizkörper bei voller Spannung von 220 V bzw. bei vorgeschalteter Lampe aufnehmen?

**1013.** Ein frisch geladener Akkumulator der Kapazität 75 Ah speist bei einer Klemmenspannung von 6,3 V $2^1/_2$ Stunden lang 2 Lampen zu je 32 W und 3 Stunden lang 6 Lampen zu je 6,5 W. Welche Ladungsmenge verbleibt, wenn die Spannung als konstant angenommen wird?

**1014.** Ein Motor von 25 kW Leistung und der Klemmenspannung 450 V wird über eine 250 m lange (einfache Länge) Kupferleitung von 4 mm Durchmesser gespeist. Wieviel Prozent der abgegebenen Leistung gehen in der Leitung verloren?

**1015.** Wie dick muß der Leitungsdraht mindestens sein, wenn der Übertragungsverlust in der vorigen Aufgabe 5 % nicht überschreiten soll?

**1016.** Die Leistung eines elektrischen Gerätes sinkt infolge Unterspannung im Netz um 18 %. Um wieviel Prozent liegen Spannung und Strom unter ihrem Sollwert?

**1017.** Beim Anschluß eines elektrischen Ofens an das 220-V-Netz über eine Kupferleitung ($\varrho = 0{,}0178\ \Omega\,\mathrm{mm^2/m}$) von 10 m Einfachlänge und 1,5 mm² Querschnitt sinkt die Spannung um 2,5 V. Welche Leistung verbraucht der Ofen?

**1018.** Erhöht sich die an einem Heizgerät vom Widerstand 15 Ω liegende Spannung um 3 V, so nimmt die Leistung um 88,5 W zu. Wie groß sind ursprüngliche Spannung und Leistung?

**1019.** Der Heizdraht eines Kochherdes für 220 V/400 W wird bei einer Reparatur um $^1/_{10}$ seiner Länge verkürzt. Wie ändern sich Leistung und Stromstärke?

**1020.** In einem Wohnhaus werden täglich 5 Stunden lang 80 m Kupferleitungsdraht ($\varrho = 0{,}0178\ \Omega\,\mathrm{mm^2/m}$) vom Strom 4,5 A durchflossen. Wieviel Kilowattstunden werden jährlich eingespart, wenn Draht von 1,5 mm² Querschnitt anstelle eines Querschnittes von 0,75 mm² verlegt wird?

**1021.** Aus einem Bergwerksschacht sind stündlich 3,2 m³ Wasser aus 600 m Tiefe zu fördern. Wieviel Kilowatt nimmt der Antriebsmotor auf, wenn der Wirkungsgrad des Motors 0,95 und der der Pumpe 0,75 beträgt?

**1022.** Für eine Projektionslampe von $P_1 = 150$ W und $U_1 = 60$ V soll zum Anschluß an 125 V ein Vorschaltwiderstand aus 0,4 mm dickem Konstantandraht ($\varrho = 0{,}5\ \Omega\ \text{mm}^2/\text{m}$) gewickelt werden. Wieviel Meter Draht sind erforderlich, und welche Leistung $P_2$ verbraucht der Widerstand?

**1023.** Welche Temperaturänderung erfährt eine 100 m lange und 1,2 mm dicke Kupferleitung, die eine Stunde lang von 6 A durchflossen wird, wenn keinerlei Wärme nach außen abgegeben wird? Spez. Widerstand $0{,}02\ \Omega\ \text{mm}^2/\text{m}$, Dichte $8{,}93\ \text{kg/dm}^3$, spez. Wärmekapazität $0{,}39\ \text{kJ/(kg K)}$]

**1024.** Durch eine 1 mm dicke Kupferleitung mit eingeschalteter Schmelzsicherung (0,2 mm dicker Silberdraht) fließt ein Kurzschlußstrom von 25 A.

a) Wie lange dauert es, bis die Sicherung zu schmelzen beginnt, und b) welche Temperatur hat die Leitung bis dahin angenommen? Silber: $c_1 = 0{,}23\ \text{J/(g K)}$, $\varrho_1 = 0{,}016\ \Omega\ \text{mm}^2/\text{m}$, Dichte $\varrho_1' = 10{,}5\ \text{g/cm}^3$, Schmelzpunkt 961 °C; Kupfer: $c_2 = 0{,}39\ \text{J/(g K)}$, $\varrho_2 = 0{,}0175\ \Omega\ \text{mm}^2/\text{m}$, Dichte $\varrho_2' = 8{,}93\ \text{g/cm}^3$, Anfangstemperatur 20 °C

**1025.** Am Eingang einer $l = 200$ m langen Doppelleitung (Kupferdraht 1 mm) liegt eine Spannung von $U = 220$ V, am Ende sind 3 Lampen von je $P_1 = 100$ W angeschlossen. Wie groß ist die Brennspannung der Lampen, und um wieviel sinkt diese Verbraucherspannung, wenn außerdem noch ein Heizgerät der Leistung $P_2 = 800$ W angeschlossen wird?

**1026.** Vier Lampen, von denen bei $U_1 = 110$ V zwei mit $P_1 = 40$ W und zwei mit $P_2 = 60$ W normal brennen, werden nach Bild 232 an eine Spannung von $U = 220$ V angeschlossen. Wieviel Watt nehmen sie in dieser Schaltung auf, und welche Spannung besteht zwischen den Punkten *1* und *2*? (Der Lampenwiderstand werde als konstant angenommen.)

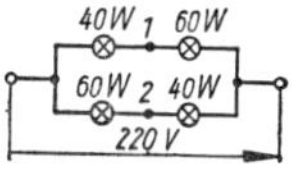

Bild 232

**1027.** Welche Leistung nehmen in der vorigen Aufgabe die Lampen auf, wenn die Punkte *1* und *2* kurzgeschlossen werden?

## 5.2. Elektrisches Feld

**1028.** Welcher Strom fließt aus einem Elektrometer von der Kapazität 25 pF ab, wenn es anfänglich eine Spannung von 60 V anzeigt, die innerhalb 24 s auf 42 V zurückgeht?

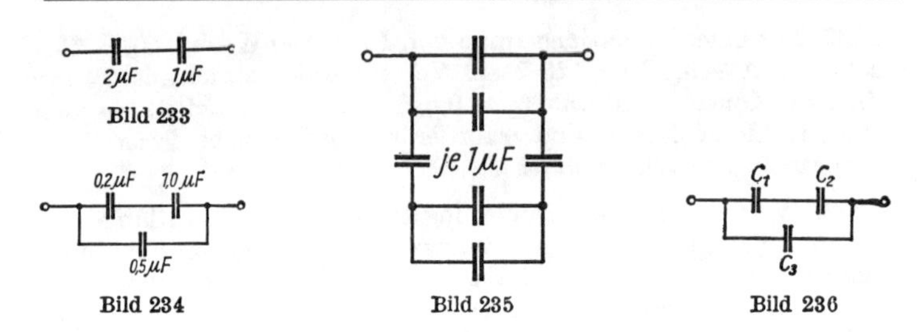


Bild 233

Bild 234

Bild 235

Bild 236

**1029. 1030. 1031.** Es ist die Gesamtkapazität der auf den Bildern 233, 234, 235 angegebenen Schaltungen zu berechnen.

**1032.** Die Gesamtkapazität $C$ der auf Bild 236 angegebenen Schaltung beträgt 5,2 μF. Wird $C_2$ infolge Durchschlages kurzgeschlossen, so ist die Gesamtkapazität $C' = 6$ μF. Wird dagegen $C_1$ kurzgeschlossen, so ist die Gesamtkapazität $C'' = 7$ μF. Welche Werte haben $C_1$, $C_2$ und $C_3$?

**1033.** Welche Ladung enthält ein auf 220 V geladener Kondensator von 1,5 μF?

**1034.** Zwei parallelgeschaltete Kondensatoren, von denen der eine die Kapazität $C_1 = 2{,}8$ μF hat, liegen an der Spannung 22,7 V und enthalten die Ladung 75 μA s. Welche Kapazität hat der andere Kondensator?

**1035.** Zwei in Reihe geschaltete Kondensatoren von $C_1 = 1{,}5$ μF bzw. $C_2 = 3{,}5$ μF liegen an der Spannung 110 V. Auf welche Teilspannungen laden sie sich auf, und welche Ladungsmengen enthalten sie?

**1036.** Ein Fadenelektrometer hat die Kapazität 2 pF und ergibt bei 0,8 V Spannung einen deutlichen Ausschlag. Wieviel Elektronen bewirken dies?

**1037.** Zwei kreisförmige Platten von je 20 cm Durchmesser stehen einander im Abstand von 1,2 cm isoliert gegenüber und sind mit einer Spannungsquelle von 220 V verbunden. Wie groß ist die Feldstärke im Zwischenraum, und welche Ladungsmenge befindet sich auf den Platten?

**1038.** Wie ändern sich Feldstärke und Ladungsmenge in der letzten Aufgabe, wenn der Zwischenraum unter Aufrechterhaltung der Spannung mit Paraffinöl ($\varepsilon = 2{,}5$) ausgefüllt wird?

**1039.** Ein Luftkondensator wird mit 80 V geladen, von der Spannungsquelle abgetrennt und mit einem Öl von $\varepsilon = 2{,}1$ gefüllt. Wie ändern sich Ladung und Spannung?

**1040.** Drei Kondensatoren, von denen der eine die Kapazität $C_1 = 3\ \mu F$ hat, ergeben in Parallelschaltung $C' = 13\ \mu F$ und in Reihenschaltung $C'' = 1^1/_3\ \mu F$. Welche Kapazitäten haben die beiden anderen Kondensatoren?

**1041.** Zwei Kondensatoren von $C_1 = 2\ \mu F$ bzw. $C_2 = 5\ \mu F$ werden auf $U_1 = 100$ V bzw. $U_2 = 200$ V geladen und dann mit gleichen Vorzeichen parallelgeschaltet. Welche gemeinsame Spannung stellt sich ein?

**1042.** Die beiden Kondensatoren der letzten Aufgabe werden nach dem Aufladen in Reihe geschaltet, wobei der Pluspol des einen mit dem Minuspol des anderen verbunden wird.
a) Welche Spannung besteht zwischen den freien Klemmen?
b) Welche Ladung tragen die Kondensatoren, und wie groß sind ihre Spannungen, wenn die freien Klemmen jetzt kurzgeschlossen werden?

**1043.** Zwei in Reihe geschaltete Kondensatoren von $C_1 = 1\ \mu F$ bzw. $C_2 = 4\ \mu F$ werden an 200 V Spannung angeschlossen und nach dem Aufladen von der Spannungsquelle getrennt. Welche gemeinsame Spannung stellt sich ein, wenn sie a) mit gleichen Vorzeichen und b) mit entgegengesetzten Vorzeichen parallelgeschaltet werden?

**1044.** Welche Einheiten ergeben sich bei der Vereinfachung folgender Ausdrücke:

a) $\dfrac{\mathrm{V\,m\,A^2\,s^2}}{\mathrm{A\,s\,m^2}}$ b) $\sqrt{\dfrac{\mathrm{A^2\,s^2\,V\,m\,s^2}}{\mathrm{A\,s\,kg\,m}}}$ c) $\sqrt{\dfrac{\mathrm{N\,V}}{\mathrm{m\,A\,s}}}$

d) $\dfrac{\mathrm{kg\,m^4\,V}}{\mathrm{s^3\,A\,V^2}}$ e) $\dfrac{\mathrm{W s^3}}{\mathrm{kg\,m^2}}$ f) $\dfrac{\mathrm{kg\,m^2}}{\mathrm{A\,V\,s^2}}$

g) $\sqrt{\dfrac{\mathrm{W\,s^3}}{\mathrm{kg}}}$ h) $\dfrac{\mathrm{N\,m}}{\mathrm{A\,s}}$ i) $\dfrac{\mathrm{W^2\,s^4}}{\mathrm{V\,m\,A\,s\,kg}}$

**1045.** Auf welche Spannung muß ein Kondensator von 0,2 μF geladen werden, damit er die Energie 2 Ws enthält?

**1046.** Werden zwei verschieden große, ursprünglich in Reihe geschaltete geladene Kondensatoren parallelgeschaltet, so nimmt die elektrische Feldenergie ab. Wie ist dies zu erklären?

**1047.** Zwei in Reihe geschaltete Kondensatoren liegen an 120 V Spannung und enthalten die Energie $W_1 = 0{,}011\,57$ Ws. Werden sie abgetrennt und mit gleichen Polen parallelgeschaltet, so sinkt die Energie auf $W_2 = 0{,}010\,626$ Ws. Wie groß sind ihre Kapazitäten?

**1048.** Das elektrische Feld in einem Zweiplattenkondensator soll einem darin befindlichen Elektron die gleiche Beschleunigung erteilen wie das Schwerefeld der Erde einem fallenden Stein. Welche Spannung muß zwischen den in 1 cm Abstand befindlichen Platten bestehen?

**1049.** Mit welcher Kraft stoßen sich 2 Metallkugeln von je 1 mm Radius im Mittelpunktsabstand 3 cm ab, wenn sie beide auf die Spannung 220 V gegen Erde aufgeladen werden?

**1050.** Zwei durch Luftzwischenraum voneinander isolierte Platten sind an eine Spannungsquelle von 1000 V angeschlossen und ziehen sich mit der Kraft 10 N an, wenn die Feldstärke 10000 V/cm beträgt. Wie groß sind die Platten, und welche Kapazität hat der von ihnen gebildete Kondensator?

**1051.** Welche Energie enthält ein Kondensator der Kapazität 5 μF, wenn er mit der Spannung 220 V aufgeladen wird?

## 5.3. Magnetisches Feld

**1052.** Von zwei äußerlich gleich aussehenden Stahlstäben ist der eine magnetisch. Wie läßt sich dieser ohne weitere Hilfsmittel herausfinden?

**1053.** Ein Elektromagnet wird durch 2800 Windungen erregt, durch die ein Strom von 3,2 A fließt. Welcher Strom würde bei nur 650 Windungen denselben magnetischen Fluß erzeugen?

**1054.** Eine 25 cm lange, eisenlose Zylinderspule mit 240 Windungen hat im Innern denselben magnetischen Fluß wie eine halb so lange Spule mit 150 Windungen. In welchem Verhältnis stehen die Stromstärken zueinander?

**1055.** Weshalb ist die Formel $H_{Fe} = \frac{IN}{l_{Fe}}$ im Fall einer Zylinder-

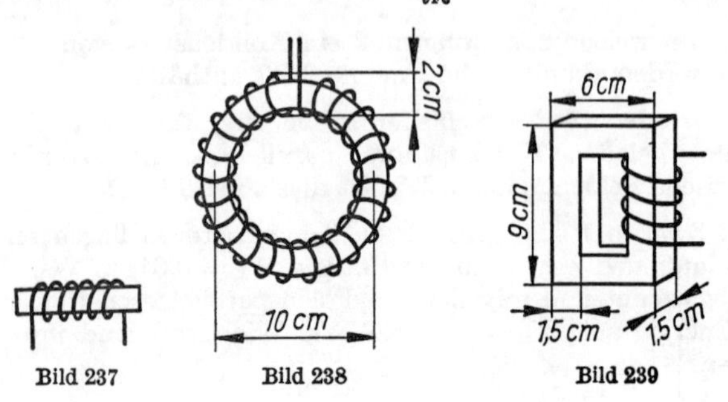


Bild 237 Bild 238 Bild 239

spule ungültig, wenn ihr Inneres mit einem geraden Eisenkern (Bild 237) ausgefüllt ist? ($N$ Windungszahl)

**1056.** Welcher Strom fließt durch die 450 Windungen (2 cm Durchmesser) einer eisenfreien Ringspule von 10 cm mittlerem Durchmesser (Bild 238), in deren Innerem ein magnetischer Fluß von $200 \cdot 10^{-8}$ V s besteht?

**1057.** An den Enden einer 15 cm langen, eisenfreien Zylinderspule von 850 Windungen (mittlere Windungslänge 6 cm) aus 0,3 mm dickem Kupferdraht ($\varrho = 0{,}0175\ \Omega\ \mathrm{mm^2/m}$) liegt eine Spannung von 20 V. Welche Induktion herrscht im Spuleninnern?

**1058.** In dem auf Bild 239 angegebenen Eisenkern herrscht eine Induktion von 1,5 V s/m², wenn die aus 500 Windungen bestehende Spule von 1,2 A durchflossen wird. Wie groß ist die relative Permeabilität des Eisens?

**1059.** Auf welchen Betrag muß der Spulenstrom in der letzten Aufgabe erhöht werden, wenn bei gleicher Eiseninduktion der Kern einen 1 mm breiten Luftspalt erhält?

**1060.** Wie groß wird die Eiseninduktion in Aufgabe 1058, wenn bei einer Stromstärke von 0,8 A die Permeabilitätszahl den Wert $\mu_r = 668{,}6$ hat und kein Luftspalt vorhanden ist?

**1061.** Welche Durchflutung ist nötig, um in dem Kern einer Vorschaltdrossel mit Luftspalt (Bild 240) die Induktion 1,2 V s/m² zu erzeugen? ($\mu_r = 1470$)

**1062.** Welche Durchflutung ist für den Kern der letzten Aufgabe nötig, wenn die Induktion nur 0,8 V s/m² betragen soll? ($\mu_r = 3185$)

**1063.** Die Induktion des magnetisch gesättigten Eisenkerns einer Spule beträgt 2,1 V s/m² bei einer Feldstärke von $5 \cdot 10^4$ A/m. Welchen Wert hat sie bei der Feldstärke $15 \cdot 10^4$ A/m?

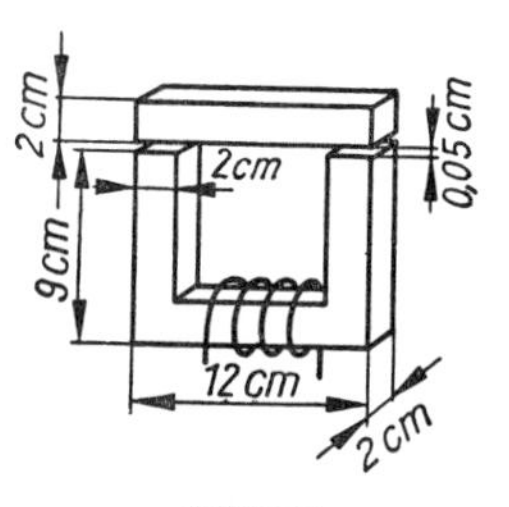

Bild 240

**1064.** Wieviel Windungen muß eine eisenfreie, 6 cm lange Zylinderspule von 0,6 cm Durchmesser tragen, damit ihre Induktivität 50 mH beträgt?

**1065.** Wieviel Amperewindungen muß eine eisenfreie Ringspule von 10 cm mittlerem Ringradius und 2 cm² Windungsquerschnitt tragen, wenn ihr Magnetfeld die Energie 0,1 W s enthält?

**1066.** Länge und Durchmesser einer eisenfreien Zylinderspule mit 50 Windungen werden auf die Hälfte verkleinert. Wie ist die Windungszahl zu ändern, damit die Induktivität erhalten bleibt?

**1067.** Wieviel Windungen muß eine eisengefüllte Zylinderspule von 5 cm² Querschnitt und der Induktivität 1,5 H tragen, wenn die Stromstärke 0,3 A, die Feldstärke 500 A/m und die zugehörige Permeabilitätszahl 1900 beträgt, und welche Länge muß die Spule haben?

**1068.** Eine supraleitende Magnetspule weist folgende Daten auf: Induktion $B = 5$ V s/m², Stromstärke $I = 100$ A, Windungszahl $N = 1000$, Spulenquerschnitt $A = 10$ cm². Welche Energie speichert die Spule, und wie groß ist ihre Induktivität?

**1069.** Es soll eine eisenfreie Spule von der Induktivität 400 μH auf einen Kern von 3 cm² Querschnitt gewickelt werden. Wieviel Windungen sind auf 4 cm Spulenlänge zu verteilen?

**1070.** Ein hufeisenförmiger Elektromagnet hat 100 N Tragkraft, 100 Windungen und zwei Polflächen zu je 10 cm². Zu berechnen sind die Stromstärke und die Induktivität unter Zugrundelegung einer Permeabilitätszahl von 3400 und einer mittleren Länge der Feldlinien von 50 cm.

## 5.4. Induktionsvorgänge

**1071.** Ein Generator gibt 25 kW an das 220-V-Netz ab. Wie groß ist die vom Anker induzierte Quellenspannung, wenn dessen Widerstand $R = 0{,}06\ \Omega$ beträgt?

**1072.** In der Ankerwicklung (Durchmesser 18 cm, $R = 0{,}2\ \Omega$) eines Gleichstrommotors befinden sich ständig 90 je 35 cm lange Drähte im Feld. Wie groß ist hier die Induktion, wenn der Motor bei einer Drehzahl von 600 1/min eine Leistung von 2,207 kW bei einem Wirkungsgrad von 0,88 abgibt und die Klemmenspannung 218 V beträgt?

**1073.** Welche Leistung gibt der in der letzten Aufgabe betrachtete Motor ab, wenn bei sonst gleichen Verhältnissen die Induktion zwischen Feld und Anker nur 0,8 V s/m² und die Klemmenspannung 150 V beträgt?

**1074.** (Bild 241) Im Stromkreis eines Elektromagneten liegt mit der Batterie B das normal brennende Lämpchen L in Reihe. Welcher Vorgang spielt sich ab, wenn der Anker A des Magneten plötzlich abgehoben wird?

**1075.** Aus einer fest stehenden Zylinderspule von 300 Windungen wird ein permanenter Stabmagnet herausgezogen, wobei das im Stromkreis (Gesamtwiderstand 40 Ω) der Spule liegende ballistische

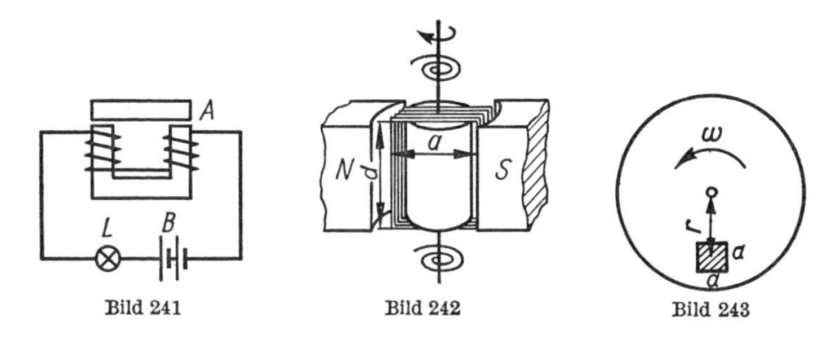

Bild 241 Bild 242 Bild 243

Galvanometer einen Stoßausschlag von 150 μC anzeigt. Welchen magnetischen Fluß hat der Magnet?

**1076.** Welche Quellenspannung wird in einer Spule von 75 Windungen induziert, während der die Spule durchsetzende magnetische Fluß innerhalb von 3 s gleichförmig um $5 \cdot 10^{-5}$ V s zunimmt?

**1077.** Eine elektrische Maschine ist an ein 125 V führendes Netz angeschlossen. Ihre Erregung wird bei konst ant gehaltener Dreh zahl so eingestellt, daß im Anker ($R = 0{,}04\ \Omega$) die Urspannung 123 V induziert wird.

a) Arbeitet die Maschine als Motor oder als Generator?
b) Welche Leistung nimmt die Maschine auf bzw. gibt sie ab?

**1078.** Die Felderregung eines Nebenschlußmotors wird bei gleichbleibender Leistung erhöht. Was ist die Folge hiervon?

**1079.** Welche Spannung wird in jedem der 40 cm langen Ankerstäbe eines Generators induziert, wenn diese, am Umfang einer Trommel von 30 cm Durchmesser sitzend, mit der Drehzahl $n = 800$ 1/min im Feld von 0,6 V s/m² umlaufen?

**1080.** (Bild 242) Die rechteckige Spule eines Drehspulinstrumentes ist $a = 10$ mm breit und $d = 15$ mm hoch, besteht aus $N = 300$ Windungen und befindet sich in einem Magnetfeld von $B = 0{,}2$ V s/m². Welcher Stromstärke entspricht ein Zeigerausschlag von $\alpha = 90°$, wenn die Winkelrichtgröße der rückdrehenden Federn $D = 3 \cdot 10^{-4}$ N · cm/1° beträgt?

**1081.** (Bild 243) Eine $d = 2$ mm dicke Aluminiumscheibe rotiert mit der Winkelgeschwindigkeit $\omega = 10$ 1/s zwischen zwei Magnetpolen in einem Feld von 0,4 V s/m². Die Pole haben quadratische Form von der Seitenlänge $a = 2$ cm und liegen im mittleren Abstand $r = 8$ cm von der Drehachse. Näherungsweise wird angenommen, daß der Widerstand der gesamten Strombahn gleich dem 2fachen Widerstandswert des im Feld liegenden Teiles der Scheibe ist. Zu berechnen sind die durch die Wirbelströme verursachte Bremsleistung (W) und das Bremsmoment (N m).

**1082.** Wie groß ist der Abstand zweier von je 50 A durchflossener paralleler Leiter, die sich je 2 m Leitungslänge mit der Kraft 0,15 N anziehen?

## 5.5. Wechselstrom

### 5.5.1. Widerstände im Wechselstromkreis

**1083.** Welcher Strom fließt durch eine Spule der Induktivität $L = 1{,}4$ H beim Anlegen einer Spannung von 220 V und 50 Hz bei Vernachlässigung des ohmschen Widerstandes?

**1084.** Welche Kapazität muß ein Kondensator haben, wenn sein Wechselstromwiderstand bei 100 Hz 60 Ω betragen soll?

**1085.** Wie groß muß die Kapazität eines Kondensators sein, der bei 48 Hz die Wirkung einer Induktivität von 2,3 H gerade aufheben soll?

**1086.** Bei welcher Frequenz beträgt der Blindwiderstand einer Drosselspule von 1,9 H 600 Ω?

**1087.** Liegt an einer Drosselspule eine Gleichspannung von 6 V so ist die Stromstärke 0,3 A. Beim Anlegen einer Wechselspannung von 125 V fließen 0,75 A. Zu berechnen sind der Scheinwiderstand $Z$, Wirk- und Blindwiderstand $R$ bzw. $\omega L$, die Induktivität $L$ sowie der Phasenwinkel $\varphi$ bei $f = 50$ Hz.

**1088.** Eine Glühlampe für 60 V und 30 W soll bei gleicher Leistung unter Zwischenschaltung eines Kondensators an 120 V Wechselspannung (50 Hz) angeschlossen werden. Welche Kapazität muß dieser haben?

**1089.** Induktiver und ohmscher Widerstand einer Fernleitung betragen 18 Ω bzw. 15 Ω. Wie groß ist die Klemmenspannung am Leitungsausgang, wenn hier durch einen ohmschen Widerstand der Strom 0,5 A fließt und am Eingang 50 V (50 Hz) liegen?

**1090.** Eine Leuchtstoffröhre, deren Brennspannung bei einer Stromstärke von 0,15 A 55 V beträgt, soll über eine Vorschaltdrossel an die Netzspannung von 220 V (50 Hz) angeschlossen werden. Wie groß muß deren Induktivität sein?

**1091.** (Bild 244) Mit einer Spule von $R = 10$ Ω und $L = 0{,}06$ H soll ein ohmscher Widerstand $R_x$ in Reihe geschaltet werden, so daß sich ein Scheinwiderstand von $Z = 26\ \Omega$ ergibt. Wie groß muß $R_x$ sein? ($f = 50$ Hz)

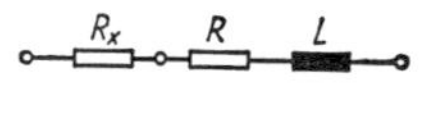

Bild 244

**1092.** Die Induktivität $L$ einer Reihenschaltung aus $R$ und $L$ wird um die Hälfte vergrößert. Auf welchen Bruchteil $x$ muß $R$ verkleinert werden, wenn der Scheinwiderstand $Z$ konstant bleiben soll und $R$ anfänglich gleich $2\omega L$ ist?

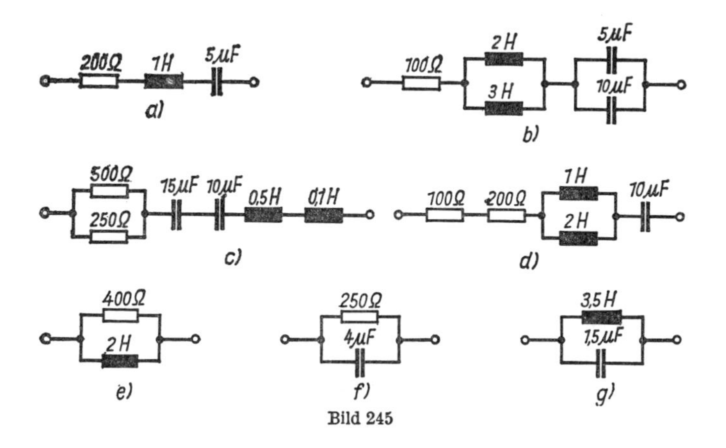

Bild 245

**1093.** a) bis g)
Für die in den Bildern 245a bis g angegebenen Schaltungen sind die Stromstärken und die Verschiebungswinkel zwischen Strom und Spannung zu berechnen, wenn die Klemmenspannung $U = 200$ V und die Frequenz 50 Hz beträgt.

**1094.** Welche Kapazität muß der Kondensator in der auf Bild 246 angegebenen Schaltung haben, wenn sich die Spannungen $U_1$ und $U_2$ wie 1:2 zueinander verhalten sollen, und welcher Strom fließt in diesem Fall? ($f = 50$ Hz)

### 5.5.2. Leistung und Leistungsfaktor

**1095.** Welcher Strom fließt in der Zuleitung zu einem Motor, der bei einem Leistungsfaktor von 0,75 und der Spannung 248 V 8,6 kW verbraucht?

**1096.** Eine Drosselspule hat den Wirkwiderstand 4,3 Ω und die Induktivität 0,2 H. Wie groß ist der Leistungsfaktor? ($f = 50$ Hz)

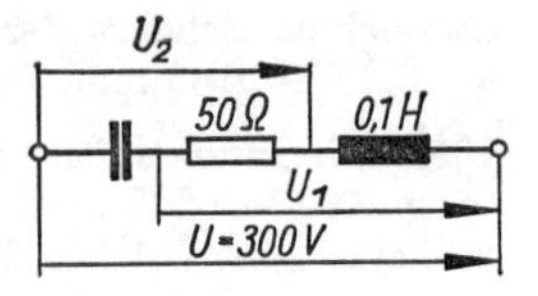


Bild 246

**1097.** Ein Motor nimmt bei 220 V Klemmenspannung einen Strom von 25 A auf und hat einen Leistungsfaktor von 0,8. Wie groß sind Wirk- und Blindstrom sowie Wirk-, Blind- und Scheinleistung?

**1098.** Ein Motor verbraucht bei einer Klemmenspannung von 210 V und einer mittleren Stromstärke von 28 A in $2^1/_2$ Stunden 12,5 kWh. Wie groß sind Leistungsfaktor und Blindstrom?

**1099.** Durch Verbesserung des Leistungsfaktors um 6,5 % vermindert sich die mittlere tägliche Blindleistung eines Industriebetriebes um 20 %. Wie groß ist der Leistungsfaktor $\cos \varphi$ vorher und nachher?

**1100.** Durch Zuschaltung von Kondensatoren wird der durchschnittliche Leistungsfaktor eines Industriewerkes von 0,75 auf 0,92 verbessert. Um welchen Faktor vermindern sich dadurch die Stromwärmeverluste in der Zuleitung, wenn die Wirklast die gleiche bleibt?

**1101.** Welchen gemeinsamen Leistungsfaktor ergeben zwei parallelgeschaltete Motoren von 3,6 kW bzw. 6 kW, deren Leistungsfaktoren 0,6 bzw. 0,8 betragen? ($U = 380$ V)

**1102.** Eine Leuchtstofflampe ist über eine Vorschaltdrossel an $U = 220$ V angeschlossen, wobei ein Betriebsstrom von 0,15 A fließt. Die Leistungsfaktoren der Drossel einschl. Lampe bzw. der Lampe allein sind 0,39 bzw. 1,0. Wieviel Watt verbraucht die Lampe allein, und welchen Leistungsfaktor hat die Drossel allein, wenn die Brennspannung $U_L = 66{,}67$ V beträgt?

**1103.** Welcher prozentuale Anteil der in einem Leitungsnetz entstehenden Stromwärmeverluste entfällt auf den Blindstrom, wenn der durchschnittliche Leistungsfaktor der Verbraucher 0,85 beträgt?

**1104.** Eine Bogenlampe hat eine Brennspannung von $U_1 = 45$ V und ist über eine Drossel an $U = 125$ V angeschlossen. Welche Induktivität hat die Drossel, wenn ihr ohmscher Widerstand 1,5 Ω beträgt und die Lampe eine Leistung von 400 W verbraucht? ($f = 50$ Hz)

**1105.** Welche Wärmemenge wird je Minute in einer eisenlosen Drosselspule von 0,2 H und 25 Ω Widerstand entwickelt, wenn diese an die Wechselspannung 220 V und $f = 50$ Hz angelegt wird?

**1106.** Wie groß ist die Blindleistung, die ein zum Verbraucher parallelgeschalteter Kondensator von 200 μF bei 220 V und $f = 50$ Hz vollständig kompensiert?

**1107.** Wie groß muß ein Kondensator sein, der in Parallelschaltung bei 380 V und $f = 50$ Hz die Blindleistung 12 kvar voll kompensiert?

**1108.** Der Leistungsfaktor eines Motors für 125 V und 15 kW beträgt $\cos \varphi_1 = 0{,}65$ und wird durch Parallelschalten eines Kondensators auf $\cos \varphi_2 = 0{,}85$ verbessert. Wie groß ist dessen Kapazität?

**1109.** Ein Motor nimmt bei $U_1 = 220$ V 20 mA auf, hat den Leistungsfaktor 0,5 und wird über einen Kondensator an die Spannung von $U_2 = 120$ V angeschlossen ($f = 50$ Hz). Welche Kapazität hat der Kondensator bei unveränderter Leistung des Motors, und bis zu welcher kleinsten Spannung läßt sich der Motor in dieser Weise betreiben?

# 6. Spezielle Relativitätstheorie

**1110.** Auf das Wievielfache erhöht sich die Masse eines Körpers, wenn seine Geschwindigkeit a) 90 %, b) 99 % und c) 99,99 % der Lichtgeschwindigkeit beträgt?

**1111.** Welche kinetische Energie hat die Masse 1 g, wenn sie sich mit der Geschwindigkeit 0,6 $c$ bewegt?

**1112.** Bei welcher Geschwindigkeit hat die Masse 1 kg die kinetische Energie $4{,}5 \cdot 10^{16}$ W s?

**1113.** Bei welcher Geschwindigkeit beträgt die kinetische Energie eines Körpers 1 % seiner Ruhenergie?

**1114.** Ein Körper hat die Geschwindigkeit $v$. Auf das Wievielfache ist diese zu erhöhen, wenn sich seine Masse verdoppeln soll?

**1115.** a) Mit welcher Spannung sind Elektronen zu beschleunigen, wenn sich deren Ruhmasse dabei verdreifacht? b) Wie groß ist dann ihre Geschwindigkeit? ($m_0 = 9{,}1 \cdot 10^{-31}$ kg, $e = 1{,}6 \cdot 10^{-19}$ C)

**1116.** Mit welcher Spannung sind Elektronen zu beschleunigen, wenn ihre Geschwindigkeit 20 % unter der des Lichtes liegen soll?

**1117.** a) Welche Zeit benötigt ein Elektron, das zuvor mit der Spannung 0,5 MV beschleunigt wurde, zum Durchlaufen einer 10 m langen Strecke? b) Wie lang erscheint diese Strecke im Bezugssystem des Elektrons?

**1118.** Wie lange braucht ein Proton der Energie $10^{19}$ eV, dem beobachteten Höchstbetrag in der kosmischen Strahlung, zum Durchlaufen der Galaxis, deren Durchmesser rund $10^5$ Lichtjahre beträgt, a) gemessen nach irdischem Zeitmaß, b) gemessen im Bezugssystem des bewegten Protons? ($m_p = 1{,}67 \cdot 10^{-27}$ kg)

**1119.** Im Zeitmaß eines utopischen Raumschiffes benötigt dieses für die einfache Fahrt bis zum nächsten Fixstern (Proxima Centauri, $s = 4{,}3$ Lichtjahre) 1 Jahr. a) Welche Geschwindigkeit muß es haben, und b) welche Zeit verstreicht inzwischen auf der Erde?

**1120.** Auf das Wievielfache der Ruhmasse wächst die Masse des Elektrons im Elektronensynchrotron an, wo es mit 6 GV beschleunigt wird?

**1121.** Mit welcher Energie (in MeV) treffen Protonen gegen die

Außenhaut eines Raumschiffes, das sich ihnen gegenüber mit 0,6 $c$ bewegt? ($m_p = 1{,}67 \cdot 10^{-27}$ kg)

**1122.** Welche Antriebsenergie wäre notwendig, um ein Raumschiff von 100 t Masse auf die Geschwindigkeit $v = 0{,}9\,c$ zu beschleunigen? (Vergleiche mit der Leistung eines Großkraftwerkes von 1200 MW)

**1123.** Wenn sich die Geschwindigkeit eines Teilchens verfünffacht, wächst seine Masse ebenfalls auf das Fünffache an. Bei welcher Geschwindigkeit ist dies der Fall?

# 7. Atom- und Kernphysik

## 7.1. Quanten- und Atomphysik

In diesem Abschnitt wird mit folgenden Konstanten gerechnet:
Lichtgeschwindigkeit im Vakuum $c = 2{,}997\,925 \cdot 10^8$ m/s
Plancksche Konstante $h = 6{,}626 \cdot 10^{-34}$ W s²
Ruhmasse des Elektrons $m_e = 9{,}1 \cdot 10^{-31}$ kg
Ruhmasse des Protons $m_p = 1{,}6726 \cdot 10^{-27}$ kg
Elementarladung $e = 1{,}6 \cdot 10^{-19}$ A s
Rydbergfrequenz $R = 3{,}29 \cdot 10^{15}$ 1/s
Einheit der relativen Atommasse $1\ \text{u} = 1{,}6606 \cdot 10^{-27}\ \text{kg} \triangleq 931\ \text{MeV}$

**1124.** Welche Wellenlänge hat eine $\gamma$-Strahlung von 1,8 MeV?

**1125.** Welche Energie (MeV) haben die Quanten einer $\gamma$-Strahlung von der Wellenlänge $\lambda = 2{,}5 \cdot 10^{-11}$ cm?

**1126.** Wieviel Lichtquanten der Wellenlänge $\lambda = 589{,}3$ nm sendet eine Natriumdampflampe bei einem Strahlungsfluß von 3 W je Sekunde aus?

**1127.** Auf eine verlustfreie reflektierende Fläche von 1 cm² wirkt eine Strahlung mit der Leistung 6 W. Wie groß ist der entstehende Strahlungsdruck?

**1128.** Der Strahlungsdruck des senkrecht auf einen Spiegel fallenden Sonnenlichtes beträgt etwa $10^{-5}$ Pa. Wieviel Joule strahlt hiernach die Sonne je Sekunde auf die Fläche von 1 cm²?

**1129.** Wieviel kostet „1 Gramm Licht", wenn dieses mit Glühlampen bei einem Wirkungsgrad von 4 % erzeugt wird und 1 kWh mit 0,08 Mark berechnet wird?

**1130.** (Bild 247) Eine Fotozelle wird in zwei Versuchen mit monochromatischem Licht der Wellenlänge $\lambda_1 = 350$ nm bzw. $\lambda_2 = 250$ nm bestrahlt. Durch Anlegen einer Gegenspannung $U_1 = 3{,}55$ V bzw. 4,97 V wird der Fotostrom vollständig kompensiert. Hieraus ist die Plancksche Konstante $h$ zu berechnen.

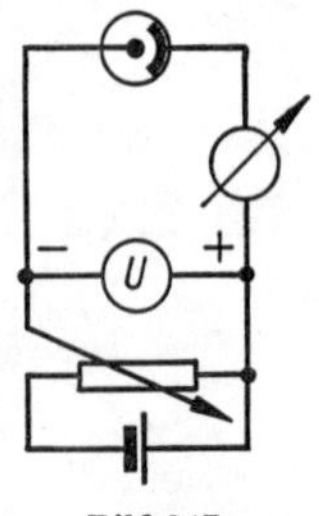

Bild 247

**1131.** Wie groß ist die Austrittsarbeit einer Fotokatode, wenn bei Bestrahlung mit Licht der Wellenlänge $2{,}2 \cdot 10^{-7}$ m der Fotoeffekt durch eine Gegenspannung von 1,85 V vollständig unterdrückt wird?

**1132.** Oberhalb welcher Wellenlänge des bestrahlenden Lichtes kann bei einer Kalium-Katode kein Fotoeffekt mehr eintreten, wenn die Austrittsarbeit 1,83 eV beträgt?

**1133.** Mit welcher Wellenlänge wird eine Fotokatode bestrahlt, wenn ihre Austrittsarbeit 2,8 eV beträgt und Elektronen der Geschwindigkeit 1 200 km/s austreten?

**1134.** Bei welchem Streuwinkel beträgt die durch Comptoneffekt bewirkte Änderung der Wellenlänge $\Delta\lambda = 3{,}5 \cdot 10^{-12}$ m?

**1135.** a) Welche Wellenlänge haben die durch Comptoneffekt um den Winkel 150° gestreuten Röntgenquanten, wenn sie anfangs $10^{-12}$ m beträgt? b) Welche Energie haben die ausgelösten Rückstoßelektronen?

**1136.** Welche Wellenlänge hat die primäre Strahlung, wenn die unter dem Winkel $\vartheta = 180°$ austretende Comptonstreustrahlung die Wellenlänge $\lambda' = 1{,}5 \cdot 10^{-11}$ m hat?

**1137.** Das von einem Strahlungsquant der Wellenlänge $4{,}655 \times \times 10^{-12}$ m aus gelöste Rückstoßelektron hat die Energie 0,08 MeV Unter welchem Winkel tritt das gestreute Strahlungsquant aus und welche Wellenlänge hat es?

**1138.** Wie groß ist die Wellenlänge der Primärstrahlung, wenn bei dem Streuwinkel $\vartheta = 90°$ die Comptonelektronen die Energie 1,5 MeV haben?

**1139.** Zwischen welchen Grenzen liegt die Energie der von einer primären Strahlung der Wellenlänge $10^{-12}$ m ausgelösten Comptonelektronen?

**1140.** Welche maximale Änderung der Wellenlänge ist zu erwarten, wenn Lichtquanten an Protonen gestreut werden?

**1141.** Welche De-Broglie-Wellenlänge haben Elektronen bei 50 % Lichtgeschwindigkeit?

**1142.** Bei welcher Elektronengeschwindigkeit ergibt sich für die De-Broglie-Wellenlänge der doppelte Wert, wenn mit der Ruhmasse anstatt mit der relativistisch veränderten Masse des Elektrons gerechnet wird?

**1143.** Mit welcher Spannung müssen Elektronen beschleunigt werden, damit ihre De-Broglie-Wellenlänge $5 \cdot 10^{-11}$ m beträgt?

**1144.** Welche Grenzwellenlängen der Röntgenbremsstrahlung wird durch Elektronen der Geschwindigkeit 0,3 $c$ ausgelöst?

**1145.** Welche Wellenlänge hat die $K_\beta$-Linie des Röntgenspektrums des Eisens?

**1146.** Aus welchem Material besteht die Anode, wenn die Quanten der $K_\alpha$ -Linie einer Röntgenstrahlung die Energie 8 keV haben?

## 7.2. Radioaktivität

**1147.** Wieviel Zerfallsakte finden je Sekunde in 1 g reinem Radiokobalt $^{60}Co$ statt? ($T_{1/2}$ = 5,3 a)

**1148.** Wieviel Gramm stellt die Aktivität $10^8$ Bq reines Radiojod $^{131}I$ ($T_{1/2}$ = 8 d) dar?

**1149.** Die Aktivität einer strahlenden Substanz sinkt innerhalb zweier Tage von $4 \cdot 10^7$ Bq auf $2{,}4 \cdot 10^7$ Bq. Wie groß ist die Aktivität nach weiteren 8 Tagen?

**1150.** Die Aktivität einer strahlenden Substanz klingt innerhalb von 3 Stunden von $3{,}5 \cdot 10^7$ Bq auf $3{,}1 \cdot 10^7$ Bq ab. Wie groß ist die Halbwertszeit?

**1151.** Wieviel Gramm $^{32}P$ sind von 1 g Anfangsmenge nach 35 Tagen noch aktiv? (Halbwertszeit $T_{1/2}$ = 14,3 d)

**1152.** Innerhalb welcher Zeit klingt die Aktivität des Radionatriums $^{24}Na$ ($T_{1/2}$ = 14,8 h) auf $^1/_{10}$ des Anfangswertes ab?

**1153.** Welche Aktivität stellen 2 mg reiner Radiokohlenstoff $^{14}C$ dar? ($T_{1/2}$ = 5700 a)

**1154.** Wie groß ist die Halbwertszeit eines Radionuklides, wenn seine Aktivität innerhalb einer bestimmten Zeit auf 9/10 und nach weiteren 5 Stunden auf 7/10 des Anfangswertes abnimmt?

**1155.** Die Aktivität zweier radioaktiver Substanzen beträgt anfänglich $8 \cdot 10^8$ Bq bzw. $5 \cdot 10^8$ Bq und ist nach 12 Tagen gleich groß. Wie groß ist die Halbwertszeit der zweiten Substanz, wenn die der ersten 5 Tage beträgt?

**1156.** Die Aktivitäten zweier Radionuklide, die sich anfangs wie 2:1 verhalten, sind nach Ablauf von 6 Tagen gleich groß. Wie groß ist die Halbwertszeit des zweiten Nuklids, wenn die des ersten 4 Tage beträgt?

**1157.** Eine Lösung von Radionatrium ($T_{1/2}$ = 14,8 h) liefert im Zählgerät anfänglich 12500 Impulse/min. Welche Impulsrate wird nach einem Tag (24 h) festgestellt?

**1158.** Nach wieviel Halbwertszeiten beträgt die Aktivität einer radioaktiven Substanz nur noch $^1/_{100}$ ihres Anfangswertes?

**1159.** Wieviel reines $^{238}_{94}Pu$ ($T_{1/2} = 86{,}4$ a) ist zum Betrieb einer Thermobatterie erforderlich, wenn eine anfängliche Wärmeleistung von 1 kW erzielt werden soll und die mittlere Energie eines α-Teilchens $W_\alpha = 5{,}48$ MeV beträgt?

**1160.** Welche Energie liefert 1 g $^{226}_{88}Ra$ ($T_{1/2} = 1\,600$ a) im Zeitraum eines Jahres, wenn nur die Energie der α-Strahlung ($W_\alpha = 4{,}78$ MeV) berücksichtigt wird?

**1161.** Welche anfängliche Leistung kann eine mit 100 g $^{238}_{94}Pu$ ($T_{1/2} = 86{,}4$ a) geladene Radionuklidbatterie maximal abgeben, wenn die Energie ihrer α-Strahlung $W_\alpha = 5{,}48$ MeV beträgt?

**1162.** Welche Energie liefert eine mit $^{90}_{38}Sr$ betriebene Radionuklidbatterie in 10 Jahren, wenn die Halbwertszeit $T_{1/2} = 28$ a und die Anfangsleistung 50 W beträgt?

**1163.** Welche Energie (kWh) wird beim vollständigen Zerfall von $^{60}Co$ ($T_{1/2} = 5{,}3$ a) frei, wenn die Anfangsaktivität $A = 3{,}7 \cdot 10^{10}$ Bq beträgt und je Zerfallsakt zwei γ-Quanten mit zusammen 2,5 MeV und ein β-Teilchen mit 0,3 MeV frei werden?

**1164.** Die Dosisleistung eines punktförmigen Gamma-Strahlers beträgt in 0,6 m Abstand vom Präparat $10^{-9}$ W/kg. In welchem Abstand beträgt sie nur noch $0{,}2 \cdot 10^{-9}$ W/kg?

**1165.** Welche Energiedosis (Gy) erzeugen $A = 18{,}5 \cdot 10^7$ Bq Radium im Abstand $r = 1$ m innerhalb von $t = 30$ min, wenn die Dosiskonstante $K_\gamma = 7 \cdot 10^{-17}$ J m²/kg beträgt?

**1166.** Die Dosiskonstante des $^{60}Co$ ist $K_\gamma = 10^{-16}$ J m²/kg. Welche Aktivität $A$ ergibt im Abstand von 0,5 m die höchstzulässige Dosisleistung von $10^{-3}$ Gy/Woche, wenn die Woche zu 40 Arbeitsstunden angenommen wird?

**1167.** Welcher Arbeitsabstand $r$ muß mindestens eingehalten werden, wenn 3 Stunden mit der Aktivität $2{,}2 \cdot 10^{10}$ Bq $^{192}Ir$ gearbeitet wird und dabei die Energiedosis $10^{-3}$ Gy nicht überschritten werden darf? ($K_\gamma = 3{,}5 \cdot 10^{-17}$ J m²/kg)

**1168.** Gegeben sei ein punktförmig zu betrachtendes Präparat $^{60}Co$ von der Aktivität $8 \cdot 10^7$ Bq, das je Zerfallsakt 2 γ-Quanten von je $W_\gamma = 1{,}25$ MeV abgibt. Wieviel γ-Quanten und welche Strahlungsenergie (W s) treffen im Abstand 0,8 m je Sekunde auf die Fläche 1 cm²?

## 7.3. Kernenergie

Es wird mit folgenden Massenwerten gerechnet:

Masse des Protons $m_p = 1{,}007\,28$ u
Masse des Neutrons $m_n = 1{,}008\,67$ u
Masse des Elektrons $m_e = 0{,}000\,55$ u

**1169.** Es sind folgende Reaktionsgleichungen zu ergänzen:

a) $^{10}_{5}\mathrm{B}\ (\mathrm{n}, \alpha) \rightarrow$ b) $^{40}_{18}\mathrm{Ar}\ (\alpha, \mathrm{n}) \rightarrow$

c) $^{25}_{12}\mathrm{Mg}\ (\mathrm{d}, \mathrm{p}) \rightarrow$

**1170.** Es sind folgende Reaktionsgleichungen zu ergänzen:

a) $\mathrm{n} + {}^{235}_{..}\mathrm{U} \rightarrow {}^{145}_{57}\mathrm{La} + \ldots + 4\mathrm{n}$

b) $\mathrm{n} + {}^{235}_{..}\mathrm{U} \rightarrow {}^{99}_{..}\mathrm{Zr} + {}^{135}_{..}\mathrm{Te} + \ldots \mathrm{n}$

c) $\mathrm{n} + {}^{232}_{..}\mathrm{Th} \rightarrow \ldots + {}^{140}_{..}\mathrm{Xe} + 3\mathrm{n}$

d) $\mathrm{n} + {}^{\cdot\cdot}_{..}\mathrm{Pu} \rightarrow {}^{80}_{..}\mathrm{Se} + {}^{157}_{..}\mathrm{Nd} + 3\mathrm{n}$

**1171.** Welcher Energie (kWh) entspricht ein Massendefekt von 3 mg?

**1172.** Wieviel Megaelektronenvolt entspricht ein Massendefekt von 1 u (atomare Masseeinheit $= 1{,}6606 \cdot 10^{-24}$ g), wenn der genaue Betrag der Lichtgeschwindigkeit $c = 299\,792{,}5$ km/s ist?

**1173.** Welchem Massendefekt entspricht eine frei werdende Energie von 10 MW h?

**1174.** Wie groß ist die Bindungsenergie für je 1 Nukleon beim Kern a) $^{27}_{13}\mathrm{Al}$ ($A_r = 26{,}981\,5$) und b) $^{197}_{79}\mathrm{Au}$ ($A_r = 196{,}967$)?

**1175.** Welche Energie (in MeV) wird bei der Spaltung eines Kernes $^{235}_{92}\mathrm{U}$ ($A = 235{,}044\,0$) durch ein Neutron insgesamt frei, wenn dabei 2 freie Neutronen und am Ende die stabilen Kerne $^{96}_{44}\mathrm{Ru}$ ($A_1 = 95{,}907\,6$) und $^{138}_{56}\mathrm{Ba}$ ($A_2 = 137{,}905\,2$) entstehen?

**1176.** Welche Wärmeenergie wird in 1 kg $^{235}_{92}\mathrm{U}$ im Laufe von 100 Jahren frei, wenn es sich mit der Halbwertszeit $2{,}1 \cdot 10^{17}$ Jahren spontan spaltet und je Spaltakt die Energie 200 MeV frei wird?

**1177.** Welche Energie liefert 1 g $^{235}_{92}\mathrm{U}$ bei vollständiger Spaltung, wenn je gespaltener Kern 200 MeV frei werden?

**1178.** Bei der Spaltung des Kerns $^{235}_{92}\mathrm{U}$ entstehen zwei Bruchstücke mit den Massenzahlen $A_1 = 88$ und $A_2 = 148$. Wie verteilt sich die dabei frei werdende Energie $W = 165$ MeV auf die beiden Teile, und mit welchen Geschwindigkeiten fliegen sie auseinander?

**1179.** a) In welchem Verhältnis $m_1 : m_2$ stehen die beiden bei der Spaltung eines Urankerns entstehenden Bruchstücke zueinander, wenn ihre kinetischen Energien $W_1 = 110{,}4$ MeV bzw. $W_2 = 53{,}8$ MeV betragen? b) Welche Massenwerte haben sie, wenn die des Zwischenkerns mit $A = 235$ angenommen wird?

**1180.** Wieviel reines $^{235}_{92}U$ verbraucht ein Kernkraftwerk täglich, dessen thermische Leistung 300 MW beträgt, wenn mit 200 MeV je Spaltakt gerechnet wird?

**1181.** Der Abbrand der in einem Kernkraftwerk eingesetzten Brennelemente wird mit 17400 MWd/t angegeben (d = Abkürzung für Tage). Wieviel kg $^{235}_{92}U$ je t Kernbrennstoff werden dabei verbraucht? Vergleiche damit die mittlere Anreicherung von 2,2 %.

**1182.** Aus der Reaktionsgleichung $^2_1D + ^2_1D \rightarrow ^3_2He + ^1_0n + 3{,}25$ MeV ist die genaue Masse des Atoms $^3_2He$ zu berechnen, wenn die genaue Masse des Atoms $^2_1D$ mit 2,01410 u bekannt ist.

**1183.** Wieviel Kilowattstunden würden bei der vollständigen Fusion von 1 g Wasserstoff zu Helium frei werden?

**1184.** Welche Energie (MeV) wird bei der Kernverschmelzung $^7_3Li + p \rightarrow 2\,^4_2He$ frei, wenn die Massenwerte für $^7_3Li$ 7,01600, für p 1,00728 und für $^4_2He$ 4,00260 betragen?

**1185.** Welche Energieänderung erfährt ein $\gamma$-Quant der Energie $W = 129$ keV durch den Rückstoß des emittierenden Kerns Ir 191?

**1186.** Rutherfords erste Kernumwandlung: $^{14}_7N(\alpha, p)^{17}_8O$. Mit welcher Energie (MeV) fliegen die Protonen davon, wenn $\alpha$-Teilchen der Energie 6,8 MeV als Geschosse dienen? ($m_N = 14{,}00307$ u, $m_\alpha = 4{,}00151$ u, $m_O = 16{,}99913$ u, $m_P = 1{,}00728$ u)

**1187.** In einem Neutronenzählrohr spielt sich die Reaktion $^{10}_5B$ (n, $\alpha$) $^7_3Li$ ab. Welche Energien haben das $\alpha$-Teilchen und der Rückstoßkern $^7_3Li$ in MeV? ($m_B = 10{,}01294$ u, $m_{Li} = 7{,}01600$ u, $m_\alpha = 4{,}00151$ u)

**1188.** Welche Energie müssen Protonen mindestens haben (MeV), um bei der Reaktion $^7_3Li$ (p, n) $^7_4Be$ Neutronen auszulösen?

# Lösungen

1. *Mechanik fester Körper*
2. *Mechanik der Flüssigkeiten und Gase*
3. *Wärmelehre*
4. *Optik*
5. *Elektrizitätslehre*
6. *Spezielle Relativitätstheorie*
7. *Atom- und Kernphysik*

# 1. Mechanik fester Körper

1. $V = 2lbh = 2 \cdot 100\ \text{cm} \cdot 220\ \text{cm} \cdot 0{,}008\ \text{cm} = \underline{352\ \text{cm}^3}$

2. $d = \dfrac{V}{2lb} = \underline{0{,}03\ \text{mm}}$

3. $hA = \dfrac{(d_2^2 - d_1^2)\,\pi b}{4}$; $A = \underline{659{,}7\ \text{m}^2}$

4. Der Ansatz von Aufg. 3 ergibt $d_1 = \sqrt{d_2^2 + \dfrac{4hA}{\pi b}} = \underline{15\ \text{cm}}$

5. $\dfrac{d_1^2\pi l_1}{4} = \dfrac{d_2^2\pi l_2}{4}$; $d_2 = d_1\sqrt{\dfrac{l_1}{l_2}} = \underline{0{,}17\ \text{mm}}$

6. $\dfrac{d^2\pi l}{4} = \dfrac{4\pi r^3}{3}$; $d = \sqrt{\dfrac{16r^3}{3l}} = \underline{0{,}075\ \text{mm}}$

7. $\dfrac{d_1^2\pi h}{4} = \dfrac{(d_1^2 - d_2^2)\,\pi\,(h + \Delta h)}{4}$; hieraus folgt

$$d_1 = d_2\sqrt{\frac{h + \Delta h}{\Delta h}};$$

$$V = \frac{d_1^2\pi h}{4} = \frac{d_2^2\,(h + \Delta h)\,\pi h}{4\Delta h} = \underline{2628\ \text{l}}$$

8. $\dfrac{d^2\pi h}{4} = V$; $h = d = \sqrt[3]{\dfrac{4V}{\pi}} = \underline{5{,}35\ \text{m}}$

9. (Bild 248) Es ist $c = \dfrac{h}{4}$ und wegen 45° Neigung

$c = \dfrac{d}{2}$; so daß $\dfrac{d}{2} = \dfrac{h}{4}$ und $d : h = \underline{1 : 2}$

10. (Bild 249)

$\cot\alpha = \dfrac{h}{4} : \dfrac{h}{2} = 0{,}5$; $\alpha = \underline{63{,}4°}$

11. (Bild 250) $\tan\alpha = \dfrac{10}{45}$; $\alpha = \underline{12{,}5°}$

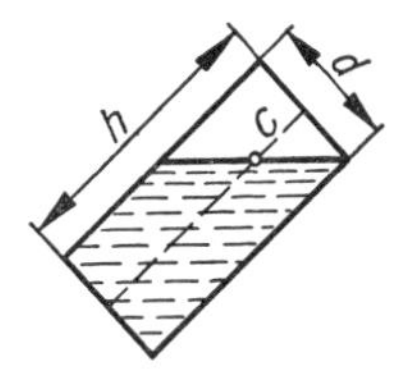

Bild 248

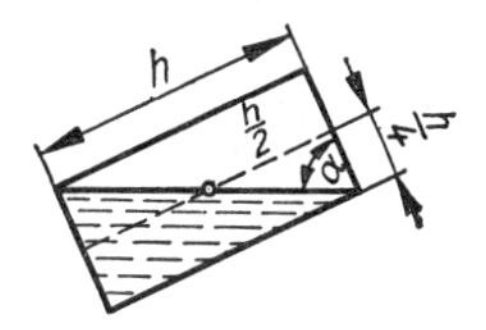

Bild 249

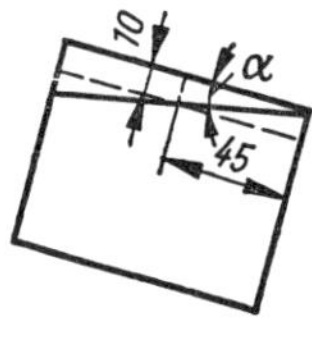

Bild 250

**12.**

| | Gefäß *1* | | Gefäß *2* | |
|---|---|---|---|---|
| | Benzin | Öl | Öl | Benzin |
| 1. | 1000 | 0 | 1000 | 0 |
| 2. | 750 | — | 1000 | 250 |
| 3. | 800 | 200 | 800 | 200 |

Verhältnis von Benzin/Öl in *1* gleich Öl/Benzin in *2*; in beiden Fällen 4:1

**13.** $m = \frac{d^2 \pi l \varrho}{4} = \frac{0{,}2^2\,\text{cm}^2 \cdot \pi \cdot 10000\,\text{cm} \cdot 8{,}9\,\text{g/cm}^3}{4} =$

$= 2796\,\text{g} = \underline{2{,}796\,\text{kg}}$

**14.** $\varrho = \frac{m}{V_1 + V_2} = \frac{100}{\frac{33}{\varrho_1} + \frac{67}{\varrho_2}} = \underline{9{,}6\,\text{g/cm}^3}$

**15.** $V = \frac{m}{\varrho} = \frac{300\,\text{g}}{11{,}3\,\text{g/cm}^3} = \underline{26{,}55\,\text{cm}^3}$

**16.** $m = 2Ah\varrho = \underline{222{,}5\,\text{g}}$

**17.** $h = \frac{m}{1000\,A\varrho} = 4{,}145 \cdot 10^{-4}\,\text{cm} = \underline{4{,}145\,\mu\text{m}}$

**18.** $m = \frac{d^2 \pi l \varrho}{4}; \quad d = \sqrt{\frac{4m}{\pi l \varrho}} = 0{,}034\,\text{cm} = \underline{0{,}34\,\text{mm}}$

**19.** $V = \frac{m}{\varrho} = \frac{100\,\text{kg}}{2{,}5\,\text{kg/dm}^3} = 40\,\text{dm}^3; \quad \frac{40}{1000} = \underline{4\%}$

**20.** Volumen des Bleis $V_1 = \frac{m_1}{\varrho_1}$; verdrängtes Volumen $V$;

Dichte des Holzes $\varrho_2 = \frac{m_2}{V_2} = \frac{m_2}{V - \frac{m_1}{\varrho_1}} = \underline{0{,}76\,\text{g/cm}^3}$

**21.** $A = \frac{m}{l\varrho} = \frac{x \text{ kg m}^3}{x \text{ m} \cdot 600 \text{ kg}} = 0{,}001\,667 \text{ m}^2 = 16{,}67 \text{ cm}^2$

**22.** $\varrho = \frac{m_{\text{Fl}}}{V_{\text{Fl}}} = \frac{(74{,}56 - 12{,}82) \text{ g}}{(65{,}43 - 12{,}82) \text{ cm}^3} = 1{,}174 \text{ g/cm}^3$

**23.** Volumen des Pyknometers $V = \frac{m_2 - m_1}{\varrho_1}$;

$m_4 = \left(V - \frac{m_3}{\varrho_2}\right) \varrho_1 + m_1 + m_3$; nach Einsetzen von $V$

erhält man $\varrho_2 = \frac{m_3 \varrho_1}{m_2 + m_3 - m_4} = 21{,}2 \text{ g/cm}^3$

**24.** $m_0 + V\varrho_L = x$; $m_0 + V\varrho_G = y$; $m_0 + V\varrho_W = z$; paarweises Subtrahieren liefert die Gleichungen $V\varrho_W - V\varrho_L = z - x$; $V\sigma_L - V\varrho_G = x - y$; Isolieren von $V$ und Gleichsetzen ergibt

$$\varrho_G = \frac{\varrho_W (x - y) - \varrho_L (z - y)}{x - z}$$

**25.** $\varrho_G = 0{,}000\,691 \text{ g/cm}^3$

**26.** 3 Taue verbinden den ersten Hänger mit der Zugmaschine, 2 Taue die ersten beiden und 1 Tau die beiden letzten Hänger.

**27.** Es hätten 8 Pferde auf der einen Seite genügt; ein fester Widerhalt auf der anderen Seite hätte dieselbe Gegenkraft ergeben.

**28.** $(7 + 2) \text{ N} = (4 + 3) \text{ N} + F$; $F = 2 \text{ N}$

**29.** (Bild 251) In jeder Seilhälfte wirkt die Zugkraft

$$F = \frac{F_R}{\sqrt{2}} = 3000 \text{ N} \cdot \sqrt{2} = 4243 \text{ N}$$

**30.** $8 \text{ N} = \sqrt{F_1^2 + (F_1 + 2 \text{ N})^2}$; $F_1 = 4{,}57 \text{ N}$; $F_2 = 6{,}57 \text{ N}$

**31.** $\sqrt{F_1^2 + F_2^2} = \sqrt{F_3^2 + F_3^2}$; $F_3 = 14{,}6 \text{ N}$

**32.** $F_1^2 + (F_1 + 3 \text{ N})^2 = (F_1 + 7 \text{ N})^2$; $F_1 = 11{,}48 \text{ N}$;

$F_2 = 14{,}48 \text{ N}$; $F_R = 18{,}48 \text{ N}$

**33.** $G = \sqrt{G_1^2 + G_2^2} = \sqrt{(81 + 16) \text{ N}^2} = 9{,}85 \text{ N}$

**34.** a) $G_1 = \frac{120 \text{ N}}{\cos 20°} = 128 \text{ N}$ b) $G_2 = \frac{85 \text{ N}}{\sin 20°} = 249 \text{ N}$

**35.** (Bild 252) $\tan \alpha = 1/3 = 0{,}3333$; $\alpha = 18{,}4°$;

$$\frac{G'}{2F_1} = \cos 18{,}4°; \quad F_1 = F_2 = \underline{448\ \text{N}}$$

**36.** (Bild 253) Gegen die Kante wirkt die Resultierende $F_R$ aus der Zugkraft $F$ und der Gewichtskraft $G$. Es ist $F:G = a:b$, wobei $a = \sqrt{(60^2 - 55^2)\ \text{cm}^2} = 24{,}0$ cm und $b = 55$ cm; hieraus wird $F = \underline{13{,}1\ \text{kN}}$

**7.** (Bild 254) Das Krafteck liefert $F_1:G = 6:1$, wonach $F_1 = F_2 = \underline{900\ \text{N}}$; mit $a = \sqrt{(6^2 - 1^2)\ \text{m}^2} = 5{,}92$ m und $F_3:G = 5{,}92:1$ wird $F_3 = \underline{888\ \text{N}}$

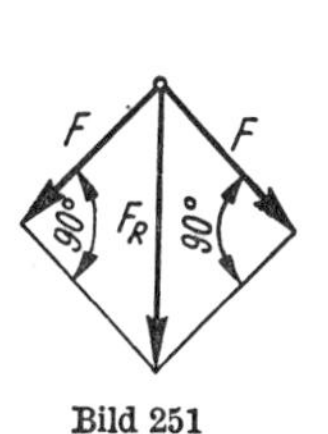

Bild 251

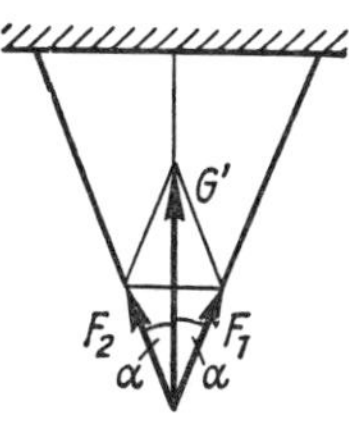

Bild 252

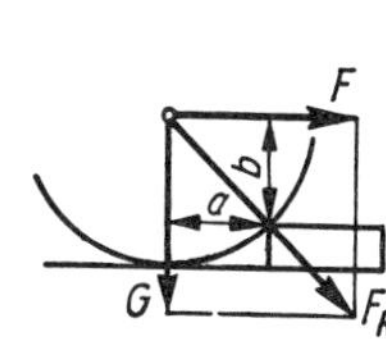

Bild 253

**38.** (Bild 255) Zugseil und Last ergeben die um 15° gegen die Vertikale geneigte Resultierende $F_R = 2 \cdot 2000\ \text{N} \cdot \cos 15° = 3864$ N; $F_R$ liefert $F'_R = F_R \cos 15° = \underline{3732\ \text{N}}$ und $F''_R = F_R \sin 15° = 1000$ N; $F'_R$ liefert $F_1 = \dfrac{F'_R}{\sin 50°} = \underline{4872\ \text{N}}$ und $F'''_R = F_1 \cos 50° = 3132$ N; $F_2 = F'''_R - F''_R = \underline{2132\ \text{N}}$

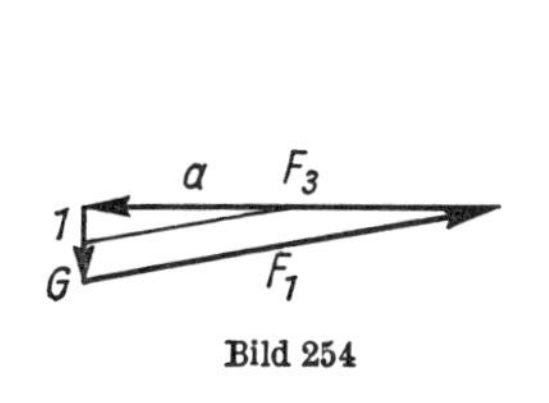

Bild 254

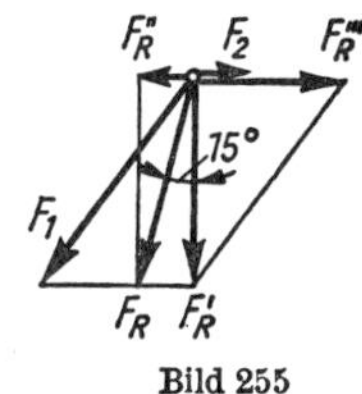

Bild 255

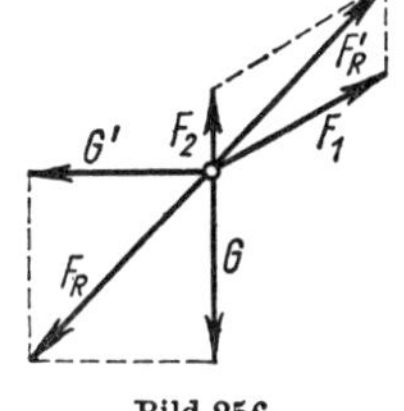

Bild 256

**39.** (Bild 256) $F'_R = F_R = G\sqrt{2} = \underline{1697\ \text{N}}$;
$F_1:F'_R = \sin 45°:\sin 120°$; $F_1 = \underline{1386\ \text{N}}$;

$$F_2 = \frac{F' \sin 15°}{\sin 120°} = \underline{507\ \text{N}}$$

**40.** $\cos\alpha = \dfrac{1700\text{ N}}{2100\text{ N}} = 0{,}8095;\ \alpha = 36°;$

$G = 2100\text{ N}\cdot\sin\alpha = \underline{1234\text{ N}}$

**41.** (Bild 257) $\cot\varphi = \dfrac{1{,}8}{1}$ ; mit der Seillänge $l = 6$ m ist
$h = l\,(1 - \cos\varphi) = \underline{0{,}76\text{ m}}$

**42.** (Bild 258) $F_2 = F_1\cot 20° = 600\text{ N}\cdot 2{,}747 = \underline{1648\text{ N}}$

**43.** (Bild 259) $F = 2\cdot 2{,}5\text{ N}\cdot\tan 30° = \underline{2{,}89\text{ N}}$

**44.** (Bild 260) An Stange *2* wirkt nach links die gleiche horizontale Kraft $F_H = 1000$ N; $F_1 : 1000\text{ N} = (3 - 2):4$; $F_1 = 250$ N; $F_2' = 250$ N; $F_2'' = 1000\text{ N}\cdot\tan 60° = 1732$ N;

$F_2 = (F''_2 - F'_2) = \underline{1482\text{ N}}$ ; $F = \dfrac{F''_2}{\sin 60°} = \underline{2000\text{ N}}$

oder auch $F = \dfrac{1000\text{ N}}{\sin 30°}$

**45.** (Bild 261) Drückt man im Dreieck *ADC* den halben Winkel durch $\sin 15° = \dfrac{a/2}{b}$ aus, so gilt im Dreieck *ABC*

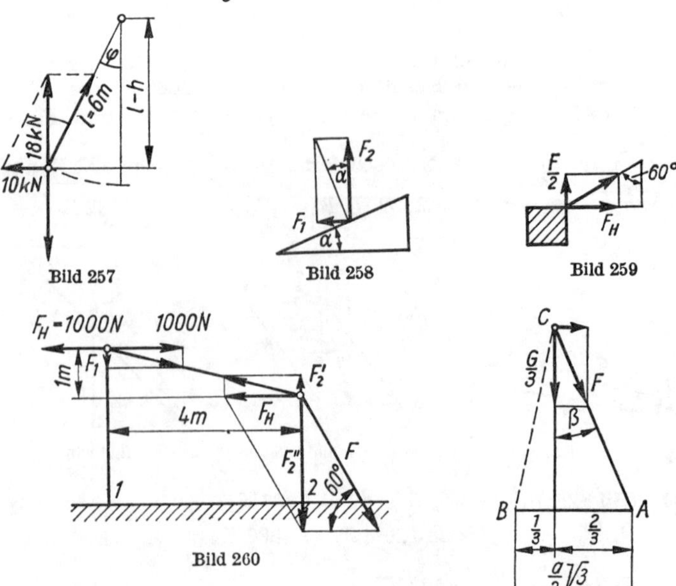

Bild 257 Bild 258 Bild 259

Bild 260

Bild 261

$$\sin\,\beta = \frac{2}{3}\,\frac{a}{2b\sqrt{3}}\,;\quad \text{so daß}\quad \sin\beta = \frac{2\sqrt{3}}{3}\sin 15^\circ \text{ und}$$

$$\beta = 17{,}4^\circ;\qquad F = \frac{G}{3\cos\beta} = \underline{209{,}6\ \text{kN}}$$

**46.** (Bild 262) $h = \sqrt{(15^2 - 3^2)\ \text{cm}^2} = \underline{14{,}70\ \text{cm}}$; $F_1 : G = 15\ \text{cm} : h$; $F_1 = \underline{10{,}2\ \text{N}}$; $F_2 : G = 3\ \text{cm} : h$; $F_2 = \underline{2{,}0\ \text{N}}$

**47.** (Bild 263) $F_2 = \dfrac{2400 \cdot 1{,}5\ \text{m}}{1\ \text{m}} = 3600\ \text{N}$ ;
mit dem Cosinussatz ist
$F_1 = \sqrt{G^2 + F_2^2 + 2F_2G\cos 75^\circ} = 4816\ \text{N}$; $F_1/2 = \underline{2408\ \text{N}}$;
$F_3 = F_2\cos 15^\circ = \underline{3477\ \text{N}}$

**48.** (Bild 264) $\dfrac{F/2}{F_1} = \dfrac{18}{24}$; $F_1 = 80\ \text{N}$;

$$\frac{F/2}{F_2} = \frac{72}{24};\quad F_2 = 20\ \text{N};\quad F' = F_1 + F_2 = \underline{100\ \text{N}}$$

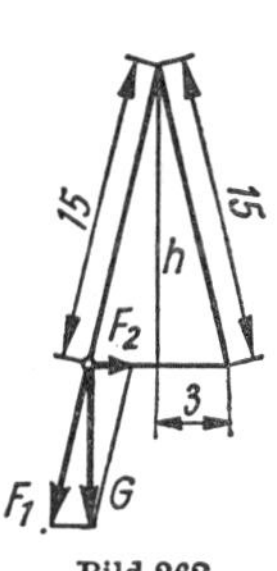

Bild 262

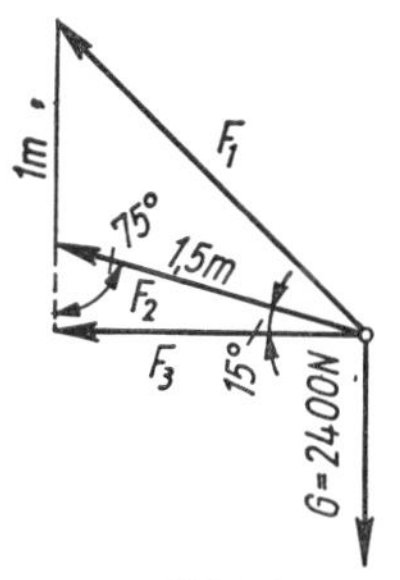

Bild 263

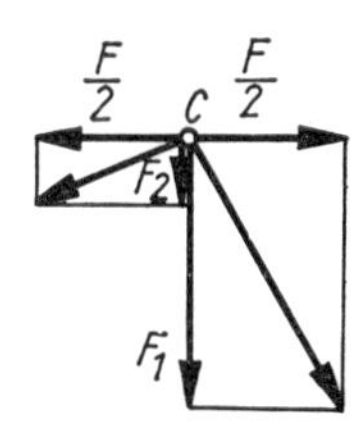

Bild 264

**49.** Waagerechte Kräfte
$F_H = (F_1 + F_2)\cos 10^\circ = 355\ \text{N}$;
senkrechte Kräfte
$F_V = (F_1 - F_2)\sin 10^\circ = 21\ \text{N}$;
Winkel mit der Waagerechten
$\tan\alpha = \dfrac{F_V}{F_H} = 0{,}0592$; $\alpha = \underline{3{,}4^\circ}$;

Resultierende

$$F_R = \sqrt{F_H^2 + F_V^2} = \underline{355\ \text{N}}$$

**50.** (Bild 265) $F_H = F_{H2} - F_{H1} = (F_2 - F_1) \cos 45° = \underline{3500 \text{ N}}$;
$F_V = F_{V2} + F_{V1} = (F_2 + F_1) \cos 45° = \underline{3890 \text{ N}}$

**51.** (Bild 266)

a) Kolbenkraft $F_1 = \dfrac{80 \text{ N/cm}^2 \cdot 6{,}8^2 \text{ cm}^2 \cdot \pi}{4} = \underline{2905 \text{ N}}$

b) $a = 35 \text{ mm} \cdot \sin \alpha = 17{,}5 \text{ mm}$;
$\sin \beta = \dfrac{17{,}5}{130}$; $\beta = 7{,}7°$; Kraft im Pleuel

$F_2 = \dfrac{F_1}{\cos \beta} = \underline{2931 \text{ N}}$

c) $\gamma = 30° + 7{,}7° = 37{,}7°$; Kraft in der Kurbel
$F_3 = F_2 \cos \gamma = \underline{2319 \text{ N}}$

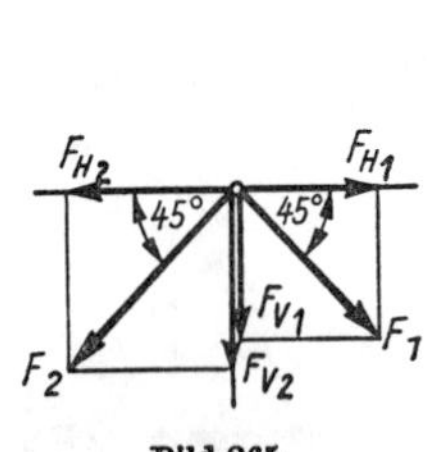

Bild 265

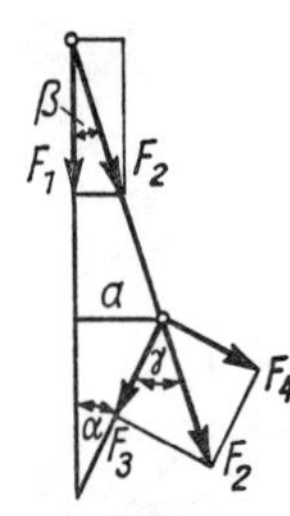

Bild 266

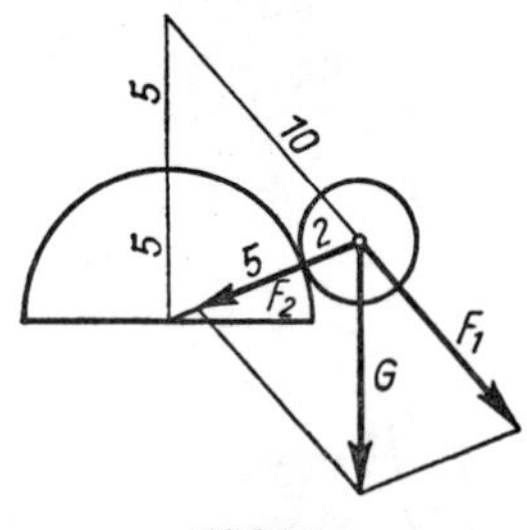

Bild 267

d) Kraft rechtwinklig zur Kurbel
$F_4 = F_2 \sin \gamma = \underline{1792 \text{ N}}$

**52.** (Bild 267) $F_1 = G = 0{,}8 \text{ N}$; $F_2 = G \cdot \dfrac{7 \text{ cm}}{10 \text{ cm}} = \underline{0{,}56 \text{ N}}$

**53.** a) Tiefste Stellung (Bild 268a):
$h_1 = \sqrt{(5^2 - 4{,}5^2) \text{ cm}^2} = 2{,}18 \text{ cm}$;
höchste Stellung (Bild 268b):
$h_2 = \sqrt{(9^2 - 4{,}5^2) \text{ cm}^2} = 7{,}79 \text{ cm}$;
$h = (7{,}79 - 2{,}18) \text{ cm} = \underline{5{,}61 \text{ cm}}$

b) Federkraft in höchster Stellung
$F_2 = 2{,}5 \text{ N} + 5{,}61 \text{ cm} \cdot 0{,}1 \text{ N/cm} = 8{,}1 \text{ N}$;
kleinste Druckkraft $F_{D1} : 2{,}5 \text{ N} = 5 : 2{,}18$; $F_{D1} = \underline{5{,}7 \text{ N}}$;
größte Druckkraft $F_{D2} : 8{,}1 \text{ N} = 9 : 7{,}79$; $F_{D2} = \underline{9{,}4 \text{ N}}$

**54.** (Bild 269) $F_R = 2G \cos 27{,}5° = 142 \text{ kN}$;

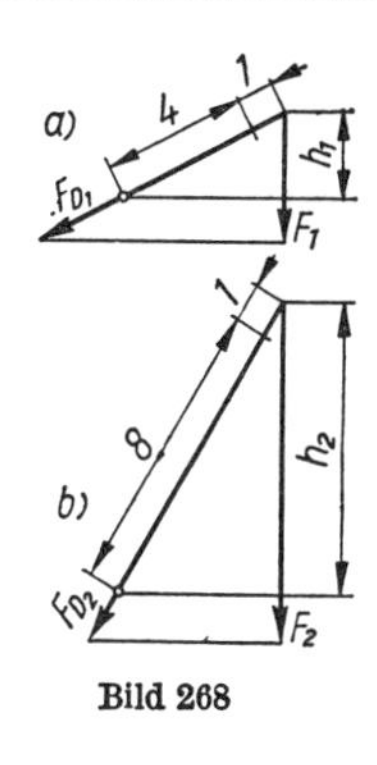


Bild 268

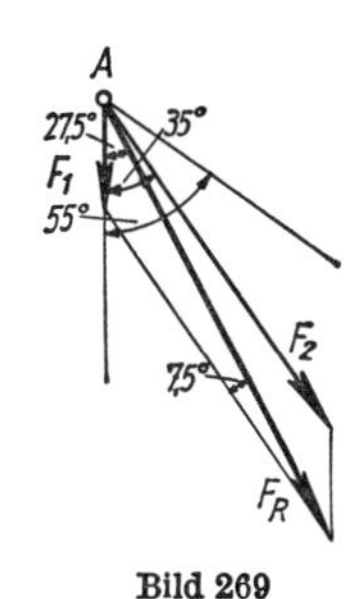


Bild 269

$F_R : F_I = \sin 145° : \sin 7{,}5°$; $F_1 = \dfrac{F_R \cdot 0{,}1305}{0{,}5736} = 32{,}3\ \text{kN}$;

$F_2 = \dfrac{F_R \cdot \sin 27{,}5°}{\sin 145°} = \underline{114{,}2\ \text{kN}}$

**55.** (Bild 270) $F = \dfrac{400\ \text{kN}}{2 \cos 10°} = 203\ \text{kN}$; die Resultierende der beiden Seilkräfte ist $F_R = F\sqrt{2} = 287\ \text{kN}$ und bildet mit der unteren Strebe den Winkel $55° - 45° = 10°$; für das Dreieck aus den Kräften $F_R$, $F_o$ und $F_u$ gilt mit dem Sinussatz

$\dfrac{F_u}{F_R} = \dfrac{\sin 140°}{\sin 30°}$, wonach $F_u = \underline{369\ \text{kN}}$ (Druckkraft) sowie

$\dfrac{F_o}{F_R} = \dfrac{\sin 10°}{\sin 30°}$, wonach $F_o = \underline{100\ \text{kN}}$ (Zugkraft)

**56.** $F \cdot 10\ \text{m} = 270\ \text{kN} \cdot 4\ \text{m}$; $F = \underline{108\ \text{kN}}$

**57.** $F = \dfrac{850\ \text{N} \cdot 45\ \text{cm}}{170\ \text{cm}} = \underline{225\ \text{N}}$

**58.** $F = \dfrac{1200\ \text{N} \cdot 80\ \text{cm}}{2 \cdot 15\ \text{cm}} = \underline{3200\ \text{N}}$

**59.** $F = \dfrac{300\ \text{N} \cdot 45\ \text{cm}}{120\ \text{cm}} = \underline{112{,}5\ \text{N}}$

**60.** Am Lastarm des Hebels wirkt $F_3 = \dfrac{220\ \text{N} \cdot 50\ \text{cm}}{8\ \text{cm}} = 1\,375\ \text{N}$; haben die Nägel vom Deckelrand die Entfernung $x$, so gilt für den Deckel $F_3 \cdot 52\,\text{cm} = xF_2 + (60\,\text{cm} - x)\,F_2$, wonach $\underline{F_2 = 1192\,\text{N}}$.

**61.** Man legt auf beide Seiten der Waage je 3 Kugeln. Ist Gleichgewicht vorhanden, so befindet sich die schwerere Kugel unter den beiden restlichen und kann durch eine zweite Wägung herausgefunden werden. Andernfalls werden von den 3 Kugeln der schwereren Seite 2 erneut auf die Waage gelegt. Stellt sich Gleichgewicht ein, so ist die übriggebliebene Kugel die schwerere; andernfalls hat man die schwerere Kugel sofort gefunden.

**62.** Sind die Hebellängen $l_1$ bzw. $l_2$, so gelten die Gleichungen $l_1 m = 60\,\text{g} \cdot l_2$ und $l_2 m = 55\,\text{g} \cdot l_1$;
hiernach ist $m = \sqrt{60\,\text{g} \cdot 55\,\text{g}} = \underline{57{,}45\,\text{g}}$

**63.** (Bild 271) Für die Drehmomente ergibt sich die Gleichung

$$Fl_2 \sin\varphi = Gl_1 \cos\varphi;\ \underline{\tan\varphi = \frac{l_1 G}{l_2 F}}$$

**64.** $G\frac{l}{2} = 64\,\text{N} \cdot l\,;\ G = \underline{128\,\text{N}}$

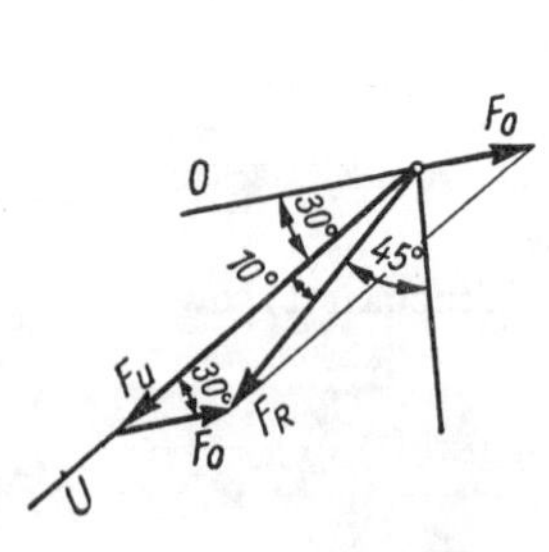

Bild 270

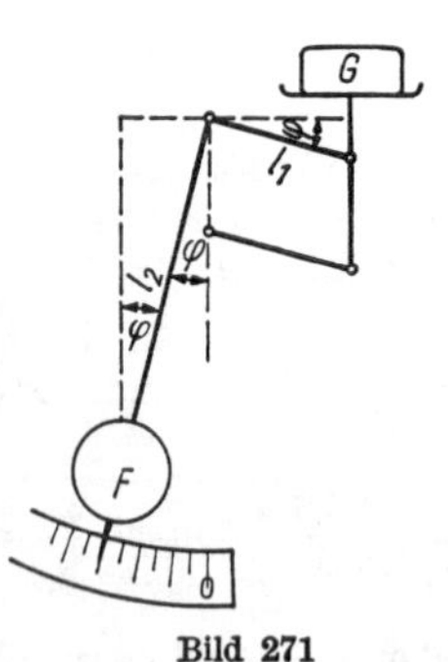

Bild 271

**65.** $m_1 l = (m_1 + m_2) l_1;\ l_1 = \underline{2{,}64\,\text{m}}$

**66.** Die Gewichtskraft des Balkens greift im Schwerpunkt an:

$$G = \frac{750\,\text{N} \cdot 60\,\text{cm}}{110\,\text{cm}} = \underline{409\,\text{N}}$$

**67.** $500\,\text{N} \cdot 80\,\text{cm} = \left(\frac{l}{2} - 80\,\text{cm}\right) G\,;$

$400\,\text{N} \cdot 90\,\text{cm} = \left(\frac{l}{2} - 90\,\text{cm}\right) G\,;$

die Gleichungen ergeben $l = \underline{360\,\text{cm}}$, $G = \underline{400\,\text{N}}$

**68.** Momentengleichung, bezogen auf $S_1$: $(50\ \text{cm} - l)\ G = 30 F_2$ und bezogen auf $S_2$: $(20\ \text{cm} - l) G = 30 F_1$; nach Division der Gleichungen wird $\frac{20\ \text{cm} - l}{50\ \text{cm} - l} = \frac{F_1}{F_2} = \frac{1}{3}$ und hieraus $l = \underline{5\ \text{cm}}$

**69.** Die Abstände des Schwerpunktes von den Stützen sind 120 cm bzw. 60 cm; der Balken ragt links (350 — 120) cm = <u>230 cm</u> und rechts (350 — 60) cm = <u>290 cm</u> über.

**70.** (Bild 272)
$2\ \text{m} \cdot \cos\alpha = 0{,}5\ \text{m} \cdot \cos(60° - \alpha)$;
$4 \cos\alpha = 0{,}5 \cos\alpha + 0{,}866 \sin\alpha$;

$$\tan\alpha = \frac{3{,}5}{0{,}866};\ \alpha = \underline{76°}$$

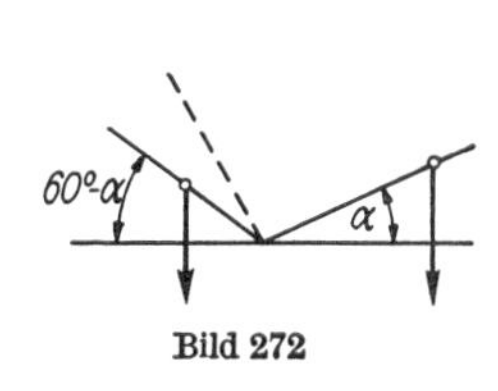

Bild 272

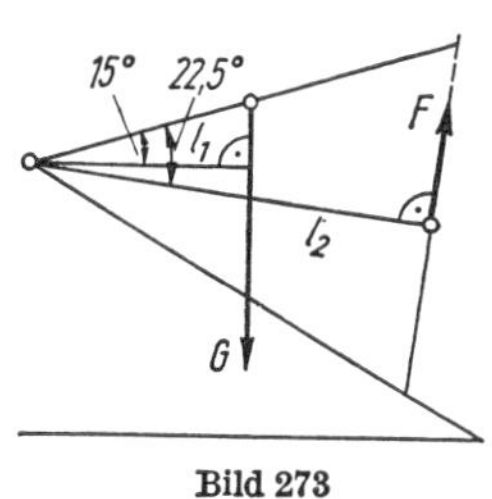

Bild 273

**71.** Größtmögliche Hebellänge $\overline{AD} = \sqrt{(25^2 + 60^2)\ \text{cm}^2} = 65\ \text{cm}$;
Drehmoment $M = 15\ \text{N} \cdot 65\ \text{cm} = \underline{9{,}75\ \text{N m}}$

**72.** a) $M_1 = 350\ \text{N} \cdot 0{,}2\ \text{m} = \underline{70\ \text{N m}}$
b) $M_2 = M_1 \cos 40° = \underline{53{,}6\ \text{N m}}$

**73.** (Bild 273) $F \cdot l_2 = G \cdot l_1$;

$$F = \frac{80\ \text{N} \cdot 32{,}5\ \text{cm} \cdot \cos 15°}{65\ \text{cm} \cdot \cos 22{,}5°} =$$

$$= \underline{41{,}8\ \text{N}}$$

**74.** $1{,}5\ G l_2 = G \frac{l_1}{2} \cos\alpha$; $\quad \cos\alpha = \frac{1{,}5 \cdot 20\ \text{cm}}{35\ \text{cm}}$; $\quad \alpha = \underline{31°}$

**75.** (Bild 274) Länge der Feder nach der Dehnung
$l = \sqrt{(5^2 + 11^2)\ \text{cm}^2} = 12{,}08\ \text{cm}$;
Spannkraft $F = 15\ \text{N} + 8 \cdot 6{,}08\ \text{N} = 63{,}6\ \text{N}$;
$M = F \cdot 5\ \text{cm} \cdot \cos\alpha$;

$$M = \frac{63{,}6\ \text{N} \cdot 5\ \text{cm} \cdot 11\ \text{cm}}{12{,}08\ \text{cm}} = \underline{2{,}9\ \text{Nm}}$$

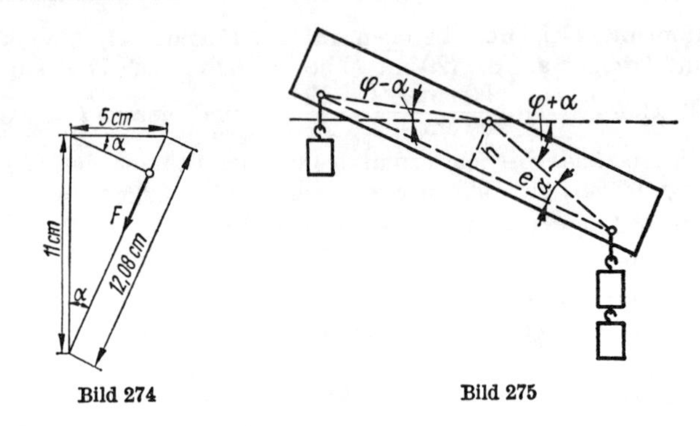


Bild 274

Bild 275

**76.** (Bild 275) a) Nach erfolgter Drehung bis zum Gleichgewicht ergibt sich die Momentengleichung
$1 \cdot l \cdot \cos(\varphi - \alpha) = 2 \cdot l \cdot \cos(\varphi + \alpha)$, woraus
$\cos\alpha \cos\varphi + \sin\alpha \sin\varphi = 2\cos\alpha\cos\varphi - 2\sin\alpha\sin\varphi$
oder $3\sin\alpha\sin\varphi = \cos\alpha\cos\varphi$ und damit

$$\tan\varphi = \frac{\cot\alpha}{3} = \underline{\frac{e}{3h}} \text{ folgt.}$$

b) $\tan\varphi = \underline{\frac{e}{5h}}$

**77.** $F_1 = 3\text{ m} \cdot 600\text{ N} \cdot 1{,}9\text{ m} + 820\text{ N} \cdot 1{,}5\text{ m}$; $F_1 = \underline{790\text{ N}}$;
$F_2 = (1420 - 790)\text{ N} = \underline{630\text{ N}}$

**78.** $F_B \cdot 60\text{ cm} = 30\text{ N} \cdot 32\text{ cm} + 120\text{ N} \cdot 40\text{ cm}$, woraus
$F_B = \underline{96\text{ N}}$ folgt;
$F_A \cdot 60\text{ cm} = 30\text{ N} \cdot 28\text{ cm} + 120\text{ N} \cdot 20\text{ cm}$; $F_A = \underline{54\text{ N}}$

**79.** In bezug auf $A$ als Drehpunkt gilt
$F_B \cdot 37\text{ cm} = 60\text{ N} \cdot 41\text{ cm} + 30\text{ N} \cdot 27\text{ cm} + 80\text{ N} \cdot 12\text{ cm}$
$- 20\text{ N} \cdot 12\text{ cm} + 50\text{ N} \cdot 14{,}5\text{ cm}$, so daß
$F_B = \underline{127{,}4\text{ N}}$; entsprechend ist $F_A = \underline{112{,}6\text{ N}}$

**80.** In bezug auf $A$ bzw. $B$ gilt die Gleichung
$40\text{ N} \cdot 28\text{ cm} + 200\text{ N} \cdot 12\text{ cm} - x \cdot 60\text{ N} + 80\text{ N} \cdot 11\text{ cm}$
$= 60\text{ N}\,(22\text{ cm} + x) + 200\text{ N} \cdot 10\text{ cm} + 80\text{ N} \cdot 11\text{ cm} -$
$40\text{ N} \cdot 6\text{ cm}$, woraus $x = 3{,}67\text{ cm}$ folgt;

$$F_A = F_B = \frac{(40 + 200 + 60 + 80)\text{ N}}{2} = \underline{190\text{ N}}$$

**81.** (Bild 276) $\frac{Ga}{2} = Fl$; mit $l = a\,(1 + \tan\alpha)\cos\alpha$ wird die Kraft

$$F = \underline{\frac{G}{2(\sin\alpha + \cos\alpha)}}$$

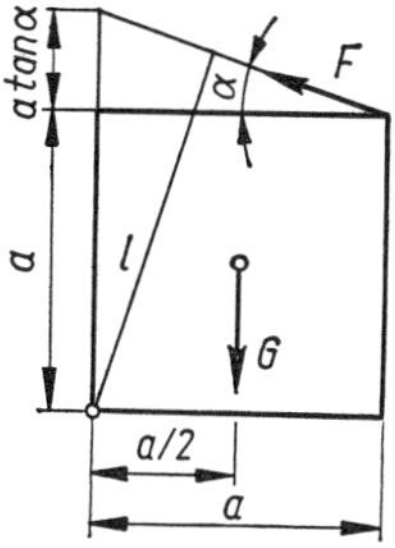

Bild 276

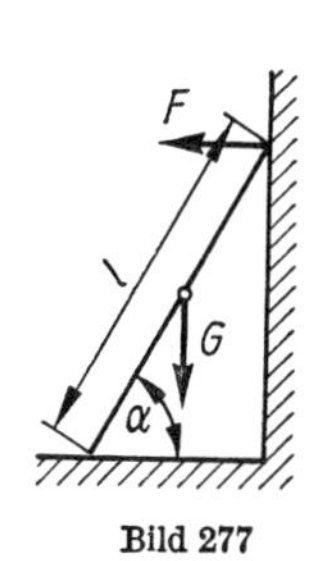


Bild 277

**82.** Die Last bewirkt (Bild 277) ein rechtsdrehendes Moment $G\frac{l}{2}\cos\alpha$, die von der Wand ausgeübte Gegenkraft ein gleich großes linksdrehendes Moment $Fl\sin\alpha$, so daß $F = \frac{G}{2}\cot\alpha$ ist.

**83.** Entsprechend der vorigen Aufgabe besteht die Momentengleichung $G_1\frac{l}{2}\cos\alpha + G_2h\cos\alpha = G_3l\sin\alpha$. Hieraus folgt $h = \frac{l}{G_2}(G_3\tan\alpha - G_1/2)$ und nach Einsetzen der Zahlenwerte $h = \underline{3{,}23\text{ m}}$

**84.** In bezug auf Punkt $A$ gilt $G\frac{l}{2}\sin\alpha + Gl\sin\alpha = G\frac{l}{2}\cos\alpha$; hieraus wird $\cot\alpha = 3$ und $\alpha = \underline{18{,}4°}$

**85.** (Bild 278) In bezug auf den Aufhängepunkt gilt

$$\frac{G}{2}(l\sin\alpha) + \frac{G}{2}(l\sin\alpha - r) = \frac{G}{2}(l\cos\alpha - r)\,;$$

hieraus wird $\frac{\sin\alpha}{\cos\alpha} = 0{,}5$ ; $\alpha = \underline{26{,}6°}$

**86.** (Bild 279) $\frac{d}{0{,}5\text{ m}} = \frac{0{,}5\text{ m}}{\sqrt{(1{,}5^2 + 0{,}5^2)}\text{ m}}$ ;

$d = 0{,}158\text{ m}$; $F \cdot 1\text{ m} = Gd = \underline{15{,}8\text{ N}}$

**87.** (Bild 280) In bezug auf Punkt $B$ gilt $F_A h = \frac{Ga}{2}$; $F_A = \underline{81\ \text{N}}$; $F_B = \underline{81\ \text{N}}$; $F_R = \sqrt{G^2 + F_A^2} = \underline{253\ \text{N}}$

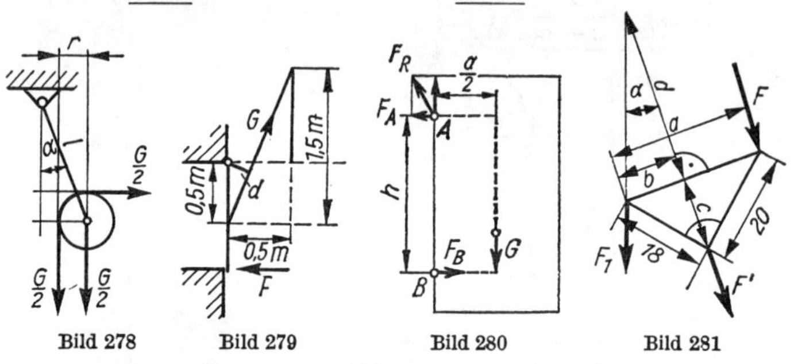


Bild 278 Bild 279 Bild 280 Bild 281

**88.** Die Schubstange überträgt die Kraft

$$F' = \frac{200\ \text{Nm}}{0{,}5\ \text{m} \cdot \cos 20°} = 425{,}7\ \text{N}; \quad F = \frac{425{,}7\ \text{N} \cdot 0{,}6\ \text{m}}{3\ \text{m}} = \underline{85{,}1\ \text{N}}$$

**89.** (Bild 281) $a = \sqrt{(18^2 + 20^2)\ \text{mm}^2} = 26{,}9\ \text{mm}$;

$b : 18\ \text{mm} = 18\ \text{mm} : a$; $b = 12\ \text{mm}$;

$$F' = \frac{F \cdot a}{b} = \frac{20\ \text{N} \cdot 26{,}9\ \text{mm}}{12\ \text{mm}} = 44{,}8\ \text{N};$$

$c = \sqrt{(18^2 - 12^2)\ \text{mm}^2} = 13{,}42\ \text{mm}$;

$d = (45 - 13{,}42)\ \text{mm} = 31{,}58\ \text{mm}$;

$$\tan \alpha = \frac{b}{d} = \frac{12}{31{,}58} = 0{,}3799; \quad \alpha = 20{,}8°;$$

$F_1 = F' \cdot \cos \alpha = \underline{42\ \text{N}}$

**90.** $m_1$ (Holz) $= 150{,}8$ g; $m_2$ (Eisen) $= 191{,}0$ g; Gesamtmasse $m = 341{,}8$ g; $m \cdot x = m_1 \cdot 40\ \text{cm} + m_2 \cdot 20\ \text{cm}$; $x = \underline{28{,}8\ \text{cm}}$

**91.** (Bild 282) In der Draufsicht erkennt man die Flächeninhalte: (Rechteck) 48 cm² + (Dreieck) 15,59 cm² = 63,59 cm² und die Momente in bezug auf die linke Kante $63{,}59\ \text{cm}^2 \cdot x = 48\ \text{cm}^2 \cdot 4\ \text{cm} + 15{,}59\ \text{cm}^2\ (8 + \sqrt{3})\ \text{cm}$ und hieraus $x = \underline{5{,}41\ \text{cm}}$

**92.** Der Gesamtschwerpunkt liegt auf der Verbindungslinie $\overline{MP}$ und lotrecht unter $A$. Sein Abstand $d$ von der Scheibenmitte $M$

folgt aus

$d \cdot 1^1/_2\, m = r \cdot {}^1/_2\, m$, wonach

$$d = r/3; \quad \tan\alpha = \frac{r/3}{r} = 0{,}333; \quad \alpha = \underline{18{,}4^\circ}$$

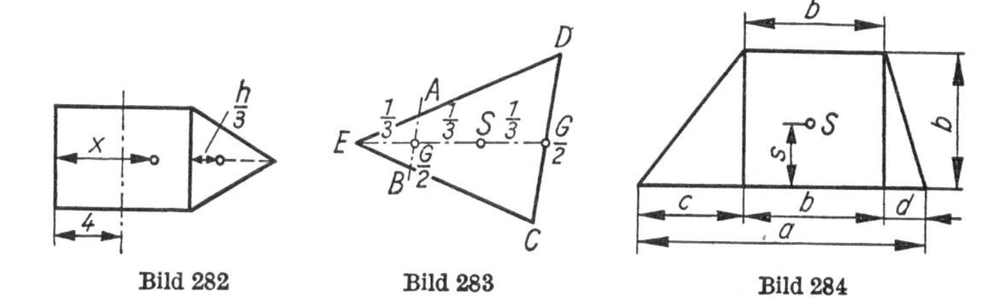


Bild 282 Bild 283 Bild 284

**93.** (Bild 283) Trägt jedes Bein die Teillast $\frac{G}{4}$, so wirkt im Mittelpunkt von $\overline{CD}$ und $\overline{AB}$ je die Last $\frac{G}{2}$. Der Angriffspunkt der Gesamtlast $G$ muß mit dem Schwerpunkt $S$ des Dreiecks zusammenfallen. Da der Schwerpunkt die Mittellinie im Verhältnis **2:1** teilt und $\overline{AB}$ parallel zu $\overline{CD}$ verlaufen soll, stehen die Beine $A$ und $B$ um je $^1/_3$ Seitenlänge von $E$ entfernt.

**94.** (Bild 284) Zerlegt man das Trapez in 2 Dreiecke und 1 Rechteck, so gilt mit den Bezeichnungen von Bild 284 in bezug auf die Seite $a$ die Momentengleichung:

$$s\left[\frac{h(c + 2b + d)}{2}\right] = bh \cdot \frac{h}{2} + \frac{ch}{2} \cdot \frac{h}{3} + \frac{dh}{2} \cdot \frac{h}{3}.$$

Hieraus erhält man $s = \frac{2h\,(3b + c + d)}{6\,(2b + c + d)}$ und wegen $a = c + b + d$ die genannte Formel.

**95.** (Bild 285) Das Lot (Schwerlinie!) halbiert die Gegenkathete;

$$\tan 30^\circ = \frac{a}{b}; \quad \tan\beta = \frac{a}{2b} = 0{,}2887; \ \beta = 16{,}1^\circ; \ \alpha = \underline{13{,}9^\circ}$$

**96.** (Bild 286) In bezug auf die Bodenmitte gilt die Gleichung

$$b\left(d\pi h + \frac{d^2\pi}{4}\right) = \frac{h}{2}\, d\pi h; \, b = \frac{h^2}{2(h + d/4)} = \underline{0{,}514\,\mathrm{m}}$$

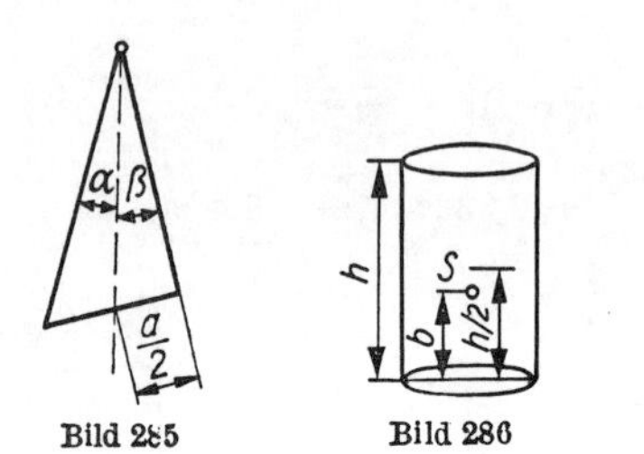


Bild 285  Bild 286

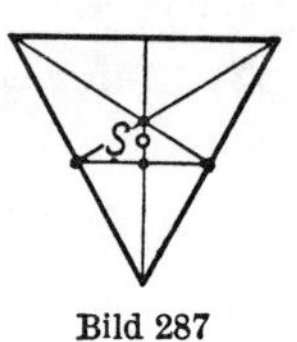


Bild 287

**97.** In bezug auf die Bodenmitte gilt die Momentengleichung

$$\left(50 + \frac{d^2\pi\varrho x}{4}\right) \text{kg} \cdot 5{,}44\ \text{dm} = 50\ \text{kg} \cdot 5{,}14\ \text{dm} + \frac{d^2\pi\varrho x}{4}\ \text{kg} \cdot \frac{x}{2};$$

hieraus folgt mit $\varrho = 1\ \text{kg/dm}^3$ $x = 10{,}94\ \text{dm} = \underline{1{,}094\ \text{m}}$

**98.** In bezug auf die Bodenmitte gilt die Momentengleichung
$h\,(2bc + 2ac + ab) = \frac{c}{2}\,(2bc + 2ac)$, woraus
$h = \dfrac{c^2\,(a + b)}{2bc + 2ac + ab}$ folgt. Die genannten Werte ergeben
$h = \underline{1{,}36\ \text{cm}}$

**99.** (Bild 287) Der Schwerpunkt der beiden schrägen Seitenwände liegt $\frac{a}{4}\sqrt{3}$, derjenige der beiden Dreieckwände liegt $\frac{a}{3}\sqrt{3}$ über der Bodenkante. In bezug auf die Bodenkante gilt die Momentengleichung

$$h\left(2ab + \frac{a^2}{2}\sqrt{3}\right) = \frac{a}{4}\sqrt{3} \cdot 2ab + \frac{a}{3}\sqrt{3} \cdot \frac{a^2}{4}\sqrt{3} \cdot 2\,,$$

wonach $h = \dfrac{a\,(a + b\sqrt{3})}{4b + a\sqrt{3}}$;
mit den gegebenen Werten ist $h = \underline{1{,}38\ \text{cm}}$

**100.** $\tan\alpha = \frac{2}{10}$; $\alpha = \underline{11^\circ}$

**101.** (Bild 288) In bezug auf den Mittelpunkt gilt die Momentengleichung

$$dr_1^2\pi = er_2^2\pi;\ e = \frac{dr_1^2}{r_2^2} = \underline{225\ \text{mm}}$$

**102.** a) $E = \dfrac{Fl}{A\Delta l} = \dfrac{5000\ \text{N} \cdot 20\ \text{cm} \cdot 4}{1{,}5^2\ \text{cm}^2 \cdot \pi \cdot 5 \cdot 10^{-3}\ \text{cm}} = \underline{1{,}13 \cdot 10^5\ \text{N/mm}^2}$

b) $\alpha = \frac{1}{E} = \underline{8{,}85 \cdot 10^{-6}\,\text{mm}^2/\text{N}}$ c) $\Delta l = \frac{\sigma_{zul} l}{E} = \underline{0{,}177\,\text{mm}}$

**103.** $F = \frac{AE\Delta l}{l} = \frac{0{,}1^2\pi\,\text{cm}^2 \cdot 2{,}1 \cdot 10^5\,\text{N} \cdot 0{,}18\,\text{cm}}{4\,\text{mm}^2 \cdot 25\,\text{cm}} = \underline{1190\,\text{N}}$

**104.** Mit $\frac{2d^2\pi}{4} = \frac{F}{\sigma_{zul}}$ wird $d = \sqrt{\frac{2F}{\sigma_{zul}\pi}} = \underline{3{,}04\,\text{cm}}$

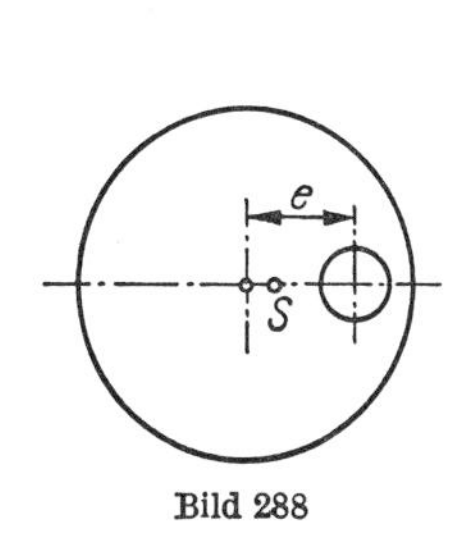


Bild 288

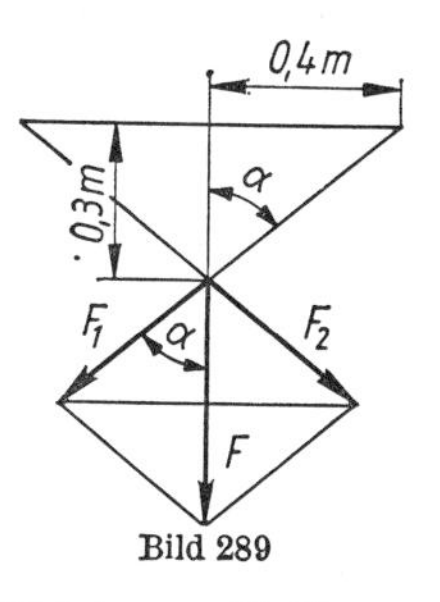


Bild 289

**105.** (Bild 289) Mit $\tan\alpha = 4/3 = 1{,}33$ ist $\alpha = 53{,}1°$;
$F = 2\sigma_{zul} A \cos\alpha = 2 \cdot 140\,\text{N/mm}^2 \cdot 1{,}5\,\text{cm}^2 \cdot 0{,}6 = \underline{25{,}2\,\text{kN}}$

**106.** Da die Kraft der Verlängerung proportional ist, muß die mittlere Kraft $\frac{F_{max}}{2}$ eingesetzt werden: $W = \frac{F_{max}\Delta l}{2}$; mit $F_{max} = \sigma_{zul} A$ und $\Delta l = \sigma_{zul} \cdot \frac{l}{E}$ wird mit $A = 1{,}131\,\text{mm}^2$

$W = \frac{\sigma_{zul}^2 A l}{2E} = \underline{4{,}95\,\text{Nm}}$

**107.** (Bild 290) a) Aus der Gleichung der Kräfte $F_1 + F = F_2 \cos\alpha$ und der Momente $F\ (l_1 + l_2) = F_2 h \sin\alpha$ sowie mit $\alpha = 45°$ erhält man $F_2 = \underline{11\,490\,\text{N}}$ und $F_1 = \underline{3125\,\text{N}}$

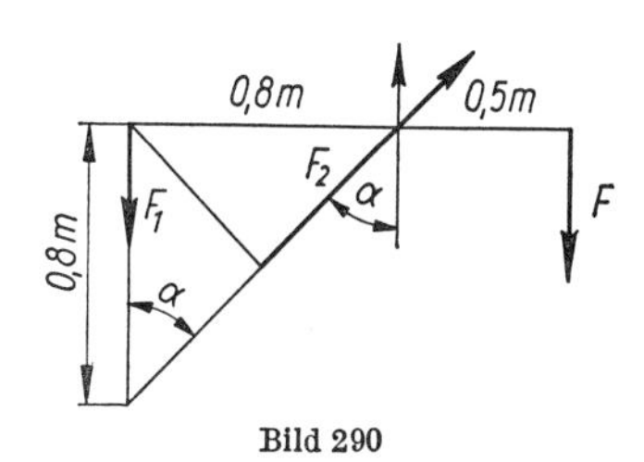


Bild 290

b) Querschnitt einer Stütze $A_2 = \frac{F_2}{2\sigma_2} = \underline{88\,\text{mm}^2}$

c) Kernquerschnitt der Schrauben $A_1 = \frac{F_1}{2\sigma_1} = \underline{32{,}6\,\text{mm}^2}$; gewählt M 8.

**108.** $\sin\alpha = 0{,}6$; $\cos\alpha = \sqrt{1 - 0{,}6^2} = 0{,}8$; $F_z = \sigma_{zul} A = 9425\,\text{N}$; aus der Momentengleichung $F_z h = F_G \frac{l}{2}\cos\alpha + Fl\cos\alpha$ wird

$$F = \frac{F_z h - F_G l \cdot 0{,}4}{0{,}8\, l} = \underline{2630\,\text{N}}$$

**109.** a) Kernquerschnitt einer Schraube $A = \frac{30\,\text{kN} \cdot \text{mm}^2}{48\,\text{N}} =$ $625\,\text{mm}^2$; $d = \underline{28{,}2\,\text{mm}}$ (gewählt M 36); mit diesem Durchmesser wird

b) $\Delta l = \frac{Fl}{AE} = \frac{30\,\text{kN} \cdot 5\,\text{cm} \cdot \text{mm}^2}{10{,}18\,\text{cm}^2 \cdot 2{,}1 \cdot 10^5\,\text{m}} = \underline{0{,}007\,\text{mm}}$

**110.** Aus der Gesamtkraft $F = 12\,\sigma_{zul}\,A_1$ und dem Zylinderquerschnitt $A_2 = \frac{d_2^2 \pi}{4}$ ergibt sich der Überdruck

$$p = \frac{F}{A_2} = \frac{12 \sigma_{zul} d_1^2}{d_2^2} = \underline{0{,}666\,\text{N/mm}^2}\ (\text{MPa})$$

**111.** Zulässige Kraft je Niet $F_1 = \frac{\tau d^2 \pi}{4} = 566\,\text{N}$;

damit sind $n = \frac{2000}{566} = \underline{4\ \text{Niete}}$ erforderlich;

der durch die Bohrung geschwächte Querschnitt ist (Bild 291)

$A = bs - ds$; $b = \frac{A + ds}{s}$; mit $A = \frac{F}{\sigma} = 44{,}44\,\text{mm}^2$ ist

$b = \underline{12{,}9\,\text{mm}}$

**112.** Schnittfläche $A = \pi\,(d_1 + d_2)\,s = 440\,\text{mm}^2$;
$F = 1{,}25\,A\tau = 1{,}25 \cdot 440\,\text{mm}^2 \cdot 60\,\text{N/mm}^2 = 33\,000\,\text{N}$;
$W = Fs = \underline{66\,\text{Nm}}$

**113.** $F_1 = \tau A \cdot 1{,}3 = 171{,}5\,\text{kN}$; $n = \frac{550}{171{,}5} = 3{,}21 \approx \underline{3\ \text{Scheiben}}$

**114.** In $A$ wirkt eine Kraft $F$, die sich aus der Last $G_1$, der Rollengewichtskraft $G_2$ und der von $G_1$ erzeugten Gegenkraft zusammensetzt. $F = 2G_1 + G_2 = \underline{1100\,\text{N}}$

**115.** In $A$ wirkt $\frac{G_1 + G_3}{2} = 930\,\text{N}$; ebenso ist $F = 930\,\text{N}$;

$B$ trägt $2F + G_2 = \underline{1900\,\text{N}}$

**116.** $F = \frac{G_1 + G_4}{3} = 1690\,\text{N}$; $F_A = G_1 + G_4 + G_{2,3} + F = \underline{6960\,\text{N}}$

**117.** Siehe Bild 292

**118.** Gesamtlast $2G_1 + G_2 + G_3 = 465\,\text{N}$;

$$G = \frac{465\,\text{N} \cdot 4\,\text{m}}{2{,}5\,\text{m}} = \underline{744\,\text{N}}$$

**119.** Wegen $F = F_1$ und $F_3 = F_4$ ist $F_4 = 2F$; wegen $F_2 = F_1$ ist $F_2 = F$. Es ist daher $G = F_1 + F_4 + F_2 = 4F$ oder $F = \underline{200\ \text{N}}$. Die Gewichtskräfte der Rollen wirken nicht auf $F$, da die beiden unteren Rollen von der oberen im Gleichgewicht gehalten werden.

**120.** Es ist $F = F_1$ und $F_1 = \dfrac{(900 + 30)\ \text{N}}{3}$, also $F = \underline{310\ \text{N}}$

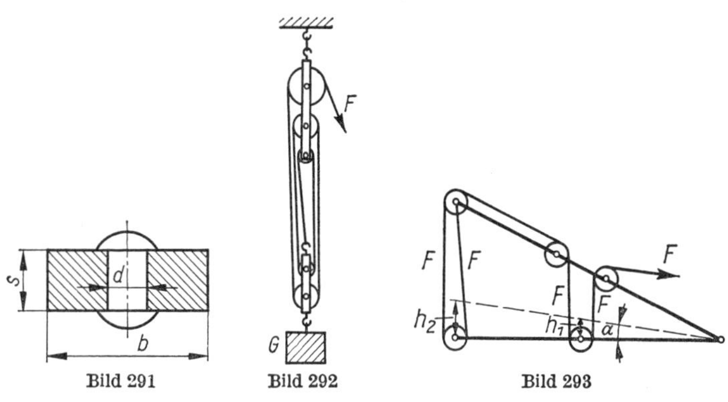


Bild 291 Bild 292 Bild 293

**121.** (Bild 293) In jedem Seilabschnitt wirkt die Kraft $F$. Dreht sich der Träger um den Winkel $\alpha$, so verrichten diese Kräfte zusammen die Arbeit $2F\ (h_2 + h_1)$, wobei $h_2 = 2h_1$. Der Schwerpunkt des Trägers wird dabei um $h_1$ gehoben, so daß $6Fh_1 = Gh_1$ und $F = \underline{G/6}$

**122.** Aus $Gr = (F_1 - F_2)\ R$ und $F_1 = 2{,}3F_2$ erhält man $F_1 = \underline{708\ \text{N}}$ und $F_2 = \underline{308\ \text{N}}$

**123.** Die Zugkraft des Motors ist $F = \dfrac{40\ \text{Nm}}{0{,}05\ \text{m}} = 800\ \text{N}$;
$(F_1 - F_2) \cdot 0{,}4\ \text{m} + (F_3 - F_4) \cdot 0{,}2\ \text{m} = 800\ \text{N} \cdot r$; $r = \underline{0{,}06\ \text{m}}$

**124.** $0{,}85\ \text{cm} \cdot F = 160\ \text{N} \cdot 2\pi \cdot 35\ \text{cm}$; $F = \underline{41{,}4\ \text{kN}}$

**125.** $12250\ \text{N} \cdot h = \dfrac{30\ \text{N} \cdot 2\pi \cdot 65\ \text{cm}}{2}$; $\quad h = \underline{5\ \text{mm}}$

**126.** Die Spindelmuttern schieben sich mit der Kraft
$F_1 = \dfrac{25\ \text{N} \cdot 2\pi \cdot 30\ \text{cm}}{0{,}4\ \text{cm}} = 11\,780\ \text{N}$ gegeneinander; jeder der beiden Hebel drückt senkrecht nach unten mit der Kraft
$\dfrac{F}{2} = F_1 \dfrac{45\ \text{cm}}{30\ \text{cm}}$; $\quad F = \underline{35\,340\ \text{N}}$

**127.** $F = \frac{M \cdot 3{,}8}{r} = \frac{95\ \text{N m} \cdot 3{,}8}{0{,}32\ \text{m}} = \underline{1{,}13\ \text{kN}}$

**128.** $\mu = \frac{F}{G} = \frac{3{,}75 \cdot 10^5\ \text{N}}{1{,}70 \cdot 10^6\ \text{N}} = \underline{0{,}22}$

**129.** $\mu = \frac{F}{G} = \frac{120\ \text{N}}{1600\ \text{N}} = \underline{0{,}075}$

**130.** Es sind zu überwinden die Hangabtriebskraft $G \sin \alpha$ und die der Normalkraft $G \cos \alpha$ proportionale Reibungskraft;
$F = G(\sin \alpha + \mu \cos \alpha)$.

**131.** Der Hangabtriebskraft $G \sin \alpha$ wirkt die Haftreibung entgegen, so daß $F = G(\sin \alpha - \mu_0 \cos \alpha)$.

**132.** Bei maßvoll verzögertem Rollen wirkt der Koeffizient der Haftreibung, während bei blockierten Rädern der Koeffizient der Gleitreibung wirkt, der stets kleiner als der erstere ist.

**133.** $F$ erzeugt die Normalkraft $F_1 = F \sin \alpha$, $G$ die Normalkraft $F_2 = G \cos \alpha$; beide ergeben die Reibungskraft $\mu(F_1 + F_2)$; die Hangabtriebskraft ist $F_3 = G \sin \alpha$; Zugkraft in Bahnrichtung $F \cos \alpha = (F_1 + F_2)\mu + G \sin \alpha$; daraus

$$F = \frac{(F_1 + F_2)\mu + G \sin \alpha}{\cos \alpha}; \quad \underline{F = G \frac{\mu + \tan \alpha}{1 - \mu \tan \alpha}}$$

**134.** Die Schraube ist eine aufgewickelte schiefe Ebene von der Steigung $\tan \alpha = \frac{15\ \text{mm}}{30\pi\ \text{mm}} = 0{,}158$; zufolge Aufgabe 133 hat man $\frac{45\ \text{N m}}{0{,}015\ \text{m}} = F \frac{0{,}2 + 0{,}159}{1 - 0{,}2 \cdot 0{,}159}$ und damit $F = \underline{8091\ \text{N}}$

**135.** (Bild 294) Bei $A$ wirkt nach links die Kraft $F = \frac{G}{2} \tan \alpha$, nach rechts die Reibungskraft $F_r = \frac{G}{2}\mu$. Im Fall des Gleichgewichts ist $F = F_r$, so daß $\mu = \tan \alpha$ und $\alpha = 16{,}7°$ bzw. der Spreizwinkel $\underline{33{,}4°}$ ist.

**136.** a) Am Hebel wirken das rechtsdrehende Moment $Fl$ und die linksdrehenden Momente $F_b a$ und $F_b \mu c$, so daß

$$F = \frac{F_b a + F_b \mu c}{l}$$

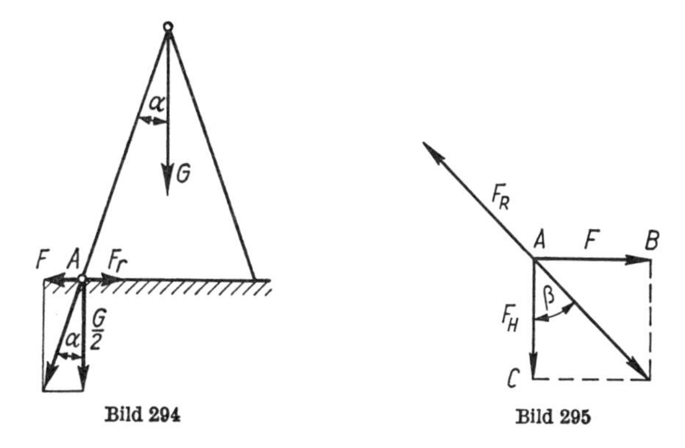


Bild 294

Bild 295

b) Bei Linksdrehung ist

$$F = \frac{F_b a - F_b \mu c}{l},$$

weil die Reibungskraft $F_b \mu$ ein rechtsdrehendes Moment ergibt.

**137.** Da das Moment der Reibungskraft gleich Null ist, wird $F = \frac{F_b a}{l}$; Drehsinn der Bremsscheibe und Reibungszahl sind ohne Einfluß.

**138.** (Bild 295) Bei konstanter Kraft ist die bewegende Kraft gleich der Reibungskraft $F_R = \mu G \cos\alpha$, die wiederum gleich der Resultierenden aus der Querkraft $F$ und der Hangabtriebskraft $F_H = G \sin\alpha$ ist; $\mu G \cos\alpha = \sqrt{F^2 + G^2 \sin^2\alpha}$;
$F = 20\ \text{N} \sqrt{0{,}5^2 \cdot 0{,}940^2 - 0{,}342^2} = 6{,}44\ \text{N}$; $\tan\beta = \frac{F}{F_H} = 0{,}942$; $\underline{\beta = 43{,}3°}$

**139.** Die Zugkraft beträgt $F = G\mu$. Ihr Moment in bezug auf die Kippkante ist $G\mu h = G\frac{b}{2}$; $h = \underline{1{,}67\ \text{m}}$

**140.** Für das Umkippen besteht die Beziehung $\tan\alpha = \frac{b}{h}$, für das Abgleiten die Beziehung $\tan\alpha = \mu$; hiernach ist $h = \frac{b}{\mu} = \underline{1{,}43\, b}$

**141.** In bezug auf den oberen Stützpunkt gilt die Momentengleichung $Gl \cos\alpha - Gl\mu \sin\alpha = \frac{Gl}{2} \cos\alpha$; $\tan\alpha = \frac{1}{2\mu}$

**142.** a) $\tan \alpha = 0{,}6$; $\alpha = \underline{31^\circ}$

b) Hangabtriebskraft $F_H = G \sin \alpha$;
Reibungskraft $F_r = G \cdot 0{,}4 \cos \alpha$;
Resultierende $F_H' = G (\sin \alpha - 0{,}4 \cos \alpha)$;

$$a = \frac{F_H'}{m} = g\,(\sin \alpha - 0{,}4 \cos \alpha)\,;$$

$$v = \sqrt{2as} = \sqrt{2 \cdot 9{,}81\ \mathrm{m/s^2} \cdot 15\ \mathrm{m}\,(\sin 31^\circ - 0{,}4 \cos 34^\circ)} = \\ = \underline{7{,}12\ \mathrm{m/s}}$$

**143.** Normalkraft links unten und rechts oben je $F_N$; Reibungskraft $F_r = 2F_N\mu$; Zugkraft $F = G + F_r$; in bezug auf den Mittelpunkt des Aufzuges gilt im Ruhezustand die Momentengleichung $2F_N \cdot 1{,}05\ \mathrm{m} - G \cdot 0{,}5\ \mathrm{m} = 0$;
$F_N = 1905\ \mathrm{N}$; $F_R = 3810\ \mathrm{N} \cdot 0{,}15 = 571{,}5\ \mathrm{N}$; $F = \underline{8572\ \mathrm{N}}$

**144.** Für die Momente bezüglich der linken oberen Führung gilt $F_N \cdot 1\ \mathrm{m} = F \cdot 0{,}1\ \mathrm{m}$; Druckkraft gegen die Führung $F_N = 0{,}1F$; Reibungskraft $F_r = 2 \cdot 0{,}1F\mu$;
Hubkraft $F = F_r + G = 0{,}04F + G$;

$$F = \frac{G}{(1 - 0{,}04)} = \underline{520\ \mathrm{N}}$$

**145.** $t_1 = \dfrac{90\ \mathrm{km}}{40\ \mathrm{km/h}} = 2\ \mathrm{h}\ 15\ \mathrm{min}$; $t_2 = 30\ \mathrm{min}$; $t_{ges} = \underline{2\ \mathrm{h}\ 55\ \mathrm{min}}$

**146.** $t = \dfrac{s_1}{v_1} + \dfrac{s_2}{v_2} = \dfrac{145\ \mathrm{h}}{60}$, wobei $s_1 + s_2 = 120\ \mathrm{km}$;
hieraus erhält man $s_1 = \underline{50\ \mathrm{km}}$ und $s_2 = \underline{70\ \mathrm{km}}$

**147.** $v_m = 2hn = \underline{8{,}28\ \mathrm{m/s}}$

**148.** Um die Strecke $s = 90\ \mathrm{m}$ zurückzulegen, braucht der Zug die Zeit $t = \dfrac{s}{v_1}$; mit $a = 30\ \mathrm{m}$ ist $v_2 = \dfrac{av_1}{s} = \underline{6{,}48\ \mathrm{m/s}}$

**149.** Für die vom Radfahrer durchfahrene Strecke gilt

$$s : 502\ \mathrm{m} = 0{,}5\ \mathrm{m} : 2\ \mathrm{m},\ \text{so daß}\ s = \frac{502\ \mathrm{m} \cdot 0{,}5\ \mathrm{m}}{2\ \mathrm{m}} = 125{,}5\ \mathrm{m}\,;$$

$$v = \frac{s}{t} = \frac{125{,}5\ \mathrm{m}}{15\ \mathrm{s}} = \underline{8{,}37\ \mathrm{m/s}} \quad \text{oder} \quad \underline{30{,}1\ \mathrm{km/h}}$$

**150.** Flugzeit des Geschosses $t = \dfrac{e}{v_2} = \dfrac{250\ \mathrm{m}}{800\ \mathrm{m/s}} = 0{,}3125\ \mathrm{s}$. In dieser Zeit legt der Gegenstand die Strecke $s = v_1 t = \dfrac{v_1 e}{v_2} = \underline{6{,}25\ \mathrm{m}}$ zurück.

**151.** Wenn sie „6“ schlägt, vergehen zwischen je 2 aufeinanderfolgenden Schlägen 1,2 s. Das ergibt bei 12 Schlägen $11 \cdot 1{,}2\,\text{s} = \underline{13{,}2\,\text{s}}$

**152.** Für eine Umdrehung wird die Zeit $T = \frac{1}{n}$ benötigt und dabei die Strecke $l/4$ zurückgelegt, so daß $v = \frac{l}{4T} = \frac{ln}{4} = \underline{900\,\text{m/s}}$

**153.** $t = \sqrt{\frac{2s}{a}} = \underline{3{,}72\,\text{s}}\,; \quad v = \frac{2s}{t} = \underline{24{,}2\,\text{m/s}}$

oder auch $v = \sqrt{2as}$

**154.** $s = \frac{a}{2}(t_2^2 - t_1^2) = \frac{a}{2}(36 - 25)\,\text{s}^2 = 6\,\text{m}; \quad a = \underline{1{,}1\,\text{m/s}^2}$

**155.** $s = vt + \frac{a}{2}t^2 = \underline{2391\,\text{m}}$

**156.** $t = \frac{2s}{v_1 + v_2} = \underline{5{,}81\,\text{s}}; \quad a = \frac{v_2 - v_1}{t} = \frac{v_1^2 - v_2^2}{2s} = \underline{2{,}24\,\text{m/s}^2}$

**157.** Aus den Gleichungen

$$s = v_0 t + \frac{a}{2}t^2 \quad \text{bzw.} \quad v_0(6 - 5)\,\text{s} + \frac{a}{2}(36 - 25)\,\text{s}^2 = 6\,\text{m}$$

und $v_0(11 - 10)\,\text{s} + \frac{a}{2}(121 - 10)\,\text{s}^2 = 8\,\text{m}$ ergibt sich

$a = \underline{0{,}4\,\text{m/s}^2}$ und $v_0 = \underline{3{,}8\,\text{m/s}}$

**158.** $s = v_0 t + \frac{a}{2}t^2\,; \quad a = \frac{2(s - v_0 t)}{t^2} = \underline{0{,}8\,\text{m/s}^2}$

**159.** Mittlere Geschwindigkeit $v_m = \frac{v_1 + v_2}{2}\,; \quad t = \frac{2s}{v_1 + v_2} = \underline{40\,\text{s}}$

**160.** a) $a_1 = \frac{v_1}{t_1} = \underline{1{,}74\,\text{m/s}^2}\,; \quad a_2 = \frac{v_2 - v_1}{t_1} = \underline{1{,}39\,\text{m/s}^2}\,;$

$a_3 = \underline{0{,}79\,\text{m/s}^2}\,; \quad a_4 = \underline{0{,}53\,\text{m/s}^2}$

b) $a_m = \frac{v_4}{t_1 + t_2 + t_3 + t_4} = \underline{0{,}89\,\text{m/s}^2}$

c) $s = s_1 + s_2 + s_3 + s_4\,;$

$$s = \frac{v_1 t_1}{2} + \frac{(v_1 + v_2)t_2}{2} + \frac{(v_2 + v_3)t_3}{2} + \frac{(v_3 + v_4)t_4}{2} =$$

$$= 14\,\text{m} + 39\,\text{m} + 107\,\text{m} + 280\,\text{m} = \underline{440\,\text{m}}$$

**161.** a) $s = \frac{v^2}{2a} + vt = \frac{20^2\,\mathrm{m^2/s^2}}{2 \cdot 4{,}5\,\mathrm{m/s^2}} + 20\,\mathrm{m/s} \cdot 0{,}74\,\mathrm{s} = \underline{59{,}24\,\mathrm{m}}$

b) $s = 44{,}44\,\mathrm{m} + 17{,}2\,\mathrm{m} = \underline{61{,}64\,\mathrm{m}}$

**162.** Aus $s = \frac{(v_1 + v_2)t}{2}$ und $t = \frac{v_1 - v_2}{a}$ folgt $s = \frac{v_1^2 - v_2^2}{2a}$ und

hieraus $v_2 = 4{,}85\,\mathrm{m/s} = \underline{17{,}46\,\mathrm{km/h}}$; $t = \underline{69{,}6\,\mathrm{s}}$

**163.** $\Delta v = at = 10{,}8\,\mathrm{m/s} = 38{,}9\,\mathrm{km/h}$;
$v_1 = v_2 - \Delta v = \underline{46{,}1\,\mathrm{km/h}}$

**164.** Aus $a = \frac{v_2 - v_1}{t_1}$ und $t = \frac{v_3 - v_2}{a}$ folgt

$t = \frac{(v_3 - v_2)\,t_1}{v_2 - v_1} = \underline{24\,\mathrm{s}}$

**165.** $a = \frac{v_2 - v_1}{t} = \underline{0{,}13\,\mathrm{m/s^2}}$; $s = \frac{(v_1 + v_2)\,t}{2} = \underline{291{,}7\,\mathrm{m}}$

**166.** $t = \frac{v_2 - v_1}{a} = \underline{5{,}56\,\mathrm{s}}$; $s = \frac{(v_1 + v_2\,t)}{2} = \frac{v_2^2 - v_1^2}{2a} = \underline{83{,}3\,\mathrm{m}}$

**167.** $s_2 = \frac{a_1 t^2}{2} - s'$; $a_2 = \frac{2s_2}{t^2} = a_1 - \frac{2s'}{t^2} = \underline{1{,}41\,\mathrm{m/s^2}}$

**168.** Mit der mittleren Geschwindigkeit $1{,}5v_1$ ist $1{,}5v_1 \cdot t = s$;

$v_1 = \underline{20\,\mathrm{m/s}}$; $v_2 = \underline{40\,\mathrm{m/s}}$; $a = \frac{2v_1 - v_1}{t}$;

$s_1 = \frac{v_1^2}{2a} = \frac{v_1 t}{2} = \underline{30\,\mathrm{m}}$

**169.** $s = \sqrt{s_1^2 + s_2^2} = \sqrt{s_1^2 + (2s_1)^2} = s_1\sqrt{5}$;
$v_1 = \frac{2s_1}{t} = \frac{2s}{t\sqrt{5}} = \underline{11{,}9\,\mathrm{m/s}}$; $v_2 = \underline{23{,}8\,\mathrm{m/s}}$

**170.** $v_2 = v_1/2$; $s_1 = r\pi = \frac{(v_1 + v_2)\,t}{2} = \frac{3v_2 t}{2}$;

$a = \frac{v_2 - v_1}{t} = -\frac{v_2}{t} = -\frac{3v_2^2}{2s_1}$; $s_2 = -\frac{v_2^2}{2a} =$

$= \frac{v_2^2 \cdot 2s_1}{2 \cdot 3v_2^2} = \frac{2r\pi}{6}$, d. h. $\underline{1/6 \text{ der Kreisbahn}}$

**171.** Aus $vt - vt_1 = s - s_1$ wird mit $\frac{vt_1}{2} = s_1$ die Gleichung

$$v = \frac{s + s_1}{t} = \frac{120\,\text{m}}{12\,\text{s}} = \underline{10\,\text{m/s}}\,; \quad a = \frac{v^2}{2s_1} = \underline{2{,}5\,\text{m/s}^2}$$

**172.** (Bild 296) $s_1 = \frac{a_1 t_1^2}{2}$;

$$v_1 = a_1 t_1\,;$$

$$t_3 = \frac{v_1}{a_2} = \frac{a_1 t_1}{a_2}\,;$$

$$s_3 = \frac{v_1 t_3}{2} = \frac{a_1 t_1 t_3}{2} = \frac{a_1^2 t_1^2}{2a_2}\,; \quad s_2 = s - s_1 - s_3;$$

$$t_2 = \frac{s_2}{v_1} = \frac{s}{a_1 t_1} - \frac{t_1}{2} - \frac{a_1 t_1}{2a_2}\,; \quad t = t_1 + t_2 + t_3 = \underline{12{,}29\,\text{s}}$$

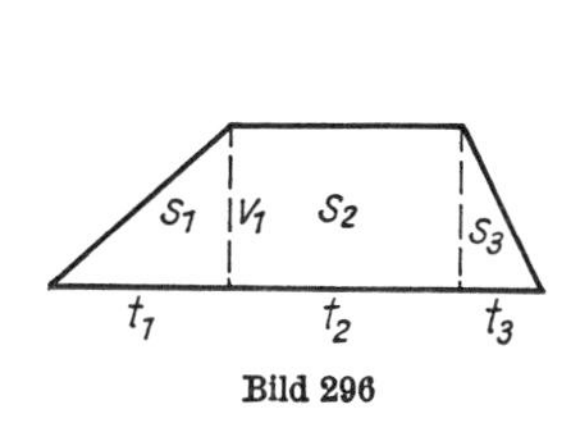


Bild 296

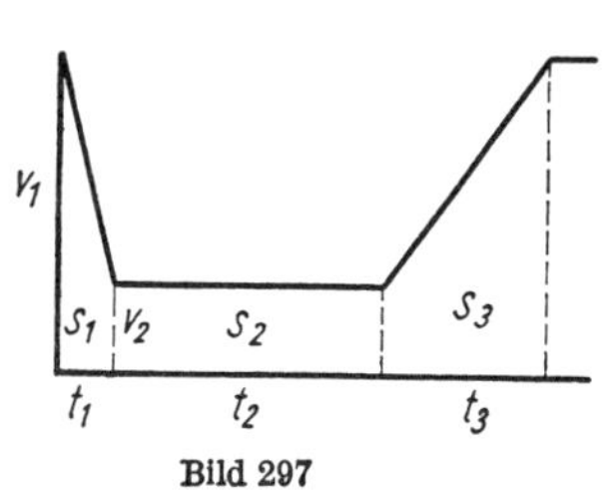


Bild 297

**173.** (Bild 297) Länge der Baustelle $s_2$; Gesamtstrecke

$s = s_1 + s_2 + s_3$; Gesamtfahrzeit $t = \frac{s}{v_1} + t_v = t_1 + t_2 + t_3$;

$$t_1 = \frac{v_1 - v_2}{a_1} = 75\,\text{s}\,; \quad t_3 = \frac{v_1 - v_2}{a_2} = 150\,\text{s}\,; \quad t_2 = \frac{s_2}{v_2};$$

$$s_1 = \frac{(v_1 + v_2)\,t_1}{2} = 937{,}5\,\text{m}\,; \quad s_3 = \frac{(v_1 + v_2)\,t_3}{2} = 1875\,\text{m};$$

$$\frac{s_1 + s_2 + s_3}{v_1} + t_v = t_1 + \frac{s_2}{v_2} + t_3\,; \quad s_2 = \underline{637{,}5\,\text{m}}$$

**174.** Aus den beiden Gleichungen $l - vt_1 = 10e$ ($e$ Schrittlänge) und $l + vt_2 = 15e$ erhält man mit $\frac{t_1}{t_2} = \frac{10}{15}$ die Länge der Fuhre $l = \underline{12e}$

**175.** $s = \frac{(v_1 + v_2)\,t}{2}$; $a = \frac{v_1 - v_2}{t}$; $s = \frac{(v_1 + v_2)(v_1 - v_2)}{2a} =$

$= \frac{v_1^2 - v_2^2}{2a}$; $v_1 = \sqrt{2as + v_2^2} = 18$ m/s $= \underline{64{,}8 \text{ km/h}}$

**176.** $s = \frac{(v_1 + v_2)\,t}{2}$; $t = \frac{2s}{v_1 + v_2} = \underline{2{,}8 \text{ s}}$; $a = \frac{v_1 - v_2}{t} = \underline{3 \text{ m/s}^2}$

**177.** $s = \frac{(v_1 + v_2)\,t}{2}$; $v_1 = \frac{2s}{t} - v_2 = 8{,}61$ m/s $= \underline{31 \text{ km/h}}$

**178.** (Bild 298) Aus $s = vt - \frac{v_2}{2a}$ erhält man
$v = at \pm \sqrt{a^2t^2 - 2as}$; $v_1 = 17{,}16$ m/s $= \underline{61{,}8 \text{ km/h}}$
(die zweite Lösung $v_2 = 582{,}8$ m/s ist nicht real)

**179.** (Bild 299) $s = vt_1 + \frac{v^2}{2a}$; $v = -at_1 \pm \sqrt{a^2t_1^2 + 2as} =$

$16{,}8$ m/s $= \underline{60{,}3 \text{ km/h}}$

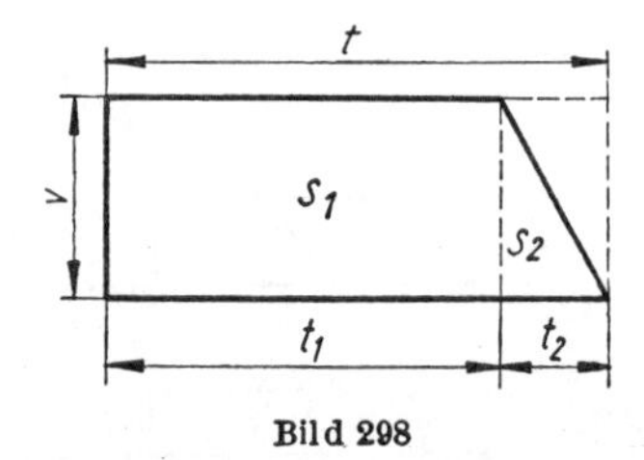


Bild 298

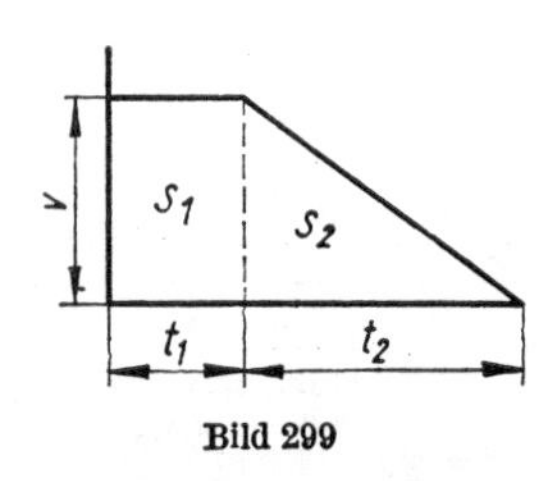


Bild 299

**180.** Die Fahrstrecke des ersten Wagens $s = s_1 + vt$ ist gleich der des zweiten Wagens $s = \frac{a}{2}t^2$; die Gleichung $s_1 + vt = \frac{a}{2}t^2$ ergibt mit $s_1 = 100$ m, $v = 40$ km/h und $a = 1{,}2$ m/s²
$t = \underline{25{,}15 \text{ s}}$ und $s = \underline{379{,}5 \text{ m}}$

**181.** Nach 30 s haben beide Fahrzeuge die gleiche Strecke zurückgelegt, nämlich $\frac{a}{2}t^2 = vt$, wonach $a = \frac{2v}{t} = \underline{0{,}67 \text{ m/s}^2}$;
$v = at = 20$ m/s $= \underline{72 \text{ km/h}}$

**182.** Die Relativgeschwindigkeit ist $v_r = v_2 - v_1 = 5$ m/s; mit $s_1 = 400$ m wird $t = \frac{s_1}{v_r} = \underline{80 \text{ s}}$; $s = v_2t = \underline{1\,333{,}3 \text{ m}}$

**183.** Die Relativgeschwindigkeit ist $v_r = v_2 - v_1$; relative Überholstrecke $s_r = (20 + 8 + 20)$ m $= 48$ m;

Überholzeit $t = \frac{s_r}{v_r} = \frac{s_r}{v_2 - v_1} = \underline{17{,}28\ \text{s}}$;

absolute Überholstrecke $s = v_1 t = \underline{335{,}8\ \text{m}}$

**184.** Relativgeschwindigkeit $v_r = v_1 + v_2$; relative Strecke der Begegnung $s_r = (150 + 200)\ \text{m} = 350\ \text{m}$;

$$v_r = \frac{s_r}{t}; \quad v_1 = \frac{s}{t} = \underline{16\ \text{m/s}}; \quad v_2 = v_r - v_1 = \frac{s_r - s}{t} = \underline{19\ \text{m/s}}$$

**185.** Mit $t_2 = 9$ s und $t_1 = 8$ s ergibt sich

$$s = \frac{g\,(t_2^2 - t_1^2)}{2} = \underline{83{,}4\ \text{m}}$$

**186.** Mit $h = \frac{g}{2} t^2$, $\Delta h = 12$ m und $\Delta t = 1$ s erhält man

$$\left(\frac{g}{2} t^2 + \Delta h\right) = \frac{g}{2} (t + \Delta t)^2 \text{ und hieraus } t = 0{,}723\ \text{s};$$

$$h = \underline{2{,}56\ \text{m}}; \quad v_1 = \sqrt{2gh} = \underline{7{,}09\ \text{m/s}}; \quad v_2 = \underline{16{,}90\ \text{m/s}}$$

**187.** Mit $\Delta s = 122{,}6$ m und $\Delta t = 1$ s ergibt sich

$$\Delta s = \frac{g}{2} [t^2 - (t - \Delta t)^2]; \quad t = \underline{13\ \text{s}}$$

**188.** (Bild 300) Beschleunigung in Bahnrichtung $g' = g \sin \alpha$;

$$l = \frac{g \sin \alpha}{2} t^2; \quad l = \frac{b}{\cos \alpha}; \quad t = \sqrt{\frac{2b}{g \sin \alpha \cos \alpha}} = \sqrt{\frac{4b}{g \sin 2\alpha}};$$

$t$ ist am kleinsten, wenn $\sin 2\alpha$ am größten, d. h. gleich 1 ist. Dann ist $\alpha = \underline{45°}$

**189.** $s = \frac{g \sin \alpha \cdot t^2}{2} = \underline{17\ \text{m}}$; $\quad v = g \sin \alpha \cdot t = \underline{17\ \text{m/s}}$

**190.** $t = \frac{2s}{v} = \underline{3{,}3\ \text{s}}$; $\sin \alpha = \frac{v^2}{2gs} = 0{,}0917$; $\quad \alpha = \underline{5{,}3°}$

**191.** $\sin \alpha = \frac{v}{gt} = 0{,}637$; $\quad \alpha = \underline{39{,}6°}$; $\quad s = \frac{vt}{2} = \underline{50\ \text{m}}$

**192.** $v_1 = \sqrt{2gh} = 7{,}67\ \text{m/s}$; $\quad v_2 = \frac{7{,}67\ \text{m/s} \cdot 0{,}4\ \text{m}}{0{,}9\ \text{m}} = \underline{3{,}41\ \text{m/s}}$

**193.** $v = \sqrt{v_0^2 - 2gh} = \underline{272{,}6\ \text{m/s}}$

**194.** $\sqrt{v_0^2 + 2gh_1} = \sqrt{2gh_2}$; $\quad v_0 = \underline{9{,}9\ \text{m/s}}$

**195.** Aus $v = \sqrt{v_0^2 - 2gh}$ ergibt sich die Anfangsgeschwindigkeit

$$v_0 = \underline{21{,}36\ \mathrm{m/s}}\ ; \quad t = \frac{2v_0}{g} = \underline{4{,}36\ \mathrm{s}}$$

**196.** Der Ansatz $h = vt - \frac{g}{2}t^2$ liefert $t_1 = \underline{3{,}08\ \mathrm{s}}$ und $t_2 = \underline{13{,}2\ \mathrm{s}}$; der größere Wert entspricht dem Aufstieg auf die maximale Höhe und anschließender Rückkehr bis auf 200 m Höhe.

**197.** a) $v = \sqrt{v_0^2 + 2gh} = \underline{2{,}35\ \mathrm{m/s}}$ b) $a = \frac{v^2}{2s} = \underline{13{,}81\ \mathrm{m/s^2}}$

**198.** $h = \frac{v^2 - v_0^2}{2g} = \underline{0{,}07\ \mathrm{m}}$

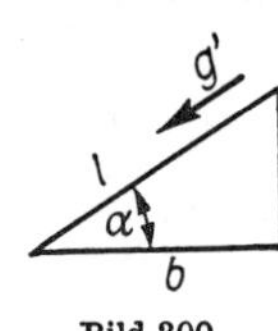


Bild 300

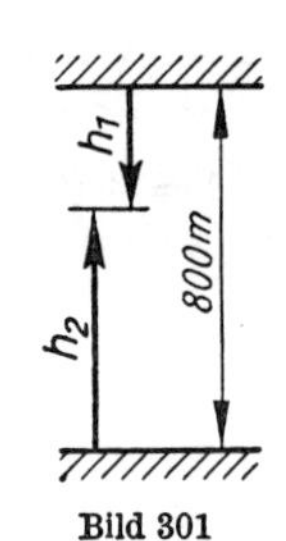


Bild 301

**199.** (Bild 301) $h_1 = \frac{g}{2}t^2$; $h_2 = v_0 t - \frac{g}{2}t^2$; $h_2 = h - h_1$;

$$h - \frac{g}{2}t^2 = v_0 t - \frac{g}{2}t^2\ ; \quad t = \frac{h}{v_0} = \frac{800\ \mathrm{m}}{200\ \mathrm{m/s}} = \underline{4}\ \mathrm{s};$$

$h_1 = \underline{78{,}5\ \mathrm{m}}$; $h_2 = \underline{721{,}5\ \mathrm{m}}$

**200.** Vertikale Endgeschwindigkeit $v = \sqrt{2gh}$;
a) Gesamtgeschwindigkeit $v_g = \sqrt{v_0^2 + 2gh} = \underline{11{,}08\ \mathrm{m/s}}$

b) $\tan\alpha = \frac{v_0}{v} = \frac{8\ \mathrm{m/s}}{7{,}67\ \mathrm{m/s}} = 1{,}043\ ; \quad \alpha = \underline{46{,}2^\circ}$

**201.** $v = \frac{V}{tA}\ ; \quad h = \frac{gs^2}{2v^2} = \frac{gs^2t^2A^2}{2V^2} = \underline{3{,}17\ \mathrm{m}}$

**202.** Fallzeit $t = \sqrt{\frac{2h}{g}}\ ; \quad v = \frac{s}{t} = s\sqrt{\frac{g}{2h}} = \underline{2{,}52\ \mathrm{m/s}}$

**203.** Fallzeit $t = \sqrt{\frac{2h}{g}}\ ; \quad s = v\sqrt{\frac{2h}{g}} = \underline{3{,}9\ \mathrm{m}}$

**204.** $s_1 = \dfrac{2v^2 \sin 20° \cos 20°}{g} = 0{,}32\ \text{m}$;

Horizontalgeschwindigkeit $v_H = v \cos 20° = 2{,}067$ m/s;
Wurfhöhe über dem oberen Ende $h = \dfrac{v^2 \sin^2 20°}{2g} = 0{,}029$ m;
Fallzeit für diese Teilstrecke $t_h = 0{,}077$ s;
gesamte Fallhöhe 4,029 m; gesamte Fallzeit $t_g = 0{,}906$ s;
die Fallzeit für 4 m ist $t = t_g - t_h = 0{,}829$ s;
$s_2 = v_H t = 1{,}71$ m; $s = s_1 + s_2 = \underline{2{,}03\ \text{m}}$

**205.** a) $s = \dfrac{2v_0^2 \sin 30° \cos 30°}{g} = = \underline{198{,}63\ \text{km}}$; $h = \dfrac{v_0^2 \sin^2 30°}{2g}$

$= \underline{28{,}67\ \text{km}}$ b) $s_{\max} = \dfrac{v_0^2}{g} = \dfrac{1500^2\ \text{m}^2/\text{s}^2}{9{,}81\ \text{m/s}^2} = 229\,360$ m

$= \underline{229{,}36\ \text{km}}$; $h_{\max} = \dfrac{v_0^2 \sin^2 45°}{2g} = \underline{57{,}34\ \text{km}}$

**206.** Auftreffgeschwindigkeit = Abprallgeschwindigkeit $v_0 = \sqrt{2gh}$;
Horizontalkomponente $v_h = \cos 60° \sqrt{2gh}$;
Wurfzeit bis zum Erreichen der Öffnung

$t = \dfrac{e}{\cos 60° \sqrt{2gh}} = 0{,}165$ s;

Vertikalkomponente $v_v = \sin 60° \sqrt{2gh}$;

Wurfhöhe $x = v_v t - \dfrac{g}{2} t^2 = \underline{21{,}31\ \text{cm}}$

**207.** Wurfweite $s = 40\ \text{m} \cdot \cos 50° = 25{,}71$ m;
Wurfhöhe $h = 40\ \text{m} \cdot \sin 50° = 30{,}64$ m;

Fallzeit $t = \sqrt{\dfrac{2h}{g}} = 2{,}50$ s; $v = \dfrac{s}{t} = \underline{10{,}28\ \text{m/s}}$

**208.** $h = v_0 t \sin \alpha - \dfrac{g}{2} t^2$; $s = v_0 t \cos \alpha$; die erste Gleichung liefert

$\sin \alpha = \dfrac{2h + gt^2}{2v_0 t}$; dies wird in die zweite Gleichung eingesetzt:

$s = v_0 t \sqrt{1 - \left(\dfrac{2h + gt^2}{2v_0 t}\right)^2}$; für $t$ ergeben sich die beiden Werte

$t_1 = 0{,}993$ s und $t_2 = 2{,}754$ s; aus $\cos \alpha = \dfrac{s}{v_0 t}$ erhält man die beiden möglichen Winkel $\alpha_1 = \underline{70{,}4°}$ und $\alpha_2 = \underline{83{,}0°}$

**209.** $n = \frac{v}{d\pi} = \frac{225\ \text{m/s}}{1{,}8\ \text{m}\ \pi} = 39{,}8\ ^1/\text{s} = \underline{2387\ ^1/\text{min}}$

**210.** $n = \frac{v}{d\pi} = \frac{25\ \text{m/s}}{3{,}6\ (28 \cdot 0{,}0254)\ \text{m}\pi} = 3{,}11\ ^1/\text{s} = \underline{186{,}5\ ^1/\text{min}}$

**211.** a) $\omega = 2\pi n = \frac{2\pi\ 78\ ^1/\text{s}}{60} = \underline{8{,}17\ ^1/\text{s}}$

b) $\omega = \frac{v}{r} = \frac{10\ \text{m/s}}{(14 \cdot 0{,}0254)\ \text{m}} = \underline{28{,}1\ ^1/\text{s}}$

c) $\omega = \frac{\varphi}{t} = \frac{2\pi}{3600\ \text{s}} = \underline{0{,}001\,75\ ^1/\text{s}}$

d) $\omega = \frac{2\pi}{12 \cdot 3600\ \text{s}} = \underline{0{,}000\,145\ ^1/\text{s}}$

**212.** Dauer einer Umdrehung $T = \frac{s}{v}$; minutliche Drehzahl

$n = \frac{1}{T} = \frac{v}{s} = \frac{420\ \text{m/s}}{3{,}6 \cdot 3{,}6\ \text{m}} = \underline{1944\ ^1/\text{min}}$

**213.** $r = \frac{v}{\omega} = \frac{0{,}0015\ \text{m/s} \cdot 3600}{2\pi\ ^1/\text{s}} = \underline{0{,}86\ \text{m}}$

**214.** Der kleine Zeiger führt in 24 Stunden 2 Umdrehungen aus, läuft also doppelt so schnell wie die Sonne. Man muß daher den Drehwinkel des Zeigers halbieren.

**215.** Wegen $\varphi = \omega t$ ist $\frac{2\pi}{60\ \text{min}}\,t = \frac{2\pi}{3} + \frac{2\pi}{12 \cdot 60\ \text{min}}\,t$ und

hieraus $t = \underline{21\ ^9/_{11}\ \text{min}}$

**216.** Wegen $\varphi = \omega t$ ist $\frac{2\pi}{60\ \text{min}}\,t - \frac{2\pi}{12 \cdot 60\ \text{min}}\,t = \frac{2\pi}{4}$;

$t = 16^4/_{11}$ min; es ist $\underline{\text{12 h 16 min 22 s}}$

**217.** Dies ist der Fall, wenn die eine Uhr genau 12 Stunden vorgeht. Da sie in einer Stunde um 90 s = $^1/_{40}$ h vorgeht, vergehen

$\frac{12\ \text{h}}{^1/_{40}\ \text{h/h}} = 480$ Stunden, das sind $\underline{\text{20 Tage}}$

**218.** Innerhalb von 12 Stunden überholt der große Zeiger den kleinen Zeiger 11mal; das erste Mal nach

$\frac{12\ \text{h}}{11} = 1{,}0909$ h oder $\underline{\text{1 h 5 min 27,3 s}}$

**219.** $\frac{v_1}{v_2} = \frac{8\,\text{m/s}}{5\,\text{m/s}} = \frac{d_1}{d_2}$; $d_2 = d_1 - 15\,\text{cm}$;

$$\frac{8\,\text{m/s}}{5\,\text{m/s}} = \frac{d_1}{d_1 - 15\,\text{cm}}; \quad d_1 = 40\,\text{cm};$$

$$d_2 = \underline{25\,\text{cm}}; \quad n = \frac{v}{d\pi} = 6{,}37\,{}^1/\text{s} = \underline{382\,{}^1/\text{min}}$$

**220.** $v = \sqrt{2gh}$; $n = \frac{v}{d\pi} = \frac{\sqrt{2gh}}{d\pi} = \underline{5684\,{}^1/\text{min}}$

**221.** Mit dem Drehwinkel $\varphi = \frac{12°\pi}{180°}$ wird die Flugzeit

$$t = \frac{\varphi}{\omega} = \frac{12°\pi}{180° \cdot 2\pi n} = \frac{1}{30n};$$

$$v = \frac{s}{t} = 0{,}8\,\text{m} \cdot 30n = \underline{600\,\text{m/s}}$$

**222.** $\omega = \frac{2\pi}{(24 \cdot 3600)\,\text{s}} = 7{,}272 \cdot 10^{-5}\,{}^1/\text{s}$; Fallzeit $t = 14{,}28$ s;

der Stein behält die am Erdumfang vorhandene Geschwindigkeit $v_1 = r_1\omega$ bei, während sich der Boden des Schachtes mit $v_2 = (r_1 - h)\,\omega$ weiterbewegt; Relativgeschwindigkeit des Steines $v = v_1 - v_2$; seitliche Abweichung $s = (v_1 - v_2)\,t = h\omega t = (1000 \cdot 7{,}272 \cdot 10^{-5})\,\text{m/s} \cdot 14{,}28\,\text{s} = \underline{1{,}04\,\text{m}}$

**223.** $\frac{8\,\text{cm}}{96\,\text{cm}} = \frac{n_{II}}{n_I}$; $\frac{8\,\text{cm}}{88\,\text{cm}} = \frac{n_{II} + 5\,{}^1/\text{min}}{n_I}$;

aus diesen beiden Gleichungen erhält man $n_{II} = 55\,{}^1/\text{min}$ und $n_I = \underline{660\,{}^1/\text{min}}$

**224.** $v = \frac{d\pi n}{4{,}643} = \frac{0{,}65\,\text{m} \cdot \pi \cdot 4300\,{}^1/\text{min}}{60\,\text{s/min} \cdot 4{,}643}$

$= \underline{31{,}5\,\text{m/s}}$

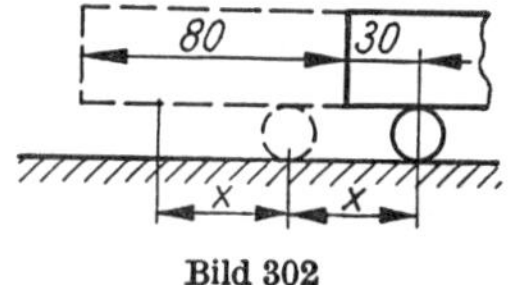

Bild 302

**225.** Das Rad wandert um 8 Zähne nach rechts, die bewegliche Stange um 16 Zähne in gleicher Richtung.

**226.** (Bild 302) Die Walze wickelt die Strecke $x$ auf der Unterseite des Blockes nach rückwärts und die gleiche Strecke am Boden nach vorwärts ab. $(80 + 30)\,\text{cm} = 30\,\text{cm} + 2x$; $x = 40\,\text{cm}$; die Walze bewegt sich am Boden um $\underline{40\,\text{cm}}$ vorwärts, der Block ragt dann um $\underline{70\,\text{cm}}$ vor.

**227.** a) Wird überall der Faktor $\pi$ weggelassen, so legt die Kugel auf dem Innenring je Zeiteinheit die Bogenstrecke $n_i D_i - n_w d$ zurück. Auf den größeren Außenbogen bezogen, ist diese Strecke $\frac{(n_i D_i - n_w d)\, D_a}{D_i}$ und gleich der Strecke $n_w d$, die die auf dem Außenring laufende Kugel zurücklegt. Aus der Gleichung $\frac{(n_i D_i - n_w d)\, D_a}{D_i} = n_w d$ ergibt sich mit $D_i = D - d$ und $D_a = D + d$ die angegebene Formel.

b) Der Käfig legt je Zeiteinheit die Strecke $n_k\,(D + d)$ zurück, welche gleich $n_w d$ ist, womit die angegebene Formel herauskommt.

c) Der auf dem Innenring rollende Käfig legt die Strecke $n_k\,(D - d)$ zurück usw.

d) Wegen der viel kleineren Drehzahl im Fall b) ist die Abnutzung wesentlich geringer und die Bauart mit festem Außenring dauerhafter.

**228.** $v = d\pi n = 7{,}6 \cdot 10^{-3}\,\mathrm{m} \cdot \pi \cdot 3790\,{}^1/\mathrm{s} = \underline{90{,}50\,\mathrm{m/s}}$;
$\omega = 2\,\pi n = \underline{23\,800\,{}^1/\mathrm{s}}$

**229.** Mittlere Drehzahl $n_m = \frac{n_1 + n_2}{2}$;

$z = n_m \cdot t = \frac{(n_1 + n_2)\,t}{2} = \underline{417 \text{ Umdrehungen}}$

**230.** Mittlere Drehzahl beim Auslaufen $n_m = 2000\,{}^1/\mathrm{min}$;
$z = n_m \cdot t = \underline{266{,}7}$ Umdrehungen

**231.** Bei gleichmäßiger Beschleunigung ist die mittlere Drehzahl $n_m = \frac{z}{t} = 16\,{}^1/\mathrm{s} = 960\,{}^1/\mathrm{min}$; die erreichte Drehzahl ist dann doppelt so groß; $n = \underline{1920\,{}^1/\mathrm{min}}$

**232.** $z = \frac{n}{2}\,t_1 + n t_1$; $\quad n = \frac{2z}{3t_1} = 37{,}33\,{}^1/\mathrm{s}$; $\quad n = \underline{2240\,{}^1/\mathrm{min}}$

**233.** Da die Drehzahl proportional der Zeit zunimmt, beträgt sie am Ende $n_2 = \frac{n_1 t_2}{t_1} = \frac{90\,{}^1/\mathrm{min} \cdot 4\,\mathrm{s}}{1{,}5\,\mathrm{s}} = \underline{240\,{}^1/\mathrm{min}}$

**234.** $\omega = \omega_0 + \alpha t$; $\omega_0 = 2\pi n_1 = 52{,}4\,{}^1/\mathrm{s}$; $\alpha t = 75\,{}^1/\mathrm{s}$;
$\omega = 127{,}4\,{}^1/\mathrm{s}$; $n_2 = \underline{1217\,{}^1/\mathrm{min}}$

**235.** a) $\omega = \alpha \cdot t$; $\quad n = \frac{\omega}{2\pi} = \frac{\alpha t}{2\pi} = 1{,}79\,{}^1/\mathrm{s} = \underline{107\,{}^1/\mathrm{min}}$

b) $z = \frac{\alpha t^2}{2 \cdot 2\pi} = \underline{4{,}03}$

**236.** a) $a = \frac{\Delta v}{\Delta t} = \frac{21\ \text{m/s}}{17\ \text{s}} = \underline{1{,}24\ \text{m/s}^2}$ b) $\alpha = \frac{a}{r} = \underline{0{,}292\ {}^1/\text{s}^2}$

c) $s = \frac{a}{2} t^2 = \underline{179{,}2\ \text{m}}$

**237.** $\varphi = \frac{(\omega_0 + 2\omega_0)t}{2}$; $\omega_0 = \frac{2\varphi}{3t} = \frac{2z2\pi}{3t} = 100{,}53\ {}^1/\text{s}$;

$\omega = \underline{201{,}06\ {}^1/\text{s}}$

**238.** $\varphi_1 = \frac{a}{2} t_1^2$; $\varphi_2 = \frac{a}{2} t_2^2$;

$\alpha = \frac{2 \cdot \Delta\varphi}{t_2^2 - t_1^2} = \frac{2 \cdot 16 \cdot 2\pi}{(4 - 1)\ \text{s}^2} = \underline{67\ {}^1/\text{s}^2}$

**239.** $\varphi = \frac{\omega}{t} = \frac{2\pi\, n}{t} = \frac{2\pi\ 2400\ {}^1/\text{min}}{60\ \text{s/min} \cdot 1{,}5\ \text{s}} = \underline{174{,}5\ {}^1/\text{s}^2}$

**240.** Erreichte Drehzahl $n = \frac{v}{\pi d}$; mittlere Drehzahl $n_\text{m} = \frac{v}{2\pi d}$;

$z = \frac{vt}{2\pi d} = \frac{30\ \text{m/s} \cdot 5\ \text{s}}{2{,}4\ \text{m} \cdot \pi} = \underline{19{,}9}$

**241.** Zahl der Umdrehungen $z = \frac{h}{d\pi} = \underline{2{,}86}$;

mittlere Drehzahl $n_\text{m} = \frac{z}{t} = \frac{h}{d\pi t}$;

Enddrehzahl $n = \frac{2h}{d\pi t} = \underline{28{,}6\ {}^1/\text{min}}$

**242.** a) $s = v_2 \cdot t = 0{,}023\ \text{km/s} \cdot 3\,600\ \text{s} = \underline{82{,}8\ \text{km}}$

b) $v = \sqrt{v_1^2 + v_2^2} = 102{,}6\ \text{m/s}$; Flugzeit je km

$t = \frac{1\,000\ \text{m}}{102{,}6\ \text{m/s}} = 9{,}75\ \text{s}$; $s' = 23\ \text{m/s} \cdot 9{,}75\ \text{s} = \underline{224\ \text{m}}$

**243.** $v = 264\ \text{km/h}$; $v_1 = 250\ \text{km/h}$;

$v_2 = \sqrt{v^2 - v_1^2} = \underline{84{,}8\ \text{km/h}}$

**244.** $\frac{v_2}{v_1} = \tan 70°$; $v_2 = v_1 \cdot 2{,}747 = \underline{21{,}98\ \text{m/s}} = \underline{79{,}1\ \text{km/h}}$

**245.** Wurfzeit = Fallzeit; $t = \sqrt{\frac{2h}{g}} = 0{,}903\ \text{s}$;

Zuggeschwindigkeit $v_1 = \frac{l}{t} = \underline{22{,}15\ \text{m/s}}$;

Abwurfgeschwindigkeit $v_2 = \frac{b}{t} = \underline{8{,}86\ \text{m/s}}$;

Fallgeschwindigkeit $v_3 = \sqrt{2gh}$; $v_3^2 = 78{,}48\ \text{m}^2/\text{s}^2$;

Horizontalgeschwindigkeit $v_h = \sqrt{v_1^2 + v_2^2} = 23{,}86$ m/s;
Gesamtgeschwindigkeit $v = \sqrt{v_h^2 + v_3^2} = \underline{25{,}4 \text{ m/s}}$

**246.** Da die Wurfzeit die gleiche wie in der vorigen Aufgabe ist, liegt die Auftreffstelle, in Fahrtrichtung gemessen, ebenfalls 20 m vom Abwurfpunkt entfernt. Entfernung vom Bahnkörper $b = 12 \text{ m/s} \cdot 0{,}903 \text{ s} = \underline{10{,}84 \text{ m}}$

**247.** $v + v_w = \frac{s}{t_1}$; $v - v_w = \frac{s}{t_2}$; hieraus wird

$$v = \frac{s(t_1 + t_2)}{2t_1t_2} = \underline{116{,}67 \text{ m/s}} \quad \text{und}$$

$$v_w = \frac{s(t_2 - t_1)}{2t_1t_2} = \underline{16{,}67 \text{ m/s}}$$

**248.** (Bild 303) Die gesuchte Geschwindigkeit ist die Projektion von $v$ auf den durch B und den momentanen Standort des Fahrzeuges gezogenen Strahl;

$$\frac{v_e}{v} = \frac{vt}{\sqrt{v^2t^2 + e^2}}; \quad v_e = \underline{\frac{v^2}{\sqrt{v^2 + e^2/t^2}}};$$

$$\text{für} \quad v_e = v/2 \quad \text{wird} \quad t = \underline{\frac{e}{3v}\sqrt{3}}$$

**249.** Nach dem Prinzip der ungestörten Überlagerung der Teilbewegungen erreicht das Boot das andere Ufer in derselben kürzesten Zeit wie bei ruhendem Wasser, wenn es ohne Rücksicht auf die Abdrift rechtwinklig hinübergesteuert wird. Überfahrtszeit $t = \frac{e}{v_1} = \underline{25 \text{ s}}$

**250.** (Bild 304) Resultierende Geschwindigkeit

$$v = \sqrt{v_1^2 - v_2^2} = 2{,}646 \text{ m/s}; \quad t' = \frac{e}{v} = \underline{37{,}8 \text{ s}}$$

**251.** (Bild 305) Geschwindigkeitskomponente in rechtwinkliger Richtung $v'' = \frac{100 \text{ m}}{50 \text{ s}} = 2$ m/s;

a) $\cos\alpha = \frac{v''}{v_1} = \frac{2 \text{ m/s}}{4 \text{ m/s}} = 0{,}5$; $\alpha = \underline{60°}$

b) Komponente $\overline{AC} = \sqrt{v_1^2 - v''^2} = 3{,}464$ m/s;
Komponente $\overline{AB} = (3{,}464 - 3)$ m/s $= 0{,}464$ m/s;

$$\tan\beta = \frac{\overline{AB}}{v''} = 0{,}232; \quad \beta = \underline{13{,}1°}$$

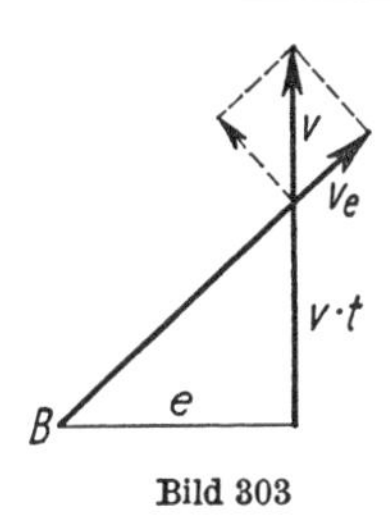

Bild 303

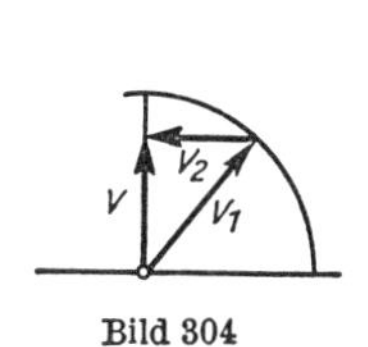

Bild 304

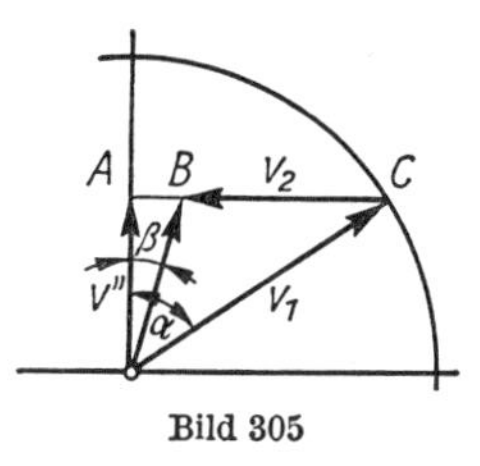

Bild 305

**252.** Steiggeschwindigkeit $v_1 = \frac{h}{t} = 8{,}33$ m/s;

Horizontalkomponente $v_2 = \sqrt{v^2 - v_1^2} = 68{,}94$ m/s;

a) Bahnlänge $s = vt = \underline{12{,}5 \text{ km}}$

b) Zeit für eine Schleife $t_1 = \frac{2\pi r}{v_2} = \underline{27{,}34 \text{ s}}$

c) Anzahl der Schleifen $z = \frac{t}{t_1} = \underline{6{,}58}$

d) Steighöhe je Schleife $h_1 = \frac{h}{z} = \underline{228 \text{ m}}$

**253.** Die Bahn ist schraubenförmig. Die Geschwindigkeitskomponenten sind $v_1 = 100$ m/s und

$$v_2 = d\pi n = \frac{2 \text{ m} \cdot \pi \cdot 2500 \, ^1\!/\text{min}}{60 \text{ s/min}} = 261{,}8 \text{ m/s};$$

es resultiert $v = \sqrt{v_1^2 + v_2^2} = 280{,}25$ m/s;
$s = vt = 280{,}25 \text{ m/s} \cdot 60 \text{ s} = 16\,815 \text{ m} = \underline{16{,}815 \text{ km}}$

**254.** (Bild 306) Die Umfangsgeschwindigkeit des Rädchens ist $u = v \tan \alpha$ und andererseits $u = d\pi n$, woraus die genannte Formel folgt:

$$n = \frac{350 \text{ cm/s} \cdot 1}{6 \text{ cm} \cdot \pi} = \underline{18{,}57 \, ^1\!/\text{s}}$$

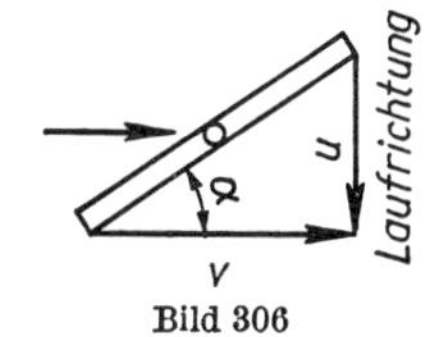

Bild 306

**255.** $F = am = \frac{2{,}2 \text{ m} \cdot 1\,600 \text{ kg}}{\text{s}^2} = \underline{3{,}52 \text{ kN}}$

**256.** Am Umfang der angetriebenen Räder wirkt die Gesamtkraft $F = \frac{M}{r}$; dann ist $a = \frac{M}{rm} = \frac{340 \text{ Nm}}{0{,}31 \text{ m} \cdot 1250 \text{ kg}} = \underline{0{,}88 \text{ m/s}^2}$

**257.** Bei maximaler Belastung des Seils ist $10\,mg = mg + am$; $a = \underline{9g}$

**258.** Hangabtriebskraft $F_{\mathrm{H}} = mg \sin \alpha$; Gesamtkraft

$$F = m(g \sin \alpha + a)\ ; \qquad a = \frac{F}{m} - g \sin \alpha = \underline{1{,}46\ \mathrm{m/s^2}}$$

**259.** a) $F = ma = \dfrac{mv^2}{2s} = 4167\ \mathrm{kg\,m/s^2} = \underline{4167\ \mathrm{N}}$

b) $F = ma = \dfrac{mv}{t} = 333\ \mathrm{kg\,m/s^2} = \underline{333\ \mathrm{N}}$

**260.** a) $F = \dfrac{mv}{t} = \underline{562{,}5\ \mathrm{N}}$

b) $F = \dfrac{mv}{t} + mg\mu = \underline{2034\ \mathrm{N}}$

**261.** a) $a = \dfrac{v}{t} = \dfrac{F}{m}$; $\quad t = \dfrac{mv}{F} = \underline{15{,}3\ \mathrm{s}}$

b) $F' = F - mg\mu = 393\ \mathrm{N}$ ; $t = \dfrac{mv}{F'} = \underline{61{,}1\ \mathrm{s}}$

**262.** a) $F = ma = \underline{45\ \mathrm{kN}}$

b) $F = (45\,000 + 14\,700)\ \mathrm{N} = \underline{59{,}7\ \mathrm{kN}}$

**263.** $F = \dfrac{mv^2}{2s} = \underline{53{,}6\ \mathrm{N}}$

**264.** $P = Fv = mav = \dfrac{mv^2}{t} = \dfrac{900\ \mathrm{kg} \cdot 25^2\ \mathrm{m^2/s^2}}{26\ \mathrm{s}} = \underline{21{,}64\ \mathrm{kW}}$

**265.** Kraft zur Beschleunigung der Masse

$F = ma = \dfrac{mv}{t} = 865{,}4\ \mathrm{N}$;

Reibungskraft $F_{\mathrm{r}} = (900 \cdot 9{,}81)\ \mathrm{N} \cdot 0{,}04 = 353{,}2\ \mathrm{N}$;
Gesamtkraft 1 218,6 N;
$P = (F + F_{\mathrm{r}})v = 1\,218{,}6\ \mathrm{N} \cdot 25\ \mathrm{m/s} = \underline{30{,}5\ \mathrm{kW}}$

**266.** $a = 0{,}025\,g = \underline{0{,}245\ \mathrm{m/s^2}}$

**267.** a) $F_1 = m\,(g + a) = 1\,500\ \mathrm{kg} \cdot 11{,}31\ \mathrm{m/s^2} = \underline{16\,965\ \mathrm{N}}$
b) $F_2 = m\,(g - a) = \underline{12\,465\ \mathrm{N}}$

**268.** $s_1 = \frac{a_1 t_1^2}{2}$; $a_1 = \frac{2s_1}{t_1^2} = 1{,}28\ \text{m/s}^2$; $a_2 = -1{,}28\ \text{m/s}^2$;

$F_1 = m(g + a_1) = 200\ \text{kg} \cdot 11{,}09\ \text{m/s}^2 = \underline{2218\ \text{N}}$;
$F_2 = m(g - a_2) = \underline{1706\ \text{N}}$

**269.** $(m_1 - m_2)\,g = (m_1 + m_2)\,a$; $a = \frac{(m_1 - m_2)\,g}{m_1 + m_2} = 5{,}45\ \text{m/s}^2$;

$v = \sqrt{2as} = \underline{10{,}4\ \text{m/s}}$

**270.** a) $P = (m_1 - m_2)\,gv = \underline{2{,}796\ \text{kW}}$

b) $F = (m_1 - m_2)\,g + (m_1 + m_2)\,a$;
$P = [(m_1 - m_2)\,g + (m_1 + m_2)\,a]\,v$;

$a = \frac{v^2}{2s} = 0{,}0833\ \text{m/s}^2$; $P = \underline{2{,}840\ \text{kW}}$

**271.** $P = Fv = mav = \frac{mv^2}{t} = \frac{1{,}32 \cdot 80\,000\ \text{kg} \cdot 40^2\ \text{m}^2/\text{s}^2}{3{,}6^2 \cdot 60\ \text{s}} =$

$= \underline{217{,}3\ \text{kW}}$

**272.** $F = ma = \frac{mv^2}{s}$;

$v = \sqrt{\frac{2Fs}{m}} = \sqrt{\frac{2 \cdot 196{,}2\ \text{N} \cdot 0{,}6\ \text{m}}{0{,}004\ \text{kg}}} = \underline{242{,}6\ \text{m/s}}$

**273.** $\tan\alpha \approx \sin\alpha = 0{,}05$; $F = m\,(g \sin\alpha + a) = \underline{2190\ \text{N}}$

**274.** Der Kraftaufwand ist bei konstanter Beschleunigung am kleinsten. Dann ist $a = \frac{2s}{t^2} = 0{,}24\ \text{m/s}^2$; die gesamte Kraft ist $F = m\,(g + a) = \underline{1809\ \text{N}}$; $W = Fh = \underline{5427\ \text{J}}$

**275.** a) $F = (m_1 - m_2)\,g \sin\alpha = (m_1 + m_2)a$; $a = \frac{v^2}{2s}$;

$v = \sqrt{\frac{(m_1 - m_2)\,g \sin\alpha \cdot 2s}{m_1 + m_2}} = \underline{18{,}3\ \text{m/s}}$

b) Die Hangabtriebskraft $(m_1 - m_2)\,g \sin\alpha$ wird um die Reibungskraft $(m_1 + m_2)\,g\mu$ vermindert; $v = \underline{15{,}8\ \text{m/s}}$

**276.** a) $a = \frac{(m_1 - m_2)g}{m_1 + m_2} = \underline{0{,}316\ \text{m/s}^2}$

b) Aus dieser Gleichung folgt

$$m_1 = m_2 \frac{g + 2a}{g - 2a} = \underline{341\ \mathrm{g}}$$

c) Mit $a = 0{,}5\,g$ wird daraus $m_1 : m_2 = \underline{3:1}$

**277.** $F = m(a + g); \quad a = \frac{2s}{t^2} = \frac{F - mg}{m};$

$$t = \sqrt{\frac{2sm}{F - mg}} = \underline{2{,}93\ \mathrm{s}}$$

**278.** a) $v = \frac{P}{F} = \frac{P}{ma}; \quad a = \frac{P}{mv} = \underline{0{,}67\ \mathrm{m/s^2}}$

b) $P = (F_b + F_r)v; \quad v = \frac{P}{ma + mg\mu};$

$$a = \frac{P - mvg\mu}{mv} = \underline{0{,}372\ \mathrm{m/s^2}}$$

**279.** $P = Fv = mav = \frac{mv^2}{t}; \quad v = \sqrt{\frac{Pt}{m}} = \underline{17{,}3\ \mathrm{m/s}}$

**280.** $F = m(g + a) = m\left(g + \frac{v^2}{h}\right); \quad v = \sqrt{\left(\frac{F}{m} - g\right) \cdot 2h}$

$$= \underline{0{,}63\ \mathrm{m/s}}$$

**281.** Die in die Bahnrichtung fallende Komponente der Fallbeschleunigung (d. h. die Hangabtriebskraft) entfällt, so daß allein die senkrecht zur Bahn wirkende Komponente verbleibt. Der Wasserspiegel stellt sich parallel zur Bahn ein.

**282.** a) $a = \frac{m_2 g}{m_1 + m_2} = \frac{1500\ \mathrm{kg} \cdot 9{,}81\ \mathrm{m/s^2}}{(12000 + 1500)\ \mathrm{kg}} = \underline{1{,}09\ \mathrm{m/s^2}}$

b) $v = \sqrt{2as} = \underline{3{,}62\ \mathrm{m/s}}$

c) $a' = \frac{v^2}{2s} = 0{,}333\ \mathrm{m/s^2}; \quad m_2' = \frac{m_1 a'}{g - a'} = \underline{422\ \mathrm{kg}}$

**283.** Auf die Laufkatze wirkt die Kraft $m_1\,(g - a)$; diese bewegt die Masse $m_1 + m_2$, so daß $(m_1 + m_2)\,a = m_1\,(g - a)$; mit $a = \frac{v^2}{2s} = 1{,}04\ \mathrm{m/s^2}$ erhält man $m_1 = \underline{26{,}9\ \mathrm{kg}}$

**284.** Der Kraft $F = ma$ wirkt die Hangabtriebskraft $mg \sin \alpha$ entgegen, so daß die resultierende Antriebskraft $ma' =$

$m\,(a - g \sin \alpha)$ ist. Wegen $\sin \alpha \approx \tan \alpha$ gilt
$a' = (1{,}8 - 9{,}81 \cdot 0{,}06)\ \mathrm{m/s^2} = \underline{1{,}21\ \mathrm{m/s^2}}$

**285.** $ma \geqq mg\mu;\ a \geqq g\mu = \underline{5{,}4\ \mathrm{m/s^2}}$

**286.** Die Leistung zur Massenbeschleunigung ist $P_\mathrm{m} = ma_1v_\mathrm{m}$ bzw. zur Überwindung des Fahrwiderstandes $P_\mathrm{W} = ma_2v_\mathrm{m}$; die Summe beider gibt die Gesamtleistung $P = mv_\mathrm{m}\,(a_1 + a_2)$; mit $a_1 = 2{,}08\ \mathrm{m/s^2}$, $a_2 = 0{,}56\ \mathrm{m/s^2}$ und $v_\mathrm{m} = 9{,}72\ \mathrm{m/s}$ ergibt sich $P = 1100\ \mathrm{kg} \cdot 9{,}72\ \mathrm{m/s} \cdot 2{,}64\ \mathrm{m/s^2} = \underline{28{,}2\ \mathrm{kW}}$

**287.** $F = m\,(g + a);\ a = \dfrac{F}{m} - g = 3{,}19\ \mathrm{m/s^2};\ v = at = \underline{9{,}57\ \mathrm{m/s}}$

**288.** Zwischen den beiden Beschleunigungen $a_1 = \dfrac{v_1}{t} = 1{,}39\ \mathrm{m/s^2}$ und $a_2 = \dfrac{v_2}{t} = 2{,}08\ \mathrm{m/s^2}$ besteht die Beziehung $a_2 = a_1 + g \sin \alpha$; hieraus $\sin \alpha = \dfrac{a_2 - a_1}{g} = 0{,}0707 \approx \tan \alpha$. Das Gefälle beträgt daher $\underline{7\,\%}$

**289.** (Bild 307) Achsdruckkraft vorn $F_1 = mg \cdot 0{,}4 = \underline{3531{,}6\ \mathrm{N}}$; Achsdruckkraft hinten $F_2 = mg \cdot 0{,}6 = \underline{5297{,}4\ \mathrm{N}}$; das Moment der beim Bremsen auftretenden Trägheitskraft $ma$ belastet die Vorderachse zusätzlich um $F_3$. Aus der Momentengleichung $mah = F_3 l$ folgt

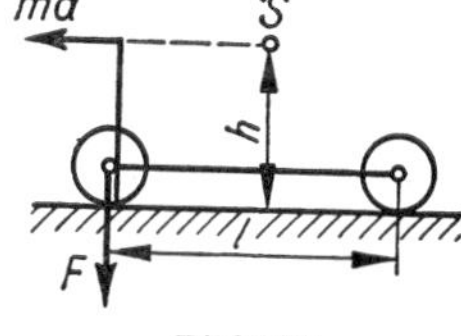

Bild 307

$$F_3 = \frac{mah}{l} = \frac{900\ \mathrm{kg} \cdot 6{,}5\ \mathrm{m/s^2} \cdot 0{,}75\ \mathrm{m}}{3{,}1\ \mathrm{m}} = 1415{,}3\ \mathrm{N};$$

neue Achsdruckkraft vorn $F_1' = F_1 + F_3 = \underline{4946{,}9\ \mathrm{N}}$ und hinten $F_2' = F_2 - F_3 = \underline{3882{,}1\ \mathrm{N}}$

**290.** Die Münze erfährt die Beschleunigung $a = \dfrac{F}{m} = \mu g$. In der Zeit $t$ darf sie höchstens die Strecke $s = 5\ \mathrm{cm}$ zurücklegen, so daß

$$\frac{a}{2}t^2 \leqq s;\quad t = \frac{2s}{v};\quad \frac{4\mu g s^2}{2v^2} \leqq s;\quad v \geqq \underline{70\ \mathrm{cm/s}}$$

**291.** a) $W_1 = mgh = 18000\ \mathrm{kg} \cdot 9{,}81\ \mathrm{m/s^2} \cdot 3\ \mathrm{m} = \underline{5{,}3 \cdot 10^5\ \mathrm{N\,m}}$
b) mittlere Förderhöhe $h_\mathrm{m} = 1{,}50\ \mathrm{m}$; $W_2 = \underline{2{,}65 \cdot 10^5\ \mathrm{N\,m}}$

**292.** $\frac{(F_1 + F_2)\,s}{2} = W; \quad F_2 = \frac{2W}{s} - F_1 = \underline{10\ \text{N}}$

**293.** $W = 3{,}5\ \text{kg} \cdot 9{,}81\ \text{m/s}^2\,(0{,}065 + 0{,}13 + \ldots + 0{,}585)\ \text{m} = \underline{100{,}4\ \text{N m}}$

**294.** a) $F = pA = \frac{0{,}75 \cdot 9{,}81\ \text{N/cm}^2 \cdot 12^2\ \text{cm}^2 \cdot \pi}{4} = \underline{832\ \text{N}}$

b) Jeder Arbeitshub dauert $t = \frac{60\ \text{s}}{80 \cdot 2} = 0{,}375\ \text{s}$;

$$P = \frac{Fs}{t} = \frac{832\ \text{N} \cdot 0{,}2\ \text{m}}{0{,}375\ \text{s}} = \underline{444\ \text{W}}$$

c) $m = \frac{Pt'}{gh} = \frac{444\ \text{W} \cdot 60\ \text{s}}{9{,}81\ \text{m/s}^2 \cdot 7{,}5\ \text{m}} = \underline{362\ \text{kg}}$

**295.** $P = \frac{W}{t} = \frac{4000\ \text{N m}}{{}^1/800\ \text{s}} = \underline{3200\ \text{kW}}$

**296.** $P = Fv = \frac{105\ \text{kN} \cdot 46\ \text{m/s}}{3{,}6} = \underline{1342\ \text{kW}}$

**297.** $P = mgv = \underline{981\ \text{W}}$

**298.** $P = Fh/t = mgh\sqrt{g/(2h)} = \underline{291{,}5\ \text{W}}$

**299.** $P = Fv = pAv = \frac{pAV}{At} = \frac{pV}{t} = \frac{2{,}5 \cdot 10^5\ \text{N/m}^2 \cdot 4 \cdot 10^{-4}\ \text{m}^3}{1\ \text{s}} =$

$= \underline{100\ \text{W}}$

**300.** $P = \frac{3 p_\text{m} d^2 \pi s n}{4} =$

$$= \frac{3 \cdot 4{,}2 \cdot 10^5\ \text{N/m}^2 \cdot 0{,}07^2\ \text{m}^2\pi \cdot 0{,}078\ \text{m} \cdot 3600\ {}^1/\text{min}}{4 \cdot 60\ \text{s/min}} =$$

$= \underline{22{,}7\ \text{kW}}$

**301.** Mit $P = 19000$ W ergibt sich aus dem letzten Ansatz $p_\text{m} = 35{,}2 \cdot 10^4\ \text{N/m}^2 = \underline{3{,}52\ \text{bar Überdruck.}}$

**302.** $P = Fv = Fr\omega = M \cdot 2\pi n = \frac{75\ \text{Nm} \cdot 2\pi \cdot 2500\ {}^1/\text{min}}{60\ \text{s/min}} =$

$= \underline{19{,}6\ \text{kW}}$

**303.** $M = \frac{P}{2\pi n} = \frac{25000\ \text{W}}{2\pi \cdot 60\ {}^1/\text{s}} = \underline{66{,}3\ \text{N m}}$

**304.** $F = \frac{P}{\pi d n} = \underline{2674\,\text{N}}$

**305.** $z = \frac{W}{M \cdot 2\pi} = \frac{90000\,\text{N m}}{1500\,\text{N m} \cdot 2\pi} = \underline{9{,}5\ \text{Umdrehungen}}$

**306.** $M = \frac{W}{2\pi n t} = \frac{45000\,\text{N m} \cdot 60\,\text{s}}{2\pi \cdot 4200 \cdot 15\,\text{s}} = \underline{6{,}82\,\text{N m}}$

**307.** $n = \frac{P}{2\pi M} = \frac{40000\,\text{N m/s}}{2\pi \cdot 95\,\text{N m}} = \underline{67{,}0\,{}^1\!/\text{s} = 4020\,{}^1\!/\text{min}}$

**308.** $(ma + F_R)\,v = P\,; \quad a = \frac{P/v - F_R}{m} = \underline{1{,}36\,\text{m/s}^2}$

**309.** $\tan\alpha = 0{,}16\,; \quad \alpha = 9{,}1°\,; \quad P = \frac{Fs}{t\eta} = \frac{mgs\sin\alpha}{t\eta} =$

$$= \frac{(1600 \cdot 9{,}81)\,\text{N} \cdot 190\,\text{m} \cdot 0{,}1582}{150\,\text{s} \cdot 0{,}75} = 4194\,\text{W} = \underline{4{,}2\,\text{kW}}$$

**310.** $m = \frac{Pt\eta}{hg} = \frac{5500\,\text{N m/s} \cdot 90\,\text{s} \cdot 0{,}6}{17\,\text{m} \cdot 9{,}81\,\text{m/s}^2} = \underline{1\,781\,\text{kg}}$

**311.** $F = \frac{mgh}{\eta n 2\pi r} = \underline{119\,\text{N}}$

**312.** $F = F_1 - F_2 = \frac{P}{2r\pi n} = \frac{12000\,\text{W} \cdot 60\,\text{s/min}}{0{,}15\,\text{m} \cdot \pi \cdot 800\,{}^1\!/\text{min}} =$

$$= 1\,910\,\text{N}\,; \quad F_1 = \underline{3820\,\text{N}}\,; \quad F_2 = \underline{1910\,\text{N}}$$

**313.** $\eta = \frac{P_{ab}}{P_{zu}} = \frac{P_{ab}t}{mgh} = \frac{1600\,\text{W} \cdot 1\,\text{s}}{1962\,\text{N m}} = 0{,}82 = \underline{82\%}$

**314.** $\eta = \frac{P_{ab}}{P_{zu}} = \frac{mgh}{tP_{zu}} = \frac{(40 \cdot 9{,}81)\,\text{N} \cdot 30\,\text{m}}{60\,\text{s} \cdot 300\,\text{W}} = 0{,}654 = \underline{65{,}4\%}$

**315.** $m = \frac{P_{ab}t}{\eta h g} = \frac{10^7\,\text{W} \cdot 1\,\text{s}}{0{,}93 \cdot 9{,}81\,\text{m/s}^2 \cdot 6{,}5\,\text{m}} = 1{,}686 \cdot 10^5\,\text{kg}$

$$\triangleq \underline{168{,}6\,\text{m}^3}$$

**316.** $\eta_2 = \frac{P_{ab} + \Delta P_{ab}}{P_{zu}}\,; \quad P_{zu} = \frac{P_{ab}}{\eta_1}\,; \quad P_{ab} = \frac{\Delta P_{ab} \cdot \eta_1}{\eta_2 - \eta_1} = \underline{161\,\text{MW}}$

**317.** $\frac{mv^2}{2} = mgh\,; \quad h = \frac{v^2}{2g} = \underline{19{,}3\,\text{m}}$

**318.** $W_{\text{kin}} = \dfrac{mv^2}{2}$;

$$P = \frac{W_{\text{kin}}}{t} = \frac{620\ \text{kg} \cdot 935^2\ \text{m}^2/\text{s}^2}{{}^1/_{40}\ \text{s} \cdot 2} = \underline{1{,}084 \cdot 10^{10}\ \text{W}}$$

**319.** $F_{\max} = Ds$; $\quad W_{\text{pot}} = \dfrac{F_{\max} s}{2} = \dfrac{Ds^2}{2} = \underline{1{,}875\ \text{N m}}$

**320.** $W = \dfrac{mv^2}{2}$; $\quad m = \dfrac{2W}{v^2} = \dfrac{480\ \text{kg m}^2/\text{s}^2}{20{,}25\ \text{m}^2/\text{s}^2} = \underline{23{,}7\ \text{kg}}$

**321.** Mit der Wurfhöhe $h_{\max} = \dfrac{v_0^2 \sin^2\alpha}{2g} = \dfrac{v_0^2}{8g}$ ist im höchsten Bahnpunkt $W_{\text{pot}} = mgh_{\max} = \dfrac{mv_0^2}{8}$; es verbleibt

$$\frac{mv^2}{2} = \frac{mv_0^2}{2} - \frac{mv_0^2}{8} = \frac{3mv_0^2}{8}, \quad \text{wonach } \underline{v = \frac{v_0}{2}\sqrt{3}} \text{ ist.}$$

**322.** Mittlere treibende Kraft $F_{\text{m}} = \dfrac{Ds}{2}$; Spannarbeit $W = \dfrac{Ds^2}{2}$;

$$\text{aus } \frac{Ds^2}{2} = mgh \text{ wird } h = \frac{Ds^2}{2mg} = \frac{150\ \text{N} \cdot 0{,}2^2\ \text{m}^2}{\text{m} \cdot 2 \cdot 0{,}1 \cdot 9{,}81\ \text{N}} = \underline{3{,}1\ \text{m}}$$

**323.** Richtgröße $D = \dfrac{mg}{\Delta s}$; mittlere treibende Kraft $F_{\text{m}} =$

$$= \frac{mg\,(s + \Delta s)}{2\Delta s}; \quad mgh = \frac{mg\,(s + \Delta s)^2}{2\Delta s}; \quad h = \frac{(s + \Delta s)^2}{2\Delta s} =$$

$$= \underline{577{,}6\ \text{cm}}$$

**324.** Das Massenstück gibt die Arbeit $W_1 = G\,(h + s)$ ab. Diese ist gleich der Arbeit $W_2 = \dfrac{D}{2} s^2$, die für das Zusammendrücken der Feder erforderlich ist.
Aus $G\,(h + s) = \dfrac{D}{2} s^2$ ergibt sich $\underline{s = 23{,}7\ \text{cm}}$

**325.** $\dfrac{m}{2} v^2 + Gs = Fs$; $\quad v = \sqrt{\dfrac{2s\,(F - mg)}{m}} = \underline{12\ \text{m/s}}$

**326.** $h = \dfrac{W}{mg} = \dfrac{850 \cdot 3600 \cdot 10^3\ \text{N m}}{6000 \cdot 10^3 \cdot 9{,}81\ \text{N}} = \underline{52\ \text{m}}$

**327.** $m = \dfrac{W}{gh} = \dfrac{5 \cdot 3600\ \text{kg m}^2/\text{s}^2}{9{,}81\ \text{m/s}^2 \cdot 8\ \text{m}} = \underline{229\ \text{kg}}$

**328.** $\frac{mv_0^2}{2} = \frac{mv^2}{2} + mgh = 2mgh$ ; $v_0 = \sqrt{4gh} = \underline{280 \text{ m/s}}$

**329.** $a = \frac{W}{ms} = \frac{15\,000 \text{ kg m}^2/\text{s}^2}{1\,200 \text{ kg} \cdot 50 \text{ m}} = \underline{0{,}25 \text{ m/s}^2}$; $v = \sqrt{2as} = \underline{5 \text{ m/s}}$

**330.** Aus $2\frac{m}{2}v_1^2 = \frac{m}{2}v_2^2$ folgt über $v = gt$ die Gleichung $\frac{2t_1^2}{2} =$

$= \frac{(t_1 + \Delta t)^2}{2}$; $t_1 = 4{,}83$ s; $h_1 = \underline{114{,}43 \text{ m}}$; $h_2 = \underline{228{,}81 \text{ m}}$

**331.** Mit $mgh_2 = W_{\text{pot2}}$ und $mgh_1 = W_{\text{pot1}}$ wird
$W_{\text{pot1}} + Fh_1 = W_{\text{pot2}}$;

$F = \frac{mg\,(h_2 - h_1)}{h_1} = \frac{392{,}4 \text{ N} \cdot 0{,}25 \text{ m}}{0{,}5 \text{ m}} = \underline{196{,}2 \text{ N}}$

**332.** $m\,(g + a)\,h_1 - mgh_1 = \frac{m}{2}v_1^2$; $v_1 = \sqrt{2gh_2}$; damit wird

$(g + a)\,h_1 - gh_1 = gh_2$ und $\underline{\frac{a}{g} = \frac{h_2}{h_1}}$

**333.** $F = m\,(g + a)$; $a = \frac{F}{m} - g = 2{,}19 \text{ m/s}^2$; $\frac{g + a}{g} = \frac{h}{h_1}$; nach
Einsetzen von $a$ erhält man $h_1 = \frac{mgh}{F} = \underline{1{,}23 \text{ m}}$;
aus $h_1 = \frac{a}{2}t_1^2$ ergibt sich $t_1 = 1{,}06$ s;
mit $h_2 = h - h_1 = 0{,}27$ m
und wegen $h_2 = \frac{g}{2}t_2^2$ hat man $t_2 = 0{,}23$ s, so daß $t = \underline{1{,}29 \text{ s}}$

**334.** Wegen $h_1 = h_2$ ist $a = g$; $h_1 = h_2 = 0{,}75$ m;
$F = m \cdot 2g = \underline{981 \text{ N}}$;

$t_1 = t_2 = \sqrt{\frac{2h_1}{g}} = 0{,}39$ s; $t_{\text{ges}} = 2t_1 = \underline{0{,}78 \text{ s}}$

**335.** $\sin\alpha \approx \tan\alpha = 0{,}05$; $F = mg\,(\sin\alpha + \mu\cos\alpha) = 1\,025$ N;
$P = Fv = \underline{1\,140 \text{ W}}$

**336.** Aus $P = Fv = \mu mgv$ erhält man $m = \frac{P}{\mu gv} = \underline{510 \text{ kg}}$

**337.** Aus $F = ma + mg\mu$ erhält man $a = 0{,}0316 \text{ m/s}^2$;

$v = \sqrt{2as} = \underline{1{,}12 \text{ m/s}}$; aus $\frac{mv^2}{2} = mg\mu s'$ wird $s' = \underline{12{,}9 \text{ m}}$

**338.** $mg\mu s = \frac{mv^2}{2}$ (Reibungsarbeit = kinetische Energie)

a) $s = \frac{v^2}{2g\mu}$ b) $s = \frac{v^2}{1{,}2g\mu}$

**339.** a) Die Bremskraft darf höchstens gleich der Reibungskraft sein, so daß $F = \mu G = \mu mg$; die mögliche Verzögerung ist

$$a = \frac{F}{m} = \mu g;\; t = \frac{v}{a} = \underline{7{,}6\,\text{s}}\,;\; s = \frac{v}{2}t = \underline{84{,}4\,\text{m}}$$

b) Bei Annahme gleicher Lastverteilung kommt für die zulässige Bremskraft $F$ nur die halbe Wagengewichtskraft in Betracht; hieraus ergeben sich die halbe Beschleunigung, die doppelte Bremszeit 15,2 s und der doppelte Bremsweg 168,8 m.

**340.** Aus $P = \mu mgv$ ergeben sich $\mu_1 = \underline{0{,}03}$, $\mu_2 = \underline{0{,}006}$, $\mu_3 = \underline{0{,}0037}$

**341.** $a = \frac{2s}{t^2}$; $ma = mg\mu$; $\mu = \frac{2s}{gt^2} = \underline{0{,}102}$

**342.** Die kinetische Energie des Wagens setzt sich in Reibungsarbeit (Reibungskraft · Weg) um;

$$\frac{mv^2}{2} = \mu mgs;\; s = \frac{v^2}{2\mu g} = \underline{354\,\text{m}};\; t = \frac{2s}{v} = \frac{v}{\mu g} = \underline{42{,}5\,\text{s}}$$

**343.** Ansatz wie in der vorigen Aufgabe;
$v = \sqrt{2\mu gs} = \underline{2{,}94\,\text{m/s}} = \underline{10{,}6\,\text{km/h}}$

**344.** Potentielle Energie = kinetische Energie + Reibungsarbeit;
$mgh = \frac{m}{2}v^2 + mg\mu s\cos\alpha$; $\mu = \underline{0{,}21}$

**345.** Verlust an potentieller Energie = Reibungsarbeit;
$mgs\sin\alpha - mgx\sin\alpha = mg\mu\,(s + x)\cos\alpha$;
$s\tan\alpha - x\tan\alpha = \mu\,(s + x)$; mit $\tan\alpha = 0{,}04$ ist

$$x = \frac{s\,(\tan\alpha - \mu)}{\tan\alpha + \mu} = \underline{28{,}6\,\text{m}}$$

**346.** a) $ma = mg\mu$; $a = \underline{1{,}96\,\text{m/s}^2}$

b) bezüglich der Kippkante ist Moment der Trägheitskraft = Kippmoment;

$$\frac{ma \cdot 1{,}6\,\text{m}}{2} = \frac{mg \cdot 0{,}4\,\text{m}}{2};\; a = \underline{2{,}45\,\text{m/s}^2}$$

**347.** $d = 2\sqrt{\frac{2J}{m}} = \underline{1{,}30\text{ m}}$

**348.** $J = \frac{m\,(r_1^2 + r_2^2)}{2} = \frac{\pi d\varrho\,(r_1^2 - r_2^2)\,(r_1^2 + r_2^2)}{2};$

$$\varrho = \frac{2J}{\pi d\,(r_1^4 - r_2^4)} = \underline{2{,}7\text{ g/cm}^3}\text{ (Aluminium)}$$

**349.** Da die Stabmasse der Länge proportional ist, gilt

$$J \sim \frac{l_2^3}{12} = \frac{2l_1^3}{12},\quad\text{so daß}\quad l_2 = l_1\sqrt[3]{2} = \underline{94{,}5\text{ cm}}\quad\text{und}$$

$$l_2 - l_1 = \underline{19{,}5\text{ cm}}$$

**350.** Für den Holzzylinder ergibt sich $J_1 = 0{,}0108\text{ kg m}^2$; für den Hohlzylinder aus Blei ist $J_2 = 2J_1$;
mit $J_2 = \frac{r_1^2 + r_2^2}{2}$ und $m = l\varrho\pi\,(r_2^2 - r_1^2)$ wird
$J_2 = \frac{l\varrho\pi\,(r_2^4 - r_1^4)}{2} = 0{,}0216\text{ kg m}^2$; die gegebenen Werte liefern dann $r_2 = 0{,}0614\text{ m} = 6{,}14\text{ cm}$; Dicke des Bleimantels $\Delta r = \underline{1{,}4\text{ mm}}$

**351.** $\frac{\varrho\pi d r_1^4}{2} - \frac{\varrho\pi d\cdot 0{,}9 r_1^4}{2} = \frac{\varrho\pi d r_1^4\,(1 - 0{,}9^4)}{2};$

$$1 - 0{,}656 \mathrel{\hat{=}} \underline{34{,}4\%}$$

**352.** $J = \frac{mr^2}{2};\quad \omega = 52{,}36\ {}^1/\text{s};$

$$W = \frac{J\omega^2}{2} = \frac{mr^2\omega^2}{4} = \underline{342{,}7\text{ J}}$$

**353.** $W_{ges} = \frac{mv^2}{2} + \frac{mr^2}{2}\,\omega^2 = mv^2;$

die $\underline{\text{Hälfte}}$ davon ist Rotationsenergie.

**354.** $W = \frac{J\omega^2}{2} = \frac{mr^2\omega^2}{4} = \underline{18\text{ kg m}^2/\text{s}^2}\text{ (W s, J)}$

**355.** $\frac{mr^2\omega^2}{2} + \frac{2mr^2\omega^2}{5\cdot 2} = mgh;\quad \underline{r\omega = v = \sqrt{\frac{10gh}{7}}}$

**356.** Gesamtenergie $\frac{m}{2}v^2$, Rotationsenergie $\frac{m_1 r^2 \omega^2}{4}$, wobei $m$ die Gesamtmasse, $m_1$ die Masse der Räder und $r\omega = v$ ist; die Masse ist daher scheinbar um $\frac{m_1 \cdot 2}{4m} = \frac{100}{800} = 0{,}125$ oder $\underline{12{,}5\,\%}$ vergrößert.

**357.** Zu verrichtende Arbeit $W = m_1 g \mu s$; aus $\frac{J\omega^2}{2} = W$ bzw.
$\frac{m^2 r^2 \omega^2}{2 \cdot 2} = m_1 g \mu s$ wird mit $\omega = 314\ ^1/\mathrm{s}$ $m_2 = \underline{552\ \mathrm{kg}}$

**358.** Rotationsenergie der Scheibe + kinetische Energie des Gewichtsstückes = Abnahme der potentiellen Energie des Gewichtsstückes; $\omega^2 \left(\frac{m_1 r_1^2}{4} + \frac{m_2 r_2^2}{2}\right) = m_2 g h$;

$\omega = 20{,}8\ ^1/\mathrm{s}$; $n = \underline{198{,}6\ ^1/\mathrm{min}}$; $v = 20{,}8 \cdot 0{,}02\ \mathrm{m/s} = \underline{0{,}42\,\mathrm{m/s}}$

**359.** $m = \pi r_1^2 l \varrho$; $J = \frac{m r_1^2}{2}$; $\omega = 18{,}85\ ^1/\mathrm{s}$; $\alpha = \frac{\omega}{t}$;

$F = \frac{J\alpha}{r_2} = \frac{r_1^4 \pi l \varrho \omega}{2 r_2 t} = \underline{24{,}0\ \mathrm{N}}$;

$P = Fv = F r_2 \omega = \underline{67{,}9\ \mathrm{W}}$

**360.** $\alpha = \frac{Fr}{J}$; $t = \frac{\omega}{\alpha} = \frac{J\omega}{Fr} = \underline{20{,}9\ \mathrm{s}}$; $z = \frac{\omega t}{2\pi \cdot 2} = \underline{52{,}2}$

**361.** $\alpha = \frac{2\varphi}{t^2}$; wegen $Fr = J\alpha$ ist $F = \frac{m r^2 2\varphi}{2 r t^2} = \frac{m r 2\pi}{t^2} = \underline{18{,}8\ \mathrm{N}}$

**362.** $W = P_1 t_1 = 12000\ \mathrm{W} \cdot 30\ \mathrm{s} = 360\ \mathrm{kJ}$

$\omega = 52{,}36\ ^1/\mathrm{s}$; aus $\frac{m(r_i^2 + r_a^2)\,\omega^2}{2 \cdot 2} = W$ erhält man

$m = \underline{861\ \mathrm{kg}}$; $t_2 = \frac{W}{P_2} = \frac{P_1 t_1}{P_2} = \frac{12 \cdot 30\ \mathrm{s}}{3} = 120\ \mathrm{s} = \underline{2\ \mathrm{min}}$

**363.** Zugkraft $F = m\,(g - a)$; $mr\,(g - a) = J\alpha$;

mit $\alpha = \frac{a}{r}$ wird $a = \frac{m r^2 g}{J + m r^2} = \underline{2{,}84\ \mathrm{m/s^2}}$;

$F = 15\ \text{kg} \cdot 6{,}97\ \text{m/s}^2 = \underline{104{,}6\ \text{N}}$

**364.** $\dfrac{mr^2\omega^2}{4} + \dfrac{mr^2\omega^2}{2} = mgh; \quad \omega = \sqrt{\dfrac{4gh}{3r^2}} = \underline{102{,}3\ ^1/\text{s}};$

Endgeschwindigkeit $v = r\omega$; wegen

$h = \dfrac{v}{2}\,t$ ist $t = \dfrac{2h}{r\omega} = \underline{0{,}78\ \text{s}}$

**365.** Gesamter Drehwinkel $\varphi = 12 \cdot 2\pi = 75{,}4$; Winkelgeschwindigkeit am Anfang

$$\omega_1 = \frac{2\varphi}{t_1}; \quad \alpha_1 = \frac{\omega_1}{t_1} = \frac{2\varphi}{t_1^2}; \quad \omega_2 = \frac{2\varphi}{t_2}; \quad \alpha_2 = \frac{\omega_2}{t_2} = \frac{2\varphi}{t_2^2};$$

wegen der gleichen Lagerbelastung ist das Reibungsmoment in beiden Fällen gleich groß, so daß $M = J_1\alpha_1 = J_2\alpha_2$;

$$mr_1^2 \cdot \frac{2\varphi}{t_1^2} = mr_2^2 \cdot \frac{2\varphi}{t_2^2}; \quad r_2 = \underline{0{,}3\ \text{m}}; \quad d = \underline{60\ \text{cm}}$$

**366.** Potentielle Energie des Schwerpunktes = Rotationsenergie:

$\dfrac{mgl}{2} = \dfrac{ml^2v^2}{3 \cdot 2l^2}$; hieraus folgt $v = \sqrt{3gl} = \underline{8{,}58\ \text{m/s}}$

**367.** $\dfrac{mv^2}{2} + \dfrac{J\omega^2}{2} = Fs; \quad s = \dfrac{(mr^2 + J)\,\omega^2}{2 \cdot 0{,}04mg} = \underline{730\ \text{m}}$

**368.** $J = \dfrac{mr^2}{2} + \dfrac{mr^2}{4} = \underline{\dfrac{3mr^2}{4}}$

**369.** $J = \dfrac{ml^2}{12} + m\left(\dfrac{l}{2} + \dfrac{l}{3}\right)^2 = \dfrac{31}{48}\,ml^2 = \underline{0{,}65ml^2}$

**370.** $\dfrac{m_1l_1^2}{12} = 2m_2\,\dfrac{l_2^2}{4}; \quad l_2 = l_1\sqrt{\dfrac{m_1}{6m_2}} = \underline{357{,}8\ \text{cm}}$

**371.** $W_{\text{pot}} = \dfrac{mgl}{2} + mgl = \dfrac{3mgl}{2}; \quad J = \dfrac{ml^2}{3} + ml^2 = \dfrac{4ml^2}{3};$

$W_{\text{kin}} = \dfrac{Jv^2}{2l^2}; \quad \dfrac{3mgl}{2} = \dfrac{4ml^2v^2}{3 \cdot 2l^2}; \quad l = \dfrac{4v^2}{9g} = \underline{0{,}41\ \text{m}}$

**372.** $F = F_1$ (halbe Eigengewichtskraft) $+ F_2$ (Drehkraft); für den Drehwinkel gilt $\sin\varphi = {}^1/_6 = 0{,}1667$; $\varphi = 9{,}6°$;

$$\alpha = \frac{2\varphi}{t^2}; \quad \text{aus } F_2 l = J\alpha \quad \text{wird} \quad F_2 = \frac{ml \cdot 2\varphi}{3t^2} = 13{,}4\,\text{N};$$

$$F = (98{,}1 + 13{,}4)\,\text{N} = \underline{111{,}5\,\text{N}}$$

**373.** Man geht aus von $M = J\alpha$; das Drehmoment ist

$$M = \frac{m_1 g l_1}{2} - \frac{m_2 g l_2}{2} = \frac{\varrho A g\,(l_1^2 - l_2^2)}{2};$$ das Trägheitsmoment ist $$J = \frac{m_1 l_1^2}{3} + \frac{m_2 l_2^2}{3} = \frac{\varrho A\,(l_1^3 + l_2^3)}{3};$$

$$t = \sqrt{\frac{2\varphi}{\alpha}} = \sqrt{\frac{2\varphi J}{M}}; \quad \varphi \approx \frac{h}{l_1}; \quad t = \sqrt{\frac{2 \cdot 2h\,(l_1^3 + l_2^3)}{g l_1\,(l_1^2 - l_2^2)}} = \underline{0{,}65\,\text{s}}$$

**374.** $250\,000\,g = r\omega^2$; $\omega = 2000\,\pi\,{}^1/\text{s}$; $r = \dfrac{250\,000\,g}{\omega^2} = 6{,}21$ cm;

$d = \underline{12{,}42\ \text{cm}}$

**375.** Geschwindigkeit im tiefsten Punkt $v = \sqrt{2rg}$;
Fliehkraft $F_z = \dfrac{mv^2}{r} = 2mg$; dazu kommt noch die Gewichtskraft selbst, so daß die Gesamtlast $3mg = \underline{3826\ \text{N}}$ beträgt.

**376.** $mg = mr\omega^2 = mr\,4\pi^2 n^2$;

$$n = \frac{1}{2\pi}\sqrt{\frac{g}{r}} = 0{,}91\,{}^1/\text{s} = \underline{54{,}6\,{}^1/\text{min}}$$

**377.** Die Gleichheit der Fliehkräfte ergibt $m_1 r_1 \omega^2 = m_2 r_2 \omega^2$, wobei $\omega$ die gemeinsame Winkelgeschwindigkeit ist; hieraus folgt $\dfrac{m_1}{m_2} = 81 = \dfrac{r - r_1}{r_1}$; $r_1 = \dfrac{r}{82}$ oder $\dfrac{60}{82}$ Erdradien; die Entfernung des Drehzentrums vom Erdmittelpunkt beträgt etwa ${}^3/_4$ Erdradien, es liegt also im Erdinnern.

**378.** Es gelten die Gleichungen $\dfrac{mv^2}{r} = mg$ (Fliehkraft = Gewichtskraft) und $mgh = \dfrac{mv^2}{2}$ ($W_{\text{pot}} = W_{\text{kin}}$) oder vereinfacht: $v^2 = rg$ bzw. $v^2 = 2gh$. Nach Gleichsetzen erhält man $h = \dfrac{r}{2} = 1{,}50$ m; Gesamthöhe über dem Boden $(6 + 1{,}50)$ m $= \underline{7{,}50\ \text{m}}$

**379.** $\tan\alpha = \frac{F_z}{G} = \frac{mv^2}{r} : mg = \frac{v^2}{rg} = \frac{25^2\,\mathrm{m^2/s^2}}{3{,}6^2 \cdot 20\,\mathrm{m} \cdot 9{,}81\,\mathrm{m/s^2}}$

$= 0{,}2458;\ \alpha = \underline{13{,}8°}$

**380.** Für die Neigung der Schwellen gegen die Horizontale gilt

$\tan\alpha = \frac{F_z}{g} = \frac{v^2}{rg} = 0{,}0472;$

$h = b\sin\alpha = 1435\,\mathrm{mm} \cdot 0{,}0471 = \underline{67{,}6\,\mathrm{mm}}$

**381.** $\frac{mv^2}{r} = mg;\quad v = \sqrt{gr} = 7{,}9 \cdot 10^3\,\mathrm{m/s} = \underline{7{,}9\,\mathrm{km/s}}$

**382.** $mr\omega^2 = mg;\quad \omega = \sqrt{\frac{g}{r}} = 1{,}240 \cdot 10^{-3}\,{}^1/\mathrm{s};$ Zahl der Umdrehungen je Tag $z = \frac{\omega t}{2\pi} = \frac{1{,}240 \cdot 10^{-3}\,{}^1/\mathrm{s} \cdot 86400\,\mathrm{s}}{2\pi} = \underline{17}$

**383.** Mit dem Achsabstand $l$ gilt bezüglich der festbleibenden Achse

$\frac{mg\mu l}{2} - \frac{mv^2 l}{2r} = 0$ und $v = \sqrt{rg\mu} = \underline{9{,}9\,\mathrm{m/s}} = \underline{35{,}6\,\mathrm{km/h}}$

**384.** (Bild 308) Zentripetalbeschleunigung rechtwinklig zur Erdachse $a' = r'\omega^2$; ihre Komponente zum Erdmittelpunkt hin $a'' = r'\omega^2\cos\alpha;\ r' = r\cos\alpha;\ a'' = r\omega^2\cos^2\alpha$; mit $\omega = \frac{2\pi}{86400\,\mathrm{s}}$ und $\cos^2\alpha = 0{,}5$ wird $a'' = 1{,}7 \cdot 10^{-2}\,\mathrm{m/s^2}$;
$g_{45°} = (9{,}83 - 0{,}017)\,\mathrm{m/s^2} = \underline{9{,}813\,\mathrm{m/s^2}}$

**385.** Die Pendel stellen sich in Richtung der Resultierenden aus der Gewichtskraft $G = mg$ und der Fliehkraft $F_z = mr\omega^2 = ml\sin\alpha\,\omega^2$ ein, so daß $\frac{F_z}{G} = \tan\alpha$ und $\cos\alpha = \frac{g}{l\omega^2} = 0{,}2982$. Danach ist $\alpha = 72{,}65°$ und der volle Winkel $\underline{145{,}3°}$

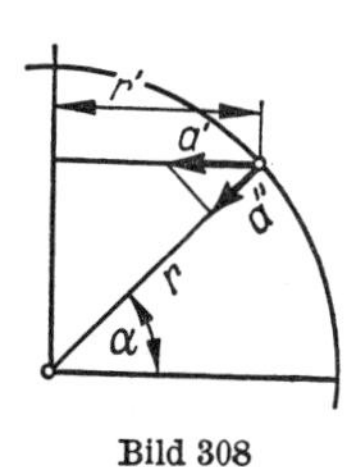

Bild 308

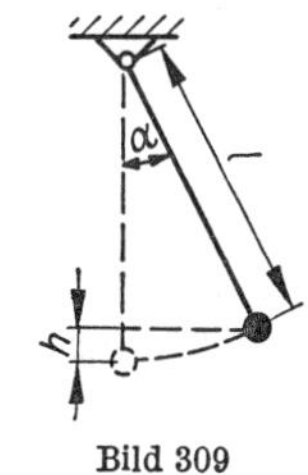

Bild 309

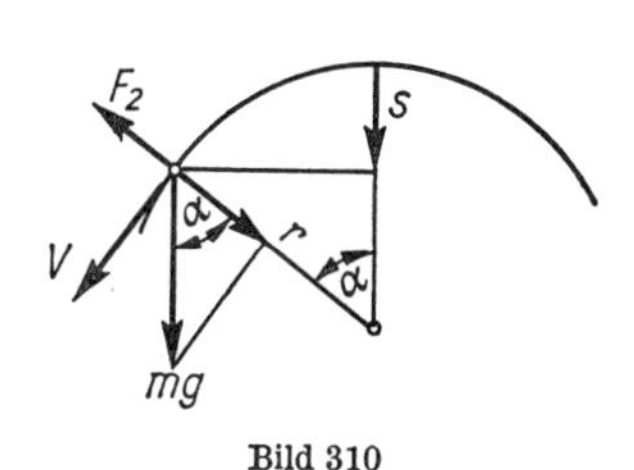

Bild 310

**386.** (Bild 309) Höhenverlust der Pendelmasse $h = l - l \cos \alpha$;

$$\frac{mv^2}{2} = mgh; \quad mv^2 = 2mgl\,(1 - \cos \alpha)\,;$$

$$F_z = \frac{mv^2}{l} = \underline{2mg\,(1 - \cos \alpha)}$$

**387.** (Bild 310)

$s = \frac{v^2}{2g}$ (Fallgesetz); Fliehkraft $F_z = \frac{mv^2}{r} = \frac{2msg}{r}$;

im Zeitpunkt der Ablösung ist die Radialkomponente der Gewichtskraft $mg \cos \alpha$ gleich der Fliehkraft;

$\cos \alpha = \frac{r - s}{r}$; somit wird $\frac{2msg}{r} = mg\,\frac{r - s}{r}$, woraus

$s = \underline{\frac{r}{3}}$ folgt.

**388.** a) $2lmg = \frac{J\omega^2}{2} = \frac{ml^2v^2}{2l^2}$; $\quad v = \sqrt{4gl} = \underline{6{,}86\ \text{m/s}}$

b) $F = \frac{mv^2}{l} + mg = 5mg = \underline{147\ \text{N}}$

**389.** Die Pendel heben sich, wenn $mr\omega^2 l = mgr$ ist;

$$l = \frac{g}{\omega^2} = \frac{981\ \text{cm s}^2}{\text{s}^2\, 4\pi^2\, 1{,}44} = \underline{17{,}3\ \text{cm}}$$

**390.** a) Dem Impuls der ausgestoßenen Luft entspricht ein gleich großer entgegengesetzter Impuls des Kahnes. Dieser bewegt sich rückwärts.

b) Blasebalg, Segel und Kahn bilden ein abgeschlossenes System, dessen Gesamtimpuls gleich Null bleibt. Der Kahn bewegt sich nicht.

c) Der Impuls der ausgestoßenen Luft überträgt sich über das Schaufelrad auf die Schiffsschraube. Der Kahn bewegt sich vorwärts.

**391.** Ist die Ausflußgeschwindigkeit $v_1$, so hat das Wasser im unteren Gefäß die Geschwindigkeit $v_2 = v_1 + gt$ ($t$ Fallzeit des Strahles). Multipliziert man mit der in der Zeit $t$ abfließenden Wassermasse $m$ und dividiert durch die Zeit $t$, so wird $\frac{mv_2}{t} - \frac{mv_1}{t} - mg = 0$. Hierbei ist $\frac{mv_2}{t}$ bzw. $\frac{mv_1}{t}$ die auf das untere bzw. obere Gefäß wirkende Kraft (zeitliche Änderung des Impulses) und $mg$ die Gewichtskraft des unterwegs befindlichen Wassers. Die Waage bleibt im Gleichgewicht.

**392.** Auf $A$ wirkt ruckartig ein Impuls nach unten, so daß der Faden $F_2$ zerreißen kann.

**393.** $W = \frac{pv}{2}; \quad v = \frac{2W}{p}; \quad h = \frac{v^2}{2g} = \frac{4W^2}{2p^2g} =$

$$= \frac{4 \cdot 25 \cdot 10^4\,\text{kg}^2\text{m}^4/\text{s}^4}{2 \cdot 10^4\,\text{kg}^2\text{m}^2/\text{s}^2 \cdot 9{,}81\,\text{m/s}^2} = \underline{5{,}10\,\text{m}}$$

$$m = \frac{p}{v} = \frac{p^2}{2W} = \underline{10\,\text{kg}}$$

**394.** $t = \frac{mv}{F} = \frac{200\,\text{kg m/s}}{5\,\text{kg m/s}^2} = \underline{40\,\text{s}}$

**395.** $W = \frac{pv}{2}; \quad m = \frac{p}{v} = \frac{p^2}{2W} = \underline{180\,\text{kg}};$

$$Fs = W; \quad F = \frac{250\,\text{Nm}}{5\,\text{m}} = \underline{50\,\text{N}}$$

**396.** $m = \frac{mv}{at} = \underline{27{,}8\,\text{kg}}; \quad F = \frac{mv}{t} = \underline{66{,}7\,\text{N}}$

**397.** $s = \frac{W}{F} = \underline{0{,}50\,\text{m}}; \quad t = \frac{mv}{F} = \underline{0{,}83\,\text{s}}$

**398.** $v_1 = \sqrt{2gh_1}; \quad m = \frac{p}{v_1} = \frac{20\,\text{kg m/s}}{10{,}85\,\text{m/s}} = \underline{1{,}843\,\text{kg}};$

aus $mgh = W_{kin}$ erhält man $h = \underline{22{,}12\,\text{m}}$.

**399.** Energiesatz: $\frac{m_1v_1^2}{2} + \frac{m_2v_2^2}{2} = W;$

Impulssatz $m_1v_1 = m_2v_2$; zusammengefaßt

$\frac{m_1v_1^2}{2} + \frac{m_1^2v_1^2}{2m_2} = W$; hieraus $v_1 = \underline{7{,}72\,\text{m/s}}$; $v_2 = \underline{3{,}09\,\text{m/s}}$

**400.** a) $\frac{m_1v_1^2}{2} = W; \quad v_1 = \underline{9{,}13\,\text{m/s}}$ b) $v_2 = \underline{5{,}77\,\text{m/s}}$

**401.** $v = \frac{m_1u_1}{m_1 + m_2} = \frac{1{,}5\,\text{m/s} \cdot 800\,\text{kg}}{(600 + 800)\,\text{kg}} = \underline{0{,}86\,\text{m/s}}$

**402.** $v = \frac{m_1 u_1}{m_1 + m_2} = \frac{2\,\mathrm{m/s} \cdot 4{,}5\,\mathrm{t}}{(4{,}5 + 2{,}5)\,\mathrm{t}} = \underline{1{,}29\,\mathrm{m/s}}$

**403.** Aus $\frac{v_1}{v_2} = \frac{m_1 - m_2}{2m_1}$ wird $m_1 = \frac{-v_2 m_2}{2v_1 - v_2} = \underline{17{,}5\,\mathrm{t}}$;

$u_1 = \frac{v_1(m_1 + m_2)}{m_1 - m_2} = \underline{1{,}8\,\mathrm{m/s}}$

**404.** Aus $v_2 = u_1 \frac{2m_1}{m_1 + m_2}$ wird $m_2 = \frac{m_1(2u_1 - v_2)}{v_2} = \underline{21\,\mathrm{t}}$;

$v_1 = u_1 \frac{m_1 - m_2}{m_1 + m_2} = \underline{-1\,\mathrm{m/s}}$

**405.** Die Kiste erhält die Geschwindigkeit $v = \frac{u m_1}{m_1 + m_2} = \sqrt{2gh}$; der Schwerpunkt der Kiste hebt sich um
$h = l\,(1 - \cos\alpha) = 0{,}0152\,\mathrm{m}$;

$u = \frac{m_1 + m_2}{m_1} \sqrt{2gh} = \underline{910{,}7\,\mathrm{m/s}}$

**406.** Auftreffgeschwindigkeit $u = \sqrt{2gh} = 6{,}26\,\mathrm{m/s}$; Geschwindigkeit nach dem unelastischen Stoß $c = \frac{u m_1}{m_1 + m_2} = 3{,}91\,\mathrm{m/s}$; Energie nach dem Stoß $W_{\mathrm{kin}} + W_{\mathrm{pot}}$ = Reibungsarbeit, d. h.

$\frac{(m_1 + m_2)\,c^2}{2} + (m_1 + m_2)\,gs = Fs$;

$F = \frac{3293\,\mathrm{N\,m}}{0{,}06\,\mathrm{m}} = \underline{54883\,\mathrm{N}}$

**407.** a) Nach dem Stoß sind beide Massen in Ruhe, die Gesamtenergie $2\,\frac{mv^2}{2} = mv^2$ ist in Zerstörungsarbeit und Wärme umgesetzt worden.

b) Beide Wagen bzw. ihre Trümmer bewegen sich mit der gemeinsamen Geschwindigkeit $v$ weiter. Zur Zerstörung verbleibt die Energie $\frac{4mv^2}{2} - \frac{2mv^2}{2} = mv^2$. Die Wirkung ist in beiden Fällen die gleiche.

**408.** $v = \frac{u m_1}{m_1 + m_2}$; kinetische Energie = Reibungsarbeit;

$\frac{(m_1 + m_2)\,v^2}{2} = (m_1 + m_2)\,g\mu s$; nach Einsetzen von $v$ wird

$$u = \frac{m_1 + m_2}{m_1} \sqrt{2g\mu s} = \underline{401 \text{ m/s}}$$

**409.** a) Der Quotient aus der Reibungsarbeit $(m_1 + m_2)\, g\mu s$ und der Anfangsenergie des Geschosses $\frac{m_1 u^2}{2}$ ergibt

$$\frac{m_1}{m_1 + m_2} = 0{,}016 \mathrel{\hat{=}} \underline{1{,}6\,\%}$$

b) $100 - 1{,}6 \mathrel{\hat{=}} \underline{98{,}4\,\%}$

**410.** a) Die Geschwindigkeiten nach dem Stoß sind $v_1 = -v_2$,

so daß $u_1 \frac{m_1 - m_2}{m_1 + m_2} = -u_1 \frac{2m_1}{m_1 + m_2}$, wonach $\frac{m_1}{m_2} = \underline{\frac{1}{3}}$

b) $v_2 = 3v_1$; $\quad u_1 \frac{2m_1}{m_1 + m_2} = 3u_1 \frac{m_1 - m_2}{m_1 + m_2}$; $\quad \frac{m_1}{m_2} = \underline{\frac{3}{1}}$

c) $v_1 = -\frac{u_1}{3}$; $\quad u_1 \frac{m_1 - m_2}{m_1 + m_2} = -\frac{u_1}{3}$; $\quad \frac{m_1}{m_2} = \underline{\frac{1}{2}}$

**411.** Aus $v_2 = u \frac{2m_1}{m_1 + m_2}$ ergibt sich wegen $m_1 \gg m_2$: $v_2 = \underline{2v}$

**412.** $v_2 = u_1 \frac{2m_1}{m_1 + \frac{m_1}{2}} = \frac{4u_1}{3}$; $\quad v_3 = v_2 \frac{2m_2}{m_2 + \frac{m_2}{2}} = \underline{\frac{16u_1}{9}}$

**413.** Die stoßende Kugel hat die Geschwindigkeit $u_1 = \sqrt{2gh}$; mit $m_1 = 2m_2$ wird nach dem Stoß $v_1 = \frac{1}{3}\sqrt{2gh}$ und $v_2 = \frac{4}{3}\sqrt{2gh}$; die kinetischen Energien setzen sich in potentielle um. Dabei gilt für die schwere Kugel $\frac{m_1 v_1^2}{2} = m_1 g h_1$ und $h_1 = \underline{\frac{1}{9} h}$; für die leichte Kugel gilt $\frac{m_2}{2} v_2^2 = m_2 g h_2$ und $h_2 = \underline{\frac{16}{9} h}$

**414.** $(J_1 + J_2)\, \omega = J_2 \omega_2$;

$$n = \frac{J_2 n_2}{J_1 + J_2} = \frac{m_2 d_2^2 n_2}{m_1 d_1^2 + m_2 d_2^2} = \underline{45{,}71\ {}^1\!/\text{min}}$$

**415.** Nach dem Drehimpulssatz (Flächensatz) ist $m v_0 r_0 = m v r$; am Faden wirkt die Fliehkraft $F = \frac{mv^2}{r}$; mit $v = \frac{v_0 r_0}{r}$ wird

$$F = \frac{m v_0^2 r_0^2}{r^3} = \underline{\frac{m v_0^2 r_0^2}{(r_0 - ut)^3}}$$

**416.** $M = \frac{J\omega}{t} = \frac{0{,}04\,\text{kg}\,\text{m}^2\,(2\pi \cdot 4000/60)\,{}^1/\text{s}}{15\,\text{s}} = \underline{1{,}117\,\text{N}\,\text{m}}$

**417.** $J = \frac{mr^2}{2} = 0{,}9\,\text{kg}\,\text{m}^2$; $\quad \omega = \frac{Mt}{J} = \underline{80\,{}^1/\text{s}}$

**418.** $J = \frac{Mt}{\omega_1 - \omega_2}$; $\quad \omega_1 - \omega_2 = 115{,}19\,{}^1/\text{s}$; $\quad J = \underline{0{,}032\,\text{kg}\,\text{m}^2}$

**419.** Da die Anziehungskraft der Erde mit dem Quadrat des Abstandes vom Erdmittelpunkt abnimmt, gilt

$$\frac{9{,}81\,\text{m/s}^2}{g'} = \frac{(6378 + 900)^2}{6378^2}; \quad \text{wonach } g' = \underline{7{,}53\,\text{m/s}^2}$$

**420.** $\frac{\gamma m_0 m}{r^2} = m_0 g'$; $g' = \frac{\gamma m}{r^2} = \frac{6{,}67 \cdot 10^{-11}\,\text{m}^3/(\text{kg}\,\text{s}^2) \cdot 1{,}99 \cdot 10^{30}\,\text{kg}}{6{,}953^2 \cdot 10^{16}\,\text{m}^2}$

$= \underline{275\,\text{m/s}^2}$

**421.** Die von einer Masse $m_0$ auf der Erdoberfläche hervorgerufene Kraft ist $m_0 g = \frac{\gamma m_0 m_1}{r_1^2}$. Mit der Sonnenmasse $m_2 = x m_1$ ist

$\frac{\gamma m_1 x m_1}{r_2^2} = m_1 r_2 \omega^2$; mit der 1. Gleichung ergibt sich $x = \frac{\omega^2 r_2^3}{g r_1^2}$;

$\omega = \frac{2\pi}{T}$; $T = 3{,}1557 \cdot 10^7\,\text{s}$; $m_2 = \underline{332000 \text{ Erdmassen}}$

**422.** Für die Erde gilt $F_1 = \gamma \frac{m_0 m_1}{r_1^2}$, für den Mond

$F_2 = \gamma \frac{m_0 m_1}{r_2^2}$, so daß $\frac{F_1}{F_2} = \frac{m_1 r_2^2}{m_2 r_1^2}$;

mit $F_1 = 9{,}81$ N folgt hieraus $F_2 = \underline{1{,}64\,\text{N}}$

**423.** Es gilt $F = \gamma \frac{m_0 m_1}{r_1^2} = \gamma \frac{m_0 m_2}{r_2^2}$, so daß

$\frac{m_1}{m_2} = \frac{r_1^2}{(r - r_1)^2} = 81$; $\quad r_1 = 0{,}9\,r = \underline{346000\,\text{km}}$

**424.** Fliehkraft $F_z$ = Schwerkraft $G$; $mr\omega^2 = mg'$, wobei $g'$ der Wert der Schwerebeschleunigung ist, der in Aufgabe **419** mit 7,53 m/s² berechnet wurde; $r = (6378 + 900)\,\text{km} = 7278\,\text{km}$;

$$T = \frac{2\pi}{\omega} = 2\pi \sqrt{\frac{r}{g'}} = 6177\,\text{s oder } \underline{1\,\text{h}\ 43\,\text{min}}$$

**425.** Aus $F = \frac{\gamma mm}{d^2}$ erhält man mit $d = 2r$ und $m = \frac{4}{3}\pi r^3 \varrho$

$$r = \sqrt[4]{\frac{9F}{\gamma 4\pi^2 \varrho^2}} = 0{,}719\,\text{m}; \quad d = \underline{1{,}44\,\text{m}}$$

**426.** $\omega = \frac{2\pi}{T} = \frac{2\pi}{(365 \cdot 86400)\,\text{s}} = 1{,}9924 \cdot 10^{-7}\,{}^1/\text{s};$

Zentripetalbeschleunigung $a = r\omega^2 = 0{,}005\,935\,\text{m/s}^2$;

$$s = \frac{at^2}{2} = \underline{10{,}7\,\text{m}}$$

**427.** $T = (27{,}322 \cdot 24)\,\text{h}\sqrt{\frac{7278^3}{384\,400^3}} = 1{,}708\,\text{h} = \underline{1\,\text{h}\;42{,}5\,\text{min}}$

**428.** Mit dem Bahnradius $r'$ gilt $mr'\omega^2 = mg'$, wobei $g' = \frac{gr^2}{r'^2}$;

daraus $r' = \sqrt[3]{\frac{gr^2}{\omega^2}} = \underline{7420\,\text{km}}$;

$h = (7\,420 - 6\,378)\,\text{km} = \underline{1\,042\,\text{km}}$

**429.** Bedeutet $r'$ die Entfernung des Satelliten vom Erdmittelpunkt, $g'$ seine Schwerebeschleunigung, $\omega$ die Winkelgeschwindigkeit und $T$ die Umlaufzeit, so gilt die Beziehung

$mr'\omega^2 = mg'$, wobei $g' = g\frac{r^2}{r'_2}$, $\omega = \frac{2\pi}{T}$ und

$T = 86\,400\,\text{s}$; dies ergibt $r' = \sqrt[3]{\frac{gr^2T^2}{4\pi^2}} = 42\,256\,\text{km}$;

Höhe über der Erde $h = (42\,256 - 6\,378)\,\text{km} = \underline{35\,878\,\text{km}}$

**430.** a) $y = y_{\max} \sin 2\pi ft$; $2\pi ft = 6{,}28 \cdot 15 \cdot 0{,}01 = 0{,}9425 = 54°$;
$y = 12\,\text{cm} \cdot 0{,}8090 = \underline{9{,}71\,\text{cm}}$

b) $2\pi ft = 108°$; $y = \underline{11{,}41\,\text{cm}}$ c) $y = \underline{3{,}71\,\text{cm}}$

**431.** a) $y/y_{\max} = \sin 2\pi ft = 0{,}2$; $2\pi ft = 11{,}5° = 0{,}200\,71$;

$f = \frac{0{,}20071}{2\pi\, 0{,}001} = \underline{31{,}9\,\text{Hz}}$ b) $\underline{83{,}3\,\text{Hz}}$ c) $\underline{178\,\text{Hz}}$

**432.** a) $y/y_{\max} = {}^1/_{20} = 0{,}05 = \sin 2\pi ft$; $2\pi ft = 2{,}9° = 0{,}050\,61$;
$t = \underline{161\,\mu\text{s}}$ b) $\underline{804\,\mu\text{s}}$ c) $\underline{2{,}70\,\text{ms}}$

**433.** Aus $f_1 - f_2 = \frac{3}{15}$ Hz folgen mit $\frac{f_1}{f_2} = \frac{20}{19}$ die Werte $f_1 = \underline{4 \text{ Hz}}$ und $f_2 = \underline{3{,}8 \text{ Hz}}$ bzw. $T_1 = \underline{0{,}25 \text{ s}}$ und $T_2 = \underline{0{,}26 \text{ s}}$

**434.** Die Komponente der Umfangsgeschwindigkeit in senkrechter Richtung ist

a) $v = 2\pi r n \sin\alpha = \frac{2\pi\, 18 \text{ cm} \cdot 210\, ^1/\text{s}}{60} \sin 15° = \underline{102{,}5 \text{ cm/s}}$

b) $\underline{197{,}9 \text{ cm/s}}$ c) $\underline{279{,}9 \text{ cm/s}}$ d) $\underline{342{,}8 \text{ cm/s}}$ e) $\underline{395{,}8 \text{ cm/s}}$

**435.** $\frac{1}{4} = \sin 2\pi f t$; $2\pi f t = 14{,}5° = 0{,}2531$; $f = \underline{0{,}806 \text{ Hz}}$

**436.** $\sin 2\pi f t = y/y_{\max} = 0{,}75$; $2\pi f t = 48{,}6° = 0{,}8482$;
$f = \underline{0{,}67 \text{ Hz}}$; $T = \underline{1{,}49 \text{ s}}$

**437.** (Bild 311) Betrachtet man die entsprechenden Kreisbewegungen, so sind die Elongationen das erste Mal gleich, wenn $\sin\omega_1 t = \sin(\pi - \omega_2 t)$, wonach $\omega_1 t = \pi - \omega_2 t$; wegen $\omega_2 = 2\omega_1$ wird $3\omega_1 t = \pi$ und hiernach $f_1 = \underline{1{,}67 \text{ s}}$; $f_2 = \underline{3{,}33 \text{ s}}$

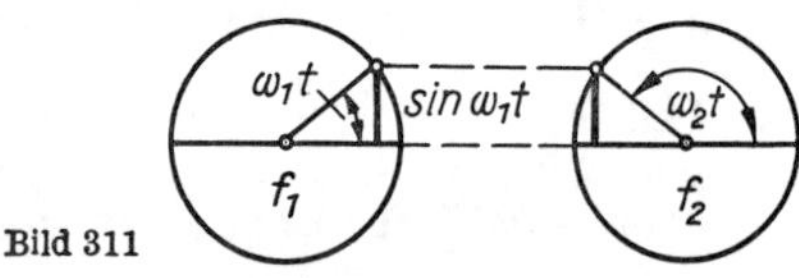


Bild 311

**438.** $\frac{\sin\omega(t_1 + \Delta t)}{\sin\omega t_1} = 2$; $\cos\omega\cdot\Delta t + \frac{\sin\omega\cdot\Delta t}{\tan\omega t_1} = 2$; $\Delta t = 1$ s;

$\omega = 0{,}4189\, ^1/\text{s}$; $0{,}9135 + \frac{0{,}4067}{\tan\omega t_1} = 2$;

$t_1 = 0{,}87$ s; $t_2 = 1{,}87$ s
$y_1 = 10 \sin 20{,}9° = \underline{3{,}6 \text{ cm}}$; $y_2 = \underline{7{,}1 \text{ cm}}$

**439.** $\sin\omega t_1 = {}^3/_8 = 0{,}375$; $\omega t_1 = 22{,}0° = 0{,}3840$;

$t_1 = \frac{0{,}3840}{2\pi f} = 1{,}13$ ms; $t_2 = 3{,}14$ ms; $t_2 - t_1 = \underline{2{,}01 \text{ ms}}$

**440.** $y_1/y_{\max} = \sin\omega t_1$;
$y_2/y_{\max} = \sin\omega(t_1 + \Delta t) = \sin\omega t_1 \cos\omega\Delta t + \cos\omega t_1 \sin\omega\Delta t$
$= y_1/y_{\max}\cdot 0{,}8090 + \sqrt{1 - (y_1/y_{\max})^2}\cdot 0{,}5878$;
aus $\frac{y_2 - 0{,}8090\, y_1}{y_{\max}} = 0{,}5878\sqrt{1 - (y_1/y_{\max})^2}$ erhält man
$y_{\max} = \underline{9{,}04 \text{ cm}}$

**441.** $\sin \omega t_1 = 0{,}5$; $\omega t_1 = 30° = 0{,}5236$;

$\sin \omega (t_1 + \Delta t) = \sin (\pi - \omega t_1)$; $\omega = \dfrac{\pi - 2\omega t_1}{\Delta t}$;

$f = \underline{333{,}3\ \text{Hz}}$

**442.** (Bild 311) Wie in Aufg. 437 ist $\omega_1 t = \pi - \omega_2 t$ und

$$t = \frac{\pi}{2\pi\,(50 + 60)\,{}^1\!/\text{s}} = \underline{\frac{1}{220}\ \text{s}}$$

**443.** $\omega t_1 = 11{,}5° = 0{,}2007$; $\omega (t_1 + \Delta t) = 53{,}1° = 0{,}9268$;

$\omega (t_1 + \Delta t) - \omega t_1 = 0{,}7261$; $\quad \omega = \dfrac{0{,}7261}{\Delta t} = 726{,}1\ {}^1\!/\text{s}$;

$f = \underline{115{,}6\ \text{Hz}}$; $T = \underline{0{,}0087\ \text{s}}$

**444.** $\omega = 0{,}3142\ {}^1\!/\text{s}$; $\omega t_1 = 0{,}2014$; $\omega (t_1 + \Delta t) = 0{,}2699$;

$\omega \Delta t = 0{,}2699 - 0{,}2014 = 0{,}0685$; $\Delta t = \underline{0{,}218\ \text{s}}$

**445.** $T = 2\pi \sqrt{\dfrac{m}{D}}$; $\quad m = \dfrac{T^2 D}{4\pi^2} = \dfrac{60^2\ \text{s}^2 \cdot 25\ \text{N}}{25^2 \cdot 4\pi^2 \text{m}} = \underline{3{,}65\ \text{kg}}$

**446.** $\omega = \dfrac{v}{y_{\max}} = \sqrt{\dfrac{D}{m}}$; $\quad m = \dfrac{y_{\max}{}^2 D}{v^2} = \dfrac{0{,}05^2\ \text{m}^2 \cdot 30\ \text{kg/s}^2}{0{,}8^2\ \text{m}^2/\text{s}^2}$

$= \underline{0{,}117\ \text{kg}}$

**447.** Richtgröße $D = \dfrac{(0{,}3 \cdot 9{,}81)\ \text{N}}{0{,}12\ \text{m}} = 24{,}5\ \text{N/m}$;

$T = 2\pi \sqrt{\dfrac{m}{D}} = 0{,}695\ \text{s}$; $\quad f = \dfrac{1}{T} = \underline{1{,}44\ \text{Hz}}$

**448.** Dividiert man die Gleichungen $T = 2\pi \sqrt{\dfrac{m}{D}}$ und

$2T = 2\pi \sqrt{\dfrac{m + m_0}{D}}$ miteinander, so findet man

$2 = \sqrt{\dfrac{m + m_0}{m}}$ $\quad$ und $\quad m = \underline{20\ \text{g}}$

**449.** $D = \dfrac{4\pi^2 m}{T^2} = \dfrac{4\pi^2 \cdot 85^2 \cdot 0{,}03\ \text{kg}}{60^2\ \text{s}^2} = \underline{2{,}377\ \text{N/m}}$

**450.** a) $T = 2\pi \sqrt{\dfrac{(m_1 + m_2)\, s}{m_1 g}} = 2\pi \sqrt{\dfrac{2600\ \text{kg} \cdot 0{,}06\ \text{m}}{1800\ \text{kg} \cdot 9{,}81\ \text{m/s}^2}} = \underline{0{,}59\ \text{s}}$

b) $T' = 2\pi \sqrt{\frac{m_2 s}{m_1 g}} = \underline{0{,}33\ \text{s}}$

c) $4\pi \sqrt{\frac{m_2 s}{m_1 g}} = 2\pi \sqrt{\frac{(m_2 + x)\, s}{m_1 g}}; \quad x = 3m_1 = \underline{2400\ \text{kg}}$

**451.** Zur Dehnung notwendige maximale Kraft $F = \frac{2W}{s}$;

$$D = \frac{F}{s} = \frac{2W}{s^2};$$

$$T = 2\pi \sqrt{\frac{ms^2}{2W}} = 2\pi \sqrt{\frac{0{,}05\ \text{kg} \cdot 0{,}08^2\ \text{m}^2}{2 \cdot 2 \cdot 10^{-3}\ \text{kg m}^2/\text{s}^2}} = \underline{1{,}78\ \text{s}}$$

**452.** $D = \frac{4\pi^2 m}{T^2} = 3{,}869\ \text{N/m}; \quad l = \frac{mg}{D} = \frac{0{,}2 \cdot 9{,}81\ \text{N}}{3{,}869\ \text{Nm}} = \underline{0{,}507\ \text{m}}$

**453.** Es liegt die Formel $f = \frac{1}{2\pi} \sqrt{\frac{D}{m}}$ zugrunde; die schwingende Wassermasse ist $m = Al\varrho$; die Richtgröße $D$ ist gleich $\frac{F}{s}$, wobei $F = pA\varrho g$; diese Kraft ruft die Verschiebung der Wassersäule $s = \frac{V}{A}$ hervor; also ist $f = 2\pi \sqrt{\frac{gpA\varrho A}{lA\varrho V}}$, woraus die angegebene Formel folgt.

**454.** Wird der Quader um das Stück $\Delta h$ tiefer in das Wasser gedrückt, so erfordert das die Kraft (Auftrieb) $F = A\Delta h \varrho_\text{W} g$;

Richtgröße $D = \frac{F}{\Delta h} = A\varrho_\text{W} g$;

schwingende Masse $m = Ah\varrho_\text{K}$; $\underline{T = 2\pi \sqrt{\frac{h\varrho_\text{K}}{g\varrho_\text{W}}}}$

**455.** Wegen des veränderlichen Querschnitts ist die Auftriebskraft nicht proportional zur Eintauchtiefe.

**456.** Richtgröße $D = \frac{mg}{r}$; $\quad T = 2\pi \sqrt{\frac{r}{g}} = 5066\ \text{s} = \underline{84{,}4\ \text{min}}$

**457.** $m = 2lA\varrho$; Richtgröße $D = \frac{hA\varrho g}{h/2} = 2A\varrho g$; $\underline{T = 2\pi \sqrt{\frac{l}{g}}}$

**458.** Da sich die Pendellängen wie die Quadrate der Periodendauern verhalten, gilt $50 : x = 12^2 : 11{,}5^2$, wonach $x = \underline{45{,}9\ \text{cm}}$ ist.

**459.** Die Pendellänge ist gleich dem Abstand vom Stab, d. i. $l \sin 30°$. Wirksame Beschleunigung $g \cdot \cos 30°$;

$$T = 2\pi \sqrt{\frac{l}{g} \tan 30°} = \underline{1{,}28\ \mathrm{s}}$$

**460.** $l = \sqrt{\frac{T^2 g}{4\pi^2}} = \frac{(25/2)^2\ \mathrm{s}^2 \cdot 9{,}81\ \mathrm{m/s}^2}{4\pi^2} = \underline{38{,}8\ \mathrm{m}}$

**461.** a) $T = 2\pi \sqrt{\frac{l}{g}} = 2\pi \sqrt{\frac{1\ \mathrm{m}}{9{,}81\ \mathrm{m/s}^2}} = \underline{2{,}006\ \mathrm{s}}$

b) $\underline{2{,}84\ \mathrm{s}}$ c) $\underline{0{,}063\ \mathrm{s}}$

**462.** Aus dem Ansatz $f + \Delta f = \frac{1}{2\pi} \sqrt{\frac{g}{0{,}9\, l}}$ erhält man durch Einsetzen von

$f = \frac{1}{2\pi} \sqrt{\frac{g}{l}}$ die Pendellänge $l = \frac{g(1 - \sqrt{0{,}9})^2}{4\pi^2 \cdot 0{,}9\, \Delta f^2} = \underline{7{,}27\ \mathrm{cm}}$;

aus $f = \frac{1}{2\pi} \sqrt{\frac{g}{l}}$ folgt dann $f = \underline{1{,}85\ \mathrm{Hz}}$

**463.** $\frac{l_2 + 6\ \mathrm{cm}}{l_2} = \frac{54^2}{50^2}$; $l_2 = \underline{36{,}1\ \mathrm{cm}}$; $l_1 = \underline{42{,}1\ \mathrm{cm}}$

**464.** Das Pendel schwingt je zur Hälfte einer Periode mit der vollen Länge von 50 cm und mit der verkürzten Länge von 20 cm, so daß $T = \frac{T_1}{2} + \frac{T_2}{2} = \pi\,(0{,}226 + 0{,}143)\ \mathrm{s} = \mathbf{1{,}159\ s}$;
$n = \underline{51{,}8\ ^1/\mathrm{min}}$

**465.** $xT = 2\pi \sqrt{\frac{0{,}75 l}{g}}$; $T = 2\pi \sqrt{\frac{l}{g}}$; $x = \sqrt{0{,}75} = 0{,}866$;

$\frac{T - xT}{T} = 0{,}134$ oder $\underline{13{,}4\ \%}$

**466.** $J = \frac{m}{4} \frac{l_1^2}{3} + \frac{3m}{4} \frac{l_2^2}{3} = m \left( \frac{l_1^2}{12} + \frac{l_2^2}{4} \right)$, mit $l_1 = 20$ cm

und $l_2 = 60$ cm; $T = 2\pi \sqrt{\frac{\frac{l_1^2}{3} + l_2^2}{gl}} = \underline{1{,}37\ \mathrm{s}}$

**467.** $J = J_s + md^2 = (0{,}8 + 0{,}216)\ \text{kg m}^2 = 1{,}016\ \text{kg m}^2$;

$$T = 2\pi \sqrt{\frac{J}{mgd}} = \underline{1{,}5\ \text{s}}$$

**468.** $J = \frac{m}{2} r^2 + mr^2 = \frac{3mr^2}{2}$; $\quad T = 2\pi \sqrt{\frac{3r}{2g}}$;

$$d = 2r = \frac{gT^2}{3\pi^2} = \underline{8{,}3\ \text{cm}}$$

**469.** $J = \frac{0{,}2\ \text{kg} \cdot 0{,}8^2\ \text{m}^2}{3} + 0{,}5\ \text{kg} \cdot 0{,}65^2\ \text{m}^2 = 0{,}2539\ \text{kg m}^2$; für den Abstand $x$ des Gesamtschwerpunktes $S$ von der Stabmitte $M$ gilt $x:e = 500:200$ oder $(x + e):x = 700:500$; $x = \frac{500 \cdot 0{,}25\ \text{m}}{700} = 0{,}1786\ \text{m}$; Abstand des Gesamtschwerpunktes vom Aufhängepunkt $s = (0{,}4 + 0{,}1786)\ \text{m} = 0{,}5786\ \text{m}$; Gesamtmasse $m = 0{,}7\ \text{kg}$; $T = 2\pi \sqrt{\frac{J}{mgs}} = \underline{1{,}59\ \text{s}}$

**470.** $J = \frac{ml^2}{12} + m\left(\frac{3l}{2}\right)^2 = \frac{7}{3} ml^2$; Schwerpunktsabstand

$$r = \frac{3l}{2}; \quad T = 2\pi \sqrt{\frac{J}{mgr}} = 2\pi \sqrt{\frac{14l}{9g}} = \underline{1{,}94\ \text{s}}$$

**471.** $2 \cdot 2\pi \sqrt{\frac{2l}{3g}} = 2\pi \sqrt{\frac{2(l + e)}{3g}}$; hieraus $l = \underline{16{,}7\ \text{cm}}$

**472.** (Bild 312) Das Trägheitsmoment der beiden Massen ist $J = (m_1 + m_2)\, l^2$; $G = (m_1 + m_2)\, g$; für den Abstand des Schwerpunktes vom Drehpunkt gilt
$m_1 : m_2 = l_2 : l_1$; $(m_1 + m_2) : m_1 = 2l : l_2$;

$$l_2 = \frac{2m_1 l}{m_1 + m_2}; \quad l_2 - l = \frac{l(m_1 - m_2)}{m_1 + m_2}; \quad \underline{T = 2\pi \sqrt{\frac{l(m_1 + m_2)}{g(m_1 - m_2)}}}$$

**473.** $T = 2\pi \sqrt{\frac{0{,}4\ \text{m} \cdot 7\ \text{kg}}{9{,}81\ \text{m/s}^2 \cdot 1\ \text{kg}}} = \underline{3{,}36\ \text{s}}$

**474.** $J = \frac{md^2}{4} + \frac{md^2}{4} = \frac{md^2}{2}$;
Abstand des Schwerpunktes vom Drehpunkt

$$s = \frac{d}{2}; \quad \underline{T = 2\pi \sqrt{\frac{d}{g}}}$$

(mathematisches Pendel von der Länge $d$)

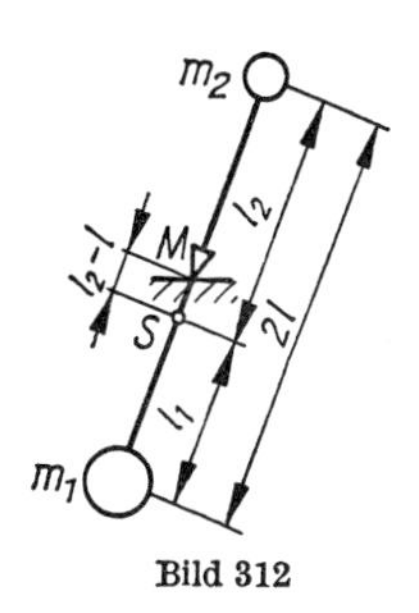


Bild 312

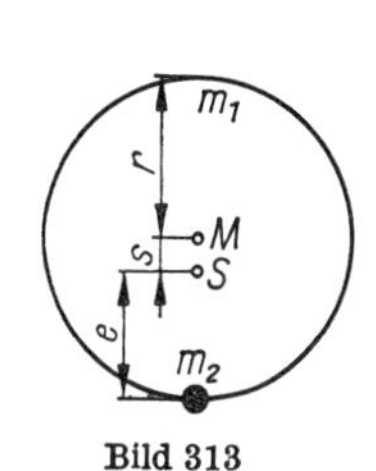


Bild 313

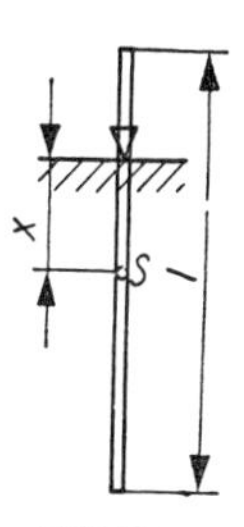


Bild 314

**475.** Aus $T = 2\pi\sqrt{\dfrac{J}{mge}}$ wird $J = mge\left(\dfrac{T}{2\pi}\right)^2 = 14{,}0\ \text{kgm}^2$; $J_s = J - me^2 = (14{,}0 - 12{,}8)\ \text{kg m}^2 = \underline{1{,}2\ \text{kg m}^2}$

**476.** (Bild 313) $J = (m_1 + m_2)\,r^2$; $G = (m_1 + m_2)\,g$; für den Schwerpunktsabstand $s$ gilt $m_1 : m_2 = e : s$; $(m_1 + m_2) : m_1 = r : e$;

$$s = r - e = \frac{m_2 r}{m_1 + m_2}; \quad \underline{T = 2\pi\sqrt{\frac{r}{g}\,\frac{(m_1 + m_2)}{m_2}}}$$

**477.** Allgemeine Gleichung $T = 2\pi\sqrt{\dfrac{\sum J}{s\sum m}}$; $s$ = Abstand des Schwerpunktes vom Aufhängepunkt

a) $\sum J = \dfrac{ml^2}{3} + \left(\dfrac{ml^2}{12} + ml^2\right) = \dfrac{17ml^2}{12}$; $s = \dfrac{3l}{4}$;

$\underline{T = 2\pi\sqrt{\dfrac{17l}{18g}}}$ b) $\sum J = \dfrac{2ml^2}{3}$; $s = \dfrac{l}{2}$; $\underline{T = 2\pi\sqrt{\dfrac{2l}{3g}}}$

c) $\sum J = ml^2$; $s = \dfrac{l}{2}$; $\underline{T = 2\pi\sqrt{\dfrac{2l}{3g}}}$

d) $\sum J = \dfrac{11ml^2}{6}$; $s = \dfrac{l}{2}$; $\underline{T = 2\pi\sqrt{\dfrac{11l}{12g}}}$

**478.** (Bild 314) Wird der Abstand Schwerpunkt–Aufhängepunkt mit $x$ bezeichnet, so ergibt sich aus dem Ansatz

$$T = 2\pi\sqrt{\frac{\dfrac{ml^2}{12} + mx^2}{mgx}} \quad \text{mit} \quad \frac{T^2}{4\pi^2} = c$$

die Gleichung $x = \dfrac{cg}{2} \pm \sqrt{\dfrac{c^2g^2}{4} - \dfrac{l^2}{12}}$

Die Lösung ist nur reell, wenn $\frac{l^2}{12} \leqq \frac{c^2g^2}{4}$ bzw. $l \leqq cg\sqrt{3}$ bzw. $l \leqq 0{,}43$ m.

Im Grenzfall $l = 0{,}43$ m ist $x = \underline{0{,}124 \text{ m}}$

**479.** Mit $J = \frac{m\,l^2}{3} + \frac{m\,l^2}{4}$ und dem Schwerpunktsabstand $r = \frac{l}{2}$ wird aus $T = 2\pi\sqrt{\frac{J}{2mgr}}$ die Länge $l = \frac{12gT^2}{7 \cdot 4\pi^2} = \underline{10{,}65 \text{ m}}$

**480.** Das Trägheitsmoment der 4 Stäbe in bezug auf den Aufhängepunkt ist

$$J = 2m\left(\frac{l^2}{3} + \frac{l^2}{12} + \frac{5l^2}{4}\right) = \frac{10ml^2}{3};$$

$$\text{aus } T = 2\pi\sqrt{\frac{J}{4mlg/\sqrt{2}}} = 2\pi\sqrt{\frac{5l\sqrt{2}}{6g}}$$

$$\text{ergibt sich } l = \frac{T^2 \cdot 6g}{4\pi^2 \cdot 5\sqrt{2}} = \underline{0{,}21 \text{ m}}$$

**481.** Die Trägheitsmomente sind $J_1 = {}^1/_{12}m\,(b^2 + h^2) + \frac{mh^2}{4}$ bzw.

$J_2 = {}^1/_{12}m\,(h^2 + b^2) + \frac{mb^2}{4}$; durch Gleichsetzen von

$T_1 = 2\pi\sqrt{\frac{J_1}{mgh/2}}$ und $T_2 = 2\pi\sqrt{\frac{J^2}{mgb/2}}$ ergibt sich

$4hb\,(h - b) = h^3 - b^3$ und hieraus $\frac{h}{b} = \frac{3 + \sqrt{5}}{2} = \underline{2{,}62:1}$

**482.** (Bild 315) Dreht sich die Uhr um den kleinen Winkel $\alpha$, so bewegen sich die Aufhängepunkte um das Stück $r\alpha$ zur Seite; für die rücktreibende Kraft gilt $\frac{F}{mg} \approx \frac{r\alpha}{l}$; dies ergibt mit der Winkelrichtgröße $D^* = \frac{Fr}{\alpha}$ und dem Massenträgheitsmoment

$J = \frac{mr^2}{2}$ die Periodendauer

$$T = 2\pi\sqrt{\frac{J}{D^*}} = 2\pi\sqrt{\frac{l}{2g}};$$

hieraus $l = \underline{8{,}0 \text{ cm}}$

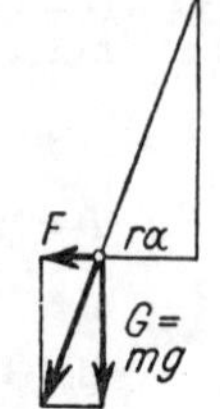


Bild 315

**483.** $y_2 = \frac{y_1}{k} = \frac{5\text{ cm}}{1{,}5} = \underline{3{,}33\text{ cm}}$; $y_5 = \frac{y_1}{k^4} = \frac{5\text{ cm}}{5{,}0625} = \underline{0{,}988\text{ cm}}$;

$y_{10} = \frac{y_1}{k^9} = \underline{0{,}130\text{ cm}}$

**484.** Dämpfungsverhältnis $k = \sqrt{\frac{y_1}{y_3}} = \underline{1{,}0299}$;

$y_8 = \frac{y_1}{k^7} = \frac{10{,}5}{1{,}0299^7} = \underline{8{,}54}$ Skalenteile

**485.** $k = \sqrt[19]{\frac{y_1}{y_{20}}}$; $\lg k = 0{,}0051$;

die Amplitude der $x$-ten Schwingung ist $y_x = \frac{y_1}{k^{x-1}}$,

wonach $(x - 1) \lg k = \lg \frac{12}{6}$ wird; $x = \underline{60}$

**486.** $k = \sqrt[49]{2}$; $\lg k = 0{,}006143$; $y_{10} = \frac{y_1}{k^9} = \underline{0{,}880\, y_1}$

**487.** Aus $\frac{y_4}{y_5} = k$ wird $k = \frac{12}{11} = 1{,}09$; aus $\frac{y_1}{y_4} = k^3$ wird
$y_1 = 12\text{ cm} \cdot 1{,}09^3 = \underline{15{,}54\text{ cm}}$

**488.** $k = e^{\Lambda} = \underline{1{,}015}$; $\delta = f\Lambda = \underline{0{,}75\ ^1/\text{s}}$

**489.** a) $\delta = 2\pi \sqrt{f_0^2 - f^2} = \underline{88{,}64\ ^1/\text{s}}$
b) $\Lambda = \delta T = \delta/f = \underline{0{,}895\text{ s}}$
c) $k = e^{\Lambda} = \underline{2{,}45}$

**490.** $\delta T = \ln k = 0{,}742$; $\delta = 1{,}48\ ^1/\text{s}$; $\omega_0 = \sqrt{\delta^2 + \omega^2} = 12{,}65\ ^1/\text{s}$;
$T_0 = \underline{0{,}497\text{ s}}$

**491.** $y = \sqrt{y_1^2 + y_2^2 + 2y_1y_2 \cos\alpha} = \underline{11{,}19\text{ cm}}$

**492.** $y_2 = -y_1 \cos\alpha \pm \sqrt{y^2 - y_1^2 + y_1^2 \cos^2\alpha} = \underline{1{,}65\text{ cm}}$

**493.** Aus $y = \sqrt{y^2 + y^2 + 2y^2 \cos\alpha}$ wird $\cos\alpha = -0{,}5$ und $\alpha = \underline{120°}$

**494.** $y_{R1} = \sqrt{y_1^2 + y_2^2} = \underline{7{,}21\text{ cm}}$; $\alpha_1 = \arctan y_2/y_1 = \underline{56{,}31°}$;
$\alpha_2 = 120° - \alpha_1 = 63{,}69°$;
$y_{R2} = \sqrt{y_3^2 + y_{R1}^2 + 2y_3y_{R1} \cos\alpha_2} = \underline{12{,}93\text{ cm}}$

**495.** $T_2 = \frac{T_1 T_s}{T_s - T_1} = \underline{0{,}022\text{ s}}$

**496.** $f_1 - f_2 = f_s$; $\quad \dfrac{f_1 + f_2}{2} = f_m$; $\quad f_1 = \underline{442 \text{ Hz}}$; $f_2 = \underline{440 \text{ Hz}}$

## 2. Mechanik der Flüssigkeiten und Gase

**497.** $p_1 A_1 = p_2 A_2$; $\quad p_2 = \dfrac{p_1 A_1}{A_2} = \underline{240 \text{ bar}}$

**498.** $p = p_0 + h\varrho g = (98\,700 + 6\,300) \text{ N/m}^2 = \underline{105 \text{ kPa} = 1{,}05 \text{ bar}}$

**499.** $h = \dfrac{p}{\varrho g} = \dfrac{5 \cdot 10^5 \text{ N m}^3 \text{ s}^2}{\text{m}^2 \cdot 10^3 \text{ kg} \cdot 9{,}81 \text{ m}} = \underline{51 \text{ m}}$

**500.** $h = \dfrac{p}{\varrho g} = \dfrac{15\,000 \text{ N/m}^2}{790 \cdot 9{,}81 \text{ N/m}^3} = \underline{1{,}94 \text{ m}}$

**501.** $p = h\varrho g = 0{,}78 \text{ m} \cdot 6\,900 \cdot 9{,}81 \text{ N/m}^2 = \underline{52{,}8 \text{ kPa} = 0{,}528 \text{ bar}}$

**502.** Im Gleichgewichtsfall gilt $40 \text{ cm}^3 \cdot 0{,}72 \text{ g/cm}^3 =$
$10 \text{ cm}^3 \cdot 0{,}72 \text{ g/cm}^3 + [(40 - 10) \text{ cm}^3 - V] \cdot 1 \text{ g/cm}^3$;
$V = 8{,}4 \text{ cm}^3$; $h = \underline{8{,}4 \text{ cm}}$

**503.** Im Gleichgewichtsfall gilt die Gleichung
$0{,}72 \text{ g/cm}^3 \cdot V + 15 \text{ g} = 8 \text{ cm}^3 \cdot 0{,}72 \text{ g/cm}^3 + 5 \text{ cm}^3 \cdot 1 \text{ g/cm}^3$
$+ [V + (15 - 8 - 5) \text{ cm}^3] \cdot 1{,}489 \text{ g/cm}^3$; $V = \underline{1{,}641 \text{ cm}^3}$

**504.** $h = \dfrac{p}{\varrho g} = \dfrac{1\,500 \text{ N/m}^2}{2967 \cdot 9{,}81 \text{ N/m}^3} = 0{,}0515 \text{ m} = \underline{5{,}15 \text{ cm}}$

**505.** $\Delta p = h \Delta\varrho g = \underline{51{,}8 \text{ Pa}}$

**506.** $\dfrac{V + \Delta V}{V} = \dfrac{10}{9}$; $\quad \Delta V = 2 \cdot 10^6 \text{ m}^3$; $\quad V = \underline{18 \cdot 10^6 \text{ m}^3}$

**507.** Beim Schwimmen gilt $hA\varrho_H g = h_1 A \varrho_W g = h_2 A \varrho_B g$;
hieraus folgt $\varrho_H = \dfrac{h_2 - h_1}{h\left(\dfrac{1}{\varrho_B} - \dfrac{1}{\varrho_W}\right)}$; mit $h_2 - h_1 = 0{,}8$ cm wird
$\varrho_H = \underline{0{,}467 \text{ g/cm}^3}$

**508.** Auftriebskraft = Gewichtskraftdifferenz: $V\varrho_1 g = (m - m')\,g$;
Dichte der Bronze $\varrho = \dfrac{m}{V} = \dfrac{m\varrho_1}{m - m'} = 8{,}44 \text{ g/cm}^3$;
aus der Gleichung $\varrho = \dfrac{m}{V_2 + V_3}$ mit $V_2$ (Kupfer) $= \dfrac{m_2}{\varrho_2}$ und
$V_3$ (Zinn) $= \dfrac{m - m_2}{\varrho_3}$ folgt die Masse des Kupfers

$$m_2 = \frac{m\varrho_2(\varrho - \varrho_3)}{\varrho(\varrho_2 - \varrho_3)} = 34{,}6\,\text{g} \quad \text{oder} \quad \underline{76{,}9\,\%};$$

Masse des Zinns 10,4 g oder $\underline{23{,}1\,\%}$

**509.** Der Schlauch erfährt keinen Auftrieb, weil weder auf die Basis noch auf die Deckfläche des eintauchenden Volumens ein hydrostatischer Druck einwirkt.

**510.** Der Quader bleibt liegen, weil auf seine Unterseite kein hydrostatischer Druck wirkt.

**511.** Mit zunehmendem Abbrand wird der Einfluß des Nagels immer größer, bis die Gewichtskraft der Kerze größer wird als die der verdrängten Wassermenge. Dann müßte die Kerze eigentlich untergehen. Am Grunde der Flamme bildet sich aber eine tiefe Mulde im Kerzenkörper, die die Kerze dennoch schwimmend erhält.

**512.** Der Kahn verdrängt im Fluß 6,5 m³ Wasser. Damit er im Meer ebensoviel verdrängt, muß seine Masse auf das 1,03fache, d. i. 6,695 t, anwachsen. Zuladung $\underline{0{,}195\,\text{t}}$

**513.** $m'g = \dfrac{4\pi r^3(\varrho_{Al} - \varrho_B)g}{3}; \quad r = 1{,}34\,\text{cm}; \quad d = \underline{2{,}68\,\text{cm}}$

**514.** a) $G = 4\pi r^2 d\varrho_M g = 0{,}331\,\text{N}; \quad F_A = \dfrac{4\pi r^3 \varrho_B g}{3} = 0{,}462\,\text{N};$

$F_A - G = \underline{0{,}131\,\text{N}}$

b) Volumen der Kugel $V = \dfrac{4\pi r^3}{3}$; eintauchendes Volumen

$$V_1 = \frac{G}{\varrho_B g} = \frac{4\pi r^2 d\varrho_M}{\varrho_B}; \quad \frac{V_1}{V} = \frac{3d\varrho_M}{r\varrho_B}; \quad V_1 = \underline{0{,}72\,V}$$

**515.** Aus $\varrho_{Al}\left(\dfrac{4\pi r_1^3}{3} - \dfrac{4\pi r_2^3}{3}\right)g = \dfrac{4\pi r_1^3 \varrho_W g}{3 \cdot 2}$ erhält man

$$r_2 = r_1\sqrt[3]{\frac{2{,}2}{2{,}7}} = 2{,}8\,\text{cm}; \quad d = r_1 - r_2 = \underline{2\,\text{mm}}$$

**516.** $F_A = \dfrac{4\pi r_1^3 \varrho_W g}{3} = (5000 \cdot 9{,}81)\,\text{N}; \quad r_1 = \sqrt[3]{\dfrac{3F_A}{4\pi\varrho_W g}} = 1{,}06\,\text{m};$

$D = \underline{2{,}12\,\text{m}}; \quad G = \dfrac{4\pi}{3}(r_1^3 - r_2^3)\varrho_S g;$

$$r_2 = \sqrt[3]{\left(\frac{F_A \varrho_S}{\varrho_W} - G\right)\frac{3}{4\pi\varrho_S g}} = 0{,}924\,\text{m};$$

$d = (1{,}060 - 0{,}925)\,\text{m} = \underline{0{,}135\,\text{m}}$

**517.** a) Flächeninhalt des Bleches 30,4 m²; Masse des Pontons $m = 2{,}28\,\mathrm{t}$; mit der eintauchenden Höhe $h_1$ ist $h_1 A \varrho_W g = mg$ und $h_1 = 0{,}285\,\mathrm{m}$; es ragen $\underline{0{,}915\,\mathrm{m}}$ heraus.

b) $mg + h_2 A \varrho_W g = h A \varrho_W g; \quad h_2 = \dfrac{h A \varrho_W - m}{A \varrho_W} = \underline{0{,}915\,\mathrm{m}}$

**518.** $G = [2\pi r\,(h - 2d) + 2\pi r^2]\, d \varrho_1 g; \quad F_A = \dfrac{3}{4}\pi r^2 h \varrho_2 g;$
durch Gleichsetzen dieser Ausdrücke erhält man $d = \underline{0{,}5\,\mathrm{mm}}$

**519.** $(m_1 + m_2)g = \left(\dfrac{m_1 \varrho_W}{\varrho_1} + \dfrac{5 m_2 \varrho_W}{6 \varrho_2}\right) g; \quad m_1 = \underline{5{,}4\,\mathrm{kg}}$

**520.** $\dfrac{\pi d^2}{4}(h - x)\,\varrho g = mg; \quad x = \underline{3{,}1\,\mathrm{cm}}$

**521.** Mit $h' = (30 - 2{,}1)\,\mathrm{cm} = 27{,}9\,\mathrm{cm}$ wird $\dfrac{\pi d^2}{4} h' \varrho g = m' g;$
Zugabe $m' - m = \underline{10{,}5\,\mathrm{g}}$

**522.** $m' + (30 \cdot 0{,}15)\,\mathrm{t} = (60 \cdot 1{,}03)\,\mathrm{t};\; m' = \underline{57{,}3\,\mathrm{t}}$

**523.** $Vg\,(\varrho_2 - \varrho_1) = m' g; \quad V = \dfrac{m'}{(\varrho_2 - \varrho_1)};$

$$m = V \varrho_2 = \frac{m' \varrho_2}{\varrho_2 - \varrho_1} = \underline{634{,}6\,\mathrm{kg}}$$

**524.** $m + m' = \dfrac{m\varrho}{\varrho_1} + \dfrac{m'\varrho}{\varrho_2}; \quad m' = \underline{538{,}5\,\mathrm{kg}}$

**525.** Gesamtgewichtskraft = Gesamtauftriebskraft + Holzgewichtskraft; dividiert durch $g$ ist

$$m + m'' = \frac{m\varrho}{\varrho_1} + \frac{m''\varrho}{\varrho_2} + m; \quad m'' = \frac{m\varrho\,\varrho_2}{\varrho_1(\varrho_2 - \varrho)} = \underline{1538{,}5\,\mathrm{kg}}$$

**526.** a) $\varrho = 0{,}5\,\mathrm{kg/dm^3}$; Kraft bei vollem Eintauchen

$$F = \left(\frac{m\varrho_W}{\varrho} - m\right) g; \quad \text{mittlere Kraft } F_m = \frac{F}{2};$$

$$W_1 = \left(\frac{\varrho_W}{\varrho} - 1\right)\frac{mg}{2} \cdot \frac{h}{2} = \underline{0{,}39\,\mathrm{Nm}}$$

b) Hierzu kommt noch die Arbeit

$$W_2 = \left(\frac{\varrho_W}{\varrho} - 1\right) mg\,(s - h) = 2{,}35\,\mathrm{Nm};$$
$$W = W_1 + W_2 = \underline{2{,}74\,\mathrm{Nm}}$$

**527.** Wegen $V\varrho' g = \frac{3\,V\varrho_W g}{4}$ ist die Dichte jetzt

$$\varrho' = \frac{3\varrho_W}{4} = 0{,}75\ \text{kg/dm}^3.$$

a) Mit den gleichen Beziehungen wie in Aufg. 526 und der Tauchtiefe $\frac{h}{4}$ ist $W_1 = \underline{0{,}065\ \text{Nm}}$.

b) $W_2 = 0{,}785\ \text{Nm};\ W = \underline{0{,}85\ \text{Nm}}$

**528.** $1{,}2\,(mg - V\varrho_W g) = mg - V\varrho_B g;$

$$V = \frac{0{,}2m}{1{,}2\varrho_W - \varrho_B} = \underline{40\ \text{cm}^3}$$

**529.** Wasserfüllung $(7200 - 750)\ \text{kg} = \underline{6450\ \text{kg}};$

$$W = \frac{mgh}{2} = \frac{7200\ \text{kg} \cdot 0{,}9\ \text{m} \cdot 9{,}81\ \text{m/s}^2}{2} = \underline{31\,780\ \text{Nm}}$$

**530.** Der Schwimmer verdrängt $m = 0{,}15$ kg Flüssigkeit; durchschnittliche Ausflußmenge je Minute

$$Q = \frac{m}{t} = \frac{0{,}15\ \text{kg} \cdot 60\ \text{s}}{6{,}5\ \text{s} \cdot \text{min}} = \underline{1{,}38\ \text{kg/min}}$$

**531.** $p = (0{,}5 + 0{,}95) \cdot 10^5\ \text{N/m}^2 = \underline{1{,}45 \cdot 10^5\ \text{Pa}}$

**532.** $\Delta p = \varrho g h = 13{,}595\ \text{g/cm}^3 \cdot 9{,}81\ \text{m/s}^2 \cdot 6\ \text{cm} = \underline{8000\ \text{Pa}}$

**533.** $h = \frac{\Delta p}{\varrho g} = \frac{16 \cdot 10^2\ \text{N s}^2\ \text{m}^3}{\text{m}^2 \cdot 9{,}81\ \text{m} \cdot 13{,}595 \cdot 10^3\ \text{kg}} = \underline{12\ \text{mm}}$

**534.** $p = p_1 - \Delta p = (97\,500 - 90\,000)\ \text{Pa} = \underline{7500\ \text{Pa}}$

**535.** $\Delta p = \varrho g h = \frac{1000\ \text{kg} \cdot 9{,}81\ \text{m} \cdot 0{,}22\ \text{m}}{\text{m}^3\ \text{s}^2} = 2160\ \text{Pa};$

$$p = p_1 + \Delta p = (105\,000 + 2160)\ \text{Pa} = \underline{107\,160\ \text{Pa}}$$

**536.** $\Delta p = \varrho g h = 540\ \text{Pa};\ p = p_1 + \Delta p = \underline{0{,}9854 \cdot 10^5\ \text{Pa}}$

**537.** $\Delta p = \varrho g h = \frac{1000\ \text{kg} \cdot 9{,}81\ \text{m} \cdot 0{,}3\ \text{m}}{\text{m}^3\ \text{s}^2} = 2943\ \text{Pa};$

$$p = p_1 - \Delta p = (101\,300 - 2943)\ \text{Pa} = \underline{0{,}9836 \cdot 10^5\ \text{Pa}}$$

**538.** $\Delta h = \frac{2\Delta p}{\varrho g} = \frac{8000\ \text{Pa m}^2\ \text{s}^2}{1000\ \text{kg} \cdot 9{,}81\ \text{m}} = \underline{0{,}816\ \text{m}}$

**539.** Sinkt der Wasserspiegel in der Schüssel, so fließt das Wasser aus der Flasche so lange nach, bis ihre untere Öffnung wieder verschlossen ist und der äußere Luftdruck dem Gegendruck von Luft und Wasser in der Flasche das Gleichgewicht hält.

**540.** Es gelten die Zahlenwertgleichungen: a) für den Druck der Luft in der Röhre $p_x = \frac{760 \cdot 2}{V_x}$; b) für das Druckgleichgewicht $\frac{760 \cdot 2}{V_x} + x = 760$; c) für das Luftvolumen in der Röhre $V_x = 5 + 760 - x$; hieraus erhält man $x = \underline{723{,}4 \text{ mm}}$

**541.** $p = (980 - 20)$ mbar $= 0{,}96 \cdot 10^5$ N/m²;
$F = pA = \underline{544{,}8 \text{ N}}$

**542.** Bei fallendem Luftdruck, weil dann die in den Kohlenflözen eingeschlossenen Gasmassen ihren Überdruck verstärken.

**543.** $F = \frac{\pi d^2 p}{4} = \frac{\pi \cdot 57{,}5^2 \text{ cm}^2 \cdot 1{,}013 \cdot 10^5 \text{ N/m}^2}{4} = \underline{26\,305 \text{ N}}$

**544.** $p_2 = p_1 - \frac{F}{A} = \left(95\,000 - \frac{200}{50{,}27 \cdot 10^{-4}}\right) \text{Pa} = \underline{0{,}552 \cdot 10^5 \text{ Pa}}$

**545.** Druck der Ölsäule $\Delta p = \varrho g h = 6\,670$ Pa;
$p = p_1 + p_2 - \Delta p = \underline{3{,}33 \cdot 10^5 \text{ Pa}}$

**546.** Der Druckunterschied ist gleich demjenigen zweier gleich langer Gassäulen; $p_2 - p_1 = h\,(\varrho_2 - \varrho_1)\,g = \underline{133{,}3 \text{ Pa}}$;
Manometeranzeige $\underline{13{,}59 \text{ mm Wassersäule}}$

**547.** $h = \frac{p}{\varrho g} = \frac{1{,}013 \cdot 10^5 \text{ N m}^3 \text{ s}^2}{\text{m}^2 \cdot 1{,}293 \text{ kg} \cdot 9{,}81 \text{ m}} = \underline{7986 \text{ m}}$;

es wurde die Abnahme des Luftdrucks mit zunehmender Höhe nicht berücksichtigt

**548.** Druck der eingeschlossenen Quecksilbersäule
$p_2 = \varrho g h = 0{,}267 \cdot 10^5$ Pa; aus $(p_1 + p_2)\,h_1 = (p_1 - p_2)\,h_2$

wird $h_2 = \frac{(0{,}99 + 0{,}267) \cdot 10^5 \text{ Pa} \cdot 0{,}2 \text{ m}}{(0{,}99 - 0{,}267) \cdot 10^5 \text{ Pa}} = \underline{0{,}35 \text{ m}}$

**549.** Mit $p_2 = 200 \cdot 133{,}32$ N/m² ist

$$p_1 = p_2 \frac{h_1 + h_2}{h_2 - h_1} = \underline{59\,600 \text{ N/m}^2}$$

**550.** $p_1V_1 = p_2V_2$; $\quad V_2 = \frac{p_1V_1}{p_2} = \frac{1{,}5 \cdot 10^5\,\text{Pa} \cdot 35\,000\,\text{m}^3}{60 \cdot 10^5\,\text{Pa}} =$

$= \underline{875\,\text{m}^3}$

**551.** $Vp = (V - \Delta V) \cdot 3p$; $V = \underline{7{,}5\,\text{l}}$

**552.** $V_xp_0 = V(p_2 - p_1)$; $\quad V_x = \frac{800\,\text{l} \cdot 5\,\text{bar}}{1\,\text{bar}} = \underline{4000\,\text{l}}$

**553.** Aus $(p_x + \Delta p)\,V_2 = p_xV_1$ wird $p_x = \frac{\Delta p\,V_2}{V_1 - V_2} = \underline{3 \cdot 10^5\,\text{Pa}}$

**554.** a) $p_2 = (5 + 1{,}013)\,\text{bar} = 6{,}013\,\text{bar}$;

$\varrho_2 = \frac{p_2\varrho_1}{p_1} = \underline{5{,}34\,\text{kg/m}^3}$

b) $p_2' = \frac{\varrho_2'p_1}{\varrho_1} = \underline{1\,126\,\text{mbar}}$

**555.** $p_1 = \frac{1\,\text{bar} \cdot 50\,\text{cm}^3}{30\,\text{cm}^3} = 1{,}667\,\text{bar}$;

$p = p_1 + \varrho gh = (1{,}667 + 0{,}267)\,\text{bar} = \underline{1{,}934\,\text{bar}}$

**556.** a) $h_2 = \frac{p_1h_1}{p_1 + \Delta p} = \frac{0{,}95\,\text{bar} \cdot 40\,\text{cm}}{2{,}95\,\text{bar}} = \underline{12{,}9\,\text{cm}}$

b) $\underline{7{,}7\,\text{cm}}$ c) $\underline{5{,}5\,\text{cm}}$

**557.** Aus $p = \frac{p_1 + p_2}{2}$ und $\Delta p = p_1 - p_2$ folgt

$p_1 = \frac{2p + \Delta p}{2} = \underline{5{,}25\,\text{bar}}$ und $p_2 = \underline{3{,}75\,\text{bar}}$

**558.** $p_1V_1 + p_2V_2 = (V_1 + V_2)\,p$; $p = \underline{9{,}4\,\text{bar}}$

**559.** $V_2 = \frac{p_1\,V_1}{p_2} = \frac{3{,}5\,\text{m}^3 \cdot 16{,}03\,\text{bar}}{1{,}03\,\text{bar}} = 54{,}5\,\text{m}^3$;

hiervon bleiben 3,5 m³ im Behälter, so daß $\underline{51\,\text{m}^3}$ entweichen.

**560.** $p_2 = \frac{p_1V_1}{V_2} = \frac{2\,\text{m}^3 \cdot 950\,\text{mbar}}{0{,}04\,\text{m}^3} = 47{,}5\,\text{bar}$;

$(47{,}5 - 0{,}95)\,\text{bar} = \underline{46{,}55\,\text{bar Überdruck}}$

**561.** Mittlerer Druck $p_\text{m} = \underline{3{,}5\,\text{bar}}$; der Inhalt des Gefäßes mit dem höheren Druck expandiert nach der Gleichung

$p_1V = p_\text{m}(V + V')$; $\quad V' = \frac{V(p_1 - p_\text{m})}{p_\text{m}} = \underline{0{,}43\,V}$

**562.** Das entwichene Gas besaß in der Flasche das Volumen $V' = \frac{p_2 V_2}{p_1} = 15{,}7$ l; bezüglich des Restes gilt mit $p_1 = 51$ bar, $p_1(V_1 - V') = pV_1$; $p = 31$ bar, d. i. <u>30 bar Überdruck</u>

**563.** Aus den Gleichungen $(p_x + \Delta p_1)(V_x - \Delta V_1) = p_x V_x$ und $(p_x + \Delta p_2)(V_x - \Delta V_2) = p_x V_x$ erhält man mit $\Delta p_1 = 2$ bar, $\Delta p_2 = 4{,}5$ bar, $\Delta V_1 = 60$ l und $V_2 = 90$ l; $V_x = \underline{150\,\text{l}}$ und $p_x = \underline{3\,\text{bar}}$

**564.** Mit dem Niveauanstieg im offenen Schenkel $(18 - x)$ und dem Niveauunterschied $30 - 2\,(18 - x)$ wird die Zahlenwertgleichung $73 \cdot 18 = (73 + 30 - 36 + 2x)\,x$, woraus sich $x = 13{,}9$ cm ergibt.

**565.** Ist der Luftdruck gleich $p_0$, so herrscht am Boden der Flasche der Druck $p_1 = p_0 + h\varrho g$;

$$V_2 = \left(\frac{h\varrho g + p_0}{p_0}\right) V_1 = \underline{1{,}68\, V_1}$$

**566.** Bezeichnet $p$ den äußeren Luftdruck, $V$ das Volumen der Luftblase, $p_1$ den Druck und $V_1 = l_1 A$ das Volumen der aufgestiegenen Luft nach der Ausdehnung sowie $p_2$ den Druck der dadurch gesunkenen Quecksilbersäule, so gilt $p = p_1 + p_2$ und $p_1 = \frac{pV}{V_1}$ und somit $p = \frac{pV}{l_2 A} + p_2$.
Setzt man $p = \varrho g l$ und $p_2 = \varrho g l_2$, so wird nach Kürzen

$$l = \frac{lV}{l_1 A} + l_2 = \frac{lV}{l_1 A} + l + l_0 - l_1 .$$

Hieraus enthält man $l_1 = \frac{l_0}{2} + \sqrt{\frac{lV}{A} + \frac{l_0^2}{4}} = \underline{4{,}18\,\text{cm}}$

**567.** $h_1 p_1 = h_2 p_2$; $p_2 = (1{,}3 + 0{,}094) \cdot 10^5\,\text{Pa} = 139{,}4\,\text{kPa}$; $h_2 = 1{,}40$ m; $h_1 - h_2 = \underline{10\,\text{cm}}$

**568.** Mit $V = hA$ und dem Enddruck $p_1$ ist $p_0 hA = p_1 (h - \Delta h)\,A$; Kolbendruck $\frac{G}{A} = p_1 - p_0 = \frac{p_0 hA}{(h - \Delta h)\,A} - p_0$;

$$G = \frac{p_0 \Delta h A}{h - \Delta h} = 49\,\text{N}\,; \quad m = \frac{G}{g} = \frac{49\,\text{N}}{9{,}81\,\text{m/s}^2} = \underline{5{,}0\,\text{kg}}$$

**569.** Der Auftrieb beruht auf dem mit zunehmender Höhe abnehmenden Luftdruck.

**570.** a) Steigkraft $F = F_A - G = V\varrho g - \left(mg + \frac{V'\varrho g}{5,25}\right) = \underline{237\ \mathrm{N}}$

b) Bei Ausdehnung des Gasinhalts in größerer Höhe ist der Gasdruck $p_1 = \frac{V'p_0}{V} = 977$ mbar; rechnet man mit 1 mbar Druckabnahme je 7,9 m Anstieg, so ergibt sich die Höhe $h = 7,9 \cdot (1\,013 - 977)\ \mathrm{m} = \underline{284\ \mathrm{m}}$

**571.** Aristoteles übersah den Auftrieb.
Die mit Luft gefüllte Blase wird, in der Luft gewogen, durch den Auftrieb um ebensoviel leichter, wie ihr Volumen Luft verdrängt.

**572.** Die linke Seite würde sich senken, weil wegen des größeren Volumens des Holzes auch die Auftriebskraft größer ist als rechts.

**573.** Die Waage ist im Gleichgewicht, wenn die scheinbaren Gewichtskräfte beiderseits gleich sind. Diese sind die wahren Gewichtskräfte, vermindert um die Auftriebskräfte

$$m'g - \frac{m'\varrho_L g}{\varrho_M} = mg - \frac{m\varrho_L g}{\varrho_W};$$

$$m' = m\,\frac{(\varrho_W - \varrho_L)\,\varrho_M}{\varrho_W\,(\varrho_M - \varrho_L)} = \underline{99,885\ \mathrm{g}}$$

**574.** Da der menschliche Körper im Wasser eben noch schwimmt, kann man auf eine Dichte von etwa 1 kg/dm³ und demnach auf ein Volumen von 70 dm³ schließen. Da Luft die Dichte von etwa 1,29 g/dm³ hat, bewirkt der Auftrieb eine scheinbare Verringerung der Masse um 70 dm³ · 1,29 g/dm³ = 90,3 g. Um ebensoviel ist die wahre Masse des Körpers größer.

**575.** $\varrho = \frac{m_2\varrho_L}{m_2 - m_1} = \underline{8,331\ \mathrm{g/cm^3}}$

**576.** $V = \frac{m}{\varrho_L - \varrho_G} = \underline{11,364\ \mathrm{l}}$

**577.** $A = \frac{V}{vt} = \frac{70,8\ \mathrm{m^3}}{16,9\ \mathrm{m/s} \cdot 60\ \mathrm{s}} = 0,06982\ \mathrm{m^2}; \quad d = \underline{29,8\ \mathrm{cm}}$

**578.** $v = \frac{V}{At} = \frac{4 \cdot 450\ \mathrm{m^3}}{0,25^2\pi\ \mathrm{m^2} \cdot 3600\ \mathrm{s}} = \underline{2,55\ \mathrm{m/s}}$

**579.** $V = vAt = 15\ \mathrm{m/s} \cdot 572,5 \cdot 10^{-6}\ \mathrm{m^2} \cdot 3600\ \mathrm{s} = 30,9\ \mathrm{m^3};$
$m = \underline{1\,091\ \mathrm{kg}}$

**580.** $v = \frac{V}{At} = \underline{25{,}9 \text{ m/s}}$

**581.** Aus $\frac{v_1}{v_2} = \frac{A_2}{A_1}$ mit $v_2 = 2v_1$ folgt $d_2 = \frac{8 \text{ cm}}{\sqrt{2}} = \underline{5{,}66 \text{ cm}}$

**582.** Nach dem Fallgesetz wird seine Geschwindigkeit immer größer, während sie oben konstant bleibt. Der durchströmte Querschnitt muß daher immer kleiner werden.

**583.** a) $V = tA\mu\sqrt{2gh} = 1 \text{ s} \cdot 2{,}5 \text{ cm}^2 \cdot 0{,}62\sqrt{2 \cdot 981 \text{ cm/s}^2 \cdot 350 \text{ cm}}$
$= 1\,284 \text{ cm}^3 = \underline{1{,}284 \text{ l}}$ b) $\underline{0{,}908 \text{ l}}$ c) $\underline{0{,}642 \text{ l}}$

**584.** Aus $p = \frac{\varrho}{2} v^2$ wird $v = \mu\sqrt{\frac{2p}{\varrho}} = \underline{34{,}3 \text{ m/s}}$

**585.** $V = Av\mu t$; $t = \frac{V}{A\mu\sqrt{2gh}} = 466 \text{ s} = \underline{7 \text{ min } 46 \text{ s}}$

**586.** Wegen $\frac{\varrho_1}{\varrho_2} = \frac{2}{3}$ und $\frac{\Delta p_1}{\Delta p_2} = \frac{1}{2}$ wird $\frac{v_2}{v_1} = \sqrt{\frac{4}{3}}$ und damit $V_2 = \underline{3{,}5 \text{ m}^3}$

**587.** $v = \frac{V}{tA} = \frac{25 \cdot 10^{-3} \text{ m}^3}{15 \text{ s} \cdot 3{,}14 \cdot 10^{-4} \text{ m}^2} = 5{,}31 \text{ m/s};$
$h = \frac{v^2}{2g\mu^2} = \underline{1{,}53 \text{ m}}$

**588.** Fallzeit des Strahls $t = \sqrt{\frac{2h}{g}}$; Ausströmgeschwindigkeit $v = \frac{s}{t}$;
Dampfdruck $p = \frac{\varrho v^2}{2} = \frac{\varrho s^2 g}{4h} = \underline{491\,740 \text{ Pa}}$

**589.** a) $v = \sqrt{\frac{2p}{\varrho}} = \underline{5{,}48 \text{ m/s}}$ b) $\underline{154 \text{ m/s}}$

**590.** $c_W = \frac{2F}{A\varrho v^2} = \frac{2 \cdot 1050 \text{ N/m}^2}{1{,}25 \text{ kg/m}^3 \cdot 2500 \text{ m}^2/\text{s}^2} = \underline{0{,}67}$

**591.** Luftwiderstandskraft = Gewichtskraft; hieraus wird
$v = \sqrt{\frac{2mg}{c_W A\varrho}} = \underline{3{,}38 \text{ m/s}}$

**592.** Aus $\frac{c_W r^2 \pi \varrho_L v^2}{2} = mg = \frac{4r^3\pi\varrho_W g}{3}$ wird $r = \frac{3c_W\varrho_L v^2}{8\varrho_W g}$
$= 76 \cdot 10^{-5} \text{ m}$; $d = \underline{1{,}5 \text{ mm}}$

**593.** $F = \frac{c_W A \varrho_L v^2}{2} = \underline{18\,227\,\mathrm{N}}$;

$P = Fv = \underline{546{,}8\,\mathrm{kW}}$

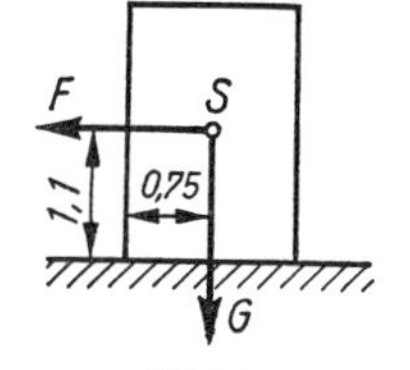


Bild 316

**594.** (Bild 316) Kippmoment = Moment der Windlast;
$mg \cdot 0{,}75\,\mathrm{m} = F \cdot 1{,}1\,\mathrm{m}$; $F = 0{,}682\,mg$;

$$v = \sqrt{\frac{2 \cdot 0{,}682 mg}{c_W A \varrho_L}} = \underline{31{,}27\,\mathrm{m/s}}$$

**595.** Bei stillstehendem Schiff ist $v = 14\,\mathrm{m/s}$ und

$$F = \frac{c_W A \varrho_L v^2}{2} = \underline{3469\,\mathrm{N}}$$

**596.** Relativgeschwindigkeit $v_r = (14 - 3{,}5)\,\mathrm{m/s} = 10{,}5\,\mathrm{m/s}$;

$$P = F v_r = \frac{c_W A \varrho_L v_r^3}{2} = \underline{20{,}5\,\mathrm{kW}}$$

**597.** Antrieb = Bewegungsgröße; $mgt = \varrho_L V v$; mit der Ausströmgeschwindigkeit $v = \frac{V}{At}$ ergibt sich

$$G = mg = \frac{\varrho_L V^2}{At^2} = 3{,}74 \cdot 10^{-2}\,\mathrm{N}\,; \quad m = \underline{3{,}8\,\mathrm{g}}$$

**598.** Die Leistungsformel $P = \frac{c_W A \varrho v^3}{2}$ nimmt mit der Widerstandsbeizahl $c_W = 1$ und der mittleren Luftdichte $\varrho = \frac{1{,}25\,\mathrm{kg}}{\mathrm{m}^3}$ die Gestalt $P = 1 \cdot A \cdot 1{,}25\,v^3$ an. Das ergibt nach Division durch 1000 die genannte Formel.

**599.** $p_1 - p_2 = \frac{\varrho v^2}{2}$; $\quad v = \sqrt{\frac{2\,(1{,}013 - 0{,}014) \cdot 10^5\,\mathrm{N/m^2}}{1000\,\mathrm{kg/m^3}}}$

$$= \underline{14{,}1\,\mathrm{m/s}}$$

**600.** $\frac{\varrho v^2}{2} = \frac{p_0}{2}$; $\quad v = \sqrt{\frac{p_0}{\varrho}} = \sqrt{\frac{100 \cdot 9{,}81\,\mathrm{N/m^2}}{1\,000\,\mathrm{kg/m^3}}} = \underline{0{,}99\,\mathrm{m/s}}$

**601.** a) $p = 0{,}051\,(3{,}6v)^2 = \underline{0{,}66 v^2}$

b) Aus $p = \frac{c_W \varrho v^2}{2} = 0{,}66\,v^2$ wird $c_W = \underline{1{,}06}$

**602.** $F = (0{,}051 \cdot 122^2 \cdot 6{,}25)\ \mathrm{N} = \underline{4744\ \mathrm{N}}$;

$$P = Fv = 4744\ \mathrm{N} \cdot 122/3{,}6\ \mathrm{m/s^2} = \underline{160{,}8\ \mathrm{kW}}$$

**603.** $P = \frac{Fv}{\eta} = \frac{\Delta p A v}{\eta} = \frac{\Delta p V}{\eta t}$; $\Delta p = 1962\ \mathrm{N/m^2}$; $P = \underline{4{,}53\ \mathrm{kW}}$

**604.** $\Delta p = \frac{P\eta t}{V} = \underline{7000\ \mathrm{N/m^2}}$; $v = \frac{V}{At} = \underline{6{,}67\ \mathrm{m/s}}$

**605.** $v_2 = \frac{v_1 d_1^2}{d_2^2}$; $\Delta p = \frac{\varrho}{2}(v_2^2 - v_1^2) = \frac{\varrho v_1^2}{2}\left(\frac{d_1^4}{d_2^4} - 1\right)$

$$= 73125\ \mathrm{N/m^2} = \underline{0{,}73 \cdot 10^5\ \mathrm{Pa}}$$

**606.** $A_1 v_1 = A_2 v_2$; aus $P = \frac{\varrho A_1 v_1}{2}(v_1^2 - v_2^2)$ wird

$P = \frac{\varrho A_1 v_1^3}{2}\left[1 - \left(\frac{A_1}{A_2}\right)^2\right]$, und mit $P = 250\,000\ \mathrm{Nm/s}$

wird $v_1 = \sqrt[3]{\frac{2 \cdot 250\,000\ \mathrm{N\,m/s}}{0{,}03\ \mathrm{m^2} \cdot 1000\ \mathrm{kg/m^3} \cdot 0{,}8163}} = 27{,}33\ \mathrm{m/s}$;

$v_2 = 11{,}71\ \mathrm{m/s}$; $\Delta p = \frac{\varrho}{2}(v_1^2 - v_2^2) = 304\,900\ \mathrm{N/m^2}$;

$h = \frac{\Delta p}{\varrho g} = \underline{31{,}1\ \mathrm{m}}$

**607.** In der Zeit $t$ fließt die Masse $m = \varrho A v t$ ab. Rückstoßkraft = zeitliche Impulsänderung, d. h. $F = \frac{mv}{t} = \varrho A v^2$; mit $v = \sqrt{2gh}$ wird $F = 2gh\varrho A = \underline{1{,}57\ \mathrm{N}}$

**608.** $c = 2sf = 2 \cdot 1{,}80\ \mathrm{m} \cdot 3\ \mathrm{1/s} = \underline{10{,}8\ \mathrm{m/s}}$

**609.** $x = n_1\lambda_1 = n_2\lambda_2$; für das ganzzahlige Verhältnis $n_1 : n_2$ gilt

$\frac{n_1 c}{f_1} = \frac{n_2 c}{f_2}$ bzw. $n_1 : n_2 = f_1 : f_2 = 5 : 4$;

$x = \frac{5 \cdot 340\ \mathrm{m\,s}}{300\ \mathrm{s}} = \frac{4 \cdot 340\ \mathrm{m\,s}}{240\ \mathrm{s}} = \underline{5{,}67\ \mathrm{m}}$; $t = \frac{x}{c} = \underline{0{,}017\ \mathrm{s}}$

**610.** $c = \frac{n\lambda}{t} = \frac{nc}{ft}$; $f = \frac{n}{t} = \underline{0{,}625\ \mathrm{1/s}}$

**611.** $c = \frac{n\lambda}{t}$; $\quad n = \frac{ct}{\lambda} = \underline{100}$

**612.** Die Laufstrecke ist $x = n\lambda_1 = (n + \Delta n)\,\lambda_2$;

$$n\,\frac{\lambda_1}{\lambda_2} = n + \Delta n; \quad n = \frac{\Delta n}{\lambda_1/\lambda_2 - 1} = 21;$$

$$\lambda_1 = \frac{x}{n} = \underline{0{,}24\,\text{m}}; \quad \lambda_2 = \frac{x}{n + \Delta n} = \underline{0{,}21\,\text{m}}$$

**613.** Aus $f_1 - f_2 = f_s$ und $\frac{f_1 + f_2}{2} = f_m$ folgen $f_1 = 8\,{}^1/\text{s}$ und

$$f_2 = 6\,{}^1/\text{s}; \quad \lambda_1 = \frac{c_1}{f_1} = \frac{s_1}{t_1 f_1} = \underline{3\,\text{cm}}; \quad \lambda_2 = \underline{4\,\text{cm}}$$

**614.** $t_{AB} = \frac{\Delta x}{c} = 0{,}02\,\text{s}; \quad 0{,}3333 = \sin 19{,}5° = \sin 0{,}3403 =$

$$= \sin \omega\,\frac{t}{2}; \quad 2\pi f\,\frac{t}{2} = 0{,}3403; \quad \lambda = \frac{\pi c t}{0{,}3403} = \underline{62{,}8\,\text{m}}$$

**615.** $0{,}25 = \sin \omega\left(t - \frac{x}{c}\right); \; \omega\left(t - \frac{x}{c}\right) = 0{,}2527;$

$$\lambda = \frac{2\pi\,(ct - x)}{0{,}2527} = \underline{4973\,\text{m}}$$

**616.** $5\,\text{cm} = 10\,\text{cm} \cdot \sin 2\pi f\left(t - \frac{x}{c}\right); \; 2\pi f\left(t - \frac{x}{c}\right) = \frac{\pi}{6};$

$$x = c\left(t - \frac{1}{12f}\right) = \underline{299{,}5\,\text{cm}}$$

**617.** (Bild 317) a) $5\,\text{cm} = 10\,\text{cm} \cdot \sin \omega\left(t - \frac{x}{c}\right);$

$$5\,\text{cm} = 10\,\text{cm} \cdot \sin \omega\left(t + \Delta t - \frac{x}{c}\right) =$$

$$10\,\text{cm} \cdot \sin\left[\pi - \omega\left(t - \frac{x}{c}\right)\right]; \quad \text{mit } \omega\left(t - \frac{x}{c}\right) = \frac{\pi}{6}$$

folgt $\Delta t = \frac{2\pi}{3\omega} = \underline{\frac{1}{150}\,\text{s}}$

b) $\Delta x = c\Delta t = \lambda f \Delta t = \underline{0{,}2\,\text{m}}$

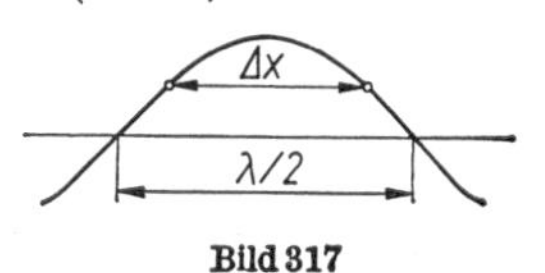

Bild 317

**618.** $0{,}75 = \sin 2\pi f\left(t - \frac{x}{c}\right)$; $\quad 0{,}75 = \sin 0{,}8481$;

$$2\pi f\left(t - \frac{x}{c}\right) = 0{,}8481; \quad t = \frac{0{,}8481}{2\pi f} + \frac{x}{c} = \underline{0{,}314\ \text{s}}$$

**619.** Für den Punkt der Begegnung gilt $\frac{x_1}{x_2} = \frac{c_1}{c_2}$ und $x_1 = 51{,}43$ cm;
im Fall der Auslöschung ist $y_1 = -y_2$;

$$\sin \omega_1\left(t - \frac{x_1}{c_1}\right) = \sin\left[\omega_2\left(t - \frac{x_2}{c_2}\right) - \pi\right]; \quad t = \underline{4{,}2\ \text{s}}$$

**620.** a) $f = f_0\left(1 + \frac{c}{c}\right) = \underline{2f_0}$ b) $f = \frac{f_0}{1 - \frac{c}{c}} = \underline{\infty}$

**621.** $v = 7{,}54$ m/s; $\quad f_1 = \frac{f_0}{1 + \frac{v}{c}} = \frac{440\ 1/\text{s}}{1 + \frac{7{,}54}{340}} = \underline{430{,}5\ \text{Hz}}$

$f_2 = \underline{450\ \text{Hz}}$

**622.** Bei davoneilender Strahlungsquelle ist

$$\lambda' = \frac{c + v}{f} = \frac{(c + v)\lambda}{c} \quad \text{und } \lambda' - \lambda = \Delta\lambda = \frac{v\lambda}{c};$$

$$\frac{\Delta\lambda}{\lambda} = \frac{15{,}4}{300} = \underline{0{,}0513;}$$

$\Delta\lambda = 0{,}0513 \cdot 587{,}56\ \text{nm} = 30{,}14\ \text{nm}; \ \lambda' = \underline{617{,}70\ \text{nm}}$

**623.** $\frac{f_1}{f_2} = \frac{c + v}{c - v} = \frac{4}{3}$; mit $c = 340$ m/s wird $v = \underline{174{,}85\ \text{km/h}}$

**624.** Mit $f = \frac{f_0}{1 + v/c}$ und $f = \frac{c}{\lambda}$ wird $v = c\left(\frac{\lambda}{\lambda_0} - 1\right) =$
$= \underline{1221\ \text{km/s}}$

**625.** Die von der Rakete „empfangene" Frequenz $f' = f_0\,(1 - v/c)$ wird von dieser zurückgesandt und kehrt mit dem Wert $f = \frac{f'}{1 + v/c}$ zur Erde zurück, so daß

$$f = f_0\,\frac{c - v}{c + v}; \quad f_s = f_0 - f = \frac{2f_0 v}{c + v}; \quad v = \underline{562{,}5\ \text{m/s}}$$

**626.** $L_1 = 10 \lg \frac{10^{-7}}{10^{-10}}\ \text{dB} = \underline{30\ \text{dB}}$; $\quad L_2 = \underline{90\ \text{dB}}$

**627.** a) Man hat die Gleichungen $80 = 10 \lg \frac{J_1}{J_0}$ ($J_1$ Schallstärke eines Motors) und $x = 10 \lg \frac{3J_1}{J_0}$; subtrahiert man die zweite von der ersten, so ergibt sich

$$80 - x = 10 \lg \frac{J_1 J_0}{3J_1 J_0} = 10 \lg \frac{1}{3} = -10 \lg 3 = -4{,}77;$$

$$x = 80 + 4{,}8 \approx \underline{85 \text{ dB}}$$

b) Entsprechend ergibt sich $80 - x = 10 \lg \frac{1}{50}$; $x = \underline{97 \text{ dB}}$

c) Als zweite Gleichung setzt man $130 = 10 \lg \frac{xJ_1}{J_0}$; subtrahiert man sie von der ersten, so wird

$$80 - 130 = 10 \lg \frac{J_1 J_0}{x J_1 J_0} = 10 \lg \frac{1}{x} = -10 \lg x;$$

$$\lg x = \frac{-50}{-10} = 5\,; \quad x = \underline{100\,000 \text{ Motoren}}$$

**628.** $95 - x = 10 \lg \frac{10J}{J}$; $\quad x = \underline{85 \text{ dB}}$

**629.** a) Die Schallstärke nimmt mit dem Quadrat der Entfernung ab, so daß $J_2 = J_1 \frac{100}{10000} = \underline{\frac{J_1}{100}}$ ist.

b) Es gelten die Gleichungen $L_1 = 10 \lg \frac{J_1}{J_0}$ und

$L_2 = 10 \lg \frac{J_1}{100\,J_0}$; die Abnahme des Schallpegels ist

$L_1 - L_2 = 10 \lg 100 = \underline{20 \text{ dB}}$

**630.** $\frac{J_1}{J_2} = \frac{r_1^2}{r_2^2}$; $\quad J_2 = \frac{9J_1}{64}$; $\quad L_1 - L_0 = 10 \lg \frac{64}{9} = \underline{9 \text{ dB}}$

**631.** Aus den Gleichungen $(45 + 15) = 10 \lg \frac{J_1 x}{J_0}$ und $45 = 10 \lg \frac{J_1}{J_0}$ erhält man $\lg x = 1{,}5$ und $x = \underline{32 \text{ Maschinen}}$

## 3. Wärmelehre

**632.** $\alpha \Delta t = 0{,}0004$; $\alpha = \underline{6{,}15 \cdot 10^{-6}\ 1/\mathrm{K}}$

**633.** $l = l_0\,(1 - \alpha\Delta t) = 50\ \mathrm{cm}\,(1 - 18 \cdot 10^{-6}\ 1/\mathrm{K} \cdot 45\ \mathrm{K})$
$= \underline{49{,}96\ \mathrm{cm}}$; $d = d_0\,(1 - \alpha\Delta t) = \underline{19{,}98\ \mathrm{mm}}$

**634.** $\Delta l = l\,(\alpha_2 - \alpha_1)\,\Delta t = 3\ \mathrm{mm} \cdot 11 \cdot 10^{-6}\ 1/\mathrm{K} \cdot 225\ \mathrm{K}$
$= \underline{0{,}0084\ \mathrm{mm}}$

**635.** $(1000 - 0{,}0015 + 0{,}155178 + 0{,}0005832)\ \mathrm{mm}$
$= \underline{1000{,}15426\ \mathrm{mm}}$

**636.** (Bild 318) Bei $-25\,°\mathrm{C}$ ist $l_1/2 = 30\ \mathrm{m}$; bei $20\,°\mathrm{C}$ ist
$l_2/2 = l_1/2\,(1 + \alpha\Delta t) = 30\ \mathrm{m}\,(1 + 23 \cdot 10^{-6}\ 1/\mathrm{K} \cdot 45\ \mathrm{K})$
$= 30{,}031\ \mathrm{m}$; $x = \underline{1{,}36\ \mathrm{m}}$

**637.** $(l + x)\,\alpha_1\Delta t = x\alpha_2\Delta t\,;\quad x = \dfrac{l\alpha_1}{\alpha_2 - \alpha_1}\,;\quad x = \underline{30\ \mathrm{cm}}$

**638.** Die Rolle legt die Strecke $\dfrac{\pi d\varphi}{360°} = 0{,}1745\ \mathrm{mm}$ zurück, also beträgt die Ausdehnung des Rohres $0{,}3490\ \mathrm{mm}$; aus
$0{,}3490\ \mathrm{mm} = 500\ \mathrm{mm} \cdot \alpha \cdot 82\ \mathrm{K}$ ergibt sich $\alpha = \underline{8{,}5 \cdot 10^{-6}\ 1/\mathrm{K}}$

**639.** $\Delta l = l\,(\alpha_2 - \alpha_1)\,\Delta t = 0{,}264\ \mathrm{mm}$; $\tan\delta = 0{,}264$; $\delta = \underline{14{,}8°}$

**640.** $l = \dfrac{0{,}010\ \mathrm{m}}{(11 + 5 - 2) \cdot 10^{-6}\ 1/\mathrm{K} \cdot 1000\ \mathrm{K}} = \underline{0{,}714\ \mathrm{m}}$

**641.** Aus $\Delta l = \Delta l_1 - \Delta l_2 = l_1\alpha\Delta t - (l - l_1)\,\alpha\Delta t$ erhält man

$$l_1 = \frac{\Delta l + l\alpha\Delta t}{2\alpha\Delta t} = \underline{4{,}62\ \mathrm{m}} \quad \text{und} \quad l_2 = \underline{3{,}38\ \mathrm{m}}$$

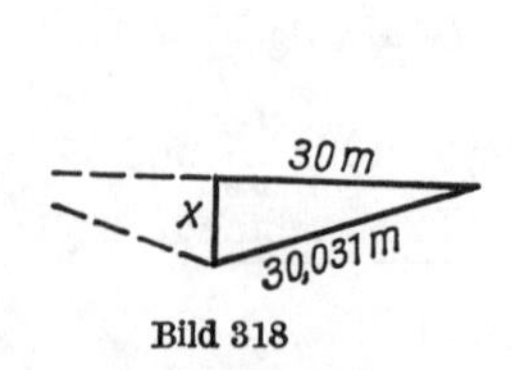

Bild 318

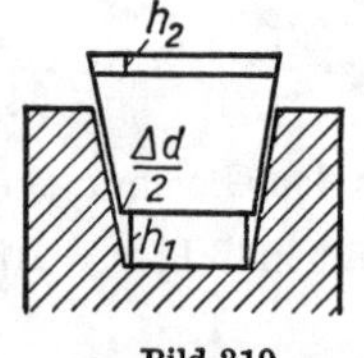

Bild 319

**642.** Die Einzellängen der neutralen Faser nach der Erwärmung sind $l_1 = l\,(1 + \alpha_1\Delta t) = 10{,}018\ \mathrm{cm}$ bzw. $l_2 = 10{,}007\ \mathrm{cm}$; hinsichtlich der Bogenlängen gilt dann $\dfrac{l_1}{l_2} = \dfrac{(r + a/2)\varphi}{(r - a/2)\varphi}$, woraus sich mit $a = 1\ \mathrm{mm}$ $r = 91\ \mathrm{cm}$ ergibt.

Für den zugehörigen Winkel folgt

$$\varphi = \frac{l_1}{r + a/2} = \frac{10{,}018}{91{,}05} = 0{,}11 \text{ oder } 6{,}3°;$$

Abstand $e = (r + a)(1 - \cos \varphi/2) = \underline{0{,}14 \text{ cm}}$

**643.** (Bild 319) Die relative Vergrößerung des unteren Durchmessers ist $\Delta d = 3 \text{ cm} \cdot 9 \cdot 10^{-6}\, 1/\text{K} \cdot 160 \text{ K} = \underline{0{,}0432 \text{ mm}}$; dadurch hebt sich das untere Ende des Konus um $h_1 = \frac{\Delta d/2}{\tan 2°}$ $= 0{,}62$ mm; die Eigenhöhe des Konus verändert sich gegenüber der des Kupfers um $h_2 = 40 \text{ mm} \cdot 9 \cdot 10^{-6}\, 1/\text{K} \cdot 160 \text{ K}$ $= 0{,}06$ mm; herausragendes Stück $h = h_1 + h_2 = \underline{0{,}68 \text{ mm}}$

**644.** Da die Ausdehnung der Temperaturdifferenz proportional ist, gilt $0{,}3 : 1 = \Delta t_1 : \Delta t_2$; $\Delta t_2 = \frac{\Delta t_1}{0{,}3} = \frac{15 \text{ K}}{0{,}3} = 50 \text{ K}$; $t = \underline{55 °\text{C}}$;
$\Delta l = l\alpha\Delta t = \underline{1{,}75 \text{ cm}}$

**645.** Bei schrägem Einführen muß die Diagonale des Stabes gleich seiner Länge bei 20 °C sein; $d_t = 60$ mm;
$d_{20} = \sqrt{(60^2 + 3^2) \text{ mm}^2} = 60{,}075$ mm; $\Delta d = 0{,}075$ mm; aus $\Delta d = l\alpha\Delta t$ ergibt sich $\Delta t = 139$ K; $t = \underline{-119 °\text{C}}$

**646.** Nach Gleichsetzen von $\Delta l = \frac{Fl}{AE}$ und $\Delta l = \alpha l \Delta t$ ergibt sich $F = \alpha A E \Delta t = \underline{641 \text{ kN}}$

**647.** $\varrho_1 = \varrho_2 (1 + 3\alpha\Delta t) = 1{,}0389 \cdot 7{,}3 \text{ g/cm}^3 = \underline{7{,}58 \text{ g/cm}^3}$

**648.** Da die Grundfläche konstant bleiben soll, ist
$h_2 = h_1 (1 + \gamma\Delta t) = 4{,}12$ m; Niveauanstieg $\underline{22 \text{ cm}}$;
neue Dichte $\frac{\varrho}{1 + \gamma\Delta t} = \underline{0{,}83 \text{ t/m}^3}$

**649.** Scheinbarer Ausdehnungskoeffizient
$\alpha_s = (0{,}00052 - 3 \cdot 0{,}000006)\, 1/\text{K} = 0{,}000502\, 1/\text{K}$;
$\Delta V = V\alpha_s\Delta t = \underline{40{,}16 \text{ cm}^3}$

**650.** Die Volumina bei 20 °C sind für das Eisen 64,52 dm³, das Kupfer 55,99 dm³, das Öl 179,49 dm³; bei 60 °C betragen sie für das Eisen 64,61 dm³; das Kupfer 56,08 dm³, das Öl 186,38 dm³ und den Behälter 300,43 dm³; die überlaufende Ölmenge ergibt sich als Differenz der Volumenzunahme des Inhalts und der des Behälters zu $\underline{6{,}64 \text{ dm}^3}$.

**651.** $\varrho_2 = \frac{\varrho_1}{1 + \gamma \Delta t}$; $\gamma = \frac{\frac{\varrho_1}{\varrho_2} - 1}{\Delta t} = \underline{0{,}00052\ ^1/\mathrm{K}}$

**652.** $\frac{\Delta V}{V} = 0{,}03$; $\frac{\Delta l}{l} = 0{,}01$; $\alpha = \frac{\Delta l}{l \Delta t} = \underline{8{,}6 \cdot 10^{-6}\ ^1/\mathrm{K}}$

**653.** $V_1 = \frac{m}{\varrho_1}$; $V_2 = \frac{m}{\varrho_2}$; $\frac{\Delta V}{V_1} = \frac{m}{V_1}\left(\frac{1}{\varrho_1} - \frac{1}{\varrho_2}\right) =$

$= \varrho_1\left(\frac{1}{\varrho_1} - \frac{1}{\varrho_2}\right) = 1 - \frac{\varrho_1}{\varrho_2} = 0{,}048 = 4{,}8\,\%$ bzw.

$\frac{\Delta l}{l} = 0{,}016 = \underline{1{,}6\ \%}$

**654.** $V_2 = \frac{m}{\varrho_2} = \frac{m}{\varrho_1}(1 + \gamma \Delta t)$; $\varrho_2 = \underline{13{,}5339\ \mathrm{g/cm^3}}$

**655.** $V(1 + \gamma \Delta t) = V + lA$; $A = 0{,}00008\ \mathrm{cm^2} = \underline{0{,}008\ \mathrm{mm^2}}$

**656.** Für das spezifische Volumen gilt $v_t = v_0(1 + \gamma t)$ oder auch $\frac{1}{\varrho_t} = \frac{1}{\varrho_0}(1 + \gamma t)$, d. h. $\varrho_t = \frac{\varrho_0}{1 + \gamma t}$; erweitert man mit $(1 - \gamma t)$, so wird der Nenner $(1 - \gamma^2 t^2)$; das quadratische Glied kann wegfallen, da $\alpha$ eine sehr kleine Zahl ist.

**657.** Volumen des Zwischenraumes bei 5 °C
$V_1 = (1 \cdot 20 \cdot 10)\ \mathrm{cm^3} = 200\ \mathrm{cm^3}$; Volumen bei 30 °C (unter Vernachlässigung der Höhen- und Breitenausdehnung)
$V_2 = (0{,}7 \cdot 20 \cdot 10)\ \mathrm{cm^3} = 140\ \mathrm{cm^3}$; Teervolumen bei 30 °C
$V_3 = V_1(1 + \gamma \Delta t) = 202{,}8\ \mathrm{cm^3}$, es quellen heraus
$V_3 - V_2 = \underline{62{,}8\ \mathrm{cm^3}}$

**658.** $A_0 = A(1 - 2\alpha \Delta t) = 25\ \mathrm{mm^2}\,(1 - 2 \cdot 18{,}5 \cdot 10^{-6}\ ^1/\mathrm{K} \cdot 332\ \mathrm{K})$
$= \underline{24{,}7\ \mathrm{mm^2}}$

**659.** a) $\frac{\Delta d}{d} = \alpha \Delta t = 0{,}00184 = \underline{0{,}18\%}$

b) $\frac{\Delta A}{A} = 2\alpha \Delta t = \underline{0{,}37\,\%}$

c) $\frac{\Delta V}{V} = 3\alpha \Delta t = \underline{0{,}55\,\%}$

**660.** Aus den Gleichungen $V_{10} = V_{20}(1 - 3\alpha \Delta t_1)$ und
$V_{100} = V_{10}[1 + (\gamma - 3\alpha)\Delta t_2]$ wird mit $\Delta t_1 = 10\ \mathrm{K}$ und
$\Delta t_2 = 90\ \mathrm{K}$; $\gamma = \underline{469 \cdot 10^{-6}\ ^1/\mathrm{K}}$

**661.** $\varrho_2 = \dfrac{\varrho_1 T_1}{T_2} = \dfrac{1{,}33\ \text{kg/m}^3 \cdot 273{,}2\ \text{K}}{(273{,}2 + 200)\ \text{K}} = 0{,}768\ \text{kg/m}^3;$

$\Delta p = h \Delta \varrho g = 50\ \text{m}\ (1{,}29 - 0{,}768)\ \text{kg/m}^3 \cdot 9{,}81\ \text{m/s}^2 = \underline{256{,}0\ \text{Pa}}$

**662.** $V_2 = \dfrac{V_1 T_2}{T_1} = \dfrac{200\ \text{m}^3 \cdot 295{,}2\ \text{K}}{285{,}2\ \text{K}} = 207{,}0\ \text{m}^3;$

es entweichen $\underline{7\ \text{m}^3}$ Luft.

**663.** a) $\varrho_2 = \dfrac{\varrho_1 T_1}{T_2} = \underline{3{,}00\ \text{kg/m}^3}$ b) $\underline{3{,}47\ \text{kg/m}^3}$

**664.** $T_2 = \dfrac{T_1 p_2}{p_1} = \dfrac{259{,}2\ \text{K} \cdot 76\ \text{bar}}{63\ \text{bar}} = 312{,}7\ \text{K} \mathrel{\hat{=}} \underline{39{,}5\,^\circ\text{C}}$

**665.** Je Sekunde müssen abziehen

$Q = \dfrac{V_1 T_2}{t T_1} = \dfrac{(300 \cdot 12)\ \text{m}^3\ (273 + 250)\ \text{K}}{3600\ \text{s} \cdot 273\ \text{K}} = 1{,}916\ \text{m}^3/\text{s};$

$A = \dfrac{Q}{v} = 0{,}479\ \text{m}^2; \quad d = \underline{0{,}78\ \text{m}}$

**666.** $p_2 = \dfrac{p_1 T_2}{T_1} = \dfrac{151\ \text{bar} \cdot 323\ \text{K}}{283\ \text{K}} = 172{,}3\ \text{bar}$ oder

$\underline{171{,}3\ \text{bar Überdruck}}$

**667.** $V = \dfrac{\Delta m}{\Delta \varrho}; \quad \Delta \varrho = \dfrac{\varrho_0 T_0}{T_{15}} - \dfrac{\varrho_0 T_0}{T_{80}}; \quad V = \underline{1{,}108\ \text{dm}^3}$

**668.** $p_2 = \dfrac{p_1 T_2}{T_1} = \dfrac{250\ \text{Pa} \cdot 393{,}2\ \text{K}}{288{,}2\ \text{K}} = \underline{341\ \text{Pa}}$

**669.** $\dfrac{1}{1{,}1} = \dfrac{273{,}2\ \text{K} + t_1}{273{,}2\ \text{K} + 1{,}5 t_1}; \quad t_1 = \underline{68{,}3\,^\circ\text{C}}$

**670.** $\dfrac{V}{xV} = \dfrac{(273{,}2 + 117{,}1)\ \text{K}}{(273{,}2 + 234{,}2)\ \text{K}}; \quad x = 1{,}3;$

die Volumenzunahme beträgt $\underline{30\,\%}$

**671.** $\dfrac{1{,}4 p_1}{p_1} = \dfrac{T_1 + 150\ \text{K}}{T_1}; \quad t = \underline{101{,}8\,^\circ\text{C}}; \quad t_2 = \underline{251{,}8\,^\circ\text{C}}$

**672.** $R = \dfrac{pV}{mT} = \dfrac{1{,}027 \cdot 10^5\ \text{N/m}^2 \cdot 50\ \text{m}^3}{288{,}2\ \text{K} \cdot 41{,}5\ \text{kg}} = 429{,}3\ \text{J/(kg K)}$

**673.** $m = \dfrac{pV}{RT} = \dfrac{0{,}965 \cdot 10^5\ \text{Pa} \cdot 81{,}9\ \text{m}^3}{286{,}8\ \text{J/(kg K)} \cdot 297{,}2\ \text{K}} = \underline{92{,}7\ \text{kg}}$

**674.** $T = \frac{pV}{mR} = \frac{1{,}013 \cdot 10^5\,\text{Pa} \cdot 58{,}5\,\text{m}^3}{71{,}7\,\text{kg} \cdot 286{,}8\,\text{J/(kg K)}} = 288{,}2\,\text{K} \mathrel{\hat{=}} \underline{15{,}0\,°\text{C}}$

**675.** $p = \frac{mRT}{V} = \frac{4{,}147\,\text{kg} \cdot 259{,}8\,\text{J/(kg K)} \cdot 291\,\text{K}}{0{,}04\,\text{m}^3} = \underline{7{,}84\,\text{MPa}}$

**676.** Tabellenwerte ergeben für 0 °C und 1013 mbar die Masse $(0{,}15 \cdot 0{,}0899 + 0{,}3 \cdot 1{,}250 + 0{,}05 \cdot 1{,}977 + 0{,}5 \cdot 1{,}251)\,\text{kg} = 1{,}113\,\text{kg}$. Aus den Teilmengen ergibt sich die mittlere Gaskonstante zu

$$R_\text{m} = \frac{0{,}0135 \cdot 4124 + 0{,}375 \cdot 296{,}8 + 0{,}0989 \cdot 188.9 + 0{,}6255 \cdot 296{,}8}{1{,}113}\,\frac{\text{J}}{\text{kg K}}$$

$R_\text{m} = 333{,}6\,\text{J/kg}; \quad m = \frac{pV}{R_\text{m}T} = \underline{0{,}969\,\text{kg}}$

**677.** $\varrho = \frac{p}{RT} = \frac{1{,}51 \cdot 10^7\,\text{Pa}}{4124\,\text{J/(kg K)} \cdot 293{,}2\,\text{K}} = \underline{12{,}49\,\text{kg/m}^3}$

**678.** Die Gaskonstante ist $R = \frac{8314\,\text{J}}{39{,}944\,\text{kg K}} = 208{,}1\,\text{J/(kg K)}$;

$m = \frac{pV}{RT} = 1{,}25 \cdot 10^{-6}\,\text{kg} = \underline{1{,}25\,\text{mg}}$

**679.** Masse der verdrängten Luft $m_1 = \frac{pV}{RT_1} = 191\,\text{kg}$;
Masse der erhitzten Luft $m_2 = (191 - 45)\,\text{kg} = 146\,\text{kg}$;

$T_2 = \frac{pV}{m_2R} = \frac{m_1T_1}{m_2} = 370{,}6\,\text{K} \mathrel{\hat{=}} \underline{97{,}4\,°\text{C}}$

**680.** Sättigungsdruck des Dampfes lt. Tabelle 2070 Pa; bei 65 % ist $p_\text{d} = 2070\,\text{Pa} \cdot 0{,}65 = 1345\,\text{Pa}$;

$p = (99000 - 1345)\,\text{Pa} = 97655\,\text{Pa}; \; V_0 = \frac{pVT_0}{p_0T} = \underline{2{,}1\,\text{m}^3}$

**681.** Es entweicht $V_x = V_2 - V_1 = V_1\left(\frac{p_1T_2}{T_1p_2} - 1\right)$;

bzw. im Normzustand $V_0 = V_1\frac{T_0}{p_0}\left(\frac{p_1}{T_1} - \frac{p_2}{T_2}\right) = \underline{11{,}6\,\text{m}^3}$

**682.** Aus $Q = mc_p\Delta t$ mit $Q = 3{,}5\,\text{W} \cdot 3600\,\text{s} = 12600\,\text{J}$ erhält man $m = \frac{Q}{c_p\Delta t} = 1{,}065\,\text{kg}$ bzw. mit $\varrho = \frac{\varrho_0pT_0}{p_0T_1} = 2{,}890\,\text{kg/m}^3$ die stündliche Menge $V = \frac{m}{\varrho} = \frac{1{,}065\,\text{kg}}{2{,}890\,\text{kg/m}^3} = \underline{0{,}369\,\text{m}^3}$.

**683.** Die mittlere Gaskonstante $R_m$ ergibt sich zu

$$R_m = \frac{pV}{mT} = 249{,}2\ \mathrm{J/(kg\,K)};$$

$$R_{Az} = \frac{8314\ \mathrm{J}}{58\ \mathrm{kg\,K}} = 143{,}3\ \mathrm{J/(kg\,K)}; \quad \text{aus}$$

$$\frac{143{,}3x + 286{,}8\,(100 - x)}{100} = 249{,}2 \quad \text{erhält man}$$

$$x = \underline{26{,}2\,\%\ \text{Azeton}}$$

**684.** $W = p\Delta V = mR\,(T_2 - T_1)$;

$$m = \frac{W}{R\,(T_2 - T_1)} = \frac{25000\ \mathrm{J\,kg\,K}}{287{,}1\ \mathrm{J} \cdot 635\ \mathrm{K}} = \underline{137\ \mathrm{g}}$$

**685.** Die Dichten der beiden Bestandteile verhalten sich wie 28:64 (relative Molekülmassen); a) mittlere Gaskonstante

$$R_m = \frac{0{,}8 \cdot 28 \cdot 296{,}8 + 0{,}2 \cdot 64 \cdot 129{,}9}{0{,}8 \cdot 28 + 0{,}2 \cdot 64}\ \mathrm{J/(kg\,K)} = \underline{236{,}1\ \mathrm{J/(kg\,K)}}$$

b) $\varrho = \dfrac{p}{R_m T} = \underline{0{,}353\ \mathrm{kg/m^3}}$

**686.** $m_1 = \dfrac{pV_1}{RT_1}$; $\quad m_2 = \dfrac{pV_2}{RT_2}$; $\quad$ Mischtemperatur $T_m =$

$$= \frac{m_1T_1 + m_2T_2}{m_1 + m_2} = \frac{(V_1 + V_2)\ T_1T_2}{V_1T_2 + V_2T_1} = 306{,}87\ \mathrm{K} \triangleq \underline{33{,}7\,°\mathrm{C}};$$

das Volumen bleibt mit $(3 + 8)\ \mathrm{m^3} = \underline{11\ \mathrm{m^3}}$ konstant.

**687.** $V_0 = \dfrac{pVT_0}{p_0T} = \underline{433{,}0\ \mathrm{cm^3}}$

**688.** $T_2 = \dfrac{p_2V_2T_1}{p_1V_1} = 256{,}9\ \mathrm{K} \triangleq \underline{-16{,}3\,°\mathrm{C}}$

**689.** $T_2 = \dfrac{6p_1\,V_1\,T_1}{4p_1\,V_1} = 439{,}8\ \mathrm{K} \triangleq \underline{166{,}6\,°\mathrm{C}}$

**690.** $V_2 = \dfrac{p_1V_1T_2}{p_2T_1} = \underline{470\ \mathrm{m^3}}$

**691.** $R_m = \dfrac{(296{,}8 \cdot 40 + 296{,}8 \cdot 60)\ \mathrm{J/(kg\,K)}}{100} = 296{,}8\ \mathrm{J/(kg\,K)};$

$$m = \frac{pV}{R_m T} = \underline{598 \text{ kg}}$$

**692.** Aus den Gleichungen $m_1 = \frac{p_1 V_1}{RT_1}$, $m_2 = \frac{p_2 V_2}{RT_1}$ und

$$m_1 - m_2 = \frac{p_x V_1}{RT_1} \text{ erhält man } p_x = \frac{p_1 V_1 - p_2 V_2}{V_1} =$$

$$= \frac{70 \cdot 10^5 \text{ Pa} \cdot 40 \text{ l} - 10^5 \text{ Pa} \cdot 80 \text{ l}}{40 \text{ l}} = \underline{68 \cdot 10^5 \text{ Pa}}$$

**693.** Nach den in der vorigen Aufgabe errechneten Beziehungen erhält man

$$V_x = \frac{p_1 V_1 - p_2 V_1}{p_3} = \frac{100 \text{ bar} \cdot 20 \text{ l} - 95 \text{ bar} \cdot 20 \text{ l}}{1 \text{ bar}} = \underline{100 \text{ l}}$$

**694.** $\frac{p_1 V_1}{T_1} = \frac{p_1 V_2}{T_2}$; $\quad V_2 = V_1 \frac{T_2}{T_1} = \underline{38 \text{ l}}$

**695.** Abgegebene Wärme = aufgenommene Wärme;
$m_1 c_1 (t_1 - t_m) = m_W c_W (t_m - t_2)$;

$$t_1 = \frac{m_W c_W (t_m - t_2)}{m_1 c_1} + t_m = \underline{1022 °C}$$

**696.** $m_1 c (t_1 - t_m) = (m_W c_W + m_2 c)(t_m - t_2)$;

$$c = \frac{m_W c_W (t_m - t_2)}{m_1 (t_1 - t_m) - m_2 (t_m - t_2)} = \underline{0{,}382 \text{ J/(g K)}}$$

**697.** $m_W c_W (t_1 - t_m) = m_2 c_2 (t_m - t_2)$;

$$t_m = \frac{m_W c_W t_1 + m_2 c_2 t_2}{m_W c_W + m_2 c_2} = \underline{47 °C}$$

**698.** $m_1 c_W (t_1 - t_m) = m_2 c_W (t_m - t_2)$;

$$m_2 = \frac{m_1 (t_1 - t_m)}{t_m - t_2} = \underline{142 \text{ kg (Liter)}}$$

**699.** Bedeutet $m$ die im Alkohol enthaltene Wassermenge und $c_W$ die spezifische Wärmekapazität des Wassers, so gilt
$[m c_W + (m_1 - m) c_1](t_1 - t_m) = m_2 c_W (t_m - t_2)$;
$m = 60{,}3$ g Wasser, d. i. $\underline{30{,}2\,\%}$

**700.** $m_1 = 70$ kg, $m_2 = 200$ kg;
$m_1 c_W (t_1 - t) = (m_2 - m_1) c_W (t - t_2)$; $t = \underline{39{,}5 °C}$

**701.** $Qx = m_W c_W \Delta t$; $x = 0{,}32 = \underline{32\,\%}$

**702.** Aus $\Delta t = \dfrac{\Delta l}{l\alpha}$ und $Q = c\varrho l A \Delta t$ wird $l = \dfrac{l\alpha Q}{c\varrho A \Delta l} = \underline{90{,}5\text{ cm}}$

**703.** Aus $\Delta l = \alpha l \Delta t$ und $Q = c\varrho l A \Delta t$ erhält man $Q = \dfrac{\Delta l c \varrho A}{\alpha} = \underline{2{,}45\text{ kJ}}$

**704.** $m\,(25{,}1 + 333{,}7)\text{ kJ} = 8\text{ kg} \cdot 600\text{ kJ}$; $m = \underline{13{,}4\text{ kg}}$

**705.** $0{,}9\, m_1 c_1\, (t_1 - t_m) = m_2 c_2\, (t_m - t_2)$; $m_1 = \underline{160{,}8\text{ kg}}$

**706.** $m_1 c_1\, (t_1 - t) = m_2 c_W \Delta t$; $t = \underline{746{,}1\,°\text{C}}$

**707.** $m_1 c_1\, (t_1 - 100\text{ K}) = m_2 c_W\, (100\text{ K} - t_2) + m \cdot 2257\text{ kJ/kg}$;
$m = \underline{1{,}02\text{ kg}}$

**708.** $m_2 c_2\, (t_1 - t_m) + (m - m_2)\, c_1\, (t_1 - t_m) = m_3 c_W\, (t_m - t_3)$;
$m_2 = \underline{0{,}413\text{ kg Kupfer}}$ und $m_1 = \underline{0{,}237\text{ kg Aluminium}}$

**709.** $q_s = 333{,}7\text{ kJ/kg}$; $\Delta t = 8\text{ K}$;
$mq_s = 2\text{ kg} \cdot c_W \Delta t$; $m = \underline{0{,}201\text{ kg}}$

**710.** $\Delta t = (100 - 12)\text{ K}$; $r = 2257\text{ kJ/kg}$;
$800\text{ kg} \cdot c_W \Delta t = mr$; $m = \underline{130{,}6\text{ kg}}$

**711.** $m_1\, [c_1\, (t_1 - t_2) + q_{s1}] = m_2\, (q_{s2} + c_W t_2)$; $m_2 = \underline{5{,}9\text{ kg}}$

**712.** $w\, (t_m - t_1) = m_2 c_2\, (t_2 - t_m)$; $w = \underline{3{,}26\text{ J/K}}$

**713.** $Q = Pt = 960\text{ Ws}$; $m = Al\varrho$; $\Delta\vartheta = \dfrac{Q}{mc}$;

$\Delta l = l\alpha\Delta\vartheta$; $\Delta l = \dfrac{\alpha Q}{A\varrho c} = \underline{1{,}8\text{ mm}}$

**714.** $c = \dfrac{h_2 - h_1}{m\,(t_2 - t_1)} = \dfrac{122\text{ kJ}}{1\text{ kg} \cdot 230\text{ K}} = \underline{0{,}530\text{ kJ/(kg K)}}$

**715.** $q_s = \dfrac{h}{m} - c\Delta t = 871\text{ kJ/kg} - 0{,}50\text{ kJ/(kg K)} \cdot 1250\text{ K}$
$= \underline{246\text{ kJ/kg}}$

**716.** $h = c_1 m\, (t_2 - t_1) + mq_s + c_0 m\, (t_1 - t_0)$;

$c_0 = \dfrac{h - c_1 m\, (t_2 - t_1) - mq_s}{m\,(t_1 - t_0)} = \underline{0{,}703\text{ kJ/(kg K)}}$

**717.** $mc_W \Delta T = Pt$; $m = \underline{0{,}283\text{ kg}}$

**718.** $\dfrac{Q}{t} = \dfrac{mc_W\Delta T}{t} = \dfrac{15\,\text{kg} \cdot 4{,}19\,\text{kJ} \cdot 22\,\text{K} \cdot 60}{\text{kg K h}} = \underline{82\,960\,\text{kJ/h}}$

**719.** $\eta = \dfrac{4\,000\,\text{N m}}{11700\,\text{N m}} = 0{,}34 = \underline{34\,\%}$

**720.** $mgh = mc_W\Delta T\,; \quad \Delta T = \dfrac{9{,}81\,\text{m/s}^2 \cdot 15\,\text{m kg K}}{4\,190\,\text{J}} = \underline{0{,}035\,\text{K}}$

**721.** $\eta = \dfrac{Pt}{mq_H} = 0{,}21 = \underline{21\,\%}$

**722.** $W = \dfrac{mv^2}{2} = \dfrac{1{,}2 \cdot 10^6\,\text{kg} \cdot (50/3{,}6)^2\,\text{m}^2/\text{s}^2}{2} = \underline{115{,}74\,\text{MJ}}$

**723.** $P_{ab} = pV \cdot n/2$
$= 9{,}1 \cdot 10^5\,\text{N/m}^2 \cdot 0{,}000\,35\,\text{m}^3 \cdot (5030/2 \cdot 60)\,{}^1/\text{s}$
$= 13\,350\,\text{Nm/s} = 13{,}35\,\text{kW};$

$P_{zu} = \dfrac{P_{ab}}{\eta} = 60{,}68\,\text{kW}\,; \quad m = \dfrac{60{,}68\,\text{kJ} \cdot 3\,600\,\text{s kg}}{\text{s} \cdot 42000\,\text{kJ h}} =$

$= \underline{5{,}20\,\text{kg}}$ Benzin je Stunde

**724.** $W = (c_p - c_v)\,m\Delta T\,; \quad \Delta T = \dfrac{W}{(c_p - c_v)\,m} = \dfrac{W}{Rm} = 52{,}9\,\text{K};$

$t_2 = \underline{62{,}9\,^\circ\text{C}}$

**725.** Wegen $V$ konst. ist $\Delta p = \dfrac{mR\Delta T}{V}$; aus $Q = c_v m\Delta T$ wird daher

$Q = \dfrac{c_v V\Delta p}{R} = \underline{49{,}0\,\text{kJ}}$

**726.** Wegen $p =$ konst. verdoppelt sich auch die absolute Temperatur; $Q = c_p m\Delta T = \dfrac{c_p pV\Delta T}{RT}\,; \quad p = \dfrac{RTQ}{c_p V\Delta T} =$

$= \dfrac{RQ}{c_p V} = 1{,}903 \cdot 10^5\,\text{N/m}^2 = \underline{190{,}3\,\text{kPa}}$

**727.** Aus $p\Delta V = mR\Delta T$ und $m = \varrho V$ wird $R = \dfrac{p\Delta V}{\varrho V\Delta T}$

$= \underline{283{,}5\,\text{N m/(kg K)}}$

**728.** $Q = c_p\varrho V\Delta T = 1{,}009\,\text{kJ/(kg K)} \cdot 1{,}25\,\text{kg/m}^3 \cdot 90\,\text{m}^3 \cdot 18\,\text{K} =$
$= 2043\,\text{kJ} \mathrel{\hat{=}} \underline{0{,}82\,\text{kg}}$ Braunkohle

**729.** Bei konstantem Druck ist $\dfrac{T_2}{T_1} = \dfrac{V_2}{V_1} = \dfrac{\varrho_1}{\varrho_2}$; $T_2 = 849{,}6\,\text{K};$

$\Delta T = 566{,}4\,\text{K};\ \Delta Q = mc_p \cdot \Delta T = \underline{1\,138{,}5\,\text{kJ}}$

**730.** Aus $-Q = mc_v\Delta T = W$ wird $t_2 = \frac{W - Q}{mc_v} + t_1 = \underline{69\ °C}$;

$$p_2 = \frac{p_1 V_1 T_2}{T_1 V_2} = \underline{9{,}4 \cdot 10^5\ \text{Pa}}$$

**731.** Stündlich abzuführende Wärmemenge $Q = c_p m \Delta T$; mit

$$m = \frac{pV}{RT} \quad \text{wird} \quad V = \frac{QRT}{c_p p \Delta T} = \underline{8\,920\ \text{m}^3}$$

**732.** Mit der abgeführten Wärme $-Q_2$ und dem Arbeitsaufwand $-W$ lautet der I. Hauptsatz $-Q_2 = c_v m \Delta T - W$ bzw.

$$Q_2 = W - \frac{c_v p V \Delta T}{RT} = 350\ \text{kJ} - 305{,}1\ \text{kJ} = \underline{44{,}9\ \text{kJ}}$$

**733.** $W = Rm\Delta T = \frac{286{,}8\ \text{N m} \cdot 15\ \text{kg} \cdot 130\ \text{K}}{\text{kg K}} = \underline{559\ \text{kN}}$

**734.** $W = mR\Delta T = m\,(c_p - c_v)\,\Delta T = \underline{930\ \text{J}}$

**735.** Aus $Q = mc_p\,(t_2 - t_1)$ erhält man $t_2 = \underline{14{,}0\ °C}$;

$$V_2 = \frac{mRT_2}{p} = \underline{4{,}12\ \text{m}^3}$$

**736.** Mit $m = \frac{p_1 V_1}{RT_1}$ wird $\Delta T = \frac{Q}{mc_v} = \frac{QRT_1}{p_1 V_1 c_v} = 31\ \text{K}$;

$$t_2 = (31 + 19)\ °C = \underline{50\ °C}; \quad p_2 = \frac{p_1 T_2}{T_1} = \underline{88{,}5 \cdot 10^5\ \text{Pa}}$$

**737.** Aus $Q = c_v m\,(T_2 - T_1)$, $m = \frac{p_1 V}{RT_1}$ und $\frac{p_2}{p_1} = \frac{T_2}{T_1}$ erhält

man $Q = \frac{c_v p_1 V}{R}\left(\frac{p_2}{p_1} - 1\right) = \underline{626\ \text{kJ}}$

**738.** $V_2 = Ah + V_1 = 0{,}003\,178\ \text{m}^3$;

$$T_2 = \frac{V_2 T_1}{V_1} = 469{,}1\ \text{K} \mathrel{\hat{=}} \underline{195{,}9\ °C};$$

$$p_1 = p_2 + \frac{mg}{A} = 1{,}749 \cdot 10^5\ \text{Pa};$$

$$Q = c_p m\,(T_2 - T_1) = \frac{c_p p_1 V_1\,(T_2 - T_1)}{RT_1} = \underline{0{,}722\ \text{kJ}}$$

bzw. durch Vereinfachen $Q = \frac{c_p p_1 A h}{R} = \underline{0{,}722\ \text{kJ}}$

**739.** $W = p_2 V_2 \ln \frac{p_2}{p_1} = 12 \cdot 10^5 \text{ N/m}^2 \cdot 12 \text{ m}^3 \cdot 2{,}303 \lg \frac{12}{1{,}1}$
$= \underline{3{,}44 \cdot 10^7 \text{ N m}}$

**740.** Aus $W = p_1 V_1 \ln \frac{p_2}{p_1}$ folgt mit $W = (20000 \cdot 3600)$ N m (Ws):

$$\lg \frac{p_2}{p_1} = \frac{W}{2{,}3 p_1 V_1} = \frac{7{,}2 \cdot 10^7 \text{ N m}}{2{,}3 \cdot 1{,}1 \cdot 10^5 \text{ N/m}^2 \cdot 500 \text{ m}^3} = 0{,}569;$$

$p_2 = 3{,}71\, p_1 = \underline{4{,}1 \cdot 10^5 \text{ Pa}}$

**741.** $W = p_1 V_1 \ln \frac{p_2}{p_1} = \underline{2{,}437 \cdot 10^6 \text{ N m}}; \quad Q = \underline{2{,}437 \text{ MJ}}$

**742.** $\ln \frac{p_2}{p_1} = \frac{\eta P t}{p_1 V_1} = 2{,}0491; \quad p_2 = 7{,}76 \cdot 1{,}12 \cdot 10^5 \text{ Pa} = \underline{870 \text{ kPa}}$

**744.** $W = p_1 V_1 \ln \frac{p_1}{p_2} = 6{,}78 \cdot 10^6 \text{ Ws} = \underline{1{,}88 \text{ kWh}}$

**744.** $$V_2 = \frac{Pt}{p_2 \ln \frac{p_2}{p_1}} = \frac{15000 \text{ N m/s} \cdot 3600 \text{ s}}{7 \cdot 10^5 \text{ N/m}^2 \cdot 2{,}3 \cdot 0{,}8451} = \underline{39{,}7 \text{ m}^3}$$

**745.** Wegen $p_2 V_2 \ln \frac{p_2}{p_1} = p_3 V_3 \ln \frac{p_3}{p_2}$ und $p_2 V_2 = p_3 V_3$ ist

$\frac{p_2}{p_1} = \frac{p_3}{p_2}$ und $p_2 = \sqrt{1 \cdot 20} \cdot 10^5 \text{ Pa} = \underline{4{,}47 \cdot 10^5 \text{ Pa}}$

**746.** $p_1 = 1$ bar; $V_1 = Ah = 12000 \text{ cm}^3$;
$p_2 = (1 + 0{,}05)$ bar $= 1{,}05$ bar (doppelte Niveauänderung);

$W_1 = p_1 V_1 \ln \frac{p_1}{p_2} = -58{,}6 \text{ N m}; \quad |W_1| = 58{,}6 \text{ N m};$

zum Heben des Wassers $W_2 = 49 \text{ N} \cdot 0{,}25 \text{ m} = 12{,}25 \text{ N m}$;
$W = Q = (58{,}6 + 12{,}25) \text{ N m} = \underline{70{,}85 \text{ J}}$

**747.** Mischtemperatur $T_m = \frac{m_1 T_1 + m_2 T_2}{m_1 + m_2}$; nach Einsetzen von

$m_1 = \frac{pV}{RT_1}$ und $m_2 = \frac{pV}{RT_2}$ entsteht

$$T_m = \frac{2 T_1 T_2}{T_1 + T_2} = \frac{2 \cdot 273{,}2 \cdot 373{,}2}{273{,}2 + 373{,}2} \text{ K} = \underline{315{,}5 \text{ K} \mathrel{\hat{=}} 42{,}3\ {}^\circ\text{C}};$$

gemeinsamer Druck $p_m = \frac{(m_1 + m_2) R T_m}{2V}$; Einsetzen von $m_1$, $m_2$ und $T_m$ liefert $p_m = p$, d. h., der Druck bleibt konstant.

**748.** $m = \frac{p_1 V_1}{R T_1} = 12{,}85\,\text{kg}$; $Q = m c_v \Delta T = \underline{156{,}8\,\text{kJ}}$

**749.** Aus $\frac{T_1}{T_2} = \left(\frac{V_2}{V_1}\right)^{\varkappa - 1}$ erhält man $V_2 = 2{,}5 \left(\frac{305{,}2}{288{,}2}\right)^{\frac{1}{0{,}4}} =$

$= \underline{2{,}89\,\text{m}^3}$; $p_2 = \frac{p_1 V_1 T_2}{T_1 V_2} = \underline{3{,}68 \cdot 10^5\,\text{Pa}}$

**750.** $\frac{V_1}{V_2} = \left(\frac{T_2}{T_1}\right)^{\frac{1}{\varkappa - 1}} = \left(\frac{923{,}2}{348{,}2}\right)^{2{,}5} = \underline{11{,}45:1}$

**751.** Für die Entfernung des Kolbens vom Zylinderboden gilt

a) $\frac{h_2}{h_1} = \frac{p_1}{p_2}$; $h_2 = h_1 \frac{p_1}{p_2} = 0{,}8\,\text{m} \cdot \frac{1}{6} = \underline{0{,}13\,\text{m}}$

b) $\frac{h_2}{h_1} = \left(\frac{p_1}{p_2}\right)^{\frac{1}{\varkappa}}$; $h_2 = \underline{0{,}22\,\text{m}}$;

Kolbenweg $s_a = (0{,}80 - 0{,}13)\,\text{m} = \underline{0{,}67\,\text{m}}$; $s_b = \underline{0{,}58\,\text{m}}$

**752.** Aus $\frac{0{,}17}{0{,}80} = \left(\frac{1}{6}\right)^{\frac{1}{n}}$ wird $n = \underline{1{,}16}$

**753.** $T_2 = 291{,}2\,\text{K} \left(\frac{1}{1{,}5}\right)^{\frac{1{,}3 - 1}{1{,}3}} = 265{,}2\,\text{K} \mathrel{\hat{=}} \underline{-8\,°\text{C}}$

**754.** $T_2 = 333{,}2\,\text{K} \cdot 15^{1{,}4 - 1} = 984{,}3\,\text{K} \mathrel{\hat{=}} \underline{711{,}1\,°\text{C}}$;

$p_2 = \frac{p_2' T_2}{T_1} = \frac{15 \cdot 10^5\,\text{Pa} \cdot 984{,}3\,\text{K}}{333{,}2\,\text{K}} = \underline{44{,}3 \cdot 10^5\,\text{Pa}}$

**755.** $\left(\frac{p_2}{p_1}\right)^{0{,}286} = \frac{T_2}{T_1}$; $T_2 = 273{,}2\,\text{K} \cdot 1{,}22 = 333{,}3\,\text{K} \mathrel{\hat{=}} \underline{60{,}1\,°\text{C}}$;

$T_3 = 273{,}2\,\text{K} \cdot 4^{0{,}286} = 406{,}1\,\text{K} \mathrel{\hat{=}} \underline{132{,}9\,°\text{C}}$

**756.** $\frac{1}{2} = \left(\frac{V_1 - \Delta V}{V_1}\right)^{1{,}4}$;

$\Delta V = (20 \cdot 400)\,\text{cm}^3 = 8\,\text{l}$; $V_1 = \underline{20{,}49\,\text{l}}$

**757.** Mit $T_0 = 273{,}2\,\text{K}$ ist $\frac{T_0 + t}{T_0 + t/2} = 2^{1{,}4 - 1}$

Anfangstemperatur $t = \underline{257{,}0\,°\text{C}}$

**758.** a) $p_2 = \frac{p_1 T_2}{T_1}$; $T_3 = T_1$;

$$\frac{T_2}{T_3} = \left(\frac{p_2}{p_3}\right)^{\frac{\varkappa-1}{\varkappa}} = \left(\frac{p_1 T_2}{p_3 T_1}\right)^{\frac{\varkappa-1}{\varkappa}}; \quad T_2^{\frac{1}{\varkappa}} = T_3\left(\frac{p_1}{p_3 T_1}\right)^{\frac{\varkappa-1}{\varkappa}};$$

$$T_2 = T_1\left(\frac{p_1}{p_3}\right)^{\varkappa-1} = \underline{401\ \mathrm{K}} \mathrel{\hat{=}} \underline{127{,}8\,°\mathrm{C}}; \quad p_2 = \underline{1{,}09 \cdot 10^5\ \mathrm{Pa}}$$

b) $Q = mc_v\,(T_2 - T_1) = \underline{232\ \mathrm{kJ}}$

**759.** $P = \dfrac{p_2 V_2}{t} \ln \dfrac{p_2}{p_1} = \dfrac{6 \cdot 10^5\ \mathrm{N/m^2} \cdot 35\ \mathrm{m^3} \cdot \ln 6}{3600\ \mathrm{s}} = \underline{10{,}45\ \mathrm{kW}}$

**760.** Aus dem Volumenverhältnis $\dfrac{V_2}{V_1} = 7$ ergibt sich die Endtemperatur $T_2 = 134{,}5\,\mathrm{K}$; eingeschlossene Luftmasse $m_\mathrm{L} = 0{,}467\,\mathrm{g}$; frei werdende Energie

$$W = \frac{m_\mathrm{L} R \Delta T}{\varkappa - 1} = 53{,}6\ \mathrm{N\,m}; \quad v = \underline{84{,}5\ \mathrm{m/s}}$$

**761.** $\left(\dfrac{3}{1}\right)^{0{,}286} = \dfrac{283{,}2\ \mathrm{K}}{T_2}; \quad T_2 = 206{,}8\ \mathrm{K};$

$$p_3 = \frac{10^5\ \mathrm{Pa} \cdot 283{,}2\ \mathrm{K}}{206{,}8\ \mathrm{K}} = \underline{1{,}37 \cdot 10^5\ \mathrm{Pa}}$$

**762.** Masse des Kondensats $m_2 = \varrho V = 7{,}641\ \mathrm{kg}$; Wärmeinhalte vor dem Mischen:
$Q = m_1 c_\mathrm{W} t_1 + m_2 h'' = 62{,}86\ \mathrm{MJ}$;

$$t_\mathrm{m} = \frac{Q}{(m_1 + m_2) c_\mathrm{W}} = \underline{7{,}5\,°\mathrm{C}}$$

**763.** $Q = m\,(h'' - c_\mathrm{W} t_\mathrm{W}) = 10\,250\ \mathrm{kg} \cdot (3188 - 360)\ \mathrm{kJ/kg}$

$$= 29 \cdot 10^6\ \mathrm{kJ}; \quad \eta = \frac{29}{35} = \underline{0{,}83}$$

**764.** $\varrho = \dfrac{p}{RT} = \dfrac{611\ \mathrm{N\,kg\,K}}{461{,}5\ \mathrm{N\,m} \cdot \mathrm{m^2} \cdot 273{,}2\ \mathrm{K}} = \underline{0{,}00485\ \mathrm{kg/m^3}};$

$$v = \frac{1}{\varrho} = \underline{206{,}4\ \mathrm{m^3/kg}}$$

**765.** Mit der Dampfdichte $\varrho$, der Dichte des Wassers $\varrho_\mathrm{W}$ und der Verdampfungswärme $r$ gilt $[(2/3)\,V - V_\mathrm{W}]\varrho = V_\mathrm{W} \varrho_\mathrm{W}$; daraus $V_\mathrm{W} = \underline{13{,}4\ \mathrm{cm^3}}$; $Q = [(2/3)\,V - V_\mathrm{W}]\varrho r = \underline{29{,}6\ \mathrm{kJ}}$

**766.** $m_1\,(t_2 - t_1) c_\mathrm{W} = m_2\,(h'' - h')$; $m_2 = \underline{455\ \mathrm{kg}}$

**767.** $m_1\,(t_2 - t_1) c_\mathrm{W} = m_2\,(h'' - h')$; $m_2 = \underline{17\,340\ \mathrm{kg}}$

**768.** $m_1h'' + m_2t_2c_W = (m_1 + m_2)t_1c_W$; $m_2 = \underline{35{,}8\ \text{kg}}$

**769.** $m = \dfrac{Q}{r} = \underline{604{,}9\ \text{kg}}$; $\dfrac{V}{t} = \dfrac{m}{\varrho t} = \underline{185{,}6\ \text{m}^3/\text{h} = 51\,560\ \text{cm}^3/\text{s}}$;

$A = 113{,}1\ \text{cm}^2$; $v = \dfrac{V}{tA} = \underline{4{,}56\ \text{m/s}}$

**770.** $P_{zu} = \dfrac{m}{t}(h'' - h') = 1{,}64 \cdot 10^6\ \text{kJ/h}$;

$P_{ab} = \eta P_{zu} = \underline{61{,}5\ \text{kW}}$

**771.** $Q = \dfrac{m(h'' - h')}{\eta} = 1{,}55 \cdot 10^6\ \text{kJ}$; $m' = \dfrac{Q}{q_H} = \underline{54{,}4\ \text{kg}}$

**772.** a) $m = V\Delta\varrho = \underline{0{,}291\ \text{kg}}$

b) Differenz der Flüssigkeitswärmen
$Q = 2000\ \text{kg} \cdot (150 - 140) \cdot 4{,}19\ \text{kJ/kg} = \underline{83{,}8\ \text{MJ}}$;
die Differenz der Dampfwärmen wurde vernachlässigt.

c) $m' = \dfrac{Q}{r} = \underline{39\ \text{kg}}$

**773.** $m_1h_1' = (m_1 - m_2)h_2' + m_2h_1''$; $m_2 = \underline{9\,540\ \text{kg}}$

**774.** $m_1c_Wt_1 = (m_1 - m_2)c_Wt_2 + m_2h''$; $m_2 = \underline{55{,}0\ \text{kg}}$

**775.** Aus der Proportion $(r_0 - r_{100}):100 = (r_{20} - r_{100}):80$ folgt
$r_{20} - r_{100} = 195{,}12\ \text{kJ/kg}$;
$r_{20} = 195{,}12\ \text{kJ/kg} + r_{100} = \underline{2451{,}8\ \text{kJ/kg}}$

**776.** Partialdruck der Luft

$$p_L = \frac{p_1T_2}{T_1} = \frac{0{,}96 \cdot 10^5\ \text{Pa} \cdot 373{,}2\ \text{K}}{293{,}2\ \text{K}} = 1{,}22 \cdot 10^5\ \text{Pa};$$

Partialdruck des Dampfes $p_D = 1{,}013 \cdot 10^5\ \text{Pa}$;
Gesamtdruck $2{,}23 \cdot 10^5\ \text{Pa}$;
Überdruck $(2{,}23 - 0{,}96) \cdot 10^5\ \text{Pa} = \underline{1{,}27 \cdot 10^5\ \text{Pa}}$

**777.** Nach Tabelle ist $f_{max} = 14{,}5\ \text{g/m}^3$;
$f = f_{max} \cdot 0{,}55 = \underline{7{,}98\ \text{g/m}^3}$

**778.** $f = f_{max\,16°C} = \underline{13{,}6\ \text{g/m}^3}$; $f_{max\,19°C} = 16{,}35\ \text{g/m}^3$;

$$\varphi = \frac{f \cdot 100\ \%}{f_{max\,19°C}} = \underline{83{,}2\ \%}$$

**779.** $f = \dfrac{m}{V} = \dfrac{0{,}82\ \text{g}}{0{,}075\ \text{m}^3} = \underline{10{,}93\ \text{g/m}^3}$; $\varphi = \dfrac{10{,}93 \cdot 100\%}{19{,}4} = \underline{56{,}3\%}$

**780.** Bei 19 °C ist $f_{max1} = 16{,}35$ g/m³, bei 4 °C $f_{max2} = 6{,}4$ g/m³; Wassermenge bei 19 °C $m_1 = f_{max1} V\varphi = 3065{,}6$ g; maximale Wassermenge $m_2 = f_{max2} V = 1600$ g; $m_1 - m_2 = \underline{1465{,}6 \text{ g}}$

**781.** $m_1 = V f_{max} \Delta\varphi = 180 \text{ m}^3 \cdot 21{,}8 \text{ g/m}^3 (0{,}70 - 0{,}25) = \underline{1765{,}8 \text{ g}}$

**782.** a) Sättigungsdruck bei 20 °C laut Tabelle $p' = 23{,}4$ mbar, bei 60 % Sättigung $p_1 = p' \cdot 0{,}6 = 14{,}0$ mbar; Partialdruck der Luft $p_2 = p - p_1 = 946$ mbar; Wassermenge laut Tabelle bzw. nach Rechnung $m_1 = 10{,}4$ g;

Masse der Luft $m_2 = \dfrac{p_2 V}{RT} = 1{,}124$ kg;

Gesamtmasse $m = m_1 + m_2 = \underline{1{,}134 \text{ kg}}$

b) $m = \dfrac{pV}{RT} = \underline{1{,}142 \text{ kg}}$

**783.** a) $f = \dfrac{m}{V} = \dfrac{0{,}4 \text{ g}}{0{,}06 \text{ m}^3} = 6{,}67 \text{ g/m}^3$; $f_{max} = 10{,}7 \text{ g/m}^3$;

$$\varphi = \frac{f \cdot 100\,\%}{f_{max}} = \underline{62{,}3\,\%}$$

b) Dem Sättigungswert 6,67 g/m³ entspricht die Temperatur (Interpolation nach Tabelle) $\underline{4{,}6\,°\text{C}}$.

**784.** Partialdruck des Dampfes bei —5 °C ist laut Tabelle 4,01 mbar. Hieraus Partialdruck der Luft (981 — 4,01) mbar = 977,99 mbar;

Partialdruck der Luft bei 22 °C ist $\dfrac{977{,}99 \cdot 295{,}2}{268{,}2}$ mbar = 1075,3 mbar; Partialdruck des Dampfes bei 22 °C (1091 — 1075,3) mbar = 15,7 mbar; Sättigungsdruck bei 22 °C laut Tabelle 26,4 mbar; $\varphi = \dfrac{15{,}7 \cdot 100\%}{26{,}4} = \underline{59{,}5\,\%}$

**785.** $$n = \frac{p}{kT} = \frac{10^{-6}\text{ N K}}{\text{m}^2 \cdot 1{,}38 \cdot 10^{-23}\text{ N m} \cdot 288{,}15\text{ K}}$$
$$= 2{,}51 \cdot 10^{14}\ {}^1\!/\text{m}^3 = \underline{2{,}51 \cdot 10^{8}\ {}^1\!/\text{cm}^3}$$

**786.** $$T = \frac{p}{nk} = \frac{10^{-8}\text{ N m}^3}{\text{m}^2 \cdot 10^{12} \cdot 1{,}38 \cdot 10^{-23}\text{ Ws/K}} = \underline{725\text{ K}}$$

**787.** Aus $p = \dfrac{\varrho v^2}{3}$ wird $v = \sqrt{\dfrac{3p}{\varrho}} = \underline{1310 \text{ m/s}}$

**788.** $W = \dfrac{3}{2} mRT = \dfrac{3}{2} pV = \underline{0{,}75 \text{ Ws}}$

**789.** Aus $W = \frac{3}{2} mRT = \frac{3}{2} VnkT$ wird $T = \frac{2W}{3Vnk} = \frac{2W}{3Nk} =$
$= 373\,\mathrm{K} = \underline{100\,°\mathrm{C}}$;

$p = \frac{mv^2}{3V} = \frac{2W}{3V} = \underline{1{,}667 \cdot 10^5\,\mathrm{Pa}}$

**790.** Nach Dividieren der beiden Gleichungen $p_1 = n_1kT_1$ und $p_2 = n_2kT_2$ ist das Verhältnis der Teilchenzahlen $n_1 : n_2 = 1 : 0{,}74$; es sind demnach 26 % entwichen.

**791.** Aus $\frac{m_0 v^2}{2} = W$ und $m_0 v = p$ folgt $N_A = \frac{1}{m_0} = \frac{2W}{p^2}$
und hieraus $M_r = \frac{6{,}022 \cdot 10^{26} p^2}{\mathrm{kg} \cdot 2W} = \underline{83{,}8}$, d. h. Krypton

**792.** $p = \frac{kT}{\pi \sqrt{2}\, \lambda d^2} = \underline{9{,}9 \cdot 10^{-2}\,\mathrm{Pa}}$

**793.** $W = \frac{3kT}{2} = 4{,}14 \cdot 10^{-16}\,\mathrm{Ws} = \underline{2590\,\mathrm{eV}}$;

$p = nkT = \underline{13{,}8 \cdot 10^{13}\,\mathrm{Pa}}$

**794.** Mit $kT = \frac{2W}{3}$ wird $p = \frac{2W}{3\pi\sqrt{2}\lambda d^2} = \underline{2{,}668\,\mathrm{Pa}}$

**795.** Mit $n = \varrho N_A$ wird $\lambda = \frac{1}{\pi\sqrt{2}\, d^2 \varrho N_A} = \underline{0{,}40\,\mathrm{m}}$

**796.** Aus $\frac{2}{1} = \sqrt{\frac{3RT_2}{3RT_1}}$ wird $4 \cdot 293 = 273 + t_1$ und $t_1 = \underline{899\,°\mathrm{C}}$

**797.** Aus $z = \pi \sqrt{2}\, r^2 vn$ folgt durch Einsetzen $z = \pi \sqrt{2}\, r^2 \sqrt{3RT} \varrho N_A$;
mit $\varrho = \frac{p}{RT}$ und $\frac{R}{N_A} = k$ wird schließlich $z = \frac{\pi \sqrt{2}\, r^2 p \sqrt{3R}}{k \sqrt{T}}$
$= \underline{1{,}36 \cdot 10^{10}\,1/\mathrm{s}}$

**798.** $Q = mc_W \Delta\vartheta = 5\,\mathrm{kg} \cdot 4{,}19\,\mathrm{kJ/(kg\,K)} \cdot (20 - 18)\,\mathrm{K} = 41{,}9\,\mathrm{kJ}$

$\lambda = \frac{Ql}{At\,(\vartheta_1 - \vartheta_2)}$;

$\lambda = \frac{41{,}9\,\mathrm{kJ} \cdot 0{,}06\,\mathrm{m}}{1/60\,\mathrm{h} \cdot 0{,}25\,\mathrm{m}^2\,(85 - 19)\,\mathrm{K}} = \underline{9{,}13\,\mathrm{kJ/(m\,h\,K)}}$

**799.** $Q = \frac{\lambda \Delta\vartheta A t}{l} = \underline{83\,720\,\mathrm{kJ}}$

**800.** $\Delta\vartheta = \frac{Q}{\alpha t A} = 14{,}1\,\mathrm{K}$; $\vartheta_2 = \underline{29{,}1\,^\circ\mathrm{C}}$

**801.** $\frac{1}{k} = \left(\frac{1}{20} + \frac{1}{50} + \frac{0{,}004}{3}\right)\,\mathrm{m^2\,h\,K/kJ} = 0{,}071\,\mathrm{m^2\,h\,K/kJ}$;

$$Q = kAt\,(\vartheta_1 - \vartheta_2) = \frac{8\,\mathrm{m^2}\cdot 8\,\mathrm{h}\cdot(18+5)\,\mathrm{K}}{0{,}071\,\mathrm{m^2\,h\,K/kJ}} = \underline{20\,730\,\mathrm{kJ}}$$

**802.** a) $\frac{1}{k} = \left(\frac{1}{20} + \frac{1}{60} + \frac{0{,}25}{2}\right)\mathrm{m^2\,h\,K/kJ} = 0{,}192\,\mathrm{m^2\,h\,K/kJ}$;

$k = \underline{5{,}21\,\mathrm{kJ/(m^2\,h\,K)}}$

b) Für den Wärmefluß gilt $Q = kAt(\vartheta_1 - \vartheta_2) = \alpha_1 At(\vartheta_1 - \vartheta_1')$; hieraus folgt $\vartheta_1' = \underline{15{,}1\,^\circ\mathrm{C}}$;
$Q = kAt\,(\vartheta_1 - \vartheta_2) = \alpha_2 At\,(\vartheta_2' - \vartheta_2)$; $\vartheta_2' = \underline{5{,}3\,^\circ\mathrm{C}}$

**803.** Absolute Feuchte $f = (15{,}4\cdot 0{,}7)\,\mathrm{g/m^3} = 10{,}78\,\mathrm{g/m^3}$;
Taupunkt lt. Tab. $\vartheta_1' = 12\,^\circ\mathrm{C}$;

$$\frac{1}{k} = \frac{1}{20} + \frac{1}{50} + \frac{0{,}003}{3} = 0{,}071\ ;$$

Wärmedurchgangskoeffizient $k = 14{,}08\,\mathrm{kJ/(m^2\,h\,K)}$;
$Q = kAt\,(\vartheta_1 - \vartheta_2) = \alpha_1 At\,(\vartheta_1 - \vartheta_1')$; $\vartheta_2 = \underline{9{,}5\,^\circ\mathrm{C}}$

**804.** $l_1 = \frac{\lambda_1 l_2}{\lambda_2} = \underline{0{,}235\,\mathrm{m}}$

**805.** Drahtquerschnitt $A = \pi d^2/4$; Drahtoberfläche $A' = \pi d l$;

umgesetzte Leistung $P = I^2 R = \frac{I^2 \varrho l}{A}$;

$$\alpha = \frac{P}{A'\Delta\vartheta} = \frac{4 I^2 \varrho l}{\pi d^2\,\pi\,dl\,\Delta\vartheta} = \frac{4 I^2 \varrho}{\pi^2 d^3 \Delta\vartheta} = \underline{42{,}9\,\mathrm{W/(m^2\,K)}}$$
$$= \underline{154{,}4\,\mathrm{kJ/(m^2\,h\,K)}}$$

**806.** $\frac{1}{k} = \left(\frac{1}{105} + \frac{1}{25} + 0{,}05 + \frac{2\cdot 0{,}004}{2{,}7}\right)\frac{\mathrm{m^2\,h\,K}}{\mathrm{kJ}} =$

$= 0{,}1025\,\mathrm{m^2\,h\,K/kJ}$; $Q = kAt\Delta\vartheta = \underline{1\,112\,\mathrm{kJ}}$

**807.** (Bild 320) $Q = \alpha_1 At\,(\vartheta_1 - \vartheta_1')$; $\vartheta_1' = \underline{26{,}5\,^\circ\mathrm{C}}$

$$Q = \frac{\lambda}{d}\,At\,(\vartheta_1' - \vartheta_2')\ ;\quad \vartheta_2' = \underline{26{,}0\,^\circ\mathrm{C}}$$

$$Q = \alpha_2 A t\,(\vartheta_4' - \vartheta_2)\,; \quad \vartheta_4' = \underline{6{,}8\,°\text{C}}$$

$$Q = \frac{\lambda}{d} A t\,(\vartheta_3' - \vartheta_4')\,; \quad \vartheta_3' = \underline{7{,}4\,°\text{C}}$$

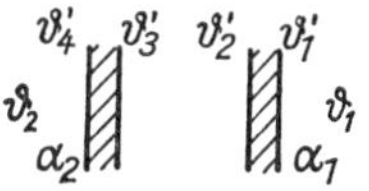

Bild 320

**808.** Für den Wärmedurchgangskoeffizienten

$k$ gilt $\dfrac{1}{k} = \dfrac{1}{\alpha_1} + \dfrac{1}{\alpha_2}$;

$k = 305\ \text{kJ/(m}^2\,\text{h K)}$; $Q = kAt\Delta\vartheta = \underline{76{,}24\ \text{MJ}}$

**809.** $\alpha = \dfrac{Q}{At\,(\vartheta_1 - \vartheta_2)} = \underline{6{,}25\ \text{MJ/(m}^2\,\text{h K)}}$

**810.** $\alpha_1 = \dfrac{Q}{At\,(\vartheta_1 - \vartheta_2)} = \dfrac{4{,}8 \cdot 10^5\ \text{kJ/(m}^2\,\text{h)}}{1{,}6\ \text{K}} = \underline{3 \cdot 10^5\ \text{kJ/(m}^2\,\text{h K)}}$;

$\alpha_2 = 6\,880\ \text{kJ/(m}^2\,\text{h K)}$;

$\lambda = \dfrac{4{,}8 \cdot 10^5\ \text{kJ/(m}^2\,\text{h)} \cdot 10^{-3}\ \text{m}}{6\ \text{K}} = \underline{80\ \text{kJ/(m h K)}}$

**811.** Aus $\ln \dfrac{\Delta\vartheta_0}{\Delta\vartheta} = Kt$ folgt $K = \dfrac{\ln (180/100)}{5\ \text{min}} = \underline{0{,}118\ ^1/\text{min}}$

**812.** $\Delta\vartheta = \Delta\vartheta_0\, \text{e}^{-Kt} = 65\ \text{K} \cdot 0{,}30 = 19{,}5\ \text{K}$; $\vartheta = \underline{34{,}5\,°\text{C}}$

**813.** Aus $\ln \dfrac{\Delta\vartheta_1}{\Delta\vartheta_0} = -Kt_1$ sowie $\ln \dfrac{\Delta\vartheta_2}{\Delta\vartheta_0} = -Kt_2$ folgt durch Dividieren $\dfrac{\ln \Delta\vartheta_0/\Delta\vartheta_2}{\ln \Delta\vartheta_0/\Delta\vartheta_1} = \dfrac{t_2}{t_1}$; $t_2 = t_1 \dfrac{\ln (75/15)}{\ln (75/55)} = \underline{51{,}9\ \text{min}}$

**814.** Aus dem in Aufg. 811 genannten Ansatz folgt die Gleichung

$$\frac{\vartheta_0}{2} - \vartheta_u = (\vartheta_0 - \vartheta_u)\, \text{e}^{-Kt_{1/2}}\,;$$

$$\underline{t_{1/2} = \frac{1}{K} \ln \frac{\vartheta_0 - \vartheta_u}{\vartheta_0/2 - \vartheta_u}}$$

**815.** Das Emissionsvermögen für blankes Kupfer ist kleiner als für angestrichenes. Daher erhitzt sich die blanke Schiene bei gleicher Wärmezufuhr stärker.

**816.** Da (100 — 86) % = 14 % aller Strahlen absorbiert werden, ist das Absorptionsvermögen $\alpha = 0{,}14$;

wegen $\dfrac{\varepsilon}{\alpha} = \varepsilon_s = 1$ ist $\varepsilon = \underline{0{,}14}$

**817.** Oberfläche $A = 0{,}02\ \mathrm{m} \cdot \pi \cdot 0{,}4\ \mathrm{m} = 0{,}0251\ \mathrm{m}^2$;

$$P = \frac{Q}{t} = \varepsilon\sigma A\,(T_1^4 - T_2^4) = \underline{1{,}04\ \mathrm{kW}}$$

**818.** $2\sigma T^4 = 0{,}138\ \mathrm{J/(cm^2\,s)} = 1380\ \mathrm{W/m^2}$; $T = 332{,}1\ \mathrm{K} = \underline{58{,}9\ ^\circ\mathrm{C}}$

**819.** Die abgestrahlte Leistung ist $P = \varepsilon\sigma A\,(T_1{}^4 - T_2{}^4)$; hieraus ergibt sich mit
$A = (0{,}001 \cdot \pi \cdot 10)\ \mathrm{m^2} = 0{,}0314\ \mathrm{m^2}$ und $T_2 = 291{,}2\ \mathrm{K}$:

$$T_1 = \sqrt[4]{\frac{P}{\varepsilon\sigma A} + T_2^4} = 986\ \mathrm{K} \quad \text{oder} \quad \underline{713\ ^\circ\mathrm{C}}$$

**820.** Aufgenommene Leistung $P = \dfrac{U^2}{R} = \dfrac{U^2 d^2 \pi}{4\varrho l}$; abgestrahlte Leistung $P = \varepsilon\sigma d\pi l\,(T_1^4 - T_2^4)$; durch Gleichsetzen ergibt sich

$$d = \frac{\varepsilon\sigma l^2\,(T_1^4 - T_2^4)\,4\varrho}{U^2} = \underline{1{,}1\ \mathrm{mm}}$$

**821.** Je Längeneinheit und Stunde werden aufgenommen $Q = I^2Rt = 25{,}5\ \mathrm{kJ}$ und abgestrahlt $Q = \varepsilon\sigma d\pi lt\,(T_1^4 - T_2^3) = 3{,}8\ \mathrm{kJ}$; für den Wärmeübergang verbleiben 21,7 kJ; hieraus folgt

$$\alpha = \frac{Q}{At\Delta T} = \underline{131{,}6\ \mathrm{kJ/(m^2\,h\,K)}}$$

**822.** $T_1 = \sqrt[4]{\dfrac{P}{\varepsilon\sigma A} + T_1^4} = 978{,}0\ \mathrm{K} \mathrel{\hat{=}} \underline{704{,}8\ ^\circ\mathrm{C}}$

**823.** Durchmesser des Sonnenbildes $d = 20\ \mathrm{cm} \cdot \tan 32' = 0{,}1862\ \mathrm{cm}$; Oberfläche der Kugel $A = 4\pi r^2 = 1{,}09 \cdot 10^{-5}\ \mathrm{m^2}$; Linsenoberfläche $A_\mathrm{L} = 78{,}54\ \mathrm{cm^2}$; $A_\mathrm{L}$ empfängt die Leistung
$P = 1{,}37 \cdot 10^3\ \mathrm{W/m^2} \cdot 78{,}5 \cdot 10^{-4}\ \mathrm{m^2} = 10{,}75\ \mathrm{W}$;

$$T_1 = \sqrt[4]{\frac{P}{\varepsilon\sigma A} + T_2^4} = 2760\ \mathrm{K} \mathrel{\hat{=}} \underline{2487\ ^\circ\mathrm{C}}$$

**824.** Stündliche Strahlung der Kohle:
$Q_1 = \varepsilon_1\sigma A_1 t\,(T_2^4 - T_1^4) = 420\ \mathrm{MJ}$;
stündliche Strahlung der Flamme:
$Q_2 = \varepsilon_2\sigma A_2 t\,(T_3^4 - T_1^4) = 307\ \mathrm{MJ}$;
stündlicher Wärmeübergang: $Q_3 = \alpha A_3 t\,(T_3 - T_1) = 69\ \mathrm{MJ}$;
$Q = Q_1 + Q_2 + Q_3 = \underline{796\ \mathrm{MJ}}$

**825.** $Q = \varepsilon\sigma At\,(T_1^4 - T_2^4)$
$= 5{,}67 \cdot 10^{-8}\ \mathrm{W/m^2} \cdot 3600\ \mathrm{s} \cdot 0{,}06\ \mathrm{m^2}\,(1623^4 - 298^4)\ \mathrm{K^4} = \underline{84{,}9\ \mathrm{MJ}}$

**826.** $S = \int \frac{dQ}{T} = cm \int \frac{dT}{T} = cm \ln \frac{T_2}{T_1} = \frac{4{,}187\,\text{kJ} \cdot 5\,\text{kg}}{\text{kg K}} \cdot \ln \frac{298}{273} =$
$= \underline{1{,}83\,\text{kJ/K}}$

**827.** Aus $s = c \ln (T/T_0)$ wird $T = T_0\, e^{s/c}$; $s/c = 0{,}29306$;
$T = 366{,}2\,\text{K} \triangleq \underline{93\,°\text{C}}$

**828.** $m_1 \ln (T_1/T_0) = m_2 \ln (T_2/T_0)$; $\quad m_2 = \frac{500 \cdot 0{,}1364\,\text{g}}{1{,}2425} = \underline{266\,\text{g}}$

**829.** Mischtemperatur $t_m = \frac{c_1 m_1 t_1 + c_2 m_2 t_2}{c_1 m_1 + c_2 m_2} = 74{,}7\,°\text{C} \triangleq 347{,}9\,\text{K}$;
Entropie vor dem Mischen:
Wasser $S_{W1} = c_1 m_1 \ln (T_1/T_0) = 1{,}3069\,\text{kJ/K}$
Alkohol $S_{A2} = c_2 m_2 \ln (T_2/T_0) = 0{,}1373\,\text{kJ/K}$
$S_I = 1{,}4442\,\text{kJ/K}$
Entropie nach dem Mischen
$S_{Wm} = c_1 m_1 \ln (T_m/T_0) = 1{,}0127\,\text{kJ/K}$
$S_{Am} = c_2 m_2 \ln (T_m/T_0) = 0{,}4699\,\text{kJ/K}$
$S_{II} = 1{,}4826\,\text{kJ/K}$
$\Delta S = (1{,}4826 - 1{,}4442)\,\text{kJ/K} = \underline{0{,}0384\,\text{kJ/K}}$

**830.** $2cm \ln (T/T_0) = cm \ln (1{,}2T/T_0)$;
$2 \ln (T/T_0) = \ln 1{,}2 + \ln (T/T_0)$; $T/T_0 = 1{,}2$;
$T = 327{,}8\,\text{K} \triangleq \underline{54{,}6\,°\text{C}}$

**831.** $s = s_{Fl} + s_{verd} = c \int \frac{dT}{T} + \frac{r}{T}$; $\quad s = c \ln (431/273) =$
$= 1{,}912\,\text{kJ/(kg K)}$

$$r = (s - s_{Fl})\, T = \frac{(6{,}762 - 1{,}912)\,\text{kJ} \cdot 431\,\text{K}}{\text{kg K}} = \underline{2090\,\text{kJ/kg}}$$

**832.** $\Delta S = \int \frac{dQ}{T}$; nach dem 1. Hauptsatz ist $dQ = p\,dV$ und mit der Zustandsgleichung $T = \frac{pV}{mR}$, so daß

$$\Delta S = \frac{p\,dV\,mR}{pV} = m\,R \int_{V_1}^{V_2} \frac{dV}{V} = m R \ln 2 = \underline{198{,}8\,\text{J/K}}$$

**833.** $\Delta S = \int \frac{dQ}{T} = mc_p \int \frac{dT}{T}$; aus der Zustandsgleichung gewinnt man $T = \frac{pV}{mR}$ sowie $dT = \frac{p\,dV}{mR}$; dies eingesetzt, ergibt

$$\Delta S = c_p m \int_{V_2}^{V_1} \frac{\mathrm{d}V}{V} = c_p m \ln V_2/V_1 \,;$$

$$\Delta S = -\frac{2\,\mathrm{kg} \cdot 1{,}038\,\mathrm{kJ} \cdot \ln 10}{\mathrm{kg\,K}} = \underline{-4{,}78\,\mathrm{kJ/K}}$$

**834.** (Bild 321)

**835.** (Bild 322)

**836.** (Bild 323)

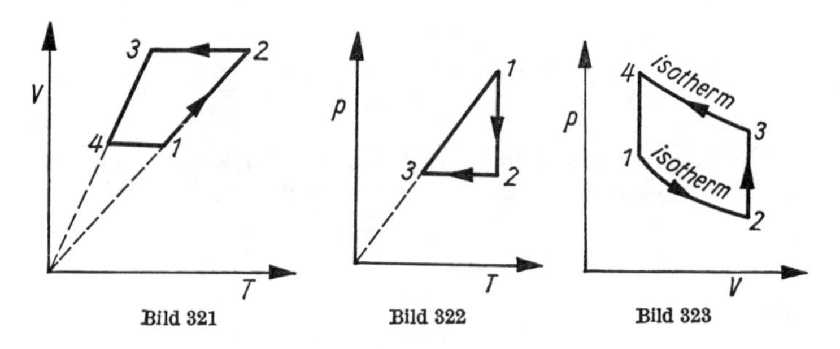


Bild 321 Bild 322 Bild 323

**837.** Die Adiabate *2—3* liefert $\dfrac{T_1}{T_2} = \left(\dfrac{V_3}{V_2}\right)^{\varkappa-1}$ und hieraus

$$V_3 = V_2 \left(\frac{T_1}{T_2}\right)^{2,5} = \underline{9{,}76\,\mathrm{m}^3}\,; \qquad p_3 = p_2 \left(\frac{V_2}{V_3}\right)^{1,4} = \underline{1{,}15\,\mathrm{bar}}\,;$$

Adiabate *4—1* liefert $\dfrac{T_1}{T_2} = \left(\dfrac{V_4}{V_1}\right)^{0,4}$ und hieraus

$$V_4 = V_1 \left(\frac{T_1}{T_2}\right)^{2,5} = \underline{4{,}88\,\mathrm{m}^3}\,;$$

die untere Isotherme *3—4* ergibt $p_4 = \dfrac{p_3 V_3}{V_4} = \underline{2{,}30\,\mathrm{bar}}$;

$$Q_1 = p_1 V_1 \ln \frac{p_1}{p_2} = \underline{1{,}11\,\mathrm{MJ}}\,;$$

$$Q_2 = p_3 V_3 \ln \frac{p_4}{p_3} = \underline{0{,}778\,\mathrm{MJ}}\,; \qquad \eta = \frac{T_1 - T_2}{T_1} = \underline{0{,}3}$$

**838.** Nach der Zustandsgleichung ist $T_2 = \dfrac{V_2 T_1}{V_1} = \underline{1200\,\mathrm{K}}$; in entsprechender Weise sind $T_3 = \underline{600\,\mathrm{K}}$ und $T_4 = \underline{300\,\mathrm{K}}$

**839.** a) Auf dem Weg *1—2* wird für 1 kg Luft die Wärme zugeführt $Q_{1,2} = c_p m\,(T_2 - T_1) = +603$ kJ; $Q_{2,3} = -430{,}8$ kJ; $Q_{3,4} = -301{,}5$ kJ; $Q_{4,1} = +215{,}4$ kJ; insgesamt sind zuzuführen $Q_1 = 818{,}4$ kJ und abzuführen $Q_2 = -732{,}3$ kJ;

$$\eta_{\text{therm}} = \frac{Q_1 + Q_2}{Q_1} = \underline{0{,}105}$$

b) $\eta_{\text{rev}} = \dfrac{T_2 - T_4}{T_2} = \underline{0{,}75}$

**840.** Die beiden Isochoren ergeben $\dfrac{T_1}{T_2} = \dfrac{p_1}{p_4} = \dfrac{p_2}{p_3}$; hiernach ist $T_2 = \dfrac{p_4 T_1}{p_1} = \underline{200\ \text{K}}$; die Isothermen ergeben

$\dfrac{V_2}{V_1} = \dfrac{p_1}{p_2} = \dfrac{p_4}{p_3}$; danach ist $p_2 = \dfrac{p_1 V_1}{V_2} = \underline{1{,}125\ \text{bar}}$ und

$p_3 = \dfrac{p_4 V_1}{V_2} = \underline{0{,}375\ \text{bar}}$; $\eta_{\text{rev}} = \underline{0{,}67}$

**841.** Auf dem Weg *1—2* wird die Wärme zugeführt
$Q_1 = mRT_1 \ln (p_2/p_1)$;
auf dem Weg *3—4* wird die Wärme abgegeben
$Q_2 = mRT_2 \ln (p_3/p_4)$;
wegen $p_2/p_1 = p_3/p_4$ ist dann $Q_1/Q_2 = T_1/T_2$; damit ist $\eta_{\text{therm}} = \dfrac{T_1 - T_2}{T_1} = \underline{0{,}67}$ und stimmt mit dem des entsprechenden Carnotprozesses überein.

**842.** Aus $\eta = \dfrac{Q_1 - Q_2}{Q_1}$ wird $Q_2 = Q_1\,(1 - \eta) = \underline{800\ \text{J}}$;

aus $\eta = \dfrac{T_1 - T_2}{T_1}$ folgt $T_2 = T_1\,(1 - \eta) = \underline{360\ \text{K}}$

**843.** a) $\eta_{\text{therm}} = \dfrac{Q_1 - Q_2}{Q_1} = \underline{0{,}394}$ b) $\eta_{\text{rev}} = \dfrac{T_1 - T_2}{T_1} = \underline{0{,}602}$

**844.** $\eta_1 = \dfrac{(393 - 313)\ \text{K}}{393\ \text{K}} = 0{,}2036$; $\eta_2 = 0{,}4072$; aus

$\eta_2 = \dfrac{T_x - T_2}{T_x}$ wird $T_x = \dfrac{T_2}{1 - \eta_2} = 528\ \text{K} \mathrel{\hat{=}} 255\ ^\circ\text{C}$

# 4. Optik

**845.** (Bild 324) Scheinbare Entfernung $\overline{AP'} = 2\sqrt{e^2 + h^2} = \underline{7{,}21 \text{ m}}$

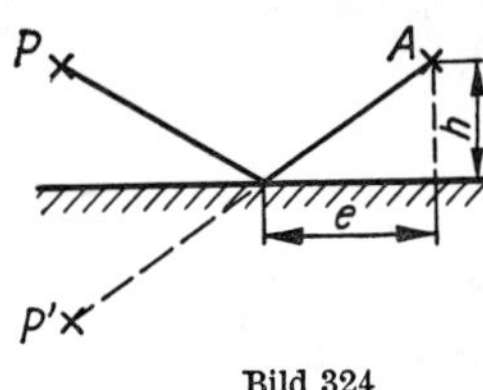


Bild 324

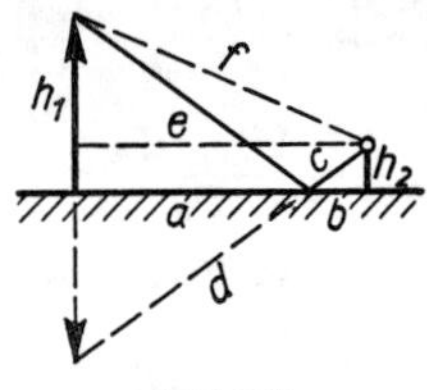


Bild 325

**846.** (Bild 325) Die Entfernung der beiden Fußpunkte ist $e = \sqrt{f^2 - (h_1 - h_2)^2} = 46{,}49$ m; für die Teilabstände des Reflexionspunktes gilt $\tan \alpha = \dfrac{h_2}{b} = \dfrac{h_1}{a}$, so daß wegen $a = e - b$ gilt: $h_2(e - b) = h_1 b$, woraus $b = 3{,}44$ m und $a = (46{,}49 - 3{,}44)$m $= 43{,}05$ m; die beiden Lichtwege sind $c = \sqrt{h_2^2 + b^2} = 3{,}79$ m und $d = \sqrt{a^2 + h_1^2} = 47{,}47$ m, so daß $c + d = \underline{51{,}26 \text{ m}}$

**847.** Der Spiegel muß bei der aus Bild 326 ersichtlichen Aufhängung die halbe Länge des Betrachters haben.

**848.** Aus den in Bild 327 auftretenden Dreiecken liest man ab:

$$\frac{x}{y} = \frac{a}{a + z} \quad \text{sowie} \quad x + y = h \cos \alpha, \quad \text{womit}$$

$$x = h \cos \alpha - \frac{(a + z)\, x}{a}.$$ Das ergibt wegen $z = h \sin \alpha$

$$\text{schließlich } x = \frac{ah \cos \alpha}{2a + h \sin \alpha} = \underline{0{,}61 \text{ m}}$$

**849.** $a = 2 \cdot 1{,}8 \text{ mm} = \underline{3{,}6 \text{ mm}}$

**850.** (Bild 328) Spiegel I kann man sich durch Drehung um $180° - \alpha$ in die Richtung des Spiegels II gebracht denken. Der auf Spiegel I fallende Strahl wird dann um das Doppelte, d. h. um $360° - 2\alpha$ gedreht.

**851.** (Bild 329) Da $\sin \alpha = \dfrac{r/2}{r} = 0{,}5$, also $\alpha = 30°$, errechnet man für den gesuchten Winkel ebenfalls 30°.

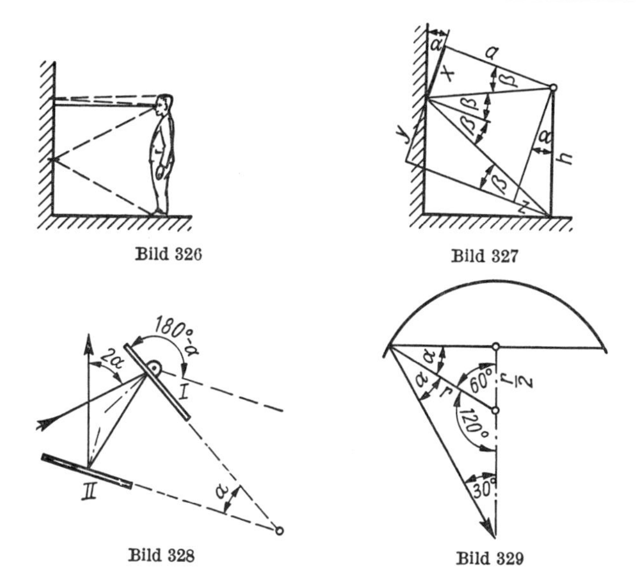


Bild 326 Bild 327

Bild 328 Bild 329

**852.** (Bild 330) a) Die geometrischen Verhältnisse geben die Proportion $\frac{r/2}{r} = \frac{h}{R_1}$ und $R_1 = \underline{12\,\text{m}}$

b) $\frac{r/2}{r} = \frac{h-r}{R_2}$; $R_2 = \underline{10{,}8\,\text{m}}$

**853.** (Bild 331) Es gelten die Proportionen $\frac{r/2}{p} = \frac{h}{R_2}$ und $\frac{x}{r-p} = \frac{b}{R_2}$, wonach $x = 0{,}033\,\text{m} = \underline{33\,\text{mm}}$

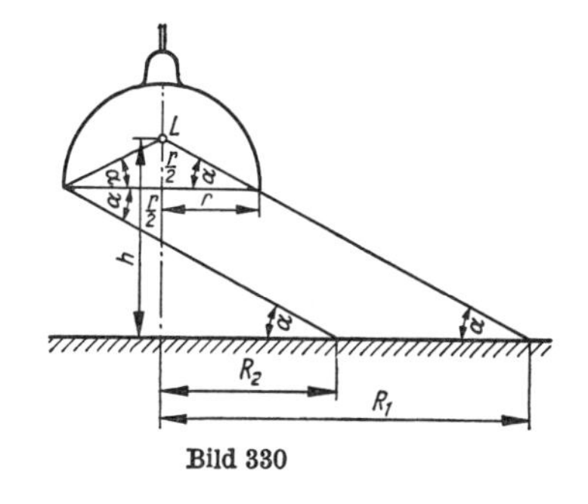


Bild 330

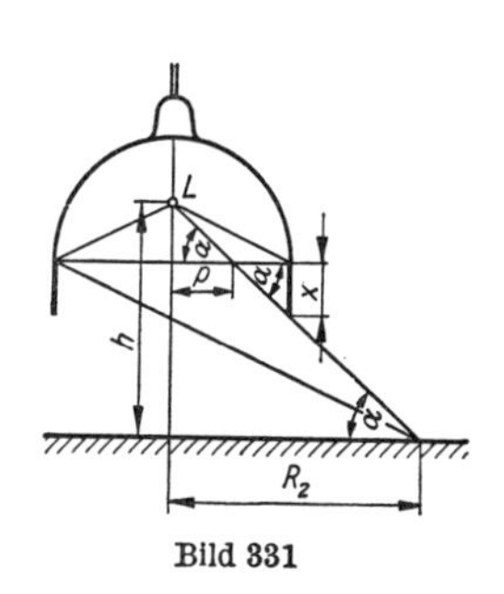


Bild 331

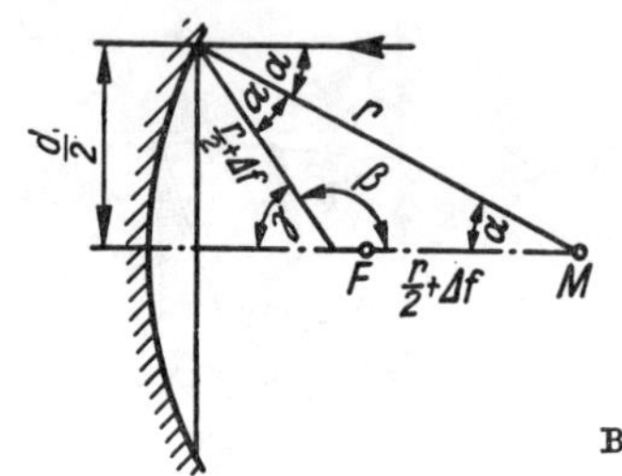


Bild 332

**854.** (Bild 332) Wegen des Reflexionsgesetzes ergibt sich ein gleichschenkliges Dreieck, für das mit $r = 500$ mm und $\Delta f = 1$ mm gilt $r^2 = 2(r/2 + \Delta f)^2 - 2(r/2 + \Delta f)^2 \cos\beta$, wonach $\cos\beta = -0{,}98409$; $\gamma = 10{,}2°$; $d/2 = (r/2 + \Delta f) \cdot \sin\gamma$; $d = 89$ mm; $d/f = 89/250 = \underline{1:2{,}81}$

**855.** a) Mit $f = 25$ cm ist $b = \dfrac{af}{a-f} = \dfrac{(30 \cdot 25)\ \text{cm}^2}{(30-25)\ \text{cm}} = \underline{150\ \text{cm}}$;

$B = \dfrac{bG}{a} = \dfrac{(150 \cdot 8)\ \text{cm}^2}{30\ \text{cm}} = \underline{40\ \text{cm}}$

(umgekehrt reell, vor dem Spiegel, vergrößert)

b) $f = 40$ cm; $b = \underline{-24\ \text{cm}}$; $B = \underline{-9{,}6\ \text{cm}}$
(aufrecht, vergrößert, virtuell, hinter dem Spiegel)

c) $f = 20$ cm; $b = \underline{60\ \text{cm}}$; $B = \underline{24\ \text{cm}}$
(umgekehrt, vergrößert, reell, vor dem Spiegel)

d) $f = 15$ cm; $b = \underline{\infty}$; $B = \underline{\infty}$
(kein Bild, paralleler Strahlenaustritt)

**856.** a) $\dfrac{B}{G} = \dfrac{b}{a} = 5$; $b = 5a$; $\dfrac{1}{f} = \dfrac{1}{a} + \dfrac{1}{5a}$; $a_1 = \underline{12\ \text{cm}}$;
$b_1 = \underline{60\ \text{cm}}$

b) $b = -5a$; $a_2 = \underline{8\ \text{cm}}$; $b_2 = \underline{-40\ \text{cm}}$
(hinter dem Spiegel)

**857.** (Bild 333) Es gelten die Beziehungen $\dfrac{G}{B} = \dfrac{x}{b_1}$; $\dfrac{G}{B} = \dfrac{f}{f - b_2}$

$b_1 = \dfrac{xf}{x-f}$; $b_2 = \dfrac{(a-x)f}{a-x+f}$; setzt man $f = \dfrac{r}{2}$, so folgt durch Gleichsetzen der ersten beiden Gleichungen und Einsetzen von $b_1$ und $b_2$ $x = \underline{\dfrac{a+r}{2}}$

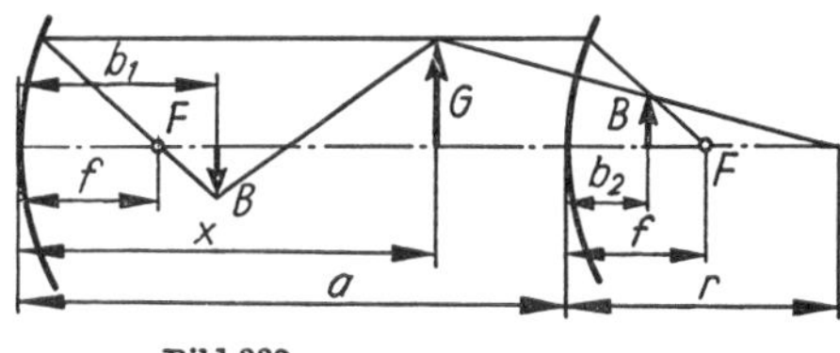


Bild 333

**858.** (Bild 334) Die Strahlen *1'* und *2'* im Glas sind parallel, die Ablenkungen beim Ein- und Austritt infolge der Brechung sind ebenfalls gleich groß.

**859.** Der Grenzwinkel der Totalreflexion ist $\beta = 48{,}8°$. Dieser Winkel wird vom Einfallslot des Spiegels halbiert, so daß $\varepsilon = \underline{24{,}4°}$ ist.

**860.** Der Brechungswinkel beim Einfall ist 35,3°, der Reflexionswinkel an der versilberten Fläche 5,3°. Der Einfallswinkel vor dem Wiederaustritt ist 24,7° und der Austrittswinkel (wegen $\sin\varepsilon = 1{,}5 \cdot \sin\ 24{,}7°$) $\varepsilon = \underline{38{,}8°}$.

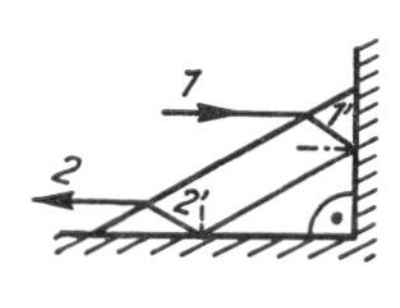


Bild 334

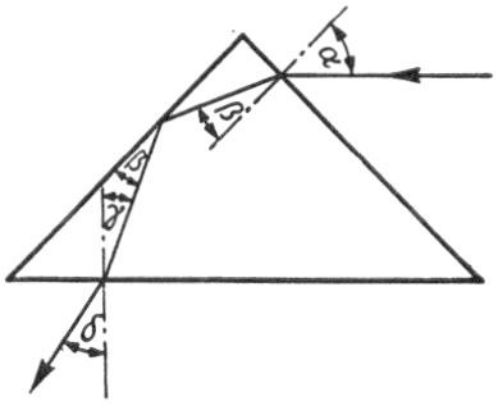

Bild 335

**861.** (Bild 335) $\sin\beta = \dfrac{\sin 45°}{1{,}65} = 0{,}4286$; $\beta = 25{,}4°$. An der Kathete tritt Totalreflexion ein.
$\gamma = 19{,}6°$; $\sin\delta = 1{,}65 \cdot \sin 19{,}6° = 0{,}5535$; $\delta = \underline{33{,}6°}$

**862.** (Bild 336) $\sin\beta = \dfrac{\sin\alpha}{1{,}5}$; $\beta = 28{,}1°$; $\varepsilon = 180° - (2\omega + \beta) =$

$= 31{,}9°$; $\sin\gamma = 1{,}5 \sin\varepsilon$; $\gamma = 52{,}4°$;
$\delta = (45° - \beta) + (\gamma - \varepsilon) = \underline{37{,}4°}$

**863.** (Bild 337) a) Für den Grenzwinkel der Totalreflexion gilt

$$\sin\gamma = \frac{1}{n}; \quad \cos\gamma = \sqrt{1 - \sin^2\gamma} = \sqrt{1 - \frac{1}{n^2}},$$ für den an

der Basis eintretenden Strahl $\frac{\sin\alpha}{\sin\beta} = n$; $\sin\beta = \cos\gamma$;

$$\frac{\sin\alpha}{\cos\gamma} = n\,; \quad \sin\alpha = n\cos\gamma = n\sqrt{1-\frac{1}{n^2}} = \sqrt{n^2-1}$$

Wenn alle eintretenden Strahlen fortgeleitet werden sollen, muß die Gleichung auch für $\sin\alpha = 1$ ($\alpha = 90°$) erfüllt sein, womit $n^2$ mindestens gleich 2 sein muß; $n = \underline{1{,}41}$

b) Aus $\sin\alpha = \sqrt{n^2-1}$ mit $n = 1{,}33$ folgt $\alpha = \underline{61{,}3°}$.
Wenn $\alpha > 61{,}3°$ ist, kann Licht aus den Längsseiten des Zylinders austreten.

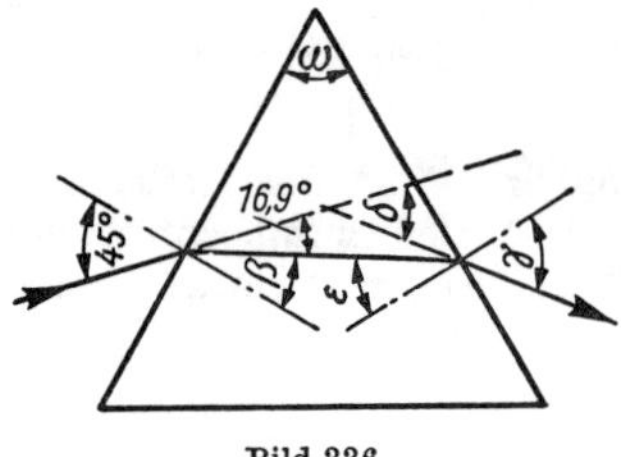


Bild 336

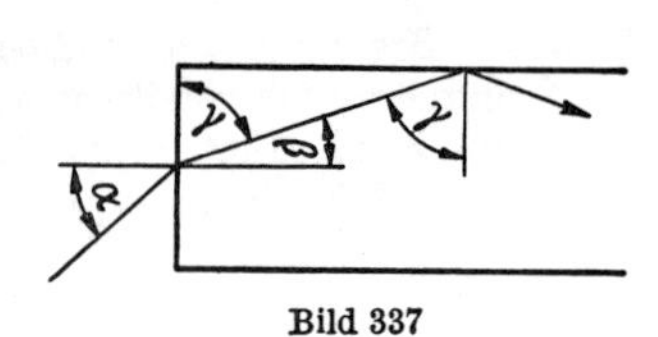


Bild 337

**864.** (Bild 338)

a) Es ist $e = \frac{d}{\cos\beta} = \frac{d_1}{\sin(\alpha-\beta)}$, so daß $\underline{d_1 = d\,\frac{\sin(\alpha-\beta)}{\cos\beta}}$

b) $d_1 = \frac{6\text{ mm}\cdot\sin(40° - 25{,}4°)}{\cos 25{,}4°} = \underline{1{,}67\text{ mm}}$

**865.** (Bild 339)

a) $d_2 = \frac{d_1}{\sin\alpha}$; mit $d_1 = d\,\frac{\sin(\alpha-\beta)}{\cos\beta}$ wird (Aufgabe 864)

$$d_2 = d\,\frac{\sin(\alpha-\beta)}{\cos\beta\,\sin\alpha} = \underline{d\left(1-\frac{\cos\alpha\sin\beta}{\sin\alpha\cos\beta}\right)}$$

b) Für kleine Winkel $\alpha$ ist $\frac{\cos\alpha}{\cos\beta} \approx 1$, so daß $\underline{d_2 = d\left(1-\frac{1}{n}\right)}$

**866.** Nach dem Ergebnis der letzten Aufgabe erhält man

$$d_2 = 2\cdot 1{,}5\text{ mm}\left(1-\frac{1}{1{,}5}\right) + 30\text{ mm}\left(1-\frac{1}{1{,}33}\right) = \underline{8{,}4\text{ mm}}$$

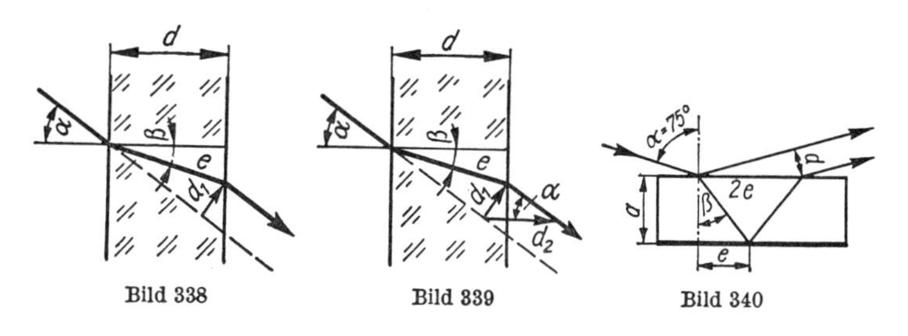


Bild 338 Bild 339 Bild 340

**867.** Für den Grenzwinkel gilt $\sin\beta = \frac{1}{1,5}$, wonach $\beta = 41,8$;
$r = 2d \tan\beta = \underline{2,68 \text{ mm}}$

**868.** (Bild 340) $\sin\beta = \frac{\sin\alpha}{n}$; $e = a \tan\beta$; aus $\frac{d}{2e} = \cos\alpha$ wird

$$d = 2e \cos\alpha = \frac{2a \sin\alpha \cos\alpha}{n \cos\beta} = \underline{6,54 \text{ mm}}$$

**869.** Wegen $\alpha + \beta = 90°$ lautet das Brechungsgesetz
$\frac{\sin\alpha}{\cos\alpha} = \tan\alpha = 1,5$, wonach $\alpha = \underline{56,3°}$

**870.** Der Grenzwinkel der Totalreflexion für Wasser ($n = 1,33$) ergibt sich aus $\frac{1}{\sin\beta} = 1,33$ zu $\beta = 48,8°$;
$r = 12 \text{ m} \cdot \tan\beta$; $d = \underline{27,4 \text{ m}}$

**871.** (Bild 341) $\sin 30° = \frac{a}{e - b} = 0,5$; $b = 140$ cm;
$\sin\beta = \frac{\sin 60°}{1,33} = 0,651$; infolge der Strahlverkürzung unter Wasser ist $b' = bn = 140 \text{ cm} \cdot 1,33 = 186,2$ cm;
$\cos\beta = 0,7590 = \frac{h}{b'}$; $h = \underline{141,3 \text{ cm}}$

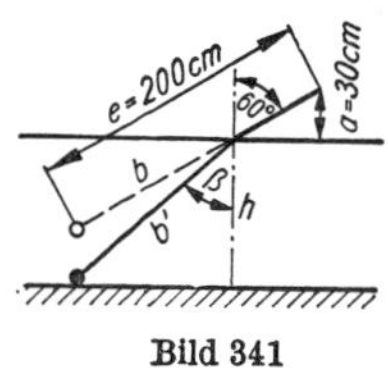


Bild 341

Bild 342

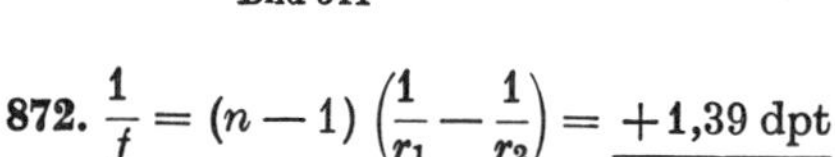

**872.** $\frac{1}{f} = (n - 1)\left(\frac{1}{r_1} - \frac{1}{r_2}\right) = \underline{+1,39 \text{ dpt}}$

**873.** $\frac{1}{f} = (n-1)\frac{1}{r}$; $n = \underline{1{,}6}$

**874.** (Bild 342) Mit $b = 15$ cm ist $a = \frac{bf}{b-f} = \underline{60 \text{ cm}}$;
oder die Lampe steht im Brennpunkt der Linse. Der Schein ist in diesem Fall heller, weil mehr Licht auf die Linse fällt.

**875.** (Bild 343) Es gilt die Proportion $\frac{f - 4 \text{ cm}}{f} = \frac{2{,}5}{3{,}5}$; $f = \underline{14 \text{ cm}}$

**876.** (Bild 344) $\frac{4 \text{ cm}}{b} = \frac{10 \text{ cm}}{200 \text{ cm} + b - a}$; $b = \frac{800 \text{ cm}^2 - 4 \text{ cm} \cdot a}{6 \text{ cm}}$;
ferner ist $a = \frac{-bf}{-b-f}$; hieraus erhält man $a = \underline{20{,}7 \text{ cm}}$

**877.** (Bild 345) Es ergeben sich folgende Winkel:
$\alpha = 20°$; $\beta = 15{,}3°$;
$\omega' = 180° - \omega = 140°$;
$\gamma = \omega - \beta = 24{,}7°$;
$\delta = 32{,}9°$;
$\varepsilon = 20° + 90° - \delta = 77{,}1°$;
$\varphi = 90° - \varepsilon = \underline{12{,}9°}$; unter Vernachlässigung des kurzen

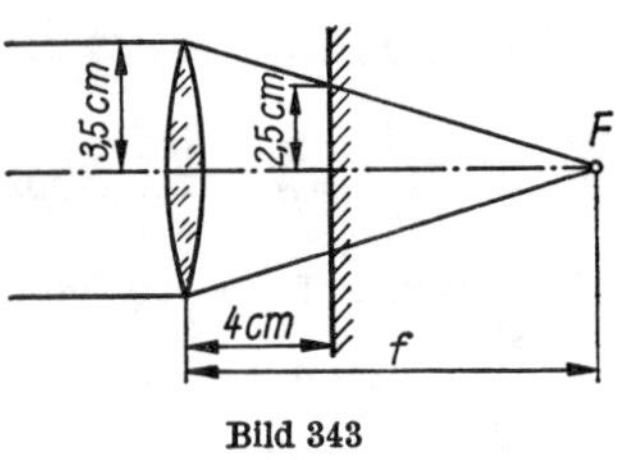

Bild 343

Lichtweges im Prisma wird $\tan\varphi = \frac{h}{e}$, woraus $e = \underline{21{,}8 \text{ cm}}$ folgt.

**878.** (Bild 346) Analog zu Aufgabe 877 ergibt sich für den Winkel zwischen Randstrahl und Achse $\varphi = 10{,}3°$; bei einer sym-

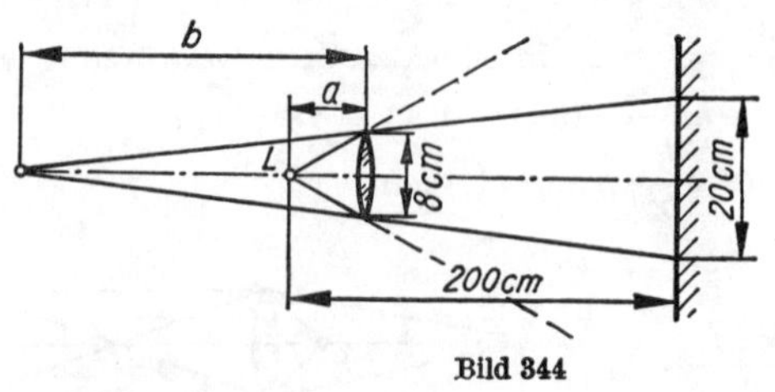

Bild 344

metrischen Sammellinse und $n = 1{,}5$ ist $f = r$; es gilt dann $\frac{h}{e} = \tan 10{,}3°$ und $\frac{h}{r} = \tan 10°$; $\frac{e}{r} = 0{,}97$; die Änderung beträgt $\underline{3\,\%}$.

**879.** Es gelten die Proportionen $\frac{f}{a} = \frac{d - \overline{AF}}{d}$ und $\frac{f}{b} = \frac{f - \overline{BF}}{d}$;

durch Addition ergibt sich $\frac{f}{a} + \frac{f}{b} = \frac{2d - d}{d} = 1$; nach Division durch $f$ erhält man $\frac{1}{a} + \frac{1}{b} = \frac{1}{f}$

**880.** $b = \frac{af}{a - f} = 5{,}56\,\text{cm}$;

$B : G = b : a = \underline{1 : 9}$

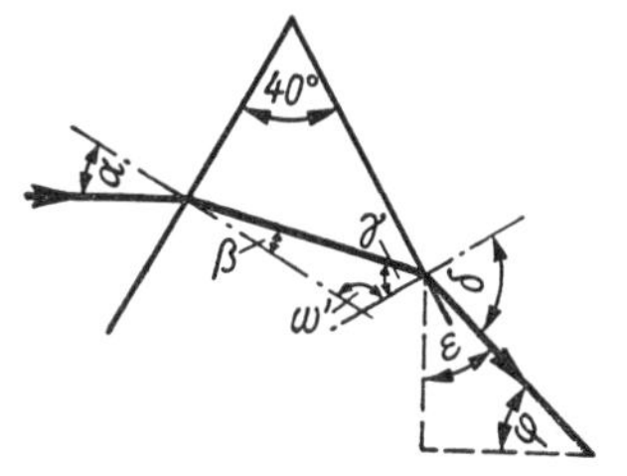

Bild 345

**881.** $\frac{B}{G} = \frac{3{,}6}{175} = \frac{f}{a - f}$;

$a = \underline{248\,\text{cm}}$

**882.** Wegen $G = B$ ist auch $a = b$, so daß $f = \frac{a}{2} = \underline{30\,\text{cm}}$

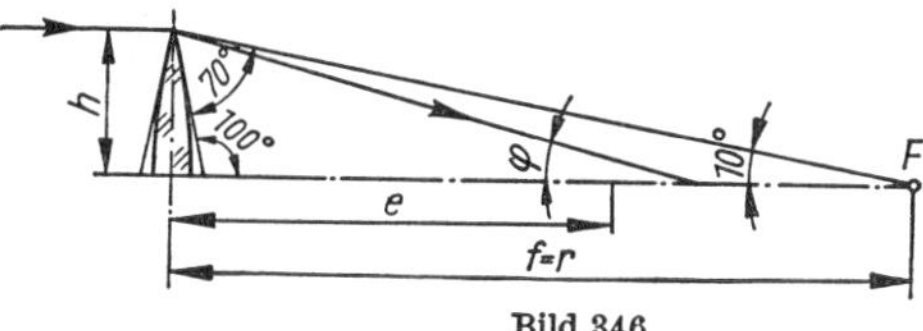

Bild 346

**883.** Aus den Gleichungen $\frac{3{,}6}{172} = \frac{a_2}{b_2}$ bzw. $\frac{3{,}6}{72} = \frac{a_1}{b_2 - 200\,\text{cm}}$ und den entsprechenden Abbildungsgleichungen gewinnt man $f = \underline{7{,}2\,\text{cm}}$ und $b_2 = \underline{351\,\text{cm}}$

**884.** Es ist $\frac{G}{B} = \beta_1 = \frac{z}{f}$ sowie $\beta_2 = \frac{z + h}{f}$; subtrahiert man beide Gleichungen, so erhält man die genannte Formel.

**885.** Mit der Gegenstandsweite $a = \frac{bG}{B}$ folgt für die Brennweite

$f = \frac{ab}{a + b}$ die Gleichung $f = \frac{Gb}{G + B} = \underline{25{,}02\,\text{cm}}$

**886.** $b = \frac{af}{a - f} = \underline{-12\,\text{cm}}$; $B = \frac{bG}{a} = \underline{-3{,}6\,\text{cm}}$; die negativen Vorzeichen besagen, daß das Bild virtuell ist.

**887.** Die Entfernung von G über Sp nach W ist $d = 340\,\text{cm}$;

es gilt dann $\frac{1}{f} = \frac{1}{a} + \frac{1}{d - a}$, wonach $a = \frac{d}{2} \pm \sqrt{\frac{d^2}{4} - fd}$

oder mit den Zahlenwerten $a = \underline{15{,}73\,\text{cm}}$

**888.** $G = \frac{Ba}{b} = \frac{18\text{ cm} \cdot 400000\text{ cm}}{50\text{ cm}} = 144000\text{ cm} = 1{,}44\text{ km};$

$A = 1{,}44^2\text{ km}^2 = 2{,}074\text{ km}^2$

**889.** Bildweiten ohne Zwischenring $b_1 = 5{,}56$ cm und $b_2 = 5{,}0$ cm; mit Zwischenring ist $b_1' = 7{,}56$ cm und $b_2' = 7{,}0$ cm;

$$a' = \frac{b_1' f}{b_1' - f} = \underline{14{,}8\text{ cm}}; \quad a_2' = \underline{17{,}5\text{ cm}}$$

**890.** $b = \frac{af}{a - f}$; $b_1 = 5{,}26$ cm; $b_\infty = 5$ cm; $b_1 - b_\infty = \underline{0{,}26\text{ cm}}$

**891.** $-2{,}5\ {}^1/\text{m} = (1{,}5 - 1)\left(\frac{1}{r_2} - \frac{1}{0{,}15\text{ m}}\right)$; $\quad r_2 = 0{,}6\text{ m} = \underline{60\text{ cm}}$

**892.** Die Konstruktion des Strahlenganges (Bild 347) zeigt: Die Linse allein erzeugt ein aufrechtes virtuelles Bild $B_1$ von der Größe $2G$; Spiegel und Linse zusammen erzeugen ein umgekehrtes reelles Bild $B_2$ von der Größe $G$.

**893.** Aus der Abbildungsgleichung $\frac{1}{f} = \frac{1}{g} - \frac{1}{b}$ wird mit $g = 40\text{ cm} + b$ der Abstand $b = \underline{8{,}28\text{ cm}}$.

**894.** Aus Bild 348 liest man ab $\frac{d}{f} = \frac{b}{l + f}$, woraus sich die Formel ergibt.

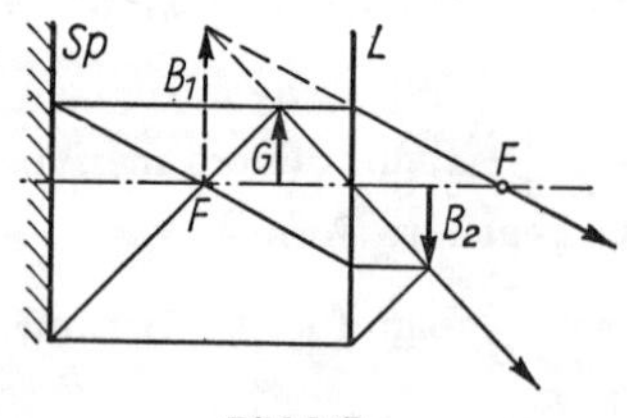

Bild 347

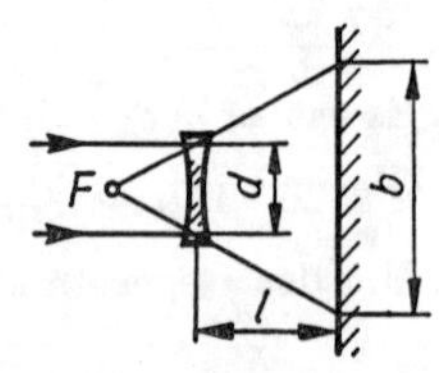

Bild 348

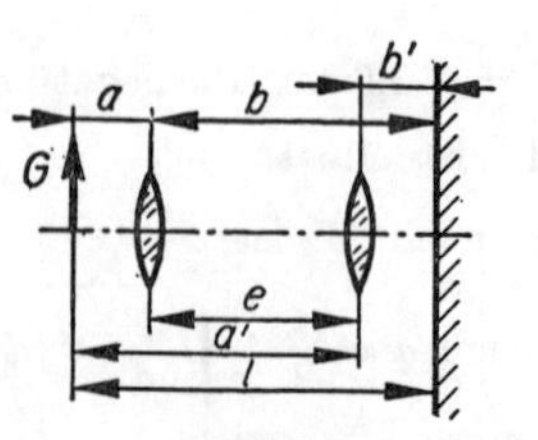

Bild 349

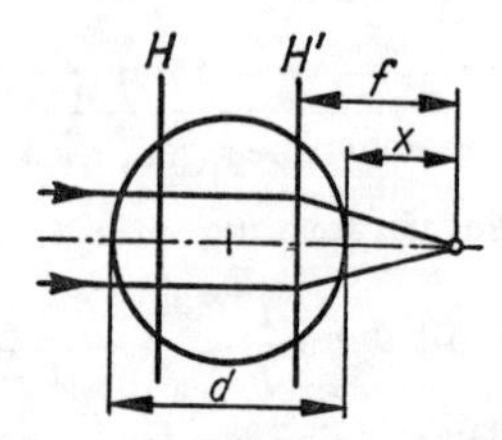

Bild 350

**895.** (Bild 349) Grundsätzlich gilt $\frac{1}{f} = \frac{1}{a} + \frac{1}{b}$; hier ist wegen der Vertauschbarkeit von Gegenstand und Bild $a = b' = \frac{l - e}{2}$ und $b = a' = \frac{l + e}{2}$; setzt man diese Werte in die Grundgleichung ein, so ergibt sich die genannte Formel.

**896.** (Bild 350) Mit $n = 4/3$ wird $\overline{HH'} = r/2$;
aus $1/f = (n - 1)\left(\frac{1}{r} + \frac{1}{r}\right)$ ergibt sich $f = \frac{3}{2}r$, und der gesuchte Abstand ist $x = f - \frac{3r}{4} = \frac{3r}{4} = \underline{2{,}25\ \text{cm}}$.

**897.** $\frac{1}{f} = \frac{1}{25\ \text{cm}} + \frac{1}{6\ \text{cm}} = \left(\frac{1{,}650}{1{,}333} - 1\right)\frac{2}{r}$; $r = \underline{2{,}3\ \text{cm}}$

**898.** a) $b = \frac{af}{a - f}$, wobei $a = -8$ cm ist, so daß

$$b = \frac{(-8\ \text{cm})\,(20\ \text{cm})}{-8\ \text{cm} - 20\ \text{cm}} = \underline{5{,}71\ \text{cm}}$$

b) $b = \frac{-8 \cdot (-20)}{-8 + 20}\ \text{cm} = \underline{13{,}33\ \text{cm}}$

**899.** a) $f = \frac{f_1 f_2}{f_1 + f_2 - e} = \frac{8\ \text{cm} \cdot (-8\ \text{cm})}{(8 - 8 - 0{,}5)\ \text{cm}} = \underline{128\ \text{cm}}$ b) $\underline{64\ \text{cm}}$
c) $\underline{32\ \text{cm}}$ d) $\underline{\infty}$

**900.** Mit der Einstellung auf $\infty$ liegt die Bildweite $b = 5$ cm fest und damit auch die Gegenstandsweite mit $a = 5$ cm. Gesamtbrennweite $f = \frac{a}{2} = 2{,}5$ cm; $f_2 = \frac{f_1 f}{f_1 - f} = \underline{5\ \text{cm}}$

**901.** a) Für die Gesamtbrennweite $f$ gilt $\frac{1}{f} = \frac{1}{a} + \frac{1}{b}$; mit $a = 20$ cm und $b = 5$ cm ist $f = 4$ cm; $f_2 = \frac{f_1 f}{f_1 - f} = \underline{20\ \text{cm}}$

b) Die Einstellung auf 1 m ergibt mit $f = 5$ cm die Bildweite $b = 5{,}26$ cm; mit $f = 4$ cm ist $a = \frac{bf}{b - f} = \underline{16{,}70\ \text{cm}}$

**902.** Für die Bikonvexlinse folgt aus $\frac{1}{f} = (n - 1)\left(\frac{1}{r_1} + \frac{1}{r_2}\right)$ mit $n = 1{,}5$ die Brennweite $f_1 = r$ und für die Plankonvexlinse $f_2 = 2r$. Die Gesamtbrennweite ergibt sich aus

$$\frac{1}{f} = \frac{1}{r} + \frac{1}{2r} \quad \text{zu} \quad f = \underline{\frac{2}{3}}r$$

**903.** a) Da Bildweite $b$ und Brennweite $f_1$ der Augenlinse anatomisch festliegen, gilt

$$\frac{1}{f_1} = \frac{1}{18\text{ cm}} + \frac{1}{b} \quad \text{bzw.} \quad \frac{1}{f_1} + \frac{1}{f_1'} = \frac{1}{25\text{ cm}} + \frac{1}{b};$$

durch Subtraktion der Gleichungen erhält man
$f_1' = \underline{-64{,}3\text{ cm}}$ oder $\underline{-1{,}56\text{ dpt}}$

b) entsprechend ergibt sich $f_2' = \underline{42{,}9\text{ cm}}$ oder $\underline{+2{,}33\text{ dpt}}$

**904.** $\frac{v_1}{v_2} = \frac{f_2}{f_1} = \frac{1}{2}$; $f_2 = 4$ cm; $f_{1,2} = \frac{f_1 f_2}{f_1 + f_2} = \underline{2{,}67\text{ cm}}$;

$v_1 = \frac{s}{f_1} = \frac{25}{8} = \underline{3{,}13}$; $v_2 = \underline{6{,}25}$; $v_3 = \underline{9{,}36}$

**905.** $f = \frac{f_1^2}{2f_1 - e}$; $e = \underline{7{,}5\text{ cm}}$

**906.** Damit $f = \infty$, muß der Nenner der Formel $f = \frac{f_1 f_2}{f_1 + f_2 - e}$ gleich 0 sein; hieraus $f_2 = e - f_1 = (5 - 14)\text{ cm} = \underline{-9\text{ cm}}$

**907.** Da das Licht in kurzem Abstand zweimal durch dieselbe Linse geht, gilt mit $a = b = 120$ cm die Abbildungsgleichung

$\frac{1}{f} + \frac{1}{f} = \frac{1}{120\text{ cm}} + \frac{1}{120\text{ cm}}$, woraus sich $\underline{f = 120\text{ cm}}$ ergibt.

**908.** (Bild 351) $\overline{FL_1} = \frac{(-4-6)\text{ cm} \cdot 8\text{ cm}}{(8-4-6)\text{ cm}} = 40\text{ cm}$;

$\overline{L_2F'} = \frac{(-4)\text{ cm }(8-6)\text{ cm}}{(-2)\text{ cm}} = 4\text{ cm}$;

$f = \frac{(-4)\text{ cm} \cdot 8\text{ cm}}{(-2)\text{ cm}} = \underline{16\text{ cm}}$; $\overline{HL_1} = (40 - 16)\text{ cm} = \underline{24\text{ cm}}$;
$\overline{H'L_1} = (16 - 4 - 6)\text{ cm} = \underline{6\text{ cm}}$

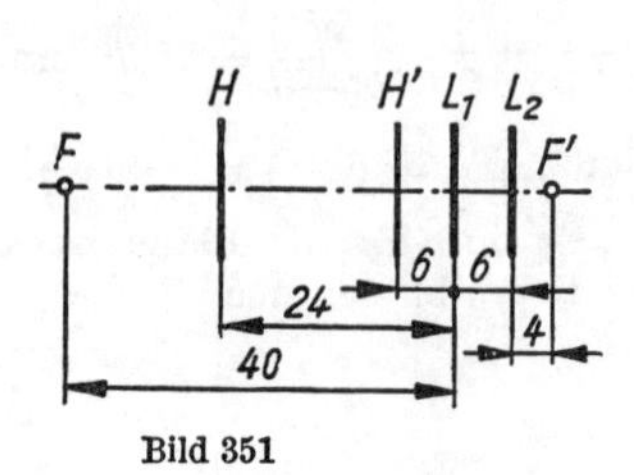

Bild 351

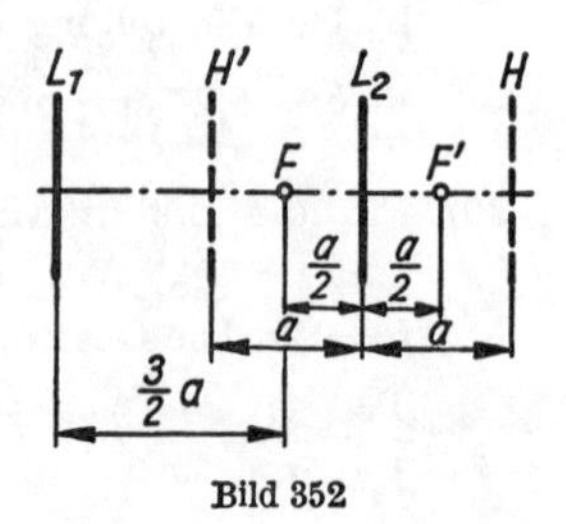

Bild 352

**909.** Aus den beiden Gleichungen $5\,\text{cm} = \dfrac{f_1 f_2}{f_1 + f_2 - 2\,\text{cm}}$ und $8\,\text{cm} = \dfrac{f_1 f_2}{f_1 + f_2 - 8\,\text{cm}}$ erhält man $\underline{f_1 = 10\,\text{cm}}$ und $\underline{f_2 = 8\,\text{cm}}$.

**910.** (Bild 352) Abstand des linken Brennpunktes $F$ von Linse $L_1$:

$$\overline{FL_1} = \frac{3a\,(a - 2a)}{3a + a - 2a} = -\frac{3a}{2}$$

(d. h. rechts von $L_1$); Abstand des rechten Brennpunktes $F'$ von der rechten Linse:

$$\overline{F'L_2} = \frac{a\,(3a - 2a)}{3a + a - 2a} = \frac{a}{2} \text{ (d.h. rechts von } L_2\text{)};$$

$$f = \frac{3a \cdot a}{3a + a - 2a} = \underline{\frac{3a}{2}}\,;$$ die zu $F'$ gehörige Hauptebene $H'$ liegt in der Mitte zwischen $L_1$ und $L_2$, die zu $F$ gehörige Hauptebene $H$ liegt rechts von $L_2$ im Abstand $a$.

**911.** a) $\Delta s_1 = \dfrac{5\lambda_1}{2} = 2nd - \dfrac{\lambda_1}{2}$; $\lambda_1 = \dfrac{n2d}{3} = \underline{675{,}0\,\text{nm}}$;

$\lambda_2 = \underline{506{,}3\,\text{nm}}$; $\lambda_3 = \underline{405{,}0\,\text{nm}}$

b) $\Delta s_1 = 3\lambda_1 = 2nd - \dfrac{\lambda_1}{2}$; $\lambda_1 = \dfrac{4nd}{7} = \underline{578{,}6\,\text{nm}}$;

$\lambda_2 = \underline{450\,\text{nm}}$

**912.** Die Strahlen sind in $D$ und $B$ phasengleich. Der geometrische Umweg von Strahl *1* ist $s_0 = \overline{DF} + \overline{FB} = \overline{DF} + \overline{AF} = 2\overline{AF} - \overline{AD}$; $\overline{AD} = 2\overline{AE}$; $s_0 = 2\,(\overline{AF} - \overline{AE}) = 2\overline{EF} = 2d\cos\beta$; opt. Umweg $s_1 = 2nd\cos\beta$; mit dem Phasensprung von Strahl *2* bei $B$ ist $\Delta s = 2nd\cos\beta - \dfrac{\lambda}{2}$.

**913.** a) Mit $\cos\beta\sqrt{1 - \sin^2\beta}$ und $\sin\alpha = n\sin\beta$ wird

$$\underline{\Delta s = 2d\sqrt{n^2 - \sin^2\alpha} = \frac{\lambda}{2}}$$

b) Für $\alpha = 0°$ ist $\Delta s_1 = 1500\,\text{nm} - \dfrac{\lambda}{2}$; für $\alpha = 90°$ ist

$\Delta s_2 = 1118\,\text{nm} - \dfrac{\lambda}{2}$; $\Delta s_1 - \Delta s_2 = \underline{382\,\text{nm}}$

**914.** a) $d = \dfrac{k\lambda}{4n}$; für $k = 1$ ist $d = \underline{101{,}85\,\text{nm}}$

b) $\Delta s = 2nd$; $400:360° = 2nd:\varphi_v$; $\varphi_v = \underline{247{,}5°}$; $\varphi_r = \underline{141{,}4°}$

**915.** Mit Hilfe des Spiegelbildes S′ von S findet man den geometrischen Wegunterschied

$$s_2 - s_1 = \sqrt{a^2 + (y+d)^2} - \sqrt{a^2 + (y-d)^2} \approx$$

$$\approx a\left\{1 + \frac{(y+d)^2}{2a^2} - \left[1 + \frac{(y-d)^2}{2a^2}\right]\right\} = \frac{2yd}{a};$$

unter Berücksichtigung des Phasensprungs bei der Reflexion gilt für das 1. Minimum $\frac{2dy}{a} + \frac{\lambda}{2} = \frac{3\lambda}{2}$ und hiernach $\underline{y = \frac{\lambda a}{2d}}$

**916.** Optischer Weg von Strahl *3*: $2nd + \frac{\lambda}{2} = 6d$; Auslöschung:

$2nd = \frac{\lambda}{2}$;

a) Einsetzen ergibt $n = \underline{1{,}5}$

b) $d = \underline{\frac{\lambda}{6}}$

c) Wegen des Gangunterschiedes 0 erfolgt Verstärkung.

**917.** a) Strahl *3* hat die optische Weglänge $4nd + 2d$;

$$\Delta s = 4nd + 2d - \frac{\lambda}{2} = \underline{2d\,(2n+1) - \frac{\lambda}{2}}$$

b) $\frac{\lambda}{2} = 4nd + 2a - \frac{\lambda}{2}$; $\quad \underline{a = \frac{\lambda}{2} - 2\,nd}$

**918.** a) $\Delta s = nd - d = d\,(n-1) = 2 \cdot 10^{-6}\,\text{m} \cdot 0{,}45$
$= 900\,\text{nm} = \underline{1{,}8\,\lambda}$

b) $d = \frac{\lambda}{4\,(n-1)} = \underline{278\,\text{nm}}$

**919.** Der Gangunterschied ist einerseits $\Delta s = z\lambda$ und andererseits gleich der Differenz der optischen Weglängen $\Delta s = l\,(n_G - n_L)$; durch Gleichsetzen wird $n_G = \frac{z\lambda}{l} + n_L = 1{,}50 \cdot 10^{-4} + 1{,}000292$ $= \underline{1{,}000442}$ (Methan).

**920.** Für den $k$-ten dunklen Ring gilt als Beziehung $nd = \frac{k\lambda}{2}$ mit

$$d = \frac{a_k^2}{2r}; \quad a_k = \sqrt{\frac{kr\lambda}{n}} = \frac{a_{\text{vak}}}{\sqrt{n}} = \underline{2{,}23\,\text{cm}}$$

**921.** Der Luftspalt hat die Dicke $d_2 - d_1 = \frac{a^2}{2r_2} - \frac{a^2}{2r_1}$; für den 1. dunklen Ring gilt daher $\lambda = a^2\left(\frac{1}{r_2} - \frac{1}{r_2}\right)$; wegen $r_1 \approx r_2$ ist dann $\lambda = \frac{a^2\,\Delta r}{r^2}$ und $\Delta r = \frac{r^2\lambda}{a^2} = \underline{0{,}24\,\text{mm}}$

**922.** a) $\lambda = \frac{a^2}{5r} = \underline{481\ \text{nm}}$   b) $k = \frac{(2a)^2}{\lambda r} = \frac{4a^2 \cdot 5r}{a^2 r} = \underline{20}$

**923.** In der unmittelbaren Umgebung der Berührungsstelle der Linse kann die Dicke der Luftschicht vernachlässigt werden. Der Phasensprung an der ebenen Glasplatte bewirkt hier vollständige Auslöschung.

**924.** Der Lichtweg über $S_1$ ist

$$s_1 = \sqrt{a^2 + r^2} + \sqrt{b^2 + r^2} = a\sqrt{1 + \frac{r^2}{a^2}} + b\sqrt{1 + \frac{r^2}{b^2}};$$

da $r \ll a$ bzw. $b$ ist, kann geschrieben werden

$$s_1 = a\left(1 + \frac{r^2}{2a^2}\right) + b\left(1 + \frac{r^2}{2b^2}\right) = a + b + \frac{r^2}{2}\left(\frac{1}{a} + \frac{1}{b}\right).$$

Mit dem direkten Lichtweg $s_0 = a + b$ und unter Berücksichtigung des Phasensprungs bei $S_1$ ist $\Delta s = \frac{r^2}{2}\left(\frac{1}{a} + \frac{1}{b}\right) + \frac{\lambda}{2}$; für die Maxima gilt $\Delta s = k\lambda$ ($k = 1, 2, \ldots$) und daher

$$\underline{\frac{1}{a} + \frac{1}{b} = \frac{\lambda}{r^2}(2k - 1)}$$

**925.** $\sin \alpha \approx \tan \alpha$;  $\frac{3\lambda}{d} = \frac{a}{f}$;  $f = \frac{ad}{3\lambda} = \underline{25\ \text{cm}}$

**926.** Rechnet man den Radius bis zum 1. Minimum, so gilt

$\sin \alpha = \frac{1{,}22\,\lambda}{d}$;   mit $\sin \alpha \approx \alpha$   wird   $r = \alpha f = \frac{1{,}22\,\lambda f}{d} =$ $= \underline{0{,}002\ \text{mm}}$

**927.** $\sin \alpha_1 = \frac{\lambda}{g} = 0{,}4602$; $\sin \alpha_2 = \frac{2\lambda}{g} = 2 \cdot 0{,}4602 = 0{,}9204$; $\alpha_2 = \underline{67{,}0^\circ}$

**928.** Gitterkonstante $g = \frac{10^{-3}\ \text{m}}{800} = 1\,250\ \text{nm}$; $\sin \alpha_1 = \frac{\lambda_1}{g} = 0{,}56$;

$\alpha_1 = 34{,}1^\circ$; $\sin \alpha_2 = \frac{\lambda_2}{g} = 0{,}32$; $\alpha_2 = 18{,}7^\circ$; $\Delta\alpha = \underline{15{,}4^\circ}$

**929.** $\sin \alpha = \frac{2 \cdot 700 \cdot 10^{-9}}{g} > \frac{3 \cdot 400 \cdot 10^{-9}}{g}$

**930.** $\sin \alpha = \tan \alpha$; $\frac{\lambda_1}{g} = \frac{a_1}{f}$ ($a_1$ seitlicher Abstand des Maximums 1. Ordnung vom Maximum 0. Ordnung);

$$a_1 = \frac{f\lambda_1}{g}; \quad a_2 = \frac{f\lambda_2}{g}; \quad g = \frac{f(\lambda_1 - \lambda_2)}{a_1 - a_2} = \underline{0{,}01 \text{ mm}}$$

**931.** $x : 25 \text{ cm} = 3{,}48 : 384$; $x = 0{,}23 \text{ cm} = \underline{2{,}3 \text{ mm}}$

**932.** $\varepsilon h = 12 \text{ cm}; \quad h = \frac{12 \text{ cm} \cdot 60 \cdot 360}{32 \cdot 2\pi} = 1289 \text{ cm} \approx \underline{13 \text{ m}}$

**933.** a) Die noch getrennt abgebildeten Punkte erscheinen im Abstand $s$ unter dem Winkel $\varepsilon_0 = \frac{g}{2} = \frac{\lambda}{2sA}$ bzw. nach Umrechnung in Minuten

$$\varepsilon_0 = \frac{180 \cdot 60\,\lambda}{A \cdot 2 \cdot 250\,\pi} = \frac{6{,}88\,\lambda}{A}; \quad v = \frac{\varepsilon}{\varepsilon_0} = \underline{\frac{\varepsilon A}{6{,}88\,\lambda}}$$

b) $v = \frac{2 \cdot 1{,}4}{6{,}88 \cdot 550 \cdot 10^{-6}} = \underline{740}$

**934.** $v = \frac{\varepsilon_{\text{mit Instr.}}}{\varepsilon_{0 \text{ ohne Instr.}}} = \frac{\varepsilon s}{g}; \quad g = \frac{\varepsilon s}{v} = \frac{2\pi \cdot 0{,}25 \text{ m}}{180 \cdot 60 \cdot 500} = \underline{291 \text{ nm}}$

**935.** $\frac{I_1}{r_1^2} = \frac{I_2}{r_2^2}; \quad I_2 = \underline{14{,}4 \text{ cd}}$

**936.** $\frac{I_1}{r_1^2} = \frac{I_2}{(r - r_1)^2}$; der Abstand der Lampe $L_1$ vom Schirm beträgt $r_1 = \underline{0{,}57 \text{ m}}$

**937.** a) $I = Er^2 = \underline{250 \text{ cd}}$ b) $\Phi = 4\pi I = \underline{3142 \text{ lm}}$

**938.** $E_2 = \frac{E_1 r_1^2}{r_2^2} = \underline{21{,}3 \text{ lx}}$

**939.** Raumwinkel $\omega = \frac{A}{r^2} = 0{,}0104$ sr; $\Phi = I\omega = \underline{0{,}832 \text{ lm}}$

**940.** a) $I = Er^2 = \underline{14400 \text{ cd}}$ b) $\Phi = I\omega = \frac{IA}{r^2} = \underline{28{,}3 \text{ lm}}$

**941.** $I_1 \cos(45° - \alpha) = I_2 \cos(45° + \alpha)$; nach Anwendung des Additionstheorems und Einsetzen der Zahlenwerte wird $\frac{\sin\alpha}{\cos\alpha} = \tan\alpha = 0{,}6$; $\underline{\alpha = 31°}$ nach Richtung von $I_1$; mit

$$r = 0{,}9 \text{ m} \cdot \sqrt{2} = 1{,}273 \text{ m} \quad \text{wird} \quad E = \frac{2I_1 \cos 14°}{r^2} = \underline{24 \text{ lx}}$$

**942.** a) $I = \frac{5000 \text{ lm}}{4\pi} = 397{,}9 \text{ cd}; \quad E = \frac{I}{r^2} = \underline{6{,}22 \text{ lx}}$

b) (Bild 353) $r' = \sqrt{(64 + 36)\,\text{m}^2} = 10\,\text{m}$;

$$E = \frac{I\cos\alpha}{r'^2} = \frac{Ih}{r'^3} = \underline{3{,}18\,\text{lx}}$$

**943.** $r = \sqrt{(1{,}8^2 + 1^2)\,\text{m}^2} = 2{,}06\,\text{m}$; $\cos\alpha = \dfrac{h}{r}$;

$$E = \frac{I\cos\alpha}{r^2} = \frac{Ih}{r^3} = \underline{29{,}2\,\text{lx}}$$

**944.** $r = \sqrt{(2{,}5^2 + 1{,}2^2)\,\text{m}^2} = 2{,}77\,\text{m}$; $\cos\alpha = \dfrac{h}{r}$;

$$I = \frac{Er^2}{\cos\alpha} = \frac{Er^3}{h} = \underline{680\,\text{cd}}$$

**945.** a) $E = \dfrac{I}{h^2} = \underline{37{,}5\,\text{lx}}$ b) $E = \dfrac{I}{r^2}\cos\alpha = \dfrac{Ih}{\sqrt{(h^2 + x^2)^3}}$;
mit $E = 20$ lx folgt daraus $x = \underline{1{,44}\,\text{m}}$

**946.** Die Beleuchtungsstärken beider Lampen müssen gleich groß sein, so daß $\dfrac{I_1 x}{(a^2 + x^2)\sqrt{a^2 + x^2}} = \dfrac{I_2 x}{(b^2 + x^2)\sqrt{b^2 + x^2}}$;
$x = \underline{1{,}5\,\text{m}}$

**947.** $\Phi = I\omega$; $\omega \approx \dfrac{r_2^2\pi}{r_1^2}$; $\Phi = \underline{10{,}3\,\text{lm}}$

**948.** $I_2 = \dfrac{I_1 e_2^2}{e_1^2} = \dfrac{65\,\text{cd} \cdot 3.2^2\,\text{m}^2}{1{,}8^2\,\text{m}^2} = \underline{205{,}4\,\text{cd}}$

**949.** Mit $I = L\pi r^2$ wird $E = \dfrac{I}{r^2} = L\pi = \underline{628{,}3\,\text{lx}}$

**950.** (Bild 354) Der Kondensor erfaßt den Lichtstrom $\Phi' = \dfrac{\Phi A}{4\pi r^2}$, wobei $r = \sqrt{(5^2 + 12^2)\,\text{cm}^2} = 13$ cm und $A$ die Oberfläche der

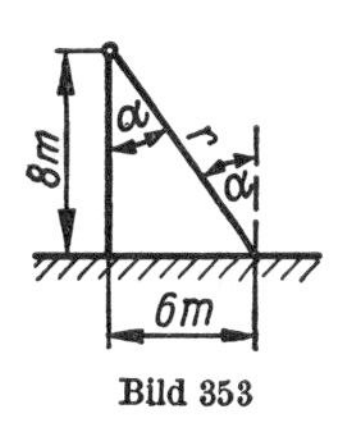

Bild 353

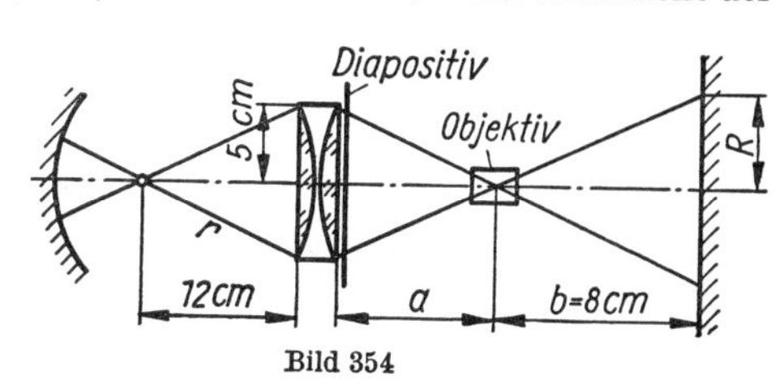

Bild 354

Kugelkappe der Höhe $h = (13 - 12)$ cm $= 1$ cm ist. Wegen des Reflektors ist $\Phi'' = \frac{2\Phi 2\pi r h}{4\pi r^2} = 230{,}8$ lm; Gegenstandsweite ist nach Abbildungsgleichung $a = 0{,}258$ m; Radius der ausgeleuchteten Fläche $R = 1{,}55$ m; ausgeleuchtete Fläche am Bildschirm $A' = \pi R^2 = 7{,}55\ \text{m}^2$; Beleuchtungsstärke $E = \frac{\Phi''}{A'} = \underline{30{,}6\ \text{lx}}$

**951.** $I = 0{,}2\ \text{cd/cm}^2 \cdot 120\ \text{cm} \cdot 5\ \text{cm} = \underline{120\ \text{cd}}$

**952.** a) $I_2 = \frac{I_1 e_2^2}{e_1^2} = \frac{45\ \text{cd} \cdot 110^2\ \text{cm}^2}{75^2\ \text{cm}^2} = \underline{96{,}8\ \text{cd}}$

b) $L = \frac{I_2}{A} = \frac{96{,}8\ \text{cd}}{0{,}06\ \text{cm}^2} = \underline{16{,}13 \cdot 10^6\ \text{cd/m}^2}$

**953.** Mit der bestrahlten Fläche $A = 4\pi r^2$ wird

$$L = \frac{\Phi}{\pi A} = \frac{\Phi}{4\pi^2 r^2} = \underline{9851\ \text{cd/m}^2}$$

**954.** $I_L = L_L \pi r^2$; $\quad L_F = \frac{I_L}{\pi a^2} = \frac{L_L r^2}{a^2} = \underline{102\ \text{cd/m}^2}$

**955.** $L = \frac{\Phi}{\pi A} = \frac{\Phi}{\pi \cdot 4\pi r^2}$; $\quad r = \sqrt{\frac{\Phi}{L \cdot 4\pi^2}} = 12{,}43$ cm; $d = \underline{24{,}9\ \text{cm}}$

**956.** Unter der Annahme, daß die Fläche von einer in der Entfernung $r$ befindlichen Lichtquelle bestrahlt wird, hat diese die Lichtstärke $I' = Er^2$; dann ist

$$L = \frac{I'}{\pi r^2} = \frac{E}{\pi} = \frac{2000\ \text{cd}}{\text{m}^2} = \underline{637\ \text{cd/m}^2}; \quad I_F = LA = \underline{3{,}2\ \text{cd}}$$

**957.** Lichtstärke der Sonne $I_{So} = E_{So} r_{So}^2$, Leuchtdichte des Mondes $L_{Mo} = \frac{\eta I_{So}}{\pi r_{So}^2}$; Lichtstärke des Mondes $I_{Mo} = L_{Mo} A_{Mo}$; Beleuchtungsstärke der Erde

$$E_{Mo} = \frac{I_{Mo}}{r_{Mo}^2} = \frac{\eta E_{So} r_{So}^2 A_{Mo}}{r_{Mo}^2 \pi r_{So}^2} = \underline{0{,}15\ \text{lx}}$$

**958.** Nach Aufg. 956 ist die Leuchtdichte des Hintergrundes $L = \frac{E}{\pi}$ und die Lichtstärke der Lampe $I = L\pi r^2 = Er^2 = \underline{20\ \text{cd}}$

**959.** a) $E = (50 \cdot 7)\ \text{lx} = \underline{350\ \text{lx}}$

b) $\Phi = EA = \underline{14455\ \text{lm}}$

c) $L = \frac{0{,}75\Phi}{A\pi} = \underline{83{,}6\ \text{cd/m}^2}$

**960.** Die Lichtstärke des Mondes ist $I = LA$, wobei $A = \pi r^2$ ($r$ Mondradius); sie ergibt die Beleuchtungsstärke $E_1 = \frac{I}{R^2}$ ($R$ Mondabstand), so daß $\frac{L\pi r^2}{R^2} = \frac{I}{x^2}$ ist;

$\frac{r}{R} = \sin 15{,}5' = 0{,}004\,509$; $x = \underline{19{,}4\ \text{m}}$

## 5. Elektrizitätslehre

**961.** $R = \frac{\varrho l}{A}$; $U = IR = \frac{6\ \text{A} \cdot 0{,}0178\ \Omega\text{mm}^2/\text{m} \cdot 0{,}5\ \text{m}}{0{,}7854\ \text{mm}^2} = \underline{0{,}068\ \text{V}}$

**962.** $I = \frac{UA}{\varrho l} = \frac{0{,}23\ \text{V} \cdot 70\ \text{mm}^2}{0{,}0178\ \text{V/A} \cdot \text{mm}^2/\text{m} \cdot 6\ \text{m}} = \underline{150{,}7\ \text{A}}$

**963.** $I = \frac{U}{R_i} = \frac{2\ \text{V}}{0{,}05\ \text{V/A}} = \underline{40\ \text{A}}$

**964.** $I = \frac{U}{R_i} = \frac{1\ \text{A}}{30\,000\ \text{V/A}} = \underline{33\ \mu\text{A}}$

**965.** $U = IR = 0{,}00045\ \text{A} \cdot 3000\ \text{V/A} = 1{,}35\ \text{V}$;

$U_1 = \frac{U\Delta l}{l} = \frac{135\ \text{V} \cdot 5\ \text{cm}}{8\ \text{cm}} = \underline{0{,}84\ \text{V}}$

**966.** $R = \frac{\varrho N l}{A} = \frac{0{,}0178\ \Omega\ \text{mm}^2/\text{m} \cdot 40\,000 \cdot 0{,}082\ \text{m}}{0{,}1964\ \text{mm}^2} = 297{,}3\ \Omega$;

$I = \frac{U}{R} = \underline{0{,}202\ \text{A}}$

**967.** Da sich die Stromstärken umgekehrt wie die Drahtlängen verhalten, ist $\frac{I_1}{I_2} = \frac{l - 10\ \text{m}}{l}$ und $l = \underline{770\ \text{m}}$

**968.** Die Länge wird 10mal so groß und wegen $V = lA$ der Querschnitt nur 1 Zehntel, so daß der Widerstand <u>100mal so groß</u> wird.

**969.** Drahtlänge $l = \pi d_1 N$; Drahtdicke $d_2 = \frac{l}{N}$; Drahtquerschnitt

$$A = \frac{\pi d_2^2}{4} = \frac{\pi}{4}\left(\frac{l}{N}\right)^2;$$

$$R = \frac{\varrho l_1}{A} = \frac{\varrho \pi d_1 N \cdot 4N^2}{\pi l^2};$$

$$N = \sqrt[3]{\frac{400\ \Omega \cdot 0{,}32^2\ \mathrm{m}^2 \cdot 10^6\ \mathrm{mm}^2/\mathrm{m}^2}{4 \cdot 0{,}5\ \Omega\ \mathrm{mm}^2/\mathrm{m} \cdot 0{,}04\ \mathrm{m}}} = \underline{800\ \text{Windungen}};$$

$$d_2 = \frac{l}{N} = \underline{0{,}4\ \mathrm{mm}}$$

**970.** a) $A = 19{,}63\ \mathrm{mm}^2$; $U = IR = \frac{2I\varrho l}{A} = \underline{29\ \mathrm{V}}$

b) $\underline{69{,}5\ \mathrm{V}}$

**971.** $R = 4{,}046\ \Omega$; Spannungsverlust der Leitung
$U_1 = I_1 R = 20{,}23\ \mathrm{V}$; $U_2 = I_2 R = 40{,}46\ \mathrm{V}$;
$U = (189{,}8 + 20{,}23 - 40{,}46)\ \mathrm{V} = \underline{169{,}6\ \mathrm{V}}$

**972.** (Bild 355) Gesamter Kupferquerschnitt
$A' = 0{,}65 \cdot 60{,}4\ \mathrm{mm} \cdot 4\ \mathrm{mm}$
$= 157{,}04\ \mathrm{mm}^2$;
Drahtquerschnitt $A = \frac{A'}{N}$; mittlere Länge einer Windung $l_m = \pi d_m$, wobei
$d_m = 14\ \mathrm{mm}$; $R = \frac{\varrho \pi d_m N^2}{A'}$;

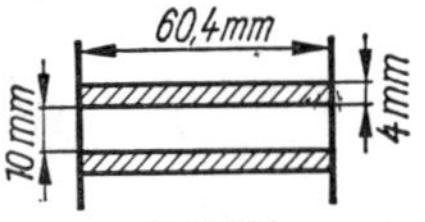

Bild 355

$$N = \sqrt{\frac{A'R}{\varrho \pi d_m}} = \sqrt{\frac{157{,}04\ \mathrm{mm}^2 \cdot 1961\ \Omega}{0{,}0175\ \Omega\ \mathrm{mm}^2/\mathrm{m} \cdot \pi \cdot 0{,}014\ \mathrm{m}}} = \underline{20\,000};$$

$A = 0{,}007\,852\ \mathrm{mm}^2$; $d = \underline{0{,}1\ \mathrm{mm}}$

**973.** Mittlere Länge einer Windung $l_m = \pi d_m = \pi (d_1 + h)$;

$$R = \frac{\varrho l}{A} = \frac{\varrho \pi (d_1 + h) N}{A}; \quad h = \frac{RA}{\varrho \pi N} - d_1 = 0{,}018\ \mathrm{m} = \underline{18\ \mathrm{mm}};$$

aus $\frac{0{,}6hb}{N} = A$ wird $b = \underline{43{,}6\ \mathrm{mm}}$.

**974.** Leitungswiderstand $R_L = 3{,}23\ \Omega$; $I = \frac{U}{R/3 + R_L} = 2{,}643\ \mathrm{A}$;
$U_k = U - IR_L = \underline{211{,}46\ \mathrm{V}}$; nach Abschalten einer Lampe ist

$I_1 = \frac{U}{R/2 + R_L} = 1{,}785$ A; $U_k' = U - I_1 R_L = 214{,}23$ V;
$\Delta U_1 = 2{,}77$ V; nach Abschalten von 2 Lampen ist
$I_2 = 0{,}904$ A; $U_k'' = 217{,}08$ V; $\Delta U_2 = \underline{5{,}62 \text{ V}}$

**975.** $U_q = U_k + IR_i$; $R_i = \frac{U_q - U_k}{I}$; $R_i = \underline{0{,}02\ \Omega}$;
$U_k' = U_q - I_2 R_i = \underline{5{,}8 \text{ V}}$

**976.** Aus den Gleichungen $U_{k1} = U_q - I_1 R_i$ und $U_{k2} = U_q - I_2 R_i$ ergeben sich $R_i = \underline{0{,}023\ \Omega}$ und $U_q = \underline{24{,}88 \text{ V}}$.

**977.** Leitungswiderstand $R = \frac{2\varrho l}{A} = 0{,}473\ \Omega$; Spannungsabfall in der Leitung $U_V = IR = 5{,}68$ V;
Klemmenspannung $U_k = U - U_V = \underline{218{,}32 \text{ V}}$

**978.** a) $U_k = U_q - IR_i = \underline{5{,}85 \text{ V}}$ b) $\underline{4{,}7 \text{ V}}$

**979.** $I_1 = \frac{U_{k1}}{R_{a1}} = 0{,}259$ A ; $I_2 = \frac{U_{k2}}{R_{a2}} = 0{,}478$ A ;

$\frac{I_1}{I_2} = \frac{R_i + R_{a2}}{R_i + R_{a1}}$ ; $R_i = \underline{0{,}46\ \Omega}$ ; $U_q = I_1 (R_i + R_{a1}) = \underline{4{,}52 \text{ V}}$

**980.** Leitungswiderstand $R_L = 3{,}626\ \Omega$; Verbraucherwiderstand

$R_V = 11{,}67\ \Omega$ ; $I = \frac{U_q}{R_L + R_V + R_i} = 7{,}82$ A ; $I_{20} = \underline{4{,}56 \text{ A}}$

$I_{28} = \underline{3{,}26 \text{ A}}$; Klemmenspannung an den Verbrauchern
$U_{kV} = IR_V = \underline{91{,}26 \text{ V}}$;
am Generator $U_{kG} = U_q - IR_i = \underline{119{,}69 \text{ V}}$

**981.** Die Maschenregel $\Sigma\, U = 0$ ergibt

$$U_q - U_q - U_q - U_q + 5\,IR = 0\ ; \quad 2U_q = 5\,IR\ ;$$

$$I = \frac{2\,U_q}{5R}\ ;$$

$$U_{AB} = 2\,U_q - \frac{2\,U_q}{5R} \cdot 2R = \underline{\frac{6}{5}\,U_q}$$

**982.** $I_1 = \frac{U_{AB}}{R_1} = \underline{1{,}625 \text{ A}}$ ; $I_2 = \underline{1{,}182 \text{ A}}$ ; $I_3 = \underline{0{,}867 \text{ A}}$

**983.** $I_1 = \underline{1 \text{ A}}$; $I_2 = \underline{2{,}5 \text{ A}}$; $I_3 = I_4 = \underline{0{,}5 \text{ A}}$

**984.** Gesamtwiderstand $R_g = \frac{R}{4} + R_{v1}$; $I_1 = \frac{U_q}{R/4 + R_{v1}}$;

nach Ausfall einer Lampe darf die Stromstärke nur noch $I_2 = \frac{3I_1}{4} = \frac{3U_q}{R + 4R_{v1}} = \frac{U_q}{R/3 + R_{v2}}$ betragen, hieraus wird

$R_{v2} = \frac{4R_{v1}}{3} = \underline{12\ \Omega}$

**985.** a) $R = \frac{U}{I} - R_i = \underline{97\ \Omega}$ b) $\underline{330\ \Omega}$ c) $\underline{3\,330\ \Omega}$

**986.** $\frac{I_1}{I_2} = \frac{R_i + R_2}{R_i + R_1}$; $R_i = \frac{I_2R_2 - I_1R_1}{I_1 - I_2} = \underline{2{,}55\ \Omega}$;
$U = I_1(R_i + R_1) = \underline{4{,}5\ \text{V}}$

**987.** $R_2 = \frac{R_gR_1}{R_1 - R_g} = \underline{656{,}25\ \Omega}$

**988.** Ersatzwiderstand der linken Vierergruppe

$R_I = \frac{3RR}{3R + R} = 2{,}25\ \Omega$; $R_{AB} = \frac{(R_I + 2R)\,R}{R_I + 3R} = \underline{2{,}2\ \Omega}$

**989.** Von links nach rechts fortschreitend, erhält man schrittweise

$R_I = \frac{R_1R_1}{R_1 + R_1} + R_1 = 1{,}5\ \Omega$; $R_{II} = \frac{R_IR_2}{R_I + R_2} + R_1 =$

$= 1857\ \Omega$; $R_{AB} = \frac{R_{II}R_3}{R_{II} + R_3} = \underline{1{,}15\ \Omega}$

**990.** $\frac{\left(\frac{R_2R_x}{R_2 + R_x} + R_3\right)R_1}{R_1 + R_3 + \frac{R_2R_x}{R_2 + R_x}} = R_{AB}$; $R_x = \underline{5\ \Omega}$

**991.** Für $R_x = 0$ wird $R'_{AB} = \frac{R_1R_3}{R_1 + R_3} = \underline{6{,}67\ \Omega}$; für $R_x \to \infty$

wird $R''_{AB} = \frac{R_1(R_2 + R_3)}{R_1 + R_2 + R_3} = \underline{7{,}5\ \Omega}$

**992.** $\frac{R_1R_2}{R_1 + R_2} = \frac{R_1}{5}$; $\frac{R_1}{R_2} = \underline{4}$

**993.** $R_1 + R_2 = \frac{6R_1R_2}{R_1 + R_2}$; mit $\frac{R_1}{R_2} = a$ ergibt sich $a = 2 \pm \sqrt{3}$;

$R_1 : R_2 = \underline{3{,}732 : 1}$ oder $\underline{0{,}268 : 1}$

**994.** $l = 2\left(l - 2x + \frac{x}{2}\right)$; $\quad x = \underline{\frac{l}{3}}$

**995.** $R' = \dfrac{\frac{R}{4} \cdot \frac{3R}{4}}{R} = \underline{\dfrac{3R}{16}}$

**996.** Werden die Rechteckseiten mit $a$ und $b$ bezeichnet, so gilt für die Widerstände $\dfrac{(2a + b)\, b}{2a + 2b} = \dfrac{2a + 2b}{8}$, woraus sich $a : b = 1 : 2{,}41$ ergibt.

**997.** $R_g = \dfrac{R_1 R_2}{R_1 + R_2} = \underline{142{,}86\ \Omega}$; mit dem Kleinst- bzw. Größtwert ergibt sich $R_{gu} = 128{,}57\ \Omega$ bzw. $R_{go} = 157{,}14\ \Omega$, so daß mit einer Toleranz von $\underline{\pm 14{,}3\ \Omega}$ gerechnet werden muß.

**998.** $\dfrac{\frac{R_1}{2} \cdot \frac{R_2}{2}}{\frac{R_1}{2} + \frac{R_2}{2}} = \dfrac{\frac{14R_1}{20} \cdot \frac{xR_2}{20}}{\frac{14R_1}{20} + \frac{xR_2}{20}}$; $\quad x = \dfrac{280R_1}{8R_2 + 28R_1} = 5{,}8\ \text{cm}$;

der Abgriff muß um $\underline{4{,}2\ \text{cm}}$ nach links verschoben werden.

**999.** $I_1 = \dfrac{U_1}{R \cdot x}$; $I = I_2 + \dfrac{U_1}{R \cdot x}$; $U - U_1 = \left(I_2 + \dfrac{U_1}{R \cdot x}\right) R\,(1 - x)$;

$x = \underline{0{,}528}$; $\quad I_1 = \underline{0{,}076\ \text{A}}$; $\quad I = \underline{0{,}226\ \text{A}}$

**1000.** $I_1 : (I - I_1) = R : R_i$; $\quad R = \dfrac{I_1 R_i}{I - I_1}$;

a) $\underline{0{,}333\ \Omega}$ b) $\underline{0{,}062\ \Omega}$ c) $\underline{0{,}006\ \Omega}$

**1001.** $(I - I_1) : I_1 = R_i : R$; die Meßbereichserweiterung entspricht dem Verhältnis $\dfrac{I}{I_1} = \dfrac{R_i}{R} + 1$; a) $\underline{6}$ b) $\underline{80}$ c) $\underline{250}$

**1002.** $R = \dfrac{I_1 R_i}{I - I_1} = \underline{126\ \Omega}$

**1003.** Aus $R = \dfrac{I_1 R_i}{I - I_1}$ wird $R_i = \dfrac{R\,(I - I_1)}{I_1} = \underline{2\ \Omega}$

**1004.** $I = \dfrac{P}{U} = 0{,}32\ \text{A}$; $\quad x = \dfrac{6\ \text{A}}{0{,}32\ \text{A}} = 18{,}75$; $\quad$ <u>19 Lampen</u>

**1005.** $R = \dfrac{U^2}{P} = 484\ \Omega$; $\quad P' = \dfrac{U_2^2}{R} = \underline{74{,}6\ \text{W}}$

**1006.** $I = \frac{P}{U_1} = 6{,}8\ \text{A}$; Leistung des Vorschaltwiderstandes
$P_v = I\,(U - U_1) = \underline{646\ \text{W}}$

**1007.** $P = \frac{117\ ^1\!/\text{min} \cdot 60\ \text{min/h}}{1\,800\ ^1\!/\text{kWh}} = \underline{3{,}9\ \text{kW}}$

**1008.** Mit den Einzelleistungen $P_1' = \frac{U^2}{R_1}$ und $P_2' = \frac{U^2}{R_2}$ ist in Parallelschaltung $P_2 = P_1' + P_2'$ und in Reihenschaltung $P_1 = \frac{U^2}{R_1 + R_2} = \frac{P_1' P_2'}{P_2}$; das ergibt die quadratische Gleichung $P_1'^2 - P_1'P_2 = -P_1P_2$ mit den Lösungen
$P_1' = \underline{199\ \text{W}}$ bzw. $\underline{401\ \text{W}}$ sowie $P_2' = \underline{401\ \text{W}}$ bzw. $\underline{199\ \text{W}}$

**1009.** Der Ansatz $\frac{U^2\,(R_1 + R_2)}{R_1 R_2} = \frac{6\,U^2}{R_1 + R_2}$ liefert eine quadratische Gleichung mit $R_1 = \underline{3{,}7321\,R_2}$ bzw. $\underline{0{,}2679\,R_2}$

**1010.** $\frac{U^2}{R_1} : \frac{U^2}{R_2} = \frac{1}{1} : \frac{1}{5{,}83} = \underline{1 : 0{,}172} = \underline{5{,}83 : 1}$

**1011.** $R_1 = \frac{U_1^2}{P_1} = 390{,}63\ \Omega$; $\quad R_2 = 156{,}25\ \Omega$;

$$I = \frac{U_2}{R_1 + R_2} = 0{,}4023\ \text{A};$$

$P_1' = I^2 R_1 = \underline{63{,}22\ \text{W}}$; $P_2' = \underline{25{,}29\ \text{W}}$

**1012.** $I = \frac{P_1}{U_1} = 1{,}5\ \text{A}$; $\quad R_\text{H} = \frac{(U - U_1)}{I} = 144\ \Omega$; $\quad R_\text{L} = \frac{U_1}{I} =$

$= 2{,}667\ \Omega$; $\quad P_{220} = \frac{U^2}{R_\text{H}} = \underline{336\ \text{W}}$; $\quad P_{216} = \frac{(U - U_1)^2}{R_\text{H}} =$

$= \underline{324\ \text{W}}$

**1013.** $Q_1 = \frac{P_1 t_1}{U} = \frac{2 \cdot 32\ \text{W} \cdot 2{,}5\ \text{h}}{6{,}3\ \text{V}} = 25{,}4\ \text{Ah}$; $\quad Q_2 = \frac{P_2 t_2}{U} = 18{,}6\ \text{Ah}$
$Q = (75 - 44)\ \text{Ah} = \underline{31\ \text{Ah}}$

**1014.** $R = \frac{2\varrho l}{A} = 0{,}7082\ \Omega$; $\quad I = \frac{25\,000\ \text{W}}{450\ \text{V}} = 55{,}56\ \text{A}$;

$P = I^2 R = 2186\ \text{W}$; $\quad \frac{2{,}186\ \text{kW} \cdot 100}{25\ \text{kW}} = \underline{8{,}7\ \%}$

**1015.** Zulässiger Verlust $P_\text{V} = 25\ \text{kW} \cdot 0{,}05 = 1{,}25\ \text{kW}$;

$$R = \frac{P_V}{I^2} = 0{,}405\,\Omega; \quad A = \frac{2\varrho l}{R} = 21{,}975\ \text{mm}^2; \quad \underline{d = 5{,}3\ \text{mm}}$$

**1016.** Aus $P\,(1 - 0{,}18) = \frac{U^2\,(1-x)^2}{R}$ bzw. $0{,}82 = (1-x)^2$

ergibt sich die Unterspannung $x = 0{,}0945 = \underline{9{,}45\,\%}$; um ebensoviel geht auch der Strom zurück.

**1017.** Die Leitung hat den Widerstand $R = 0{,}2373\,\Omega$; Strom

$$I = \frac{U}{R} = 10{,}54\,\text{A}; \quad P = (U - \Delta U)\,I = \underline{2{,}29\,\text{kW}}$$

**1018.** $\frac{(U+\Delta U)^2}{R} - \frac{U^2}{R} = \Delta P; \quad U = \frac{\Delta P\,R - \Delta U^2}{2\Delta U} = \underline{220\ \text{V}};$

$$P = \frac{U^2}{R} = \underline{3{,}23\,\text{kW}}$$

**1019.** $R_2 = 0{,}9\,R_1; \quad P_2 = \frac{U^2}{0{,}9\,R_1} = \frac{P_1}{0{,}9} = 444\,\text{W}; \quad I_1 = 1{,}82\,\text{A};$

$I_2 = 2{,}02\,\text{A}; \Delta I = +\underline{0{,}2\,\text{A}}; \ \Delta P = +\underline{44\,\text{W}}$

**1020.** $W = I^2 t\,(R_1 - R_2) = I^2 t \varrho l \left(\frac{1}{A_1} - \frac{1}{A_2}\right) = \underline{35{,}1\,\text{kWh}}$

**1021.** $P_{ab} = \frac{mgh}{t} = 5232\,\text{N m/s (W)}; \quad P_{zu} = \frac{P_{ab}}{\eta_1 \eta_2} = \underline{7{,}34\,\text{kW}}$

**1022.** $I = \frac{P_1}{U_1} = 2{,}5\,\text{A}$; erforderliche Größe des Widerstandes

$$R = \frac{(U - U_1)}{I} = 26\,\Omega; \quad l = \frac{RA}{\varrho} = \underline{6{,}53\,\text{m}};$$

$$P_2 = I^2 R = \underline{162{,}5\,\text{W}}$$

**1023.** $W = I^2\,Rt; \quad W = cm\Delta\vartheta; \quad R = \frac{\varrho l}{A};$

$$m = \varrho'\,Al; \quad \Delta\vartheta = \frac{I^2 \varrho t}{A^2 c \varrho'} = \underline{582\,\text{K}}$$

**1024.** a) Im Silberdraht umgesetzte Leistung $P_1 = \frac{I^2 \varrho_1 l}{A_1}$; Masse des Drahtes $m_1 = A_1 l \varrho_1'$; bis zum Schmelzpunkt aufgenommene Wärme $W_1 = m_1 c_1 \Delta\vartheta = A_1 l \varrho_1' c_1 \Delta\vartheta$;

$$t = \frac{W_1}{P_1} = \frac{A_1^2 \varrho_1' c_1 \Delta\vartheta}{I^2 \varrho_1} = \underline{0{,}22\,\text{s}}$$

b) Nach analoger Gleichung für den Kupferdraht ergibt sich

$$\Delta\vartheta = \frac{I^2\varrho_2 t}{A_2^2\varrho_2' c_2} = 1{,}12\,\text{K}\,; \quad \vartheta = \underline{21{,}12\,°\text{C}}$$

**1025.** Widerstand der 3 Lampen $R_1 = \frac{U^2}{3P_1} = 161{,}33\,\Omega$; Leitungswiderstand $R_2 = \frac{2\varrho l}{A} = 9{,}07\,\Omega$; $I_1 = \frac{U}{R_1 + R_2} = 1{,}291\,\text{A}$; $U_1 = I_1 R_1 = \underline{208{,}3\,\text{V}}$; Widerstand des Heizgerätes $R_3 = \frac{U^2}{P_2}$ $= 60{,}5\,\Omega$; Widerstand von Heizgerät und Lampen

$$R_4 = \frac{R_1 R_3}{R_1 + R_3} = 44\,\Omega; \quad I_2 = \frac{U}{R_2 + R_4} = 4{,}145\,\text{A};$$

$$U_2 = I_2 R_4 = 182{,}4\,\text{V}; \; U_1 - U_2 = \underline{25{,}9\,\text{V}}$$

**1026.** $R_1 = \frac{U_1^2}{P_1} = 302{,}5\,\Omega$; $\quad R_2 = \frac{U_1^2}{P_2} = 201{,}67\,\Omega$; $\quad I_1 = I_2 =$ $= \frac{U}{R_1 + R_2} = 0{,}4364\,\text{A}$; $P_1' = I_1^2 R_1 = \underline{57{,}6\,\text{W}}$; $P_2' = I_1^2 R_2 =$ $= \underline{38{,}4\,\text{W}}$; $\quad I_1 R_1 + U_{1,2} - I_1 R_2 = 0$; $\quad U_{1,2} = \underline{-44\,\text{V}}$

**1027.** Da beide Lampenpaare den gleichen Gesamtwiderstand haben, liegen an jedem Paar 110 V; die Lampen brennen normal mit 40 bzw. 60 W.

**1028.** $I = \frac{\Delta U C}{\Delta t} = \frac{(60 - 42)\,\text{V} \cdot 25 \cdot 10^{-12}\,\text{F}}{24\,\text{s}} = \underline{18{,}8 \cdot 10^{-12}\,\text{A}}$

**1029.** $C = \frac{C_1 C_2}{C_1 + C_2} = \underline{0{,}67\,\mu\text{F}}$

**1030.** $C = \frac{C_1 C_2}{C_1 + C_2} + C_3 = \underline{0{,}67\,\mu\text{F}}$

**1031.** Die beiden oberen bzw. unteren parallelliegenden Kondensatoren ergeben zusammen je 2 µF, womit die auf Bild 356 angegebene Ersatzschaltung entsteht.
Die Kapazität $C'$ der unteren 3 Kondensatoren ergibt sich aus

$$\frac{1}{C'} = \left(\frac{1}{1} + \frac{1}{1} + \frac{1}{2}\right)\frac{1}{\mu\text{F}}$$

zu $C' = \frac{2}{5}\,\mu\text{F}$;

somit wird $C = (2 + 0{,}4)\,\mu\text{F} = \underline{2{,}4\,\mu\text{F}}$

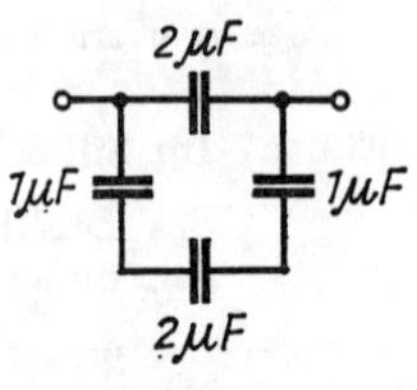

Bild 356

**1032.** $C_1 + C_3 = C'$; $C_2 + C_3 = C''$; $\frac{C_1C_2}{C_1 + C_2} + C_3 = C$; durch Zusammenfassen der Gleichungen erhält man $C_1 = \underline{2\ \mu F}$; $C_2 = \underline{3\ \mu F}$; $C_3 = \underline{4\ \mu F}$

**1033.** $Q = UC = 220\ V \cdot 1{,}5 \cdot 10^{-6}\ F = \underline{330\ \mu As}$

**1034.** $C = \frac{Q}{U} = \frac{75 \cdot 10^{-6}\ A\,s}{22{,}7\ V} = 3{,}3\ \mu F$;

$C_2 = (3{,}3 - 2{,}8)\ \mu F = \underline{0{,}5\ \mu F}$

**1035.** $C = \frac{C_1C_2}{C_1 + C_2} = 1{,}05\ \mu F$;

$Q = Q_1 = Q_2 = UC = \underline{115{,}5\ \mu As}$;

$U_1 = \frac{Q_1}{C_1} = \underline{77\ V}$; $\quad U_2 = \underline{33\ V}$

**1036.** $Q = UC = 0{,}8\ V \cdot 2 \cdot 10^{-12}\ F = 1{,}6\ pA\,s$;

$x = \frac{1{,}6 \cdot 10^{-12}\ A\,s}{1{,}6 \cdot 10^{-19}\ A\,s} = \underline{10^7\ \text{Elektronen}}$

**1037.** $E = \frac{U}{d} = \frac{220\ V}{1{,}2\ cm} = \underline{183{,}3\ V/cm}$;

$Q = \varepsilon_0 EA = 8{,}854 \cdot 10^{-14} A\,s/(V\,cm) \cdot 183{,}3\,V/cm \cdot 314{,}16\ cm^2$
$= \underline{5{,}1 \cdot 10^{-9}\ A\,s}$

**1038.** $E = \underline{183{,}3\ V/cm}$ (unverändert)
$Q' = \varepsilon_0 \varepsilon EA = \varepsilon Q = 2{,}5 \cdot 5{,}1 \cdot 10^{-9}\ A\,s = \underline{1{,}275 \cdot 10^{-8}\ A\,s}$

**1039.** Die Ladung bleibt unverändert, die Spannung ist dann $\frac{80V}{2{,}1} = \underline{38{,}1\ V}$, weil die Kapazität auf den 2,1fachen Wert ansteigt.

**1040.** $C_1 + C_2 + C_3 = C'$; $\quad \frac{1}{C''} = \frac{1}{C_1} + \frac{1}{C_2} + \frac{1}{C_3}$;

$C_2 = \underline{6\ \mu F}$; $C_3 = \underline{4\ \mu F}$

**1041.** $Q = U_1C_1 + U_2C_2$; $\quad U = \frac{U_1C_1 + U_2C_2}{C_1 + C_2} = \underline{171{,}4\ V}$

**1042.** a) Gesamtspannung $U = (100 + 200)\ V = \underline{300\ V}$

b) Es gleicht sich die Ladungsmenge von $\pm 1000 \cdot 10^{-6}\ A\,s$ gegen $\pm 200 \cdot 10^{-6}\ A\,s$ teilweise aus, so daß die Gesamtladung von $Q = \pm 800 \cdot 10^{-6}$ A s verbleibt. Da die Spannung an den nunmehr parallelliegenden Kondensatoren gleich groß sein muß, gilt $U = \frac{Q_1}{C_1} = \frac{Q_2}{C_2} = \frac{Q - Q_1}{C_2}$; hieraus folgt $Q_1 = \frac{QC_1}{C_1 + C_2} = \underline{228{,}6 \cdot 10^{-6}\ \text{A s}}$ bzw. $Q_2 = \underline{571{,}4 \cdot 10^{-6}\ \text{A s}}$ und $U_1 = U_2 = \underline{114{,}3\ \text{V}}$

**1043.** a) $C = \frac{C_1 C_2}{C_1 + C_2} = 0{,}8\ \mu\text{F}$; $Q = UC = 160 \cdot 10^{-6}$ A s; $U_1 = \frac{Q}{C_1} = 160$ V; $U_2 = 40$ V; nach dem Parallelschalten bleibt die Gesamtladung $2Q$ erhalten; die Kapazität ist jetzt $C' = (1 + 4)\ \mu\text{F} = 5\ \mu\text{F}$, so daß $U' = \frac{2Q}{C'} = \underline{64\text{V}}$

b) Die Ladungen gleichen sich aus, so daß $U' = \underline{0}$ ist.

**1044.** a) $\frac{\text{Ws}}{\text{m}} = \frac{\text{Nm}}{\text{m}} = \underline{\text{N}}$ b) mit 1 kg m/s² = 1 N entsteht

$\sqrt{\frac{\text{W s m}}{\text{N}}} = \sqrt{\frac{\text{N m}^2}{\text{N}}} = \underline{\text{m}}$ c) $\sqrt{\frac{\text{N V}^2\text{m}}{\text{m}^2\,\text{W s}}} = \underline{\frac{\text{V}}{\text{m}}}$

d) $\frac{\text{N m}^3}{\text{Ws}} = \underline{\text{m}^2}$ e) $\frac{\text{W s}}{\text{N m}} = \underline{1}$ f) $\frac{\text{W s}}{\text{W}} = \underline{\text{s}}$

g) $\sqrt{\frac{\text{W s m}^2}{\text{N m}}} = \underline{\text{m}}$ h) $\frac{\text{W s}}{\text{A s}} = \underline{\text{V}}$ i) $\underline{\text{m}}$

**1045.** $W = \frac{U^2 C}{2}$; $U = \sqrt{\frac{2W}{C}} = \underline{4472\ \text{V}}$

**1046.** Zur Trennung von Ladungen ist Energie aufzuwenden. Da beim Umschalten sich ein Teil der Ladung ausgleicht, wird Energie frei.

**1047.** $C_R = \frac{2W_1}{U^2} = 1{,}607\ \mu\text{F}$; $Q_R = UC_R = 192{,}83 \cdot 10^{-6}$ A s;

$Q_P = 2Q_R = 385{,}66 \cdot 10^{-6}$ A s; $U_P = \frac{2W_2}{Q_P} = 55{,}1$ V;

$C_1 + C_2 = \frac{2W_2}{U_P^2} = 7\ \mu\text{F}$; $\frac{C_1 C_2}{C_1 + C_2} = 1{,}607\ \mu\text{F}$;

$C_1 = \underline{2{,}5\ \mu\text{F}}$; $C_2 = \underline{4{,}5\ \mu\text{F}}$

**1048.** Auf die Elementarladung $e = 1{,}6 \cdot 10^{-19}$ A s wirkt die Kraft

$F = ma = eE$. Mit der Beschleunigung $a = 9{,}81\ \mathrm{m/s^2}$ und

$$E = \frac{U}{d} \quad \text{wird} \quad U = \frac{mad}{e} = \frac{9{,}1 \cdot 10^{-31}\ \mathrm{kg} \cdot 9{,}81\ \mathrm{m} \cdot 10^{-2}\ \mathrm{m}}{\mathrm{s^2} \cdot 1{,}6 \cdot 10^{-19}\ \mathrm{A\,s}} = \underline{5{,}6 \cdot 10^{-13}\ \mathrm{V}}$$

**1049.** Ladung einer Kugel $Q = UC = U \cdot 4\pi\varepsilon_0 r$;

$$F = \frac{U^2 \cdot 16\pi^2\varepsilon_0^2 r^2}{4\pi\varepsilon_0 R^2} = \frac{U^2 \cdot 4\pi\varepsilon_0 r^2}{R^2} = \underline{6 \cdot 10^{-9}\ \mathrm{N}}$$

**1050.** Plattenabstand $d = \frac{U}{E} = 0{,}1$ cm; Plattenoberfläche

$$A = \frac{2Fd^2}{\varepsilon_0 U^2} = \underline{2{,}26\ \mathrm{m^2}}; \quad C = \frac{\varepsilon_0 A}{d} = \underline{20\ \mathrm{nF}}$$

**1051.** $W = \frac{CU^2}{2} = \underline{0{,}121\ \mathrm{Ws}}$

**1052.** Wird das Ende von Stab *1* gegen die Mitte von Stab *2* gehalten und erfolgt Anziehung, so ist Stab *1* der Magnet. Gegenprobe: Stab *2* gegen die Mitte von Stab *1* gehalten, bewirkt keine Anziehung.

**1053.** $I_2 = \frac{I_1 N_1}{N_2} = \underline{13{,}8\ \mathrm{A}}$

**1054.** $\frac{I_1 \cdot 240}{25\ \mathrm{cm}} = \frac{I_2 \cdot 150}{12{,}5\ \mathrm{cm}}; \quad I_1 : I_2 = \underline{1 : 0{,}8}$

**1055.** Der Durchflutungssatz lautet vollständig: $\Sigma Hl = IN$; bei Anwendung der genannten Formel würde man die Summe der magnetischen Spannungen für den im Luftraum verlaufenden Teil der Feldlinien außer acht lassen. Zweiter Grund: Entmagnetisierung bei einem Kern mit freien Enden.

**1056.** $B = \frac{\Phi}{A} = \frac{200 \cdot 10^{-8}\ \mathrm{V\,s}}{3{,}14 \cdot 10^{-4}\ \mathrm{m^2}} = 63{,}7 \cdot 10^{-4}\ \mathrm{V\,s/m^2}$;

$$H = \frac{B}{\mu_0} = \frac{63{,}7 \cdot 10^{-4}\ \mathrm{V\,s/m^2}}{1{,}257 \cdot 10^{-6}\ \mathrm{V\,s/(A\,m)}} = 5068\ \mathrm{A/m};$$

$$I = \frac{Hl}{N} = \frac{5068\ \mathrm{A/m} \cdot 0{,}1\,\pi\ \mathrm{m}}{450} = \underline{3{,}54\ \mathrm{A}}$$

**1057.** $R = \frac{\varrho l_{\mathrm{m}} N}{A} = 12{,}63\ \Omega; \quad I = \frac{U}{R} = 1{,}58\ \mathrm{A};$

$$H = \frac{IN}{l} = 8953\ \mathrm{A/m}; \quad B = \mu_0 H = \underline{112{,}4 \cdot 10^{-4}\ \mathrm{V\,s/m^2}}$$

**1058.** Mittlere Länge der Feldlinien im Eisen $l_{Fe} = (2 \cdot 9 + 2 \cdot 3)$ cm

$$= 0{,}24\,\text{m}\,; \quad H = \frac{IN}{l} = 2500\,\text{A/m}\,; \quad \mu = \frac{B}{\mu_0 H} = \underline{478}$$

**1059.** Da der magnetische Widerstand des Eisens konstant bleibt, sind für das Eisen $IN = 1{,}2\,\text{A} \cdot 500 = 600\,\text{A}$ erforderlich.
$H_L = \frac{B}{\mu_0} = 1{,}1943 \cdot 10^6\,\text{A/m}$; $l_L = 10^{-3}$ m;
für den Luftspalt sind $H_L l_L = 1194$ A notwendig, zusammen 1794 A;

$$I = \frac{\sum Hl}{N} = \underline{3{,}59\,\text{A}}$$

**1060.** $H = \frac{IN}{l} = 1667\,\text{A/m}\,; \quad B = \mu_0 \mu_r H = \underline{1{,}4\,\text{V s/m}^2}$

**1061.** $H_{Fe} = \frac{B}{\mu_0 \mu_r} = 650\,\text{A/m}\,; \quad l_{Fe} = (2 \cdot 12 + 2 \cdot 7)\,\text{cm} = 0{,}38\,\text{m};$

$$H_L = \frac{B}{\mu_0} = 9{,}554 \cdot 10^5\,\text{A/m}\,; \quad l_L = 2 \cdot 0{,}05\,\text{cm} = 10^{-3}\,\text{m};$$
$$\sum Hl = (247 + 955)\,\text{A} = \underline{1202\,\text{A}}$$

**1062.** $H_{Fe} = 200\,\text{A/m}; \quad H_L = 6{,}370 \cdot 10^5\,\text{A/m};$
$\sum Hl = (76 + 637)\,\text{A} = \underline{713\,\text{A}}$

**1063.** Im Sättigungsbereich beträgt die Zunahme der Induktion $\Delta B = \mu_0 \Delta H = 1{,}257 \cdot 10^{-6}\,\text{V s/(A m)}\,(15 - 5) \cdot 10^4\,\text{A/m}$ $= 0{,}1257\,\text{V s/m}^2$; $B_2 = B_1 + \Delta B = \underline{2{,}226\,\text{V s/m}^2}$

**1064.** $N = \sqrt{\frac{Ll}{\mu_0 \mu A}} = \sqrt{\frac{50 \cdot 10^{-3}\,\text{V s} \cdot 6 \cdot 10^{-2}\,\text{m A m} \cdot 4}{\text{A} \cdot 1{,}257 \cdot 10^{-6}\,\text{V s} \cdot 36 \cdot 10^{-6}\,\text{m}^2 \cdot \pi}} = \underline{9191}$

**1065.** $IN = \sqrt{\frac{2lW}{\mu_0 \mu A}} = \underline{22{,}4 \cdot 10^3\,\text{A}}$

**1066.** $\frac{N_1^2 \mu_0 \mu \pi d^2}{4l} = \frac{N_2^2 \mu_0 \mu \pi d^2 2}{4 \cdot 4l}\,; \quad \frac{N_2}{N_1} = \sqrt{2}\,; \quad N_2 = \underline{71}$

**1067.** Aus $L = \frac{N\Phi}{I} = \frac{N \mu_0 \mu H A}{I}$ folgt

$$N = \frac{LI}{\mu_0 \mu H A} = \underline{754\,\text{Windungen}}\,; \quad l = \frac{IN}{H} = \underline{0{,}45\,\text{m}}$$

**1068.** Aus $W = \frac{H^2 \mu_0 \mu l A}{2}$, $H = \frac{IN}{l}$ und $H \mu_0 \mu = B$ folgt

$$W = \frac{BINA}{2} = \underline{250\,\mathrm{Ws}}\,; \quad \text{aus} \quad W = \frac{LI^2}{2} \quad \text{ergibt sich}$$

$$L = \frac{2W}{I^2} = \underline{0{,}05\,\mathrm{H}}$$

**1069.** $L = \frac{N^2\mu_0\mu A}{l}\,; \quad N = \sqrt{\frac{Ll}{\mu_0\mu A}} = \underline{206\ \text{Windungen}}$

**1070.** Aus der Gleichung für die Zugkraft $F = \frac{B^2A}{2\mu_0}$ folgt mit $A = 2 \cdot 10^{-3}\,\mathrm{m}^2$ die Induktion $B = 0{,}35\,\mathrm{V\,s/m^2}$;

$$I = \frac{Hl}{N} = \frac{Bl}{\mu_0\mu N} = \underline{0{,}41\,\mathrm{A}}\,;$$

mit $A = 10^{-3}\,\mathrm{m}^2$ ist $L = \frac{NBA}{I} = \underline{0{,}085\,\mathrm{H}}$

**1071.** $I = \frac{P}{U} = 113{,}64\,\mathrm{A}\,; \quad IR = 6{,}82\,\mathrm{V}\,;$

$$U_q = (220 + 6{,}82)\,\mathrm{V} = \underline{226{,}82\,\mathrm{V}}$$

**1072.** $P_{zu} = \frac{P_{ab}}{\eta} = 2508\,\mathrm{W}; \quad I = \frac{P_{zu}}{U_k} = 11{,}5\,\mathrm{A}\,;$

$IR = 2{,}3\,\mathrm{V};\ U_q = U_k - IR = 215{,}7\,\mathrm{V}$; aus $U_q = Blv$ wird

$$B = \frac{U_q}{lv} = \frac{215{,}7\,\mathrm{V}}{(90 \cdot 0{,}35)\,\mathrm{m} \cdot 0{,}18\,\mathrm{m} \cdot \pi \cdot (600/60)^1/\mathrm{s}} = \underline{1{,}21\,\mathrm{V\,s/m^2}}$$

**1073.** $U_q = Blv = 142{,}5\,\mathrm{V};\ IR = U_k - U_q = 7{,}5\,\mathrm{V};$

$$I = \frac{IR}{R} = 37{,}5\,\mathrm{A}\,; \quad P_{zu} = U_k I = 5{,}625\,\mathrm{kW}\,;$$

$$P_{ab} = \eta P_{zu} = \underline{4{,}95\,\mathrm{kW}}$$

**1074.** Durch Vergrößerung des magnetischen Widerstandes nimmt der magnetische Fluß plötzlich ab, wodurch eine mit der angelegten Spannung gleich gerichtete Quellenspannung induziert wird. Dieser Stromstoß kann ein Durchbrennen des Lämpchens bewirken.

**1075.** Aus $Q = I\Delta t = \frac{U\Delta t}{R} = \frac{N\Delta\Phi}{R}$ wird $\Delta\Phi = \frac{QR}{N} = \underline{20 \cdot 10^{-6}\,\mathrm{V\,s}}$

**1076.** $U_q = \frac{N\Delta\Phi}{\Delta t} = \underline{0{,}00125\,\mathrm{V}}$

**1077.** a) Die Maschine arbeitet als Motor, da ihre Quellenspannung kleiner als die Netzspannung ist.

b) $I = \frac{U - U_q}{R} = 50\,\text{A}\,; \quad P = UI = \underline{6{,}25\,\text{kW}}$

**1078.** Die Drehzahl muß abnehmen, damit die vom Anker induzierte Spannung konstant bleibt.

**1079.** $U_q = Blv = 0{,}6\,\text{V s/m}^2 \cdot 0{,}40\,\text{m} \cdot 0{,}30\,\text{m} \cdot \pi \cdot (800/60)\,{}^1\!/\text{s} = \underline{3{,}016\,\text{V}}$

**1080.** Das Drehmoment ist einerseits $M = D\alpha$ und andererseits $M = Fa$, wobei $D = 3 \cdot 10^{-6}\,\text{N m}/1°$; durch Gleichsetzen entsteht mit $F = NBdI$ die Gleichung

$$I = \frac{D\alpha}{aN\,Bd} = \frac{3 \cdot 10^{-6}\,\text{N m} \cdot 90}{0{,}01\,\text{m} \cdot 300 \cdot 2 \cdot 10^{-1}\,\text{V s/m}^2 \cdot 0{,}015\,\text{m}} =$$

$$= \underline{0{,}03\,\text{A}}$$

**1081.** (Bild 357) Widerstand des im Feld liegenden Quadrates

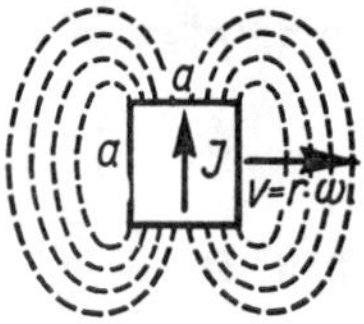

$R' = \frac{\varrho a}{ad} = 1{,}43 \cdot 10^{-5}\,\Omega\,;$

Gesamtwiderstand $R = 2R'$; induzierte Quellenspannung $U_q = Bar\omega = 6{,}4 \cdot 10^{-3}\,\text{V}$;



Bild 357

$$I = \frac{U_q}{R} = 224\,\text{A}\,;\; P = U_q I = \underline{1{,}43\,\text{W}};\; M = \frac{P}{\omega} = \underline{0{,}143\,\text{N m}}$$

**1082.** Aus $F = BlI = \mu_0 HlI = \frac{\mu_0 I^2 l}{2\pi r}$ folgt

$$r = \frac{\mu_0 I^2 l}{2\pi F} = \frac{1{,}256 \cdot 10^{-6}\,\text{Vs} \cdot 50^2\,\text{A}^2 \cdot 2\,\text{m}}{\text{A m} \cdot 2\pi \cdot 0{,}15\,\text{N}} = \underline{6{,}7\,\text{mm}}$$

**1083.** $I = \frac{U}{2\pi fL} = \frac{220\,\text{V}}{2\pi \cdot 50\,{}^1\!/\text{s} \cdot 1{,}4\,\text{H}} = \underline{0{,}5\,\text{A}}$

**1084.** $\frac{1}{2\pi fC} = 60\,\Omega\,; \quad C = \underline{26{,}5\,\mu\text{F}}$

**1085.** Aus $\frac{1}{2\pi fC} = 2\pi fL$ wird $C = \frac{1}{\omega^2 L} = \underline{4{,}78\,\mu\text{F}}$

**1086.** $f = \frac{X_L}{2\pi L} = \underline{50{,}3\,\text{Hz}}$

**1087.** Wirkwiderstand $R = \frac{U_1}{I_1} = \underline{20\ \Omega}$;

Scheinwiderstand $Z = \frac{U_2}{I_2} = \underline{166{,}67\ \Omega}$;

Blindwiderstand $\omega L = \sqrt{Z^2 - R^2} = \underline{165{,}5\ \Omega}$;

Induktivität $L = \frac{\omega L}{\omega} = \underline{0{,}53\ \mathrm{H}}$; $\tan\varphi = \frac{\omega L}{R}$; $\varphi = \underline{83{,}1°}$

**1088.** $R = \frac{U_1^2}{P} = 120\ \Omega$ ; $Z = \frac{U_2}{I} = 240\ \Omega$ ; aus $\frac{1}{\omega C} = X_C =$

$= \sqrt{Z^2 - R^2} = 207{,}27\ \Omega$ wird $C = \frac{1}{2\pi f X_C} = \underline{15{,}3\ \mu\mathrm{F}}$

**1089.** $(U_k + U_R)^2 + U_L^2 = U^2$; $U_R = IR = 7{,}5\ \mathrm{V}$; $U_L = I\omega L = 9\ \mathrm{V}$;

$U_k = \sqrt{U^2 - U_L^2} - U_R = \underline{41{,}7\ \mathrm{V}}$

**1090.** Spannungsabfall an der Drossel

$U_D = \sqrt{U^2 - U_1^2} = 213\ \mathrm{V}$ ; $L = \frac{U_D}{2\pi f I} = \underline{4{,}52\ \mathrm{H}}$

**1091.** Aus $(R_x + R)^2 + (2\pi f L)^2 = Z^2$ folgt $R_x = \underline{7{,}91\ \Omega}$

**1092.** Aus der Gleichung $(1{,}5\omega L)^2 + (xR)^2 = (\omega L)^2 + R^2$ folgt mit $R = 2\omega L$: $x = \underline{0{,}83}$

**1093.** a) $Z = \sqrt{R^2 + \left(\omega L - \frac{1}{\omega C}\right)^2} = 379{,}5\ \Omega$;

$I = \frac{U}{Z} = \underline{0{,}53\ \mathrm{A}}$ ; $\tan\varphi = \frac{\omega L - \frac{1}{\omega C}}{R} = -1{,}612$ ;

$\varphi = \underline{-58{,}2°}$ (Nacheilen der Spannung)

b) $Z = 192{,}8\ \Omega$; $I = \underline{1{,}04\ \mathrm{A}}$; $\varphi = \underline{58{,}7°}$ (Voreilen der Spannung)

c) $Z = 380{,}5\ \Omega$; $I = \underline{0{,}53\ \mathrm{A}}$; $\varphi = \underline{-64°}$ (Nacheilen der Spannung)

d) $Z = 319{,}1\ \Omega$; $I = \underline{0{,}63\ \mathrm{A}}$; $\varphi = \underline{-19{,}9°}$ (Nacheilen der Spannung)

e) $I_R = \frac{U}{R} = 0{,}5\ \mathrm{A}$ ; $I_L = \frac{U}{\omega L} = 0{,}32\ \mathrm{A}$;

$I = \sqrt{I_R^2 + I_L^2} = \underline{0{,}594\ \mathrm{A}}$ ; $\tan\varphi = \frac{I_L}{I_R}$ ;

$\varphi = \underline{32{,}6°}$ (Nacheilen des Stromes)

f) $I = \underline{0{,}84\ \mathrm{A}}$; $\varphi = \underline{-17{,}4^\circ}$ (Voreilen des Stromes)
g) $I_L = 0{,}182\ \mathrm{A}$; $I_C = 0{,}094\ \mathrm{A}$;
$I = (0{,}182 - 0{,}094)\ \mathrm{A} = \underline{0{,}088\ \mathrm{A}}$;
$\varphi = \underline{90^\circ}$ (Nacheilen des Stromes)

**1094.** $$\frac{1}{2} = \frac{U_1}{U_2} = \frac{\sqrt{R^2 + (\omega L)^2}}{\sqrt{R^2 + \left(\frac{1}{\omega C}\right)^2}}\,;\quad C = \frac{1}{\omega\sqrt{3\,R^2 + 4\,\omega^2 L^2}} = \underline{29{,}8\ \mu\mathrm{F}}\,;$$

$$I = \frac{U}{\sqrt{R^2 + \left(\omega L - \frac{1}{\omega C}\right)^2}} = \underline{3{,}3\ \mathrm{A}}$$

**1095.** $I_w = \frac{P}{U} = 34{,}68\ \mathrm{A}$ ; $I = \frac{I_w}{\cos\varphi} = \frac{I_w}{0{,}75} = \underline{46{,}24\ \mathrm{A}}$

**1096.** $Z = \sqrt{R^2 + (\omega L)^2} = 62{,}98\ \Omega$ ; $\cos\varphi = \frac{R}{Z} = \underline{0{,}068}$

**1097.** $I_w = I\cos\varphi = 25\ \mathrm{A}\cdot 0{,}8 = \underline{20\ \mathrm{A}}$;
$I_b = I\sqrt{1 - \cos^2\varphi} = 15\ \mathrm{A}$; $\underline{P = UI_w = 4400\ \mathrm{W}}$;
$Q = UI_b = \underline{3300\ \mathrm{var}}$; $S = UI = \underline{5500\ \mathrm{VA}}$

**1098.** $P = \frac{W}{t} = 5\ \mathrm{kW}$; $I_w = \frac{P}{U} = 23{,}81\ \mathrm{A}$;

$\cos\varphi = \frac{I_w}{I} = \underline{0{,}85}$; $I_b = \sqrt{I^2 - I_w^2} = \underline{14{,}73\ \mathrm{A}}$

**1099.** $$\frac{Q_1}{Q_2} = \frac{1}{0{,}8} = \frac{\sqrt{1 - \cos^2\varphi_1}}{\sqrt{1 - (1{,}065\cos\varphi_1)^2}}\,;\ \cos\varphi_1 = \underline{0{,}85}\ \text{(vorher)};$$
nachher: $\cos\varphi_2 = 0{,}86\cdot 1{,}065 = \underline{0{,}91}$

**1100.** $P = I_1^2 R\cos^2\varphi_1 = I_2^2 R\cos^2\varphi_2$;

$$\left(\frac{I_2}{I_1}\right)^2 = \left(\frac{\cos\varphi_1}{\cos\varphi_2}\right)^2 = 0{,}665,$$

d. h., die Verluste vermindern sich um $\underline{\frac{1}{3}}$.

**1101.** $S_1 = \frac{P_1}{0{,}6} = 6\ \mathrm{kVA}$; $S_2 = \frac{P_2}{0{,}8} = 5{,}5\ \mathrm{kVA}$;

$Q_1 = S_1\sqrt{1 - 0{,}6^2} = 4{,}8\ \mathrm{kvar}$; $Q_2 = 4{,}5\ \mathrm{kvar}$;

$S = \sqrt{(P_1 + P_2)^2 + (Q_1 + Q_2)^2} = 13{,}37\ \mathrm{kVA}$;

$$\cos\varphi = \frac{P_1 + P_2}{S} = \underline{0{,}72}$$

**1102.** Gesamte Scheinleistung $S = UI = 33$ VA; Gesamtverbrauch $P = S\cos\varphi = 13$ W; $P_L = U_L I = \underline{10\ \mathrm{W}}$;
$P_D = P - P_L = 3$ W; Blindleistung der Drossel
$Q_D = S\sqrt{1 - \cos^2\varphi} = 30{,}39$ var; Scheinleistung der Drossel

$$S_D = \sqrt{P_D^2 + Q_D^2} = 30{,}54\ \mathrm{VA}; \qquad \cos\varphi_D = \frac{P_D}{S_D} = \underline{0{,}10}$$

**1103.** $I^2R = I^2_w R + I^2_b R = I^2 \cdot 0{,}85^2 R + I^2(1 - 0{,}85^2)R$;
$(1 - 0{,}85^2) = 0{,}2775$; auf den Blindstrom entfallen $\underline{27{,}75\,\%}$ der Gesamtverluste.

**1104.** $I = \dfrac{P}{U_1} = 8{,}89$ A; ohmscher Spannungsabfall der Drossel

$$U_{RD} = IR = 13{,}33\ \mathrm{V};$$

$$I\omega L = \sqrt{U^2 - (U_1 + U_{RD})^2} = 110{,}6\ \mathrm{V};$$

$$L = \frac{I\omega L}{2\pi f I} = \underline{0{,}04\ \mathrm{H}}$$

**1105.** $Z = \sqrt{R^2 + (\omega L)^2} = 67{,}6\ \Omega$; $I = 3{,}254$ A;
$P = I^2R = 264{,}71$ W; $Q = Pt = \underline{15883\ \mathrm{J}}$

**1106.** $Q = U^2\omega C = \underline{3{,}04\ \mathrm{kvar}}$

**1107.** $Q = U^2\omega C$; $C = \dfrac{Q}{2\pi f U^2} = \underline{264{,}5\ \mu\mathrm{F}}$

**1108.** $Q_1 = S\sin\varphi_1 = P\tan\varphi_1 = 17537$ kvar;
$Q_2 = P\tan\varphi_2 = 9296$ kvar; es werden kompensiert
$\Delta Q = (17{,}537 - 9{,}3)$ kvar $= 8{,}237$ kvar;

$$C = \frac{\Delta Q}{2\pi f U^2} = \underline{1679\ \mu\mathrm{F}}$$

**1109.** $P = U_1 I \cos\varphi_1 =$
$= 220\ \mathrm{V} \cdot 0{,}02\ \mathrm{A} \cdot 0{,}5 = 2{,}2$ W;
bei vollständiger Kompensation der Blindleistung ist

$$U_{min} = \frac{P}{I} = \underline{110\ \mathrm{V}};$$

aus dem Spannungsdiagramm (Bild 358) geht hervor:

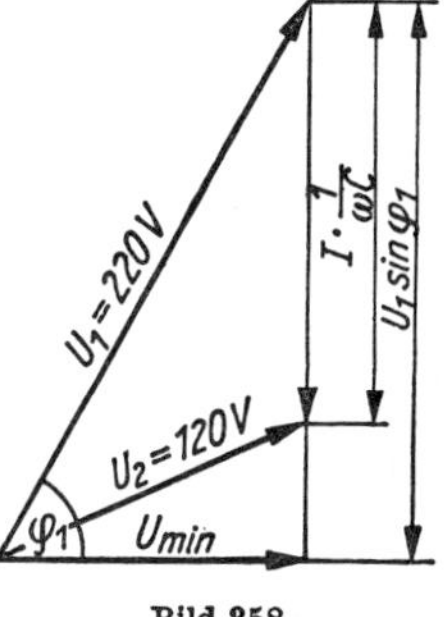


Bild 358

$$\frac{I}{\omega C} = U_1 \sin \varphi_1 - \sqrt{U_2^2 - U_{\min}^2}\,, \quad \text{wonach} \quad C = \underline{0{,}447\,\mu\text{F}}$$

## 6. Spezielle Relativitätstheorie

**1110.** a) $\frac{m}{m_0} = \frac{1}{\sqrt{1-0{,}9^2}} = \underline{2{,}29}$ b) $\underline{7{,}09}$ c) $\underline{70{,}7}$

**1111.** $$W_{\text{kin}} = m_0c^2\left(\frac{1}{\sqrt{1-0{,}6^2}} - 1\right) = 2{,}25 \cdot 10^{13}\,\text{Ws} = \underline{6{,}25 \cdot 10^6\,\text{kWh}}$$

**1112.** Aus $W_{\text{kin}} = m_0c^2\left(\frac{1}{\sqrt{1-\left(\frac{v}{c}\right)^2}} - 1\right)$ erhält man durch

Umstellen $v = c\sqrt{1 - \frac{1}{\left(1 + \frac{W}{m_0c^2}\right)^2}} = \underline{0{,}745\,c}$

**1113.** $mc^2 - m_0c^2 = 0{,}01\,m_0c^2$; $1 - \left(\frac{v}{c}\right)^2 = \frac{1}{1{,}0201}$; $v = \underline{0{,}14\,c}$

**1114.** $$\frac{2m_0}{\sqrt{1-\left(\frac{v}{c}\right)^2}} = \frac{m_0}{\sqrt{1-\left(\frac{xv}{c}\right)^2}}; \quad 4 - \frac{4x^2v^2}{c^2} = 1 - \frac{v^2}{c^2};$$

$$x = \underline{\frac{\sqrt{3c^2+v^2}}{2v}}$$

**1115.** a) Aus $eU = 3m_0c^2 - m_0c^2 = 2m_0c^2$ wird

$$U = \frac{2m_0c^2}{e} = \underline{1{,}024\,\text{MV}}$$

b) Nach Aufg. 1112 ist $v = \underline{0{,}943c}$

**1116.** $eU = mc^2 = m_0c^2\left(\frac{1}{\sqrt{1-0{,}8^2}} - 1\right)$; $U = \underline{341\,\text{kV}}$

**1117.** a) Nach Aufg. 1112 ist

$$v = c\sqrt{1 - \frac{1}{(1 + 1{,}96 \cdot 10^{-6}\,{}^1/\text{V} \cdot U)^2}} = 0{,}863c;$$

$$t = \frac{s}{v} = \underline{3{,}86 \cdot 10^{-8}\,\mathrm{s}} \qquad \text{b)}\ s' = s\sqrt{1 - 0{,}863^2} = \underline{5{,}05\,\mathrm{m}}$$

**1118.** a) Da das Proton praktisch Lichtgeschwindigkeit hat, beträgt die Laufzeit $10^5$ Jahre.

b) Unter Vernachlässigung der Ruhenergie des Protons

wird $eU = \dfrac{m_0c^2}{\sqrt{1-\left(\dfrac{v}{c}\right)^2}}$;

hieraus folgt $\sqrt{1-\left(\dfrac{v}{c}\right)^2} = 9{,}41 \cdot 10^{-11}$;

aus $\Delta t = \Delta t_0\sqrt{1-\left(\dfrac{v}{c}\right)^2}$ folgt dann $\Delta t = \underline{4{,}96\,\mathrm{min}}$

**1119.** a) Hat das Raumschiff die Geschwindigkeit $v$, so benötigt es nach irdischem Zeitmaß $\dfrac{4{,}3c}{v}$ Jahre;

$$\frac{4{,}3c}{v}\sqrt{1-\left(\frac{v}{c}\right)^2} = 1; \quad v = \underline{0{,}974\,c}$$

b) $t = \dfrac{s}{v} = \dfrac{4{,}3c}{0{,}974\,c}$ Jahre $= \underline{4{,}41 \text{ Jahre}}$

**1120.** $\dfrac{m}{m_0} = \dfrac{eU + m_0c^2}{m_0c^2} = \dfrac{eU}{m_0c^2} + 1 = \underline{11737}$

**1121.** $eU = m_0c^2\left(\dfrac{1}{\sqrt{1-\left(\dfrac{v}{c}\right)^2}} - 1\right) = 3{,}763 \cdot 10^{-11}\,\mathrm{W\,s} = \underline{235\,\mathrm{MeV}}$

**1122.** $W = m_0c^2\left(\dfrac{1}{\sqrt{1-\left(\dfrac{v}{c}\right)^2}} - 1\right) = \underline{11{,}6 \cdot 10^{21}\,\mathrm{Ws}}$;

das Kraftwerk produziert im Jahr $37{,}8 \cdot 10^{15}$ W s und müßte etwa 300000 Jahre für das Raumschiff arbeiten.

**1123.** $\dfrac{5m_0}{\sqrt{1-\left(\dfrac{v}{c}\right)^2}} = \dfrac{m_0}{\sqrt{1-\left(\dfrac{5v}{c}\right)^2}}$; $\quad v = \underline{0{,}196c}$

# 7. Atom- und Kernphysik

**1124.** $f = \frac{W}{h} = \frac{1{,}8 \cdot 10^{6} \cdot 1{,}6 \cdot 10^{-19}\,\mathrm{Ws}}{6{,}626 \cdot 10^{-34}\,\mathrm{Ws^2}} = 0{,}435 \cdot 10^{21}\,\mathrm{1/s}$;

$\lambda = \frac{c}{f} = \frac{3 \cdot 10^{8}\,\mathrm{m/s}}{0{,}435 \cdot 10^{21}\,\mathrm{1/s}} = \underline{6{,}90 \cdot 10^{-13}\,\mathrm{m}}$

**1125.** $W = \frac{hc}{\lambda} = \frac{6{,}626 \cdot 10^{-34}\,\mathrm{Ws^2} \cdot 3 \cdot 10^{8}\,\mathrm{m/s}}{2{,}5 \cdot 10^{-13}\,\mathrm{m}} = 7{,}95 \cdot 10^{-13}\,\mathrm{Ws} =$

$= \underline{4{,}97\,\mathrm{MeV}}$

**1126.** $n = \frac{P\lambda}{hc} = \frac{3\,\mathrm{W} \cdot 589{,}3 \cdot 10^{-9}\,\mathrm{m}}{6{,}626 \cdot 10^{-34}\,\mathrm{W\,s^2} \cdot 3 \cdot 10^{8}\,\mathrm{m/s}} = \underline{8{,}89 \cdot 10^{18}\,\mathrm{1/s}}$

**1127.** Masse eines Lichtquantes $m = \frac{hf}{c^2}$; Anzahl der sekundlich je cm² auftreffenden Quanten $n = \frac{P}{hf} = \frac{P}{mc^2}$;

$\text{Druck} = \frac{\text{sekundliche Impulsänderung}}{\text{Fläche}}$;

$p = \frac{2nmc}{A} = \frac{2P}{Ac} = \underline{4 \cdot 10^{-8}\,\mathrm{N/cm^2}}$

**1128.** $\frac{P}{A} = \frac{pc}{2}$ (s. Aufgabe 1127) $= \frac{10^{-5}\,\mathrm{N/m^2} \cdot 3 \cdot 10^{8}\,\mathrm{m/s}}{2}$

$= \underline{0{,}15\,\mathrm{J/(cm^2\,s)}}$

**1129.** $W = \frac{mc^2}{\eta} = 2{,}25 \cdot 10^{15}\,\mathrm{W\,s} = 6{,}3 \cdot 10^{8}\,\mathrm{kWh} \mathrel{\hat{=}} \underline{50 \cdot 10^{6}\,\mathrm{Mark}}$

**1130.** Aus $hf_1 = W_A + eU_1$ und $hf_2 = W_A + eU_2$ folgt
$h = \frac{e(U_2 - U_1)}{f_2 - f_1}$; mit $f_1 = 0{,}8571 \cdot 10^{15}\,\mathrm{1/s}$ bzw.
$f_2 = 1{,}200 \cdot 10^{15}$ ergibt sich $h = \underline{6{,}63 \cdot 10^{-34}\,\mathrm{W\,s^2}}$

**1131.** $W_A = \frac{hc}{\lambda} - eU = 5{,}64\,\mathrm{eV} - 1{,}85\,\mathrm{eV} = \underline{3{,}79\,\mathrm{eV}}$

**1132.** $\frac{hc}{\lambda} = W_A$; $\lambda = \frac{hc}{W_A} = \underline{678\,\mathrm{nm}}$

**1133.** $\lambda = \frac{hc}{W_A + \frac{mv^2}{2}} = \frac{6{,}626 \cdot 10^{-34}\,\mathrm{W\,s^2} \cdot 3 \cdot 10^{8}\,\mathrm{m/s}}{(4{,}481 + 6{,}552) \cdot 10^{-19}\,\mathrm{W\,s}}$

$= 1{,}802 \cdot 10^{-7}\,\mathrm{m} = \underline{180{,}2\,\mathrm{nm}}$

**1134.** $1 - \cos\vartheta = \frac{\Delta\lambda m_e c}{h}$; $\cos\vartheta = 1 - 1{,}4420$; $\vartheta = \underline{116{,}2^\circ}$

**1135.** a) $\Delta\lambda = \frac{h}{m_e c}(1 - \cos\vartheta) = 0{,}2427 \cdot 10^{-11}\,\text{m} \cdot 1{,}866$

$= 4{,}529 \cdot 10^{-12}\,\text{m}$;

$\lambda' = (1 + 4{,}529)\,10^{-12}\,\text{m} = \underline{5{,}529 \cdot 10^{-12}\,\text{m}}$

b) $f' = \frac{c}{\lambda'} = 5{,}426 \cdot 10^{19}\,\text{1/s}$;

$W = h \cdot \Delta f = 1{,}628 \cdot 10^{-13}\,\text{Ws} = \underline{1{,}02\,\text{MeV}}$

**1136.** $\Delta\lambda = \frac{2h}{m_e c} = 0{,}485 \cdot 10^{-11}\,\text{m}$; $\lambda = \lambda' + \Delta\lambda = \underline{1{,}985 \cdot 10^{-11}\,\text{m}}$

**1137.** Die Wellenlänge des gestreuten Quants folgt aus der Gleichung $\frac{hc}{\lambda} - eU = \frac{hc}{\lambda'}$, d. h. $(4{,}2702 - 1{,}2816) \cdot 10^{-14}\,\text{Ws} = 2{,}9886 \cdot 10^{-14}\,\text{Ws}$; hiernach ist $\lambda' = \underline{6{,}6513 \cdot 10^{-12}\,\text{m}}$;

$\cos\vartheta = 1 - \frac{\Delta\lambda m_e c}{h} = 1 - 0{,}8225 = 0{,}1775$; $\vartheta = \underline{79{,}8^\circ}$

**1138.** Mit dem Ansatz $\frac{hc}{\lambda} - \frac{hc}{\lambda + \Delta\lambda} = eU$ sowie $\Delta\lambda = \frac{h}{m_e c}$ erhält man die quadratische Gleichung $\frac{h^2}{m} = eU\,(\lambda^2 + \lambda \cdot \Delta\lambda)$ und hiernach $\lambda = \underline{6{,}07 \cdot 10^{-13}\,\text{m}}$

**1139.** Die Wellenlänge ändert sich um $\Delta\lambda_1 = \frac{h}{m_e c} = 0{,}2427 \cdot 10^{-11}\,\text{m}$ bzw. um $\Delta\lambda_2 = \frac{2h}{m_e c} = 0{,}4854 \cdot 10^{-11}\,\text{m}$; hieraus ergeben sich die Wellenlängen der Streustrahlung $\lambda_1 = 3{,}427 \cdot 10^{-12}\,\text{m}$ bzw. $\lambda_2 = 5{,}854 \cdot 10^{-12}\,\text{m}$; aus $\frac{hc}{\lambda_1} - \frac{hc}{\lambda_2} = eU$ findet man die Energie $W_1 = 14{,}07 \cdot 10^{-14}\,\text{Ws} = \underline{0{,}879\,\text{MeV}}$ bzw. $W_2 = 16{,}48 \cdot 10^{-14}\,\text{Ws} = \underline{1{,}03\,\text{MeV}}$

**1140.** $\Delta\lambda = \frac{2h}{m_p c} = \frac{2 \cdot 6{,}626 \cdot 10^{-34}\,\text{Ws}^2}{1{,}6726 \cdot 10^{-27}\,\text{kg} \cdot 3\,\text{m/s} \cdot 10^8} = \underline{2{,}64 \cdot 10^{-15}\,\text{m}}$

**1141.** $\lambda = \frac{h\sqrt{1 - (v/c)^2}}{m_0 v} = \frac{h\sqrt{1 - 0{,}5^2}}{0{,}5 m_0 c} = \underline{4{,}2 \cdot 10^{-12}\,\text{m}}$

**1142.** Aus $\frac{2h\sqrt{1-(v/c)^2}}{m_0 v} = \frac{h}{m_0 v}$ ergibt sich $v = \frac{c}{2}\sqrt{3} =$

$= \underline{2{,}6 \cdot 10^8 \text{ m/s}}$

**1143.** Bei nichtrelativistischer Rechnung ergibt sich $v = \frac{h}{m_e \lambda} =$ $1{,}456 \cdot 10^7$ m/s und die Energie $eU = \frac{m_e v^2}{2}$, wonach $U = \frac{m_e v^2}{2e}$ $= \underline{603 \text{ V}}$ ist; bei dieser geringen Spannung kann die relativistische Massenänderung vernachlässigt werden.

**1144.** Aus $\frac{hc}{\lambda_{gr}} = \frac{m_e v^2}{2}$ folgt $\lambda_{gr} = \frac{2hc}{m_e v^2} = \underline{5{,}4 \cdot 10^{-11} \text{ m}}$

**1145.** Mit $Z = 26$ wird $f = (Z-1)^2 R\left(\frac{1}{1} - \frac{1}{9}\right) = 1{,}8278 \cdot 10^{18}$ 1/s;

$\lambda = \frac{c}{f} = \underline{1{,}641 \cdot 10^{-10} \text{ m}}$

**1146.** Mit $hf = 1{,}28 \cdot 10^{-15}$ Ws wird

$$(Z-1) = \sqrt{\frac{eU}{hR\left(\frac{1}{1} - \frac{1}{4}\right)}} = 28 \quad \text{und} \quad Z = \underline{29 \text{ (Kupfer)}}$$

**1147.** $A = \lambda N = \frac{\ln 2 \cdot 6{,}022 \cdot 10^{23}}{T_{1/2} \cdot 60} = \underline{4{,}16 \cdot 10^{13} \text{ 1/s (Bq)}}$

**1148.** Mit der Masse des Einzelatoms $m_0 = \frac{m_{mol}}{N_A}$ gist

$$m = m_0 N = \frac{A m_{mol}}{N_A \lambda} = \frac{10^8 \cdot 8 \cdot 86400 \text{ s} \cdot 131 \text{ g}}{\ln 2 \cdot 6 \cdot 10^{23} \text{ s}} = \underline{0{,}022 \text{ µg}}$$

**1149.** Aus $\frac{2{,}4}{4} = e^{-2\lambda}$ folgt $-2\lambda = \ln 0{,}6$ und $\lambda = 0{,}2554$ 1/d;

durch Einsetzen in $-8\lambda = \ln \frac{x}{2{,}4 \cdot 10^7}$ folgt $x = \underline{3{,}1 \cdot 10^6 \text{ Bq}}$

**1150.** Aus $\frac{3{,}1}{3{,}5} = e^{-3\lambda}$ folgt $\lambda = 0{,}0405$ 1/h;

$T_{1/2} = \frac{0{,}693 \text{ h}}{0{,}0405} = \underline{17{,}1 \text{ h}}$

**1151.** Zerfallskonstante $\lambda = 5{,}61 \cdot 10^{-7}$ 1/s;

$m = m_0 e^{-\lambda t} = 1 \text{ g } e^{-5{,}61 \cdot 10^{-7} \cdot 35 \cdot 86\,400} =$

$= e^{-1{,}7} \text{ g} = \underline{0{,}183 \text{ g}}$

**1152.** Zerfallskonstante $\lambda = \frac{\ln 2}{14,8\ \text{h}} = 0,0468\ ^1/\text{h}$; aus $0,1 = e^{-\lambda t}$ wird $0,0468\ ^1/\text{h} \cdot t = 2,303$ und $t = \underline{49,2\ \text{h}}$

**1153.** Die Masse $m$ enthält $N = \frac{m N_A}{m_{\text{mol}}}$ Atome;

$$A = \frac{\Delta N}{\Delta t} = \lambda N = \frac{\ln 2 \cdot m N_A}{T_{1/2}\, m_{\text{mol}}} = \underline{3,32 \cdot 10^8\ \text{Bq}}$$

**1154.** Aus den Gleichungen $0,9 = e^{-\lambda t}$ und $0,7 = e^{-\lambda(t + \Delta t)}$ erhält man $\ln 0,9 = -\lambda t$ bzw. $\ln 0,7 = -\lambda (t + \Delta t)$ und hieraus durch Einsetzen $\lambda = 0,0503\ ^1/\text{h}$; $T_{1/2} = \underline{13,8\ \text{h}}$

**1155.** Nach 12 Tagen besteht die Gleichung $A_1\, e^{-\lambda_1 t} = A_2\, e^{-\lambda_2 t}$ bzw. $\frac{A_1}{A_2} = e^{(\lambda_1 - \lambda_2)t}$; hieraus folgt $\lambda_2 = \lambda_1 - \frac{1}{t} \ln \frac{A_1}{A_2} =$ $0,0995\ ^1/\text{d}$; $T_{1/2} = \underline{7,0\ \text{d}}$

**1156.** Aus $2e^{-\lambda_1 t} = e^{-\lambda_2 t}$ folgt $\lambda_2 = \lambda_1 - \frac{\ln 2}{t}$; mit $t = 6$ d und $\lambda_1 = 0,17329\ ^1/\text{d}$ wird $\lambda_2 = 0,057766\ ^1/\text{d}$; $T_{1/2} = \underline{12,0\ \text{d}}$

**1157.** Da die Impulsrate der Anzahl der vorhandenen Kerne proportional ist, gilt das Zerfallsgesetz $N = N_0 e^{-t \ln 2/T_{1/2}}$;

$$\ln N = \ln N_0 - \frac{t \ln 2}{T_{1/2}} = 8,3095;\ N = \underline{4062\ \text{Imp./min}}$$

**1158.** $\frac{2^x}{1} = \frac{100}{1}$; $\quad x = \frac{\lg 100}{\lg 2} = \underline{6,64}$

**1159.** Die Anzahl der Kerne in $x$ kg Pu ist $\frac{x N_A}{m_{\text{mol}}}$; sie liefern die Leistung $P = \frac{x N_A \lambda W_\alpha}{m_{\text{mol}}}$; $\quad x = \frac{P T_{1/2} m_{\text{mol}}}{N_A \ln 2 \cdot W_\alpha} = \underline{1,77\ \text{kg}}$

**1160.** In der Zeiteinheit zerfallen $\Delta N = \frac{\lambda m N_A}{m_{\text{mol}}}$ Kerne und liefern jährlich die Energie

$$W = \frac{\lambda m N_A W_\alpha}{m_{\text{mol}}}$$

$$= \frac{0,693 \cdot 10^{-3}\ \text{kg} \cdot 6,022 \cdot 10^{26} \cdot 4,78 \cdot 1,6 \cdot 10^{-13}\ \text{W s}}{1600\ \text{a} \cdot 226\ \text{kg}}$$

$$= \underline{883\ \text{kJ/a}}$$

**1161.** $P = \frac{\lambda m N_A W_\alpha}{m_{\text{mol}}}$

$$= \frac{0{,}1\,\text{kg} \cdot 6{,}022 \cdot 10^{26} \cdot 0{,}693 \cdot 5{,}48 \cdot 10^{6} \cdot 1{,}6 \cdot 10^{-19}\,\text{Ws}}{238\,\text{kg} \cdot 86{,}4 \cdot 365 \cdot 86\,400\,\text{s}} = \underline{56{,}5\,\text{W}}$$

**1162.** $W = \int_0^t P \mathrm{d}t = P_0 \int_0^t \mathrm{e}^{-\lambda t}\,\mathrm{d}t = \frac{P_0}{\lambda}(1 - \mathrm{e}^{-\lambda t})$ ;

mit $\frac{P_0}{\lambda} = 17{,}7 \cdot 10^6$ Wh wird dann

$W = 17{,}7 \cdot 10^6\,(1 - 0{,}7807) = 3{,}882 \cdot 10^6\,\text{Wh} = \underline{3882\,\text{kWh}}$

**1163.** Wegen $A = \frac{\Delta N}{\Delta t}$ und $\Delta N = \lambda N \Delta t$ sind anfangs $N = \frac{A}{\lambda}$ Kerne vorhanden. Mit der Energie $W_1$ je Zerfallsakt ist

$$W = \frac{A W_1 T_{1/2}}{\ln 2} = 4{,}0 \cdot 10^6\,\text{Ws} = \underline{1{,}11\,\text{kWh}}$$

**1164.** $\frac{1}{0{,}2} = \frac{x^2}{(0{,}6\,\text{m})^2}$ ; $x = \underline{1{,}34\,\text{m}}$

**1165.** $D = \frac{K_\gamma A t}{r^2} = \frac{7 \cdot 10^{-17}\,\text{W s m}^2 \cdot 18{,}5 \cdot 10^7 \cdot 1\,800\,\text{s}}{\text{kg s} \cdot 1\,\text{m}^2} =$

$$= \underline{2{,}33 \cdot 10^{-5}\,\text{Gy}}$$

**1166.** $A = \frac{D r^2}{K_\gamma t} = \frac{10^{-3}\,\text{J kg} \cdot 0{,}25\,\text{m}^2}{\text{kg} \cdot 40 \cdot 3600\,\text{s} \cdot 10^{-16}\,\text{J m}^2} = \underline{1{,}74 \cdot 10^7\,\text{Bq}}$

**1167.** $r = \sqrt{\frac{K_\gamma A t}{D}} = \sqrt{\frac{3{,}5 \cdot 10^{-17}\,\text{J m}^2 \cdot 3 \cdot 3600\,\text{s} \cdot 2{,}2 \cdot 10^{10}\,\text{kg}}{10^{-3}\,\text{J kg s}}}$

$$= \underline{2{,}88\,\text{m}}$$

**1168.** $z = \frac{N}{tA} = \frac{2 \cdot 8 \cdot 10^7}{4\pi \cdot 80^2\,\text{cm}^2\,\text{s}} = 1990\,{}^1/(\text{cm}^2\,\text{s})$ ;

Energiefluß $= 1990\,{}^1/(\text{cm}^2\,\text{s}) \cdot 1{,}25 \cdot 10^6 \cdot 1{,}6 \cdot 10^{-19}\,\text{J}$
$= \underline{3{,}98 \cdot 10^{-10}\,\text{W/cm}^2}$

**1169.** a) $\rightarrow {}^{7}_{3}\text{Li}$ b) $\rightarrow {}^{43}_{20}\text{Ca}$ c) $\rightarrow {}^{26}_{12}\text{Mg}$

**1170.** a) Es ist zu ergänzen ${}^{235}_{92}\text{U}$ und ${}^{87}_{35}\text{Br}$

b) $\text{n} + {}^{235}_{92}\text{U} \rightarrow {}^{99}_{40}\text{Zr} + {}^{135}_{52}\text{Te} + 2\text{n}$

c) $n + {}^{232}_{90}\mathrm{Th} \rightarrow {}^{90}_{36}\mathrm{Kr} + {}^{140}_{54}\mathrm{Xe} + 3n$

d) $n + {}^{239}_{94}\mathrm{Pu} \rightarrow {}^{80}_{34}\mathrm{Se} + {}^{157}_{60}\mathrm{Nd} + 3n$

**1171.** $W = mc^2 = 3 \cdot 10^{-6}\,\mathrm{kg} \cdot (3 \cdot 10^8)^2\,\mathrm{m^2/s^2} = 27 \cdot 10^{10}\,\mathrm{Ws}$
$= \underline{75\,000\,\mathrm{kWh}}$

**1172.** $W = mc^2 = 1{,}6606 \cdot 10^{-27}\,\mathrm{kg} \cdot (2{,}998 \cdot 10^8)^2\,\mathrm{m^2/s^2}$
$= 14{,}9254 \cdot 10^{-11}\,\mathrm{Ws} = \underline{931\,\mathrm{MeV}}$

**1173.** $\Delta m = \dfrac{W}{c^2} = \dfrac{10^4 \cdot 3{,}6 \cdot 10^6\,\mathrm{Ws}}{9 \cdot 10^{16}\,\mathrm{m^2/s^2}} = \underline{0{,}4\,\mathrm{mg}}$

**1174.** a) $13 \cdot 1{,}00728 + 14 \cdot 1{,}00867 + 13 \cdot 0{,}00055 = 27{,}2232;$
$(27{,}2232 - 26{,}9815)\,\mathrm{u} = 0{,}2417\,\mathrm{u} \triangleq 225\,\mathrm{MeV};$

$\dfrac{225}{27}\,\mathrm{MeV} = \underline{8{,}3\,\mathrm{MeV}}$ je Nukleon

b) $\underline{7{,}9\,\mathrm{MeV}}$ je Nukleon

**1175.** Anfangsmasse: $(235{,}0440 + 1{,}00867)\,\mathrm{u} =$ $236{,}05267\,\mathrm{u}$
Endmasse:
$(95{,}9076 + 137{,}9052 + 2{,}01734)\,\mathrm{u} =$ $235{,}83014\,\mathrm{u}$
Massendefekt = $0{,}22253\,\mathrm{u}$
Spaltungsenergie lt. Aufg. 1172:
$W = 0{,}22253 \cdot 931\,\mathrm{MeV} = \underline{207{,}2\,\mathrm{MeV}}$

**1176.** Für den relativ kurzen Zeitraum kann gesetzt werden

$$W = W_1 \Delta N = \frac{W_1 \lambda N_A \Delta t}{m_{mol}} = \underline{0{,}027\,\mathrm{J}}$$

**1177.** $W = \dfrac{10^{-3}\,\mathrm{kg} \cdot 6{,}022 \cdot 10^{26} \cdot 200 \cdot 1{,}6 \cdot 10^{-13}\,\mathrm{Ws}}{235\,\mathrm{kg} \cdot 3{,}6 \cdot 10^6\,\mathrm{Ws/kWh}} = \underline{22\,800\,\mathrm{kWh}}$

**1178.** Nach dem Impulssatz ist $m_1 v_1 = m_2 v_2$ und nach dem Energiesatz $W_1 = \dfrac{m_1 v_1^2}{2}$ bzw. $W_2 = \dfrac{m_2 v_2^2}{2}$; mit der Gesamtmasse $m = m_1 + m_2$ und der Gesamtenergie $W = W_1 + W_2$ wird dann $W_1 = \dfrac{W m_2}{m} = \underline{103{,}5\,\mathrm{MeV}}$ und $W_2 = \dfrac{W m_1}{m} = \underline{61{,}5\,\mathrm{MeV}}$

$$v_1 = \sqrt{\frac{2W_1}{m_1}} = \sqrt{\frac{2 \cdot 103{,}5 \cdot 1{,}6 \cdot 10^{-13}\,\mathrm{J}}{88 \cdot 1{,}6606 \cdot 10^{-27}\,\mathrm{kg}}} = \underline{1{,}505 \cdot 10^7\,\mathrm{m/s}};$$

$$v_2 = \sqrt{\frac{2W_2}{m_2}} = \underline{8{,}95 \cdot 10^6\,\mathrm{m/s}}$$

**1179.** a) Nach dem Impulssatz ist $\frac{v_1}{v_2} = \frac{m_2}{m_1}$; dies, in das Verhältnis der kinetischen Energien eingesetzt, ergibt

$$\frac{W_1}{W_2} = \frac{2m_1v_1^2}{2m_2v_2^2} = \frac{m_2}{m_1} = \underline{\frac{110{,}4}{53{,}8}}$$

b) Nach der vorigen Aufgabe ist

$$W_1 = \frac{Wm_2}{m} \quad \text{oder} \quad m_2 = \frac{W_1m}{W} = \frac{110{,}4 \cdot 235\,\text{u}}{164{,}2} = \underline{158\,\text{u}};$$

$$m_1 = \underline{77\,\text{u}}$$

**1180.** Je kg U 235 wird die Energie frei

$$W_1 = \frac{6{,}022 \cdot 10^{26} \cdot 200 \cdot 1{,}6 \cdot 10^{-13}\,\text{W s}}{235\,\text{kg}} = 8{,}2 \cdot 10^{13}\,\text{W s/kg};$$

$$P = \frac{W_1m}{t}; \quad m = \frac{Pt}{W_1} = \underline{0{,}316\,\text{kg}}$$

**1181.** Nach Aufg. 1177 liefert 1 kg $^{235}_{92}$U die Energie $8{,}2 \cdot 10^{13}$ W s/kg = 949 MWd/kg; also enthält 1 t des Materials $\frac{17\,400\,\text{MWd} \cdot \text{kg}}{949\,\text{MWd}} = \underline{18{,}3\,\text{kg}}$; dies sind 1,83 % des eingesetzten Materials, so daß nicht die volle Menge (2,2 %) der Anreicherung ausgenutzt wird.

**1182.** Anfangs vorhandene Masse 2 · 2,01410 u = 4,02820 u;
$\frac{3{,}25\,\text{MeV}}{931\,\text{MeV/u}} = 0{,}003491$ u; Masse des Neutrons 1,00867;
Masse von $^3_2$He ist
4,02820 u — (1,00867 + 0,00349) u = $\underline{3{,}01604\,\text{u}}$

**1183.** Unter Benutzung der relativen Atommassen errechnet sich ein Massendefekt von
(4 · 1,008 — 1 · 4,003) u = 0,029 u je 4,032 u $H_2$;
auf 1 g entfällt $\frac{0{,}029}{4{,}032}$ g = 0,00719 g; $W = \Delta mc^2 = \underline{180\,\text{MWh}}$

**1184.** $\Delta m$ = (7,01600 + 1,00728 — 8,00520) u = 0,018 u;
$W$ = 0,018 u · 931 MeV/u = $\underline{16{,}8\,\text{MeV}}$

**1185.** Bezeichnet $m_1$ die Masse des Iridiumkerns und $m_2$ die des $\gamma$-Quants, so ist nach dem Impulssatz $m_1v = m_2c$ oder $p = m_1v = \frac{Wc}{c^2}$. Die Energie des $\gamma$-Quants ändert sich um

$\Delta W = \frac{m_1 v^2}{2} = \frac{p^2}{2m_1} = \frac{W^2}{2m_1c^2}$; da im Nenner das doppelte Energieäquivalent der Kernmasse steht, gilt

$$\Delta W = \frac{129^2 \cdot 10^6\,(\text{eV})^2}{191 \cdot 931 \cdot 10^6\,\text{eV}} = \underline{0{,}094\,\text{eV}}$$

**1186.** $$W_p = \left[(m_N + m_\alpha) + \frac{W}{931{,}5\,\text{MeV/u}} - (m_O + m_p)\right] \times$$

$$\times \frac{931{,}5\,\text{MeV}}{\text{u}} = \underline{5{,}1\,\text{MeV}}$$

**1187.** $(m_B + m_n) - (m_{Li} + m_\alpha) = 0{,}00410$ u; Gesamtenergie $W = 0{,}00410\,\text{u} \cdot 931\,\text{MeV/u} = 3{,}82\,\text{MeV}$

Diese Energie verteilt sich wie folgt: $W_{Li} = \frac{m_\alpha W}{m_{Li} + m_\alpha} = \underline{1{,}39\,\text{MeV}}$; $W_\alpha = \frac{m_{Li} W}{m_{Li} + m_\alpha} = \underline{2{,}43\,\text{MeV}}$; die Energie des auslösenden Neutrons kann vernachlässigt werden.

**1188.** $m_{Li} = 7{,}01600$ u; $m_{Be} = 7{,}01693$ u; $m_p = 1{,}00728$ u; $m_n = 1{,}00867$ u; $(m_{Be} + m_n) - (m_{Li} + m_p) = 0{,}00232$ u; $W_p = 0{,}00232\,\text{u} \cdot 931\,\text{MeV/u} = \underline{2{,}16\,\text{MeV}}$